U0217300

▲ 实例：使用切角长方体和切角圆柱体制作现代风格沙发

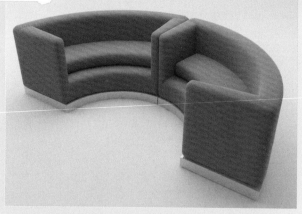

▲ 实例：使用【弯曲】修改器制作弯曲沙发

▲ 实例：使用【圆】工具制作圆形茶几

▲ 实例：使用【挤出】和FFD修改器制作茶几

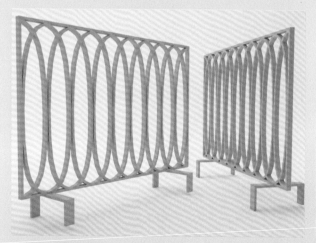

▲ 实例：线制作屏风

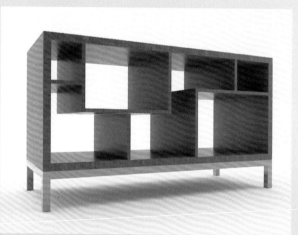

▲ 实例：长方体制作置物架

▲ 实例：(VR) 灯光制作吊灯

▲ 实例：使用泛光制作蜡烛烛光

▲ 实例：VRayMtl材质制作玻璃

▲ 实例：利用【渐变坡度】程序贴图制作炫彩花瓶

▲ 实例：VRayMtl材质制作金属

▲ 实例：(VR) 太阳制作日光

▲ 实例：使用目标灯光制作射灯

▲ 实例：通过位图贴图制作壁纸

▲ 实例：使用VRayMtl材质制作木地板

▲ 实例：为场景添加背景

▲ 实例：使用（VR）太阳制作黄昏灯光

▲ 综合实例：正午阳光卧室设计

▲ 美式风格餐厅设计

▲ 美式风格玄关设计

▲ 720° VR全景效果图制作——新古典风格客厅设计

▲ 现代风格厨房设计

▲ 现代简约风格小户型客厅设计

▲ 夜晚儿童房设计

唯美

中文版3ds Max 2020+VRay效果图制作从入门到精通

（微课视频 全彩版）

232集视频讲解+素材源文件+手机扫码看视频+在线交流

☑ 三维建模 ☑ 材质 ☑ 灯光 ☑ VRay渲染 ☑ 室内设计 ☑ 效果图制作
☑ 720°全景图制作 ☑ 常用贴图 ☑ 三维设计灵感集 ☑ 室内装饰风格设计

唯美世界　曹茂鹏　编著

中国水利水电出版社
www.waterpub.com.cn
·北京·

内 容 简 介

《中文版3ds Max 2020+VRay效果图制作从入门到精通（微课视频 全彩版）》是一本系统讲述3ds Max 2020软件工具应用和VRay效果图制作的视频实用教程，全书共21章，其中，第1～13章分别介绍了效果图制作相关知识、3ds Max 2020和VRay工具的使用与操作，包括3ds Max界面知识、3ds Max基本操作、内置几何体建模、样条线建模、修改器建模、复合对象建模、多边形建模、VRay渲染器参数设置、灯光、材质、贴图、摄影机与环境等；第14～21章通过8个具体的大型室内设计案例完整地展示了使用3ds Max和VRay渲染器进行实际项目设计的全过程（其中第14章案例是以第8章的建模案例为基础，做到了书的前后紧密结合）。这8个大型室内设计案例包含了不同风格、不同空间的制作流程，和今年超流行的720°VR全景效果图的制作过程。全书以"基础知识+实例操作+综合案例制作"的形式进行讲解，对关键知识点给予"技巧提示"，实例案例均配备视频讲解，以实例形式展现真实操作，读者可以下载素材源文件，对照视频边做边学，达到学必会的目的。

《中文版3ds Max 2020+VRay效果图制作从入门到精通（微课视频 全彩版）》的各类学习资源有：

1. 232集同步视频+素材源文件+手机扫码看视频+在线交流。

2. 赠送《CAD室内设计基础》《室内设计常用尺寸表》《8类室内装饰风格设计》《20个高手设计师常用网站》《10款插件基本介绍》《室内配色宝典》《三维灵感集锦》《构图宝典》等电子书。

3. 赠送3ds Max易错问题集锦、常用贴图、常用模型、常用快捷键索引、常用颜色色谱表和PPT课件。

4. 赠送《Photoshop必备知识点视频精讲（116集）》《Photoshop CC常用快捷键速查表》《Photoshop CC常用工具速查表》。

《中文版3ds Max 2020+VRay效果图制作从入门到精通（微课视频 全彩版）》适合3ds Max初学者使用，也可作为院校、培训机构室内设计相关专业的教学用书，还可作为室内设计工作者的实操进阶手册。

图书在版编目（CIP）数据

中文版 3ds Max 2020+VRay 效果图制作从入门到精
通：微课视频全彩版 / 唯美世界，曹茂鹏编著 . —北京：
中国水利水电出版社，2020.4（2025.3 重印）.

ISBN 978-7-5170-8084-8

Ⅰ.①中… Ⅱ.①唯… ②曹… Ⅲ.①三维动画软件

Ⅳ.① TP391.414

中国版本图书馆 CIP 数据核字 (2019) 第 222969 号

丛 书 名	唯美
书 名	中文版3ds Max 2020+VRay效果图制作从入门到精通（微课视频 全彩版） ZHONGWENBAN 3ds Max 2020+VRay XIAOGUOTU ZHIZUO CONG RUMEN DAO JINGTONG
作 者	唯美世界　曹茂鹏　编著
出版发行	中国水利水电出版社 （北京市海淀区玉渊潭南路1号D座 100038） 网址：www.waterpub.com.cn E-mail：zhiboshangshu@163.com 电话：（010）62572966-2205/2266/2201（营销中心）
经 售	北京科水图书销售有限公司 电话：（010）68545874、63202643 全国各地新华书店和相关出版物销售网点
排 版	北京智博尚书文化传媒有限公司
印 刷	河北文福旺印刷有限公司
规 格	203mm×260mm　16开本　27印张　984千字　2插页
版 次	2020年4月第1版　2025年3月第10次印刷
印 数	41001—44000册
定 价	128.00元

凡购买我社图书，如有缺页、倒页、脱页的，本社营销中心负责调换

前 言

Preface

　　3ds Max（全称为3D Studio Max）是Discreet公司开发的（后被Autodesk公司合并）基于PC系统的三维动画渲染和制作软件，广泛应用于室内设计、广告、影视、工业设计、建筑设计、三维动画、多媒体制作、游戏、辅助教学以及工程可视化等领域，其中使用3ds Max用于效果图制作的用户人群最多。随着计算机技术的不断发展，3ds Max软件也不断地向智能化和多元化的方向发展。

　　VRay是由Chaosgroup公司出品的一款高质量渲染软件，它为不同领域的3D建模软件提供高质量的图片和动画渲染，是目前业界最受欢迎的一款渲染引擎。VRay与3ds Max可以说是"最强搭档"。 近年来，虚拟现实（VR）技术非常火热，3ds Max和VRay在三维动态场景设计和实体行为设计中发挥着重要作用。

　　本书使用3ds Max 2020版本、VRay Nextupdate 1.2版本（又称为VRay Next 4.10.03）制作和编写，实例的操作需要读者安装同样版本或更高版本使用本书源文件。

本书显著特色

1. 配套视频讲解，手把手教您学习

　　本书配备了232集的同步教学视频，涵盖全书几乎所有实例和重要知识点，手机扫描二维码或计算机下载观看，如同老师在身边手把手教您，可以让您学习更轻松、更高效！

2. 内容极为全面，注重学习规律

　　本书涵盖了3ds Max所有工具、命令的常用功能，是市场同类书中内容最全面的图书之一。同时采用"理论知识+实例操作+技巧提示+综合案例制作"的模式编写，也符合轻松易学的学习规律。

3. 实例极为丰富，强化动手能力

　　"轻松动手学"便于读者动手操作，在模仿中学习。"举一反三"可以巩固知识，在练习某个功能时触类旁通。"实例"用来加深印象，熟悉实战流程。后面8章的大型商业综合案例则是为将来的设计工作奠定基础。

4. 案例效果精美，注重审美熏陶

　　3ds Max只是工具，设计好的作品一定要有美的意识。本书实例、案例效果精美，目的是加强对美感的熏陶和培养。

5. 配套资源完善，便于深度、广度拓展

　　除了提供几乎覆盖全书的配套视频和素材源文件外，本书还根据设计师必学的内容赠送了大量教学与练习资源。具体如下：

　　赠送《CAD室内设计基础》《室内设计常用尺寸表》《8类室内装饰风格设计》《20个高手设计师常用网站》《10款插件基本介绍》《室内配色宝典》《三维灵感集锦》《构图宝典》等电子书。

　　赠送3ds Max易错问题集锦、常用贴图、常用模型、常用快捷键索引、常用颜色色谱表和PPT课件。

　　Photoshop是设计师必备软件之一，是抠图、修图、效果图制作的主要工具，为了方便

读者学习，本书特赠送了《Photoshop必备知识点视频精讲》（116集）、《Photoshop CC常用快捷键速查表》《Photoshop CC常用工具速查表》。

（本书不附带光盘，以上所有资源均需通过下面"本书服务"中介绍的方式下载后使用）

6. 专业作者心血之作，经验技巧尽在其中

作者系艺术学院讲师、Adobe® 创意大学专家委员会委员、Corel中国专家委员会委员、CSIA中国软件行业协会专家委员会专家委员、中国大学生广告艺术节学院奖评审委员。设计、教学经验丰富，大量的经验技巧融在书中，可以提高学习效率，少走弯路。

7. 订制学习内容，短期内快速上手

3ds Max功能强大、命令繁多，全部掌握需要较多时间。如想在短期内学会用3ds Max进行效果图制作的基础知识，可优先学习目录中标注"重点"的内容。

8. 提供在线服务，随时随地可交流

本书提供公众号、QQ群、网站等多渠道互动、答疑、下载服务。

本书服务

1. 3ds Max 2020软件获取方式

本书提供的下载文件包括教学视频、源文件和赠送资源等，教学视频可以演示观看，源文件可以查看实例的最终效果。要按照书中实例操作，必须先安装3ds Max 2020软件之后，才可以进行。您可以通过如下方式获取3ds Max 2020简体中文版。

（1）登录https://www.autodesk.com.cn/products/3ds-max/网站下载试用版本（可试用30天），也可购买正版软件。

（2）可到网上咨询、搜索购买方式。

2. 关于本书资源获取方式和相关服务

（1）关注下方的微信公众账号（设计指北），然后输入"3D2020VR"，并发送到公众号后台，即可获取本书资源的下载链接，然后将此链接复制到计算机浏览器的地址栏中，根据提示下载即可（不可手机在线解压，没有解压密码）。

（2）加入本书学习QQ群：818345900（请注意加群时的提示，并根据提示加群），可在线交流学习。

说明：为了方便读者学习，本书提供了大量的素材资源供读者下载，这些资源仅限于读者学习使用，不可用于其他任何商业用途，否则，由此带来的一切后果由读者承担。

关于作者

本书由唯美世界组织编写，曹茂鹏承担主要编写工作，参与本书编写和资料整理的还有瞿颖健、瞿玉珍、荆爽、林钰森、董辅川、王萍、瞿雅婷、杨力、瞿学严、杨宗香、瞿学统、王爱花、李芳、瞿云芳、瞿秀英、韩财孝、韩成孝、朱菊芳、尹玉香、尹文斌、邓志云、曹元美、曹元钢、曹元杰、张吉太、孙翠莲、唐玉明、李志瑞、朱于凤、石志庆、张玉美、仲米华、张连春、张玉秀、何玉莲、尹菊兰、尹高玉、瞿君业、瞿学儒、瞿小艳、瞿强业、瞿玲、瞿秀芳、瞿红弟、马世英、马会兰、李兴凤、李淑丽、孙敬敏、曹金莲、冯玉梅、孙云霞、张久荣、张凤辉、张吉孟、张桂玲、张玉芬、曹元俊、曹茂忠、朱美华、朱美娟、石志兰、荆延军、谭香从、郗桂霞、闫风芝、陈吉国、魏修荣、胡海侠、胡立臣、刘彩华、刘彩杰、刘彩艳、刘井文、刘新苹、曲玲香、邢芳芳、邢军、张书亮等。

最后，祝您在学习的道路上一帆风顺。

2019年11月

目 录
Contents

Chapter
01
第1章

扫一扫，看视频

效果图制作相关知识

本章学习要点：

- 效果图必备知识（色彩、灯光、投影、构图、常见设计风格）
- 3ds Max 2020 的安装流程
- 3ds Max 的创作流程

本章内容简介：

　　本章是在正式学习 3ds Max 之前的基础章节，通过本章学习我们将了解一些与效果图相关的知识内容，包括色彩、灯光、投影、构图、常见设计风格、安装流程、创作流程。

通过本章学习，我能做什么？

　　通过对本章的学习，我们会掌握一些效果图制作的基本理念，加深对色彩、灯光、投影、构图、常见设计风格的理解，这对如何将效果图做的更"美"有很大帮助。在本章中还可以学会安装 3ds Max 软件和标准的创作流程，提升对 3ds Max 的基本认识。

优秀作品欣赏

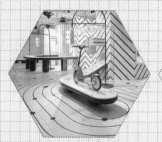

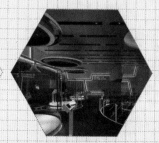
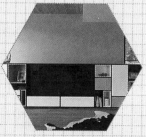

1.1 色彩

1.1.1 色相、明度与纯度

色彩是室内设计中最重要的元素之一，按照其基本属性主要分为色相、明度与纯度。

扫一扫，看视频

- 色相：是指颜色的基本相貌，它是色彩的首要特性。基本色相包括：红、橙、黄、绿、蓝、紫。在这些基本色相中再加入中间色，便构成24个色相的色相环，如图1-1所示。

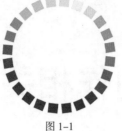

图1-1

- 明度：是指色彩的明亮程度。明度不仅表现为物体的明暗程度，还体现在反映反射程度的系数上。

例如，在蓝色里不断加黑色，明度就会越来越低。而低明度的暗色调会给人一种沉着、厚重、忠实的感觉；在蓝色里不断加白色，明度就会越来越高，而高明度的亮色调会给人一种清新、明快、华美的感觉。在加色的过程中，中间的颜色明度是比较适中的，而这种中明度色调会给人一种安逸、柔和、高雅的感觉，如图1-2所示。

图1-2

- 纯度：是指色彩的鲜艳程度，表示颜色中所含有色成分的比例，比例越高则色彩越纯，比例越低则色彩的纯度就越低。通常高纯度的颜色会产生强烈、鲜明、生动的感觉；中纯度的颜色会产生适当、温和、平静的感觉；低纯度的颜色则会产生一种细腻、雅致、朦胧的感觉，如图1-3所示。

纯度高　　中纯度　　纯度低

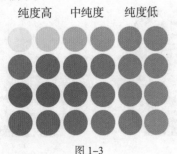

图1-3

1.1.2 色彩搭配

将两种或两种以上的颜色放在一起，由于相互之间的色

相影响，产生的差别现象称为色彩的色相对比。色彩的色相对比分为同类色对比、邻近色对比、类似色对比、对比色对比和互补色对比。需要注意的是，两种颜色的色相对比没有严格的界限。例如，通常色相环内相隔15°左右的两种颜色为同类色对比，但是两种颜色共相差20°，则很难界定。因此，我们只要掌握色彩的大概感觉即可，不需要严格地被概念约束思维。

1. 同类色对比

同类色是指在24色相环中相隔15°左右的两种颜色。同类色对比较弱，给人的感觉是单纯、柔和的，无论总的色相倾向是否鲜明，整体的色彩基调容易统一协调，如图1-4所示。

同类色搭配及色彩情感如图1-5所示。

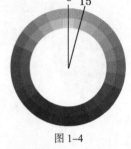

图1-4

收获	怀旧
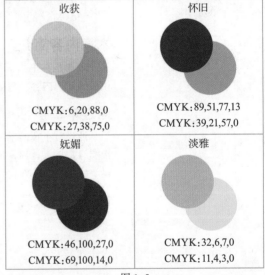 CMYK:6,20,88,0 CMYK:27,38,75,0	CMYK:89,51,77,13 CMYK:39,21,57,0
妩媚	淡雅
CMYK:46,100,27,0 CMYK:69,100,14,0	CMYK:32,6,7,0 CMYK:11,4,3,0

图1-5

2. 邻近色对比

邻近色是指在色相环内相隔30°～60°左右的两种颜色。两种颜色组合搭配在一起，可使整体画面达到协调统一的效果。例如，橘红与橘色、道奇蓝与午夜蓝都属于邻近色的范畴，如图1-6所示。

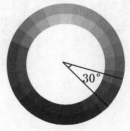

图1-6

中文版3ds Max 2020+VRay效果图制作从入门到精通（微课视频　全彩版）

邻近色搭配及色彩情感如图 1-7 所示。

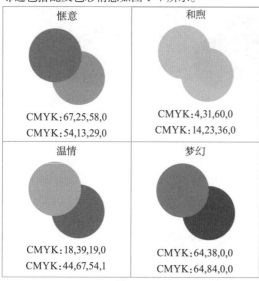

图 1-7

3. 类似色对比

在色相环中相隔 60°～90° 左右的颜色为类似色，例如红与橙、黄与绿等均为类似色。类似色由于色相对比不强，给人一种舒适、温馨、和谐，而不单调的感觉，如图 1-8 所示。

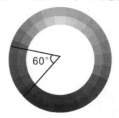

图 1-8

类似色搭配及色彩情感如图 1-9 所示。

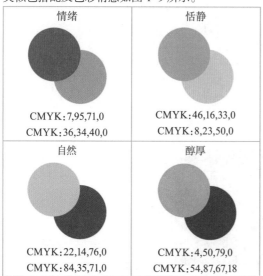

图 1-9

4. 对比色对比

当两种或两种以上色相之间的色彩处于色相环相隔 120° 左右范围时，属于对比色关系。如橙与紫、黄与蓝等色组。对比色给人一种强烈、明快、醒目、具有冲击力的感觉，容易引起视觉疲劳和精神亢奋，如图 1-10 所示。

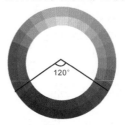

图 1-10

对比色搭配及色彩情感如图 1-11 所示。

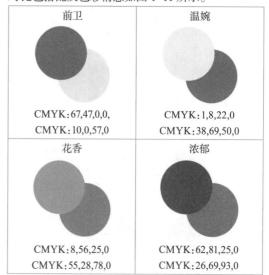

图 1-11

5. 互补色对比

在色相环中相隔 180° 左右的颜色为互补色，如红与绿、黄与紫、蓝与橙。这样的色彩搭配可以产生最强烈的刺激作用，对人的视觉具有最强的吸引力。换句话说，其效果最强烈、刺激，属于最强对比，如图 1-12 所示。

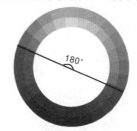

图 1-12

互补色搭配及色彩情感如图 1-13 所示。

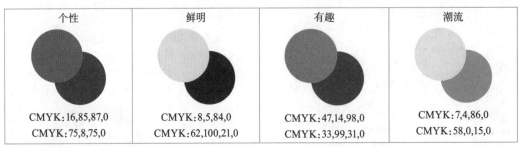

个性	鲜明	有趣	潮流
CMYK:16,85,87,0	CMYK:8,5,84,0	CMYK:47,14,98,0	CMYK:7,4,86,0
CMYK:75,8,75,0	CMYK:62,100,21,0	CMYK:33,99,31,0	CMYK:58,0,15,0

图 1–13

1.1.3　推荐四色搭配

下面推荐一些四色搭配，供读者参考，如图 1–14 所示。

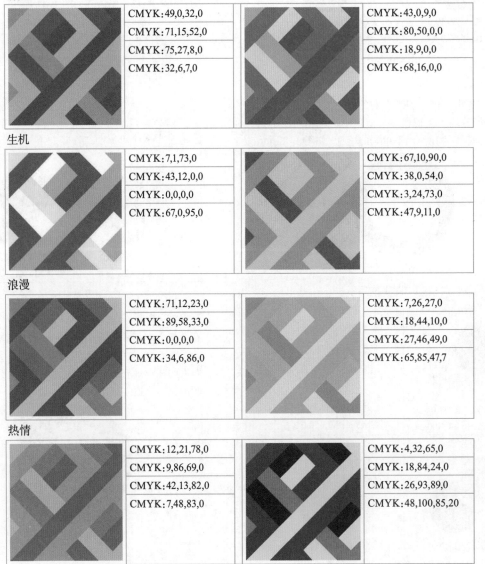

清爽

CMYK:49,0,32,0	CMYK:43,0,9,0
CMYK:71,15,52,0	CMYK:80,50,0,0
CMYK:75,27,8,0	CMYK:18,9,0,0
CMYK:32,6,7,0	CMYK:68,16,0,0

生机

CMYK:7,1,73,0	CMYK:67,10,90,0
CMYK:43,12,0,0	CMYK:38,0,54,0
CMYK:0,0,0,0	CMYK:3,24,73,0
CMYK:67,0,95,0	CMYK:47,9,11,0

浪漫

CMYK:71,12,23,0	CMYK:7,26,27,0
CMYK:89,58,33,0	CMYK:18,44,10,0
CMYK:0,0,0,0	CMYK:27,46,49,0
CMYK:34,6,86,0	CMYK:65,85,47,7

热情

CMYK:12,21,78,0	CMYK:4,32,65,0
CMYK:9,86,69,0	CMYK:18,84,24,0
CMYK:42,13,82,0	CMYK:26,93,89,0
CMYK:7,48,83,0	CMYK:48,100,85,20

图 1–14

雅致

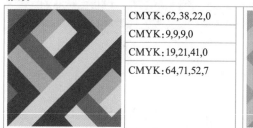

CMYK:62,38,22,0	
CMYK:9,9,9,0	
CMYK:19,21,41,0	
CMYK:64,71,52,7	

CMYK:17,45,0,0	
CMYK:44,11,22,0	
CMYK:29,34,4,0	
CMYK:5,36,2,0	

美味

CMYK:8,80,90,0	
CMYK:14,18,76,0	
CMYK:4,34,65,0	
CMYK:9,7,54,0	

CMYK:22,99,100,0	
CMYK:4,36,32,0	
CMYK:74,20,31,0	
CMYK:7,34,91,0	

奢华

CMYK:12,44,90,0	
CMYK:38,50,90,0	
CMYK:39,36,46,0	
CMYK:67,75,100,51	

CMYK:62,80,71,33	
CMYK:53,47,48,0	
CMYK:6,12,31,0	
CMYK:42,57,69,1	

活力

CMYK:74,11,35,0	
CMYK:0,63,37,0	
CMYK:9,0,62,0	
CMYK:5,23,88,0	

CMYK:6,52,24,0	
CMYK:5,14,74,0	
CMYK:12,96,15,0	
CMYK:72,22,7,0	

鲜明

CMYK:4,32,65,0	
CMYK:18,84,24,0	
CMYK:26,93,89,0	
CMYK:48,100,85,20	

CMYK:0,96,64,0	
CMYK:93,69,28,0	
CMYK:82,31,100,0	
CMYK:30,2,82,0	

图 1-14（续）

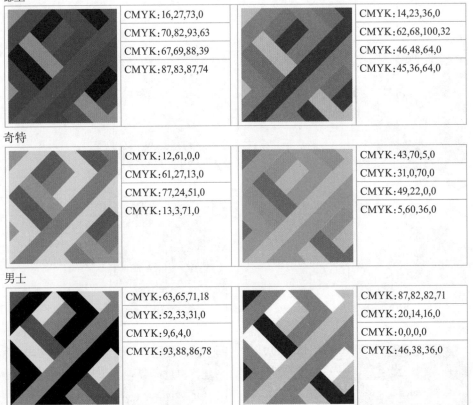

稳重

	CMYK:16,27,73,0		CMYK:14,23,36,0
	CMYK:70,82,93,63		CMYK:62,68,100,32
	CMYK:67,69,88,39		CMYK:46,48,64,0
	CMYK:87,83,87,74		CMYK:45,36,64,0

奇特

	CMYK:12,61,0,0		CMYK:43,70,5,0
	CMYK:61,27,13,0		CMYK:31,0,70,0
	CMYK:77,24,51,0		CMYK:49,22,0,0
	CMYK:13,3,71,0		CMYK:5,60,36,0

男士

	CMYK:63,65,71,18		CMYK:87,82,82,71
	CMYK:52,33,31,0		CMYK:20,14,16,0
	CMYK:9,6,4,0		CMYK:0,0,0,0
	CMYK:93,88,86,78		CMYK:46,38,36,0

图 1-14（续）

1.2 灯光

一天中，随着时间的变化，自然光会产生不同的效果，如清晨、中午、黄昏、夜晚等。在效果图制作中，这几种光线效果也是很常见的，不同时刻产生的光感是不同的，需注意室外和室内的光线匹配。除了不同时刻产生的光照效果不同以外，在制作效果图时也经常会遇到完全封闭的空间，需要使用吊灯、壁灯、射灯等灯光进行照射。

1.2.1 清晨

清晨是指天亮到太阳刚出来不久的一段时间。通常指早上 5:00 ~ 6:30 这段时间，此时太阳开始升起。一日之计在于晨，第一缕阳光通常都是形容清晨的。制作清晨效果时，注意灯光和阴影都应柔和，如图 1-15 所示。

图 1-15

1.2.2 中午

中午，又名正午，是指二十四小时制的 12:00 或十二小时制的中午 12 时，为一天的正中。此时阳光直射非常强烈，物体产生的阴影也会比较实。制作中午效果时，注意灯光和阴影都应强烈，如图 1-16 所示。

图 1-16

1.2.3 黄昏

黄昏是指日落以后到天还没有完全黑的这段时间，光色较暗。制作黄昏效果时，注意灯光通常偏向暖橙色，而且阴影会比较长，如图1-17所示。

图1-17

1.2.4 夜晚

夜晚是指下午6点到次日的早晨5点这一段时间。在这段时间内，天空通常为黑色或深蓝色。制作夜晚效果时，注意室外灯光较暗并偏向深蓝色，而室内通常灯光偏浅黄色，如图1-18所示。

图1-18

1.2.5 封闭空间灯光

封闭空间由于不受室外灯光的影响，因此需要在室内空间中使用吊灯、壁灯、台灯等灯光进行照射，如图1-19所示。

图1-19

1.3 投影

由于物体遮住了光线的传播，不能穿过不透明物体而形成的较暗区域，就是我们常说的影子。它是一种光学现象，不是一个实体，只是一个投影。影子的形成需要光和不透明物体两个必要条件，如图1-20所示。

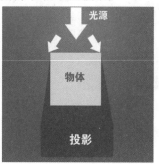

图1-20

影子的产生与光的强度、角度等都有直接的关系，因此会产生不同的阴影效果，如边缘实的影子、边缘虚化的影子、柔和的影子、广告中的无影、全息投影等。

1.3.1 边缘实的影子

在正午时阳光直射会产生强烈的阴影效果，当然在夜晚有些时候也会产生边缘实的阴影，如图1-21所示。

图1-21

1.3.2 边缘虚化的影子

在光照较为柔和时，相应产生的阴影效果也会比较虚化。如图1-22所示为边缘虚化的阴影效果。

图1-22

1.3.3 柔和的影子

在光照非常柔和时，会产生非常微弱、柔和的阴影，几乎看不到，此时会给人以非常柔和、干净的感觉，如图1-23所示。

图1-23

1.4 构图

构图是指作品中各元素的位置摆放，在室内设计中又可称之为"布局方式"。合理的布局方式可以令空间产生更加丰富的情感。

1.4.1 比例与尺度

一切造型艺术都存在着比例关系和谐的问题，和谐的比例可以给人美感。最经典的比例关系理论是黄金分割，但由于其计算方法过于复杂，人们将其进行了简化，形成了"三分法"构图原则。三分法构图是指把画面横分3份，每一份中心都可放置主体形态。这种构图适宜多形态平行焦点的主体，也可表现大空间、小对象，或者反相选择。这种画面构图表现鲜明、构图简练，可用于近景等不同景别。即把画面的长和宽都做3等份分割，形成9个相同的长方形，在横竖线交叉的地方会生成4个交叉点，这些点就是画面的关键位置，如图1-24所示。

图1-24

和比例相关的另一个概念是尺度。要使室内空间协调，给人以美感，室内各物体的尺度应符合其真实情况。如图1-25所示为正常比例和错误比例的效果对比。

图1-25

1.4.2 主角与配角

任何一个画面都应该有主角，有核心，有配景，而不能等量齐观，否则就会使画面失去统一和主题，变得松散，如图1-26和图1-27所示。

图1-26　　　　　　　图1-27

1.4.3 均衡与稳定

室内构图中的均衡与稳定并不是追求绝对的对称，而是画面的视觉均衡。过多地运用对称会使人感到呆板，缺乏活力。而均衡是为了打破较呆板的局面，它既有"均"的一面，又有灵活的一面。均衡的范围包括构图中形象的对比，大与小、动与静、明与暗、高与低、虚与实等的对比。结构的均衡是指画面中各部分的景物要有呼应，有对照，达到平衡和稳定。画面结构的均衡，除了大小、轻重以外，还包括明暗、线条、空间、影调等，如图1-28和图1-29所示。

图1-28　　　　　　　图1-29

1.4.4 韵律与节奏

韵律是指具有条理性、重复性和连续性等特征的美的形式。韵律美按其形式特点可以分为几种不同的类型：连续韵律、渐变韵律、起伏韵律。合理地把握韵律和节奏会得到不

中文版3ds Max 2020+VRay效果图制作从入门到精通（微课视频 全彩版）

错的画面效果，如图1-30和图1-31所示。

图1-30   图1-31

1.5 常见室内设计风格

扫一扫，看视频

家居装饰从最简单的装修发展到后来运用多种元素进行精致的装修，通过硬装和软装的搭配，形成多种风格的空间设计。家居装修风格主要可以分为现代风格、欧式风格、美式风格、新古典风格、地中海风格、北欧风格、东南亚风格、中式风格、田园风格、工业风格和混搭风格等。

1.5.1 简约的现代风格

现代风格是以简约为主的装修风格，特色是将设计的元素、色彩、照明、原材料简化到最少的程度，但对色彩、材料的质感要求很高。因此，简约的空间设计通常能达到以少胜多、以简胜繁的效果，如图1-32和图1-33所示。

特点：

（1）强调功能性设计，空间结构线条简约流畅，色彩对比明显。

（2）空间简约而实用。

（3）大量应用白色、黑色、灰色。

（4）金属材质是简约风格当中最常用的材质。

图1-32

· 该客厅设计属于简约的现代风格，简单的空间环境体现出整个风格的随意、自然，同时为空间营造出恬静、优雅的氛围。

· 空间采用黑色、白色、灰色为主色进行搭配，少量的跳跃绿色进行点缀，让空间层次感强烈，从而打造出沉稳大气的客厅氛围。

· 黑色的高腿凳与白色的家具相搭配，使整个空间充满了理智、冷静的感觉；而绿色的水果、鲜花以及毛毯的点缀，为空间添加生气和亮点。

· 造型夸张的吊灯、旋转楼梯，时尚感与现代化的结合，个性大胆。

图1-33

RGB=221,222,226   RGB=4,4,4   RGB=175,208,101

同类配饰元素

1.5.2 奢华的欧式风格

欧式风格最早来源于埃及艺术，以柱式为表现形式。主要有法式风格、洛可可风格、意大利风格、西班牙风格、英式风格、北欧风格等几大流派。而奢华的欧式风格除了应用在别墅、酒店、会所等项目中，这些年也越来越多地应用于居住空间设计。欧式风格常给人以高贵、优雅、大气的感受，如图1-34和图1-35所示。

特点：

（1）强调以华丽的装饰、浓烈的色彩获得华贵的装饰效果。

（2）多使用欧式元素，如带花纹的石膏线勾边、欧式吊顶、大理石、水晶吊灯、欧式地毯、雕塑装饰、雕花家具等。

（3）空间面积大，精美的油画与雕塑工艺品是不可或缺的元素。

（4）突出整体的高贵与大气，于精致中而不失风尚。

图 1-34

- 该客厅设计属于奢华的欧式风格，空间环境采用对称的方法，而悬挂水晶吊灯的装饰，既打破了整个空间的硬朗，又使得层次更加分明。
- 空间色彩以白色为主基调，搭配黑色作点缀，展现出室内优雅、高贵的氛围。
- 地面采用大理石添铺，光滑、有亮泽。拱形的室内设计增大了空间，提升了空间的层次感。水晶吊灯的装饰使得空间不会过于空旷，空间两侧摆放着两尊雕塑，为空间增添了浓烈的艺术气息。

图 1-35

RGB=233,225,222   RGB=17,20,27   RGB=147,129,129

同类配饰元素

1.5.3　典雅的美式风格

美式风格顾名思义，就是源自美国的装饰风格，它在欧洲奢侈、贵气的基础之上又结合了美洲大陆的本土文化，在不断经意中成为另外一种休闲浪漫的风格。美式风格摒弃了过多的繁琐与奢华，没有太多的装饰与约束，是一种大气又不失随意的风格，如图 1-36 和图 1-37 所示。

特点：

（1）通常用大量的石材和木饰。

（2）强调简洁、明晰的线条和优雅的装饰。

（3）色彩搭配通常比较素雅，常使用白色，米色等。顶棚处理比较简单，很少使用吊顶。

（4）家具自由随意、舒适实用。

（5）注重壁炉与手工装饰，追求天然随意性。

图 1-36

- 该卧室设计属于美式风格的儿童房设计。空间环境细节的局部改造，宛如将梦想注入了生活，充满童趣。
- 空间以奶黄色为主色调，采用淡淡的浅绿色为点缀，整体色彩搭配呈现出一种轻快、活力的柔情。
- 充满活力的黄色系色调，是装修孩子卧室非常棒的选择，同样也很适合装扮秋冬的空间，一些简单物件的点缀既化解了单调的视觉感官，又增添了层次感。
- 卧室采用落地窗户设计，使室内拥有良好的采光。

图 1-37

RGB=230,220,181   RGB=88,56,39   RGB=243,245,225

同类配饰元素

1.5.4 雅致的新古典风格

新古典主义风格的设计是经过优化改良的古典主义风格。从简单到繁琐、从整体到局部，注重塑造性与完整性；它更是一种多元化的思考方式，将怀古的浪漫情怀与现代人对生活的需求相结合，也别有一番尊贵的感觉，如图1-38和图1-39所示。

特点：

（1）用现代手法和材质还原古典气质，具有"形散神聚"的特点。

（2）简化的手法、现代的材料，追求传统样式。

（3）运用历史文脉特色，烘托室内环境气氛。

（4）常使用金色、黄色、暗红色、黑色，少量的白色使空间更加非凡气度。

图 1-38

- 该书房设计属于雅致的新古典风格，整体空间环境采用开放式的结构，以实木家具为装饰，把高雅的情趣和沉稳的设计手法融为一体，充分展现了雅致的新古典风格。
- 空间以褐色加米色形成整体的色彩搭配，再配以灰色，让整体显得大气而温馨。
- 原木的书橱以及柜子与墙上的装饰画和谐相处，缓和了空间的庄重气氛。
- 整体搭配将怀旧的雅致情怀与现代人对生活需求相结合，别有一番风味。

图 1-39

RGB=232,217,188　RGB=50,25,22　RGB=154,142,127

1.5.5 浪漫的地中海风格

地中海风格因富有地中海人文风情和地域特征而得名，简单的生活状态加上朴素而美好的生活环境成为地中海风格的全部内容。白色与蓝色的搭配是地中海风格最具代表性的配色方案，这种配色灵感来源于蔚蓝色的大海与白色沙滩。自由、自然、浪漫、休闲是地中海风格装修的精髓，如图1-40和图1-41所示。

特点：

（1）简约精致中回归自然，常使用自然中的元素装饰空间，如贝壳、沙等。

（2）秉承白色为主的传统，为了避免太素雅，选择1～2个色调的艳丽单色来搭配，如蓝色、青色、褐色。

图 1-40

- 该卧室设计属于浪漫的地中海风格，简单的空间环境体现出整个风格的自然舒适，同时营造出恬静、浪漫的空间氛围。
- 该卧室以瓷青色为主色，搭配白色以及少量的灰色、棕色为点缀色，简单的色彩搭配适合卧室风格。
- 圆形吊灯与格子状天花板错落有致，这是地中海风格的灵魂，浪漫的意境犹如清晨第一缕阳光滋润心房。而床头背景墙上挂着的椭圆形镜子经典又独具特色。

图 1-41

RGB=165,206,205　RGB=237,239,243　RGB=76,56,43

同类配饰元素

RGB=227,226,224　RGB=206,174,134　RGB=141,140,141

同类配饰元素

1.5.6　淡雅的北欧风格

北欧风格是指欧洲北部国家挪威、丹麦、瑞典及芬兰等国的艺术设计风格，具有简洁、自然、人性化的特点，如图1-42和图1-43所示。

特点：

（1）室内的顶、墙、地3个面常用线条、色块来区分点缀。

（2）简洁、直接、功能化且贴近自然。

（3）通常色调较淡，常用白色、灰色加以蓝色。

图1-42

- 该客厅设计属于自然的北欧风格，整体空间的造型设计追求简洁流畅，选材上采用木制家具，充满了原始的质感，也体现了崇尚自然的理念。
- 该客厅以米色为主色，搭配灰色、绿色作为点缀色，为整个空间增添了层次和动感。
- 天然材质是北欧风格中不可或缺的元素，在该客厅设计中采用木藤的自然色兼容到空间，木制家具搭配灰色系软沙发，充分展现出北欧风格装修的灵魂，同时也展现出家具的原始色彩。
- 加以绿色植物以及灰色系装饰画做点缀，为整体空间增添了一丝淡雅自然的气息。

图1-43

1.5.7　民族风的东南亚风格

东南亚风格是一种结合了东南亚民族岛屿特色以及精致文化特色的家居设计风格。广泛地运用木材和其他天然原材料，呈现出自然的、舒适的异域风情。这种风格追求原始自然、色泽鲜艳、崇尚手工。设计以不矫揉造作的手法演绎出原始自然的热带风情，如图1-44和图1-45所示。

特点：

（1）暖色的布艺饰品点缀，线条简洁凝重。

（2）取材自然，纯天然的材质散发着浓烈的自然气息。

（3）色彩斑斓高贵，以浓郁色彩为主。

（4）常用金色、黄色、暗红色做主色调。

（5）家具、装饰极具民族风情。

图1-44

- 该卧室设计属于东南亚风格，整体空间设计符合亚热带季风气候的自然之美，在家具装饰的材质选择方面以自然环保为最佳，配合柔美的软装饰，让东南亚风格融入细腻的美感。
- 该卧室以偏黄色的暖色调为主与具有东南亚风格的家具相互搭配，营造出一个良好的空间氛围。
- 卧室中间摆放着一个具有民族风的大床，以及菱形图案的实木材质床头背景墙，充满天然的自然气息。空间整体装修风格适合喜欢安逸生活的业主。

图 1-45

RGB=152,76,56　RGB=248,219,103　RGB=214,179,151

同类配饰元素

1.5.8　庄重的中式风格

中式风格是以宫廷建筑为代表的中国古典建筑的室内装饰设计。更多的是利用后现代手法把传统的结构形式通过民族特色标志符号表现出来，这种风格最能体现传统文化的审美意蕴，如图 1-46 和图 1-47 所示。

特点：

（1）空间讲究层次，多用隔窗、屏风来分隔空间。常使用对称式布局设计。

（2）装饰多以木质为主，讲究雕刻绘画、造型典雅。

（3）色彩多以沉稳为主，表现古典家居的内涵。多使用红色、褐色等色彩。

（4）家居讲究对称，配饰善用字画、古玩和盆景。

图 1-46

· 该餐厅设计属于新中式风格，空间采用对称式的布局，造型朴实优美，把整个空间格调塑造得更加高雅。

· 该餐厅以黑色、白色、深褐色以及暗黄色为整体的色彩搭配，展现出空间古韵魅力和高雅内涵。

· 青花瓷的装饰盘和暗黄色的梅花背景墙，充分凸显出东方文化的迷人魅力。天花板采用内凹式的方形区域，可展现出槽灯轻盈感的魅力，同时完美地释放吊灯的简约时尚感。

图 1-47

RGB=8,5,0　RGB=253,254,249　RGB=211,153,102

同类配饰元素

1.5.9　清新的田园风格

田园风格以园圃特有的自然特征为形式手段，带有一定的乡间艺术特色。在环境中表现悠闲舒适的田园生活。总之，田园风格的特点就是回归自然，无拘无束，如图 1-48 和图 1-49 所示。

特点：

（1）朴实、亲切、实在，贴近自然，向往自然。

（2）多以天然木、绿色盆栽做装饰，布艺、碎花、条纹等图案为主调。

（3）空间明快鲜明，多以软装为主，要求软装和用色统一。

（4）常使用自然中的色彩作为空间色彩，如绿色、褐色等。

图 1-48

- 该客厅设计属于清新的田园风格，简单的空间环境体现出整个风格的随意、自然，同时为空间营造出恬静、舒适的氛围。
- 空间整体以米色为主，搭配枯叶绿色和粉色为点缀，展现出一个柔和的温馨空间。
- 绿色沙发衬托粉色抱枕，而粉色抱枕又与玫瑰的粉色相呼应，让整个画面浑然一体。完整的天然木材躺椅和地板，使整个空间看起来休闲、舒适，从而给人一种回归自然的感觉。

图 1-49

RGB=209,208,213　　RGB=204,195,188　　RGB=115,172,154

同类配饰元素

1.5.10 复古的工业风格

　　工业风格是一种比较独特的设计风格，具有灵活性的大空间能将生活演绎得更为精彩。工业风格的室内通常成开放式的空间，不具有较强的隐私性，却富有丰富的生活节奏，而且它时尚前卫的气息很受广大年轻人的青睐，如图 1-50 和图 1-51 所示。

特点：

　　（1）工业风装修在设计中会出现大量的工业材料，如金属构件、水泥墙、水泥地、做旧质感的木材、皮质元素等。

　　（2）格局以开放性为主。

　　（3）空间结构层次分明，常使用隔断、金属构件等分隔空间的上下、前后、左右。

　　（4）颜色多以冷色调为主，如灰色、黑色等。

图 1-50

- 该客厅设计属于复古的工业风格，整体空间环境在裸露砖墙和原结构的粗犷外表下，反映了人们对于无拘无束生活的向往和对品质的追求。
- 整体空间的配色是以黑色与灰色相搭配，点缀绿色、蓝色和棕色，为整体空间增添了跳跃与动感，这种配色诠释了工业风简约、朴素、随性的特点。
- 地板和天花板都是灰色系，装饰板则多用黑色，再配上红砖墙，复古而有层次，丝毫不会觉得乏味。再加以蓝色的软沙发以及棕色的铁质桌椅，可以让整体搭配在体现工业风的同时又不乏高雅与舒适。

图 1-51

RGB=1,1,1　　RGB=255,255,255　　RGB=169,113,64

同类配饰元素

1.5.11 文艺混搭风格

　　文艺混搭风格是将不同文化内涵完美地结合为一体，充分利用空间形式材料，搭配多种元素，兼容各种风格，并且将不同的视觉、触觉交织融合在一起，碰撞出混搭的完美结合。"混搭"不是百搭，绝不是生拉硬配，而是和谐统一、百花齐放、相得益彰、杂而不乱，如图1-52和图1-53所示。

特点：

（1）不同的风格进行混合搭配。

（2）混搭不是随意搭配，注意应杂而不乱。

（3）混搭常使用纯度较高的色彩作为点缀色。

图1-52

· 该客厅设计属于文艺混搭风格，整体空间环境以软装和硬装完美结合，共同构成了家中最美的客厅。

· 该客厅采用灰色为主色，加以褐色、玫红色、黄色等鲜艳的色彩元素做点缀，打破单调的同时又增加了一丝动感，让人眼前一亮。

· 采用实木的家具，搭配柔软的布艺沙发，混搭感十足。地毯以多种几何图形相拼凑而成，设计感十足。吊灯采用了复古的欧式风格，蜡烛式的设计非常典雅。

· 阳台与客厅采用互通的结构设计，节约空间面积，使其更加宽敞。

图1-53

RGB=225,224,228　　RGB=84,69,60　　RGB=208,197,106

同类配饰元素

1.5.12　悠然的日式风格

传统的日式家具以其清新自然、简洁淡雅的独特品位形成了独特的家居风格，对于生活在都市中的我们来说，日式家居环境所营造的闲适写意、悠然自得的生活境界也许就是人们所追求的。简约又富有禅意的日式家居风格很受当代人们的喜爱，如图1-54和图1-55所示。

特点：

（1）清新自然、极致简约。

（2）一般采用清晰的线条，使居室的布置带给人以优雅、清洁的空间环境。

（3）空间简约而实用，材料以自然环保的木材质为主。

（4）常使用白色、原木色等高明度色彩，还原自然本质。

图1-54

· 该客厅设计属于舒适的日式风格，整体空间面积虽然不大，却藏着无数功能，视听、影音齐聚客厅。把电视及电视柜全部嵌入墙里，缓解了空间比例不协调的尴尬局面。

· 该客厅采用灰、白、棕三色为主色设计，加以绿色元素做点缀，打造出不一样的视觉效果。

· 采用藤编的灯罩，加上转角部分用青竹作为点缀，清新自然的气息扑面而来。

图1-55

RGB=210,208,209　　RGB=215,183,132
RGB=129,120,113　　RGB=71,118,50

同类配饰元素

1.5.13　轻奢的法式风格

法式风格主要包括巴洛克风格、洛可可风格、新古典风格等。法式风格空间的浪漫、情迷与法国人对美的追求是一致的。法式风格的色彩没有过分的浓烈，推崇自然，常使用白色、蓝色、绿色、紫色等，也常使用金色、红色作为点缀色，如图 1-56 和图 1-57 所示。

特点：

（1）讲究空间中的对称，展现贵族气息。

（2）追逐浪漫、大气恢宏、豪华贵气。

（3）细节比较考究，如法式廊柱、雕花、线条等。

图 1-56

- 该客厅设计属于优雅的法式风格，空间采用对称的布局和古典柱式构图，将空间的尊贵、大气、典雅表现得一览无余。走廊两侧是相对的开放式客厅与餐厅，高耸的大理石柱将高贵恢宏的气势注入空间，宛如艺术品般散发沉静、高贵的气质。
- 该客厅采用白色为基调，米黄色与浅灰色点缀其间，使整个室内充满温情与浪漫。在这样的底色之上，皇家蓝以内敛华美的姿态在纯净空间之中绽放出宝石般的华彩。
- 墙面与天花沿用西方古典建筑中常见的象牙白色木制饰面，精细的雕刻散发细腻轻盈的柔美韵味。与此呼应的是玲珑纤巧的家具，优美线条的起伏回旋中展现出生活与美学交融的极致。

图 1-57

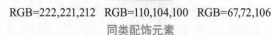

RGB=222,221,212　RGB=110,104,100　RGB=67,72,106

同类配饰元素

1.6　3ds Max 2020 的安装流程

3ds Max 2020 的具体安装流程如下。

（1）下载 3ds Max 2020 的安装程序，然后双击运行安装程序，如图 1-58 所示。

（2）此时等待一段时间，软件会自动解压缩，然后会弹出一个对话框，此时单击【安装】按钮，如图 1-59 所示。

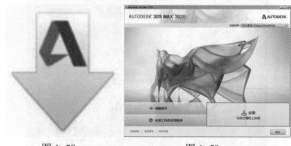

图 1-58　　　　　　　　图 1-59

（3）选择【我接受】，然后单击【下一步】按钮，如图 1-60 所示。

图 1-60

（4）3ds Max 允许用户试用软件 30 天，可以首先选择【我想要试用该产品 30 天】，然后单击【下一步】按钮，如图 1-61 所示。如果已经购买，选择【我有我的产品信息】，并输入【序列号】和【产品密钥】。

图 1-61

（5）在弹出的窗口中单击【安装】按钮，如图 1-62 所示。接下来开始安装，如图 1-63 所示。

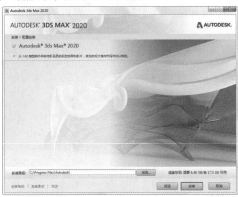

图 1-62

图 1-63

（6）稍作等待，完成安装后会弹出成功安装的提示，如图 1-64 所示。

图 1-64

【重点】1.7　3ds Max 的创作流程

3ds Max 的创作流程主要包括建模、渲染设置、灯光、材质贴图、摄影机和环境、渲染 6 大步骤。

扫一扫，看视频

1.7.1　建模

在 3ds Max 的世界中想要制作出效果图，首先需要在场景中制作出 3D 模型，这个过程就叫做"建模"。建模的方式有很多，比如通过使用 3ds Max 内置的几何体创建立方体、球体等常见几何形体，利用多边形建模制作复杂的 3D 模型，利用"样条线"制作一些线形的对象等。关于建模方面的内容可以学习本书建模章节（第 4 ～ 8 章）。建模效果如图 1-65 所示。

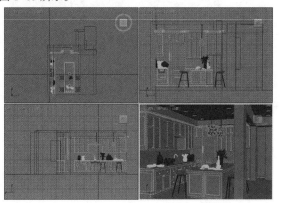

图 1-65

1.7.2　渲染设置

想要得到精美的 3D 效果图，"渲染"是必不可少的一个步骤。简单来说，"渲染"就是将 3D 对象的细节、表面的质感、场景中的灯光呈现在一张图像中的过程。在 3ds Max 中，我们通常需要使用到某些特定的"渲染器"来实现逼真效果的渲染。而在渲染之前，就需要进行"渲染设置"，切换到相应渲染器之后才能够使用其特有的灯光、材质等功能。这部分知识可以到本书第 9 章进行学习。渲染设置如图 1-66 所示。

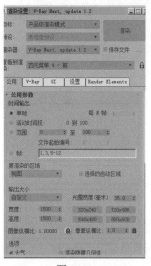

图 1-66

1.7.3　灯光

　　模型建立完成后，3ds Max 的工作就完成了吗？并没有，3D 的世界里不仅要有 3D 模型，更要有灯光，没有灯光的世界是一片漆黑的。灯光的设置不仅能够照亮 3D 场景，更能够起到美化场景的作用。这部分可以在本书第 10 章中学习。效果如图 1-67 所示。

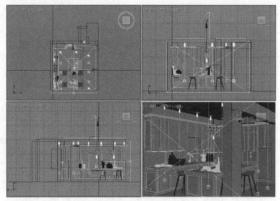

图 1-67

1.7.4　材质贴图

　　灯光设置完成后可以对材质和贴图进行设置，调节出不同颜色、质感、肌理等属性的材质，以模拟出逼真的模型质感效果。这部分可以在本书第 11、12 章中学习。效果如图 1-68 所示。

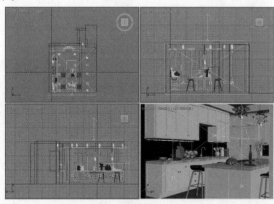

图 1-68

1.7.5　摄影机和环境

　　灯光、材质贴图都设置完成后，可以创建摄影机，固定需要渲染的摄影机角度并可以为场景设置环境。这部分可以在本书第 13 章中学习。效果如图 1-69 所示。

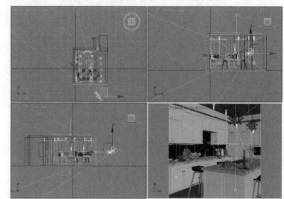

图 1-69

1.7.6　渲染作品

　　经过了建模、渲染设置、灯光、材质贴图、摄影机和环境的制作，下面可以进行场景的渲染了。单击主工具栏中的【渲染产品】按钮，即可对画面进行渲染。最终效果如图 1-70 所示。

图 1-70

中文版3ds Max 2020+VRay效果图制作从入门到精通（微课视频　全彩版）

Chapter
02
第 2 章

认识 3ds Max 界面

本章学习要点：

- 熟悉 3ds Max 的界面布局
- 熟练使用菜单栏、主工具栏、状态栏控件
- 熟练掌握视口操作的方式

本章内容简介：

本章主要讲解 3ds Max 界面的各个部分，目的是认识界面中各个模块的名称、功能，熟悉各种常用工具的具体位置，为下一章学习 3ds Max 的基本操作做铺垫。

通过本章学习，我能做什么？

通过本章的学习，我们应该做到熟知 3ds Max 界面中各个部分的位置与基本的使用方法，能够在学习过程中找到需要使用的 3ds Max 的某项功能。这也是在学习 3ds Max 具体操作之前必须要做到的。

优秀作品欣赏

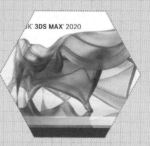

2.1 第一次打开 3ds Max 2020

在成功安装 3ds Max 之后，可以双击 3ds Max 图标打开 3ds Max 软件。如图 2-1 所示为正在打开的过程。

扫一扫，看视频

图 2-1

提示：如何找到中文版的 3ds Max？

安装完 3ds Max 后，桌面上会自动产生一个 3ds Max 的图标，这是默认的英文版本。若是需要使用中文版，可以在开始程序中寻找。具体步骤如下：

执行【开始】|【所有程序】|【Autodesk】|【Autodesk 3ds Max 2020】|【3ds Max 2020-Simplified Chinese】，如图 2-2 所示。此处不仅有简体中文版，还有法语版、德语版等。

图 2-2

然后会弹出这样一个欢迎屏幕的窗口。若是不需要每次都弹出该窗口，只需要取消选中左下方的【在启动时显示此欢迎屏幕】即可，如图 2-3 所示。

图 2-3

打开 3ds Max 2020 之后，它的界面主要包括菜单栏、主工具栏、功能区、视口、状态栏控件、动画控件、命令面板、时间尺、视口导航、场景资源管理器 10 大部分，如图 2-4 所示。

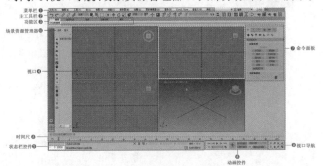

图 2-4

① 菜单栏：很多功能都在菜单栏中，可以执行相应的操作。

② 主工具栏：提供 3ds Max 中许多最常用的命令。

③ 功能区：包含一组工具，可用于建模、绘制到场景中以及添加人物。

④ 视口：可从多个角度显示场景，并预览照明、阴影、景深和其他效果。

⑤ 状态栏控件：显示场景和活动命令的提示和状态信息。

⑥ 动画控件：可以创建动画，并在视口内播放动画。

⑦ 命令面板：可以访问提供创建和修改几何体、添加灯光、控制动画等功能的工具。

⑧ 时间尺：可拖动时间尺，查看动画效果。

⑨ 视口导航：使用这些按钮可以在活动视口中导航场景。

⑩ 场景资源管理器：可以在该管理器中对不同的对象进行管理。

2.2 菜单栏

菜单栏位于窗口的最上方。每个菜单的标题表明该菜单上命令的用途，其实很多工具都被集合到了【主工具栏】【创建面板】【修改面板】中。菜单栏包含 14 个菜单项，分别为

【文件】【编辑】【工具】【组】【视图】【创建】【修改器】【动画】【图形编辑器】【渲染】【Civil View】【自定义】【脚本】【帮助】，如图2-5所示。

图2-5

1.【文件】菜单

在【文件】菜单中，会出现很多操作文件的命令。包括【新建】【重置】【打开】【保存】【另存为】【导入】【导出】等命令，如图2-6所示。

2.【编辑】菜单

在【编辑】菜单中可以对文件进行编辑操作，如【撤销】【重做】【暂存】【取回】【删除】【克隆】【移动】【旋转】【缩放】等命令，如图2-7所示。

3.【工具】菜单

在【工具】菜单可以对对象进行常用操作，如【镜像】【阵列】【对齐】等，更方便的方式是在主工具栏中创建，如图2-8所示。

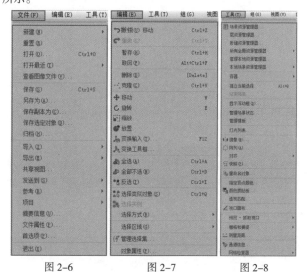

图2-6　　　　图2-7　　　　图2-8

4.【组】菜单

【组】菜单中的命令可将多个物体组在一起，还可以解组、打开组等操作，如图2-9所示。

5.【视图】菜单

【视图】菜单中的命令用来控制视图的显示方式以及视图的相关参数设置，如图2-10所示。

6.【创建】菜单

在【创建】菜单中可以创建模型、灯光、粒子等对象，更方便的方式是在【创建面板】中创建，如图2-11所示。

7.【修改器】菜单

在【修改器】菜单中可为对象添加修改器，更方便的方式是在【修改面板】中添加修改器，如图2-12所示。

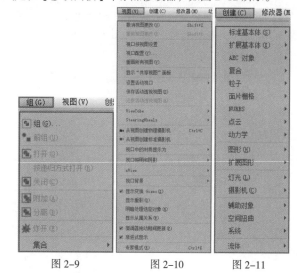

图2-9　　　　图2-10　　　　图2-11

8.【动画】菜单

【动画】菜单主要用来制作动画，包括正向动力学、反向动力学、骨骼的创建和修改等命令，如图2-13所示。

9.【图形编辑器】菜单

【图形编辑器】菜单是3ds Max中以图形可视化功能的集合，包括【轨迹视图－曲线编辑器】【轨迹视图－摄影表】【新建图解视图】等，如图2-14所示。

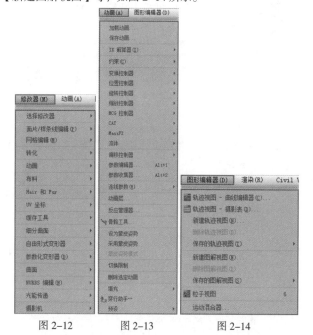

图2-12　　　　图2-13　　　　图2-14

10.【渲染】菜单

在【渲染】菜单中可以使用与渲染相关的功能，如【渲染】【渲染设置】【环境】等，如图2-15所示。

11. Civil View 菜单

【Civil View】菜单是一款供土木工程师和交通运输基础设施规划人员使用的可视化工具，如图 2-16 所示。

12.【自定义】菜单

【自定义】菜单用来更改用户界面或系统设置，如图 2-17所示。

13.【脚本】菜单

在【脚本】菜单中可以进行语言设计。包括新建脚本、打开脚本、运行脚本等命令，如图 2-18 所示。

14.【帮助】菜单

在【帮助】菜单中可以学习 3ds Max 的帮助文件、了解新版本功能、搜索 3ds Max 命令等，如图 2-19 所示。

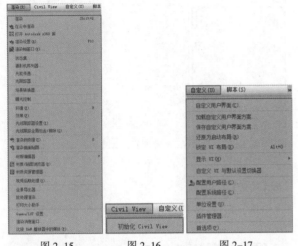

图 2-15　　图 2-16　　图 2-17

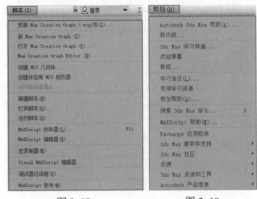

图 2-18　　　图 2-19

重点 2.3 主工具栏

扫一扫，看视频

主工具栏中包括了很多 3ds Max 中用于执行常见任务的工具和对话框。主工具栏位于主窗口的菜单栏下面。工具名称如图 2-20 所示。

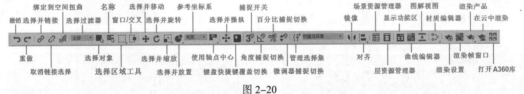

图 2-20

这 30 多个工具按钮按照具体功能，大致可以划分为 11 大类，如图 2-21 所示。

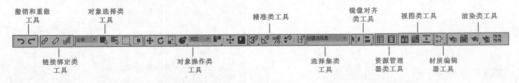

图 2-21

提示：如何找到更多的隐藏工具？

3ds Max 界面其实隐藏了很多工具，这些工具可以通过以下方法调出来。

方法 1：在主工具栏空白处右击，可以看到很多未被勾选的工具。比如，勾选【MassFX 工具栏】，如图 2-22 所示。此时弹出了该工具面板，如图 2-23 所示。

中文版3ds Max 2020+VRay效果图制作从入门到精通（微课视频 全彩版）

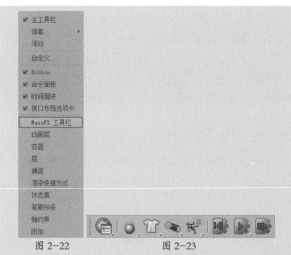

<table>
</table>

图 2-22　　　　　　　图 2-23

有时候在操作软件时，可能不小心将命令面板拽消失了，这时只需要在主工具栏空白处右击并勾选【命令面板】，如图 2-24 所示。此时命令面板又出现在了 3ds Max 界面右侧，如图 2-25 所示。

图 2-24

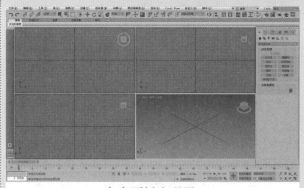

命令面板出现了

图 2-25

方法 2：主工具栏中的几个工具按钮的右下方都有一个小的三角形图标（例如），有这样的按钮表示在其下方还隐藏几个工具按钮。只要用鼠标左键一直按住该按钮，即可出现下拉列表，可以看到下面包括了多个工具，如图 2-26 所示。

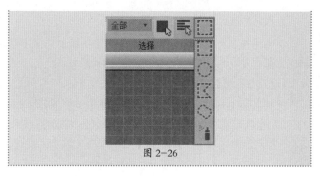

图 2-26

2.3.1　撤销和重做工具

在 3ds Max 中操作失误时，可以单击 ↺（撤销）按钮向前返回上一步操作（快捷键为 Ctrl+Z），也可单击 ↻（重做）向后返回一步。

2.3.2　链接绑定类工具

链接绑定类工具包括 3 个，分别为【选择并链接】工具 🔗、【断开当前选择链接】工具 🔗、【绑定到空间扭曲】工具 🖌。

1.【选择并链接】工具

【选择并链接】工具 🔗 用于链接对象和对象之间的父子关系，链接后的子模型会跟随父模型进行移动。

2.【断开当前选择链接】工具

【断开当前选择链接】工具 🔗 与【选择并链接】工具 🔗 的作用恰好相反，可断开链接好的父子关系。

3.【绑定到空间扭曲】工具

【绑定到空间扭曲】工具 🖌 可以将粒子与空间扭曲之间进行绑定。具体操作步骤在本书【粒子系统与空间扭曲】有详细讲解。

2.3.3　对象选择类工具

对象选择类工具可以使用更合适的选择方式选择对象。对象选择类工具包括 5 个，分别为【过滤器】 全部 ▼、【选择对象】工具 ▣、【按名称选择】按钮 ▤、【选择区域】工具 ▢、【窗口 / 交叉】工具 ▣。在本书下一章中会详细讲解具体操作。

1. 过滤器

使用【过滤器】 全部 ▼ 可以只允许选择一类对象（例如灯光对象），不容易操作出错。

2.【选择对象】工具

【选择对象】工具 ▣ 主要用于选择一个或多个对象，按住 Ctrl 键可以进行加选，按住 Alt 键可以进行减选。

3. 按名称选择

单击【按名称选择】按钮 会弹出【从场景选择】对话框，在该对话框中可以按名称选择所需要的对象。

4.【选择区域】工具

选择区域工具包含 5 种模式，分别是【矩形选择区域】工具 、【圆形选择区域】工具 、【围栏选择区域】工具 、【套索选择区域】工具 和【绘制选择区域】工具 。可以使用不同的选择区域形状进行选择对象。

5.【窗口/交叉】工具

【窗口/交叉】工具用于设置在框选对象时，是以哪种方式选择。其中当【窗口/交叉】工具 处于突出状态（即未激活状态）时，只要选择的区域碰到对象，即可被选择。当【窗口/交叉】工具 处于凹陷状态（即激活状态）时，选择的区域必须完全覆盖对象，才可被选择。

【重点】2.3.4　对象操作类工具

对象操作类工具可以对对象进行基本操作，如移动、选择、缩放等，是一些常用的工具。在本书下一章中会详细讲解具体操作。

1.【选择并移动】工具

使用【选择并移动】工具 可以沿 X、Y、Z 三个轴向的任意轴向移动。

2.【选择并旋转】工具

使用【选择并旋转】工具 可以沿 X、Y、Z 三个轴向的任意轴向旋转。

3.【选择并缩放】工具

【选择并缩放】工具包含 3 种，分别是【选择并均匀缩放】工具 、【选择并非均匀缩放】工具 和【选择并挤压】工具 。

4.【选择并放置】工具

使用【选择并放置】工具可以将一个对象准确地放到另一个对象的表面，例如把凳子放在地上。

5. 参考坐标系

【参考坐标系】可以用来指定变换操作（如移动、旋转、缩放等）所使用的坐标系统，包括视图、屏幕、世界、父对象、局部、方向、栅格、工作区、局部对齐和拾取 10 种坐标系。

6.【轴点中心】工具

【轴点中心】工具包含【使用轴点中心】工具 、【使用选择中心】工具 和【使用变换坐标中心】工具 3 种。使用这些工具可以设置模型的轴点中心位置。

7.【选择并操纵】工具

使用【选择并操纵】工具 可以在视图中通过使用拖曳

【操纵器】来编辑修改器、控制器和某些对象的参数。

8.【键盘快捷键覆盖切换】工具

使用【键盘快捷键覆盖切换】工具 可以在只使用"主用户界面"快捷键和同时使用主快捷键和组（如编辑/可编辑网格、轨迹视图、NURBS 等）快捷键之间进行切换。

2.3.5　精准类工具

精准类工具可以使模型在创建时更准确。包括捕捉开关、角度捕捉切换、百分比捕捉切换、微调器捕捉切换。在本书下一章中会详细讲解具体操作。

1.【捕捉开关】工具

【捕捉开关】工具包括【2D 捕捉】工具 、【2.5D 捕捉】工具 和【3D 捕捉】工具 3 种。

2.【角度捕捉切换】工具

【角度捕捉切换】工具 可以用来指定捕捉的角度（快捷键为 A 键）。激活该工具后，角度捕捉将影响所有的旋转变换，在默认状态下以 5° 为增量进行旋转。

3.【百分比捕捉切换】工具

【百分比捕捉切换】工具 可以将对象缩放捕捉到自定的百分比（快捷键为 Shift+Ctrl+P），在缩放状态下，默认每次的缩放百分比为 10%。

4.【微调器捕捉切换】工具

【微调器捕捉切换】工具 可以用来设置微调器单次单击的增加值或减少值。

2.3.6　选择集类工具

选择集类工具包括【管理选择集】工具 和【创建选择集】工具 。

1.【管理选择集】工具

【管理选择集】工具 可以为单个或多个对象进行命名。选中一个对象后，单击【管理选择集】按钮 可以打开【命名选择集】对话框，在该对话框中就可以为选择的对象进行命名。

2.【创建选择集】工具

单击【管理选择集】工具 ，并单击【创建新集】工具后即可创建新集，此时可以单击该工具选择集，如图 2-27 所示。

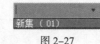

图 2-27

2.3.7　镜像对齐类工具

镜像对齐类工具包括【镜像】工具 和【对齐】工具

，这两个工具是比较常用的，可以准确地复制和对齐模型。该内容在本书下一章中会详细讲解具体操作。

1.【镜像】工具

使用【镜像】工具 可以围绕一个轴心镜像出一个或多个副本对象。

2.【对齐】工具

对齐工具可以使两个对象按照一定的方式对齐位置。鼠标左键长按【对齐】工具 ，对齐工具包括 6 种类型，分别是【对齐】工具 、【快速对齐】工具 、【法线对齐】工具 、【放置高光】工具 、【对齐摄影机】工具 和【对齐到视图】工具 。

- 【对齐】工具 ：快捷键为 Alt+A，【对齐】工具可以将两个物体以一定的对齐位置和对齐方向进行对齐。
- 【快速对齐】工具 ：快捷键为 Shift+A，使用【快速对齐】方式可以立即将当前选择对象的位置与目标对象的位置进行对齐。
- 【法线对齐】工具 ：快捷键为 Alt+N，【法线对齐】基于每个对象的面或是以选择的法线方向来对齐两个对象。
- 【放置高光】工具 ：快捷键为 Ctrl+H，使用【放置高光】方式可以将灯光或对象对齐到另一个对象，以便可以精确定位其高光或反射。
- 【对齐摄影机】工具 ：使用【对齐摄影机】方式可以将摄影机与选定的面法线进行对齐。
- 【对齐到视图】工具 ：【对齐到视图】方式可以将对象或子对象的局部轴与当前视图进行对齐。

2.3.8 资源管理器类工具

资源管理器类工具包括【切换场景资源管理器】工具 和【切换层资源管理器】工具 ，分别可以对场景资源和层资源进行管理操作。

1. 切换场景资源管理器

在【切换场景资源管理器】工具 中可以查看、排序、过滤和选择对象，还提供了其他功能，用于重命名、删除、隐藏和冻结对象、创建和修改对象层次以及编辑对象属性。

2. 切换层资源管理器

【切换层资源管理器】工具 可用来创建和删除层，也可用来查看和编辑场景中所有层的设置以及与其相关联的对象。

2.3.9 视图类工具

切换功能区 、曲线编辑器 、图解视图 这 3 个工具可以调出 3 个不同的参数面板。

1. 切换功能区

【切换功能区】 可以切换是否显示【建模】工具，该建模工具是多边形建模方式的一种新型方式。单击主工具栏中的【切换功能区】按钮 即可调出【建模】的工具栏，如图 2-28 所示。

图 2-28

2. 曲线编辑器

单击主工具栏中的【曲线编辑器】按钮 可以打开【轨迹视图 - 曲线编辑器】对话框。【曲线编辑器】是一种【轨迹视图】模式，可以用曲线来表示运动，在本书【关键帧动画】章节会详细讲解。

3. 图解视图

【图解视图】 是基于节点的场景图，通过它可以访问对象的属性、材质、控制器、修改器、层次和不可见场景关系。

2.3.10 材质编辑器工具

【材质编辑器】工具 可以完成对材质和贴图的设置，在本书材质和贴图的相关章节会详细讲解。

2.3.11 渲染类工具

渲染类工具包括 5 种与渲染相关的工具，分别为渲染设置 、渲染帧窗口 、渲染产品 、在云中渲染 、打开 A360 库 。

1. 渲染设置

单击主工具栏中的【渲染设置】按钮 （快捷键为 F10 键）可以打开【渲染设置】对话框，所有的渲染设置参数基本上都在该对话框中完成。

2. 渲染帧窗口

单击主工具栏中的【渲染帧窗口】按钮 可以打开【渲染帧窗口】对话框，在该对话框中可执行选择渲染区域、切换图像通道和存储渲染图像等任务。

3. 渲染产品

渲染产品包含【渲染产品】工具 、【渲染迭代】工具 和 ActiveShade 工具 3 种类型。

4. 在云中渲染

【在云中渲染】工具 可以使用 A360 云渲染场景。

5. 打开 A360 库

【打开 A360 库】工具 可以打开介绍 A360 云渲染的网页。

2.4 功能区

单击主工具栏中的 ▦（切换功能区）按钮，即可调出和隐藏功能区。调出的功能区是用于多边形建模的，如图2-28所示。

2.5 视口

3ds Max界面中最大的区域就是视口，默认情况下视口包括4部分，分别是顶视图（快捷键为T）、前视图（快捷键为F）、左视图（快捷键为L）、透视图（快捷键为P），如图2-29所示。

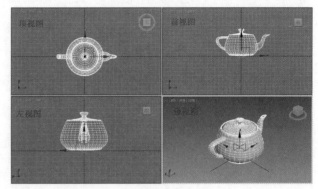

图 2-29

例如，单击前视图中右上导航器左侧的小图标，如图2-30所示。模型会转动到了左侧，并且视图左上方变成了【正交】，如图2-31所示。若想再次切换回【前视图】，则只需要按快捷键F即可切换回来，如图2-32所示。

图 2-30

图 2-31

图 2-32

单击视图左上方的四个按钮，能分别弹出四个对话框，可以允许我们是否显示栅格、切换其他视图、设置照明和阴影、设置模型显示模式等，如图2-33～图2-36所示。

图 2-33

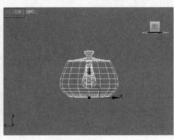
图 2-34

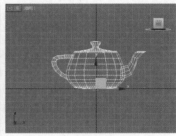
图 2-35

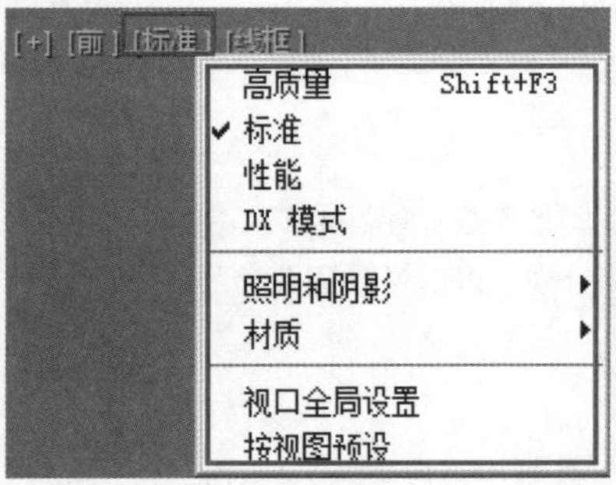

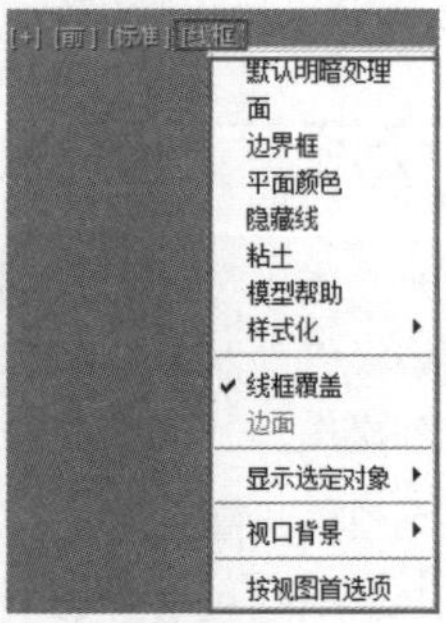

图 2-36

2.6 状态栏控件

状态栏位于轨迹栏的下方，它提供了选定对象的数目、类型、变换值和栅格数目等信息，并且状态栏可以基于当前光标位置和当前程序活动来提供动态反馈信息，如图2-37所示。

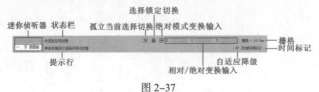

图 2-37

中文版3ds Max 2020+VRay效果图制作从入门到精通（微课视频 全彩版）

- 迷你侦听器：用于 MAXScript 语言的交互翻译器，它与 DOS 命令提示窗口类似。
- 状态栏：此处可显示选中了几个对象。
- 提示行：此处会提示我们将如何操作当前使用的工具。
- 孤立当前选择切换：单击该按钮将只选择该对象。
- 选择锁定切换：单击该按钮可以锁定该对象，此时其他对象将无法选择。
- 绝对模式变换输入：单击可切换绝对模式变换输入或偏移模式变换输入。
- 相对/绝对变换输入：可在此处的 X、Y、Z 后方输入数值。
- 自适应降级：启用该工具，在操作场景时会更流畅。
- 栅格：此处显示栅格数值。
- 时间标记：单击可以添加和编辑标记。

2.7 动画控件

动画控件位于状态栏的右侧，这些按钮主要用来控制动画的播放效果，包括关键点控制和时间控制等，如图 2-38 所示。该内容在本书【关键帧动画】章节有详细讲解。

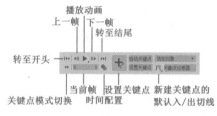

图 2-38

2.8 命令面板

命令面板由 6 个用户界面面板组成，使用这些面板可以找到 3ds Max 的大多数建模功能，以及一些动画功能、显示选择和其他工具，3ds Max 每次只有一个面板可见。6 个面板分别为【创建】面板 ✛、【修改】面板 ◪、【层次】面板 ⬚、【运动】面板 ◉、【显示】面板 ▬ 和【实用程序】面板 ⚒，如图 2-39 所示。

图 2-39

1.【创建】面板

进入【创建】面板 ✛，其中包括 7 种对象。分别是【几何体】●、【图形】⬚、【灯光】💡、【摄影机】📷、【辅助对象】◣、【空间扭曲】≋ 和【系统】⚙，如图 2-40 所示。

图 2-40

- 几何体 ●：用来创建几何体模型，如长方体、球体等。
- 图形 ⬚：用来创建样条线和 NURBS 曲线，如线、圆、矩形等。
- 灯光 💡：用来创建场景中的灯光，如目标灯光、泛光灯。
- 摄影机 📷：用来创建场景中的摄影机。
- 辅助对象 ◣：用来创建有助于场景制作的辅助对象。
- 空间扭曲 ≋：用来创建空间扭曲对象，常搭配粒子使用。
- 系统 ⚙：用来创建系统工具，如骨骼、环形阵列等。

2.【修改】面板

【修改】面板用于修改对象的参数，还可以为对象添加修改器，如图 2-41 所示。

3.【层次】面板

在【层次】面板中可以访问调整对象间层次链接的工具，通过将一个对象与另一个对象相链接，可以创建对象之间的父子关系，包括【轴】 轴 、IK IK 和【链接信息】 链接信息 3 种工具，如图 2-42 所示。

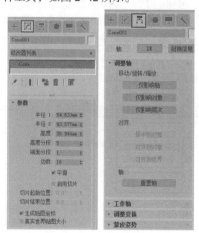

图 2-41　　图 2-42

4.【运动】面板

【运动】面板中的参数用来调整选定对象的运动属性，如图 2-43 所示。

5.【显示】面板

【显示】面板中的参数用来设置场景中的控制对象的显

示方式，如图 2-44 所示。

6.【实用程序】面板

【实用程序】面板中包括几个常用的实用程序，例如塌陷、测量等，如图 2-45 所示。

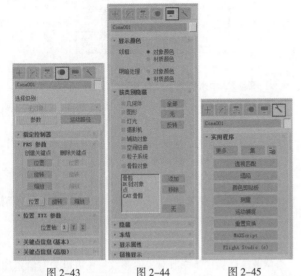

图 2-43　　　图 2-44　　　图 2-45

2.9 时间尺

【时间尺】包括【时间线滑块】和【轨迹栏】两大部分，如图 2-46 所示。

- 时间线滑块：位于 3ds Max 界面下方，拖动时可以设置当前帧位于哪个位置，还可以单击向左箭头图标 ◀ 与向右箭头图标 ▶ 向前或者向后移动一帧。
- 轨迹栏：位于【时间线滑块】的下方，用于显示时间线的帧数和添加关键点的位置。

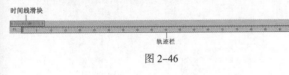

时间线滑块

轨迹栏

图 2-46

视口导航控制按钮在状态栏的最右侧，主要用来控制视图的显示和导航。使用这些按钮可以缩放、平移和旋转活动的视图，如图 2-47 所示。具体操作方法在本书第 3 章有详细讲解。

缩放所有视图
最大化显示选定对象
缩放————所有视图最大化显示选定对象
视野————最大化视口切换
环绕子对象
平移视图

图 2-47

- **缩放**：使用该工具可以在透视图或正交视图中通过拖曳光标来调整对象的大小。
- **视野**：使用该工具可以设置视野透视效果。
- **缩放所有视图**：使用该工具可以同时调整所有视图的缩放效果。
- **平移视图**：使用该工具可以将选定视图平移到任何位置。
- **最大化显示选定对象**：使用该工具可以将选中的对象最大化显示在该视图中，快捷键为 Z。
- **环绕子对象**：使用该工具可以使当前视图产生环绕旋转的效果。
- **所有视图最大化显示选定对象**：使用该工具可以将选中的对象最大化显示在所有视图中。
- **最大化视口切换**：单击该按钮可以切换一个视图或四个视图，快捷键为 Alt+W。

Chapter 03
第3章

3ds Max 基本操作

本章学习要点：

熟练掌握文件的打开、导出、导入、重置、归档等基础操作

熟练掌握对象的创建、删除、组、选择、移动、缩放、复制等基础操作

熟练掌握视图的切换与透视图的基本操作

本章内容简介：

本章主要内容包括文件操作、对象操作、视图操作等。在学习 3ds Max 具体的对象创建与编辑之前，首先我们需要学习文件的打开、导入、导出等功能。接下来可以尝试在文件中添加一些对象，通过本章提供的大量基础案例学习对象的移动、旋转、缩放、组、锁定、对齐等的基础操作。在此基础上简单了解一下操作视图的切换以及透视图的操作方法，为后面章节中学习模型创建做准备。

通过本章学习，我能做什么？

通过本章的学习，我们能够完成一些文件的基本操作，例如打开已有的文件，能够向当前文件中导入其他文件或将所选模型导出为独立文件。通过对象基本操作的学习，我们能够对 3ds Max 中的对象进行选择、移动、编组、旋转、缩放，还能够在不同的视图下观察模型效果。通过这些内容的学习，我们可以尝试在 3ds Max 中打开已有的文件，并进行一些简单的对象操作。

优秀作品欣赏

3.1 认识 3ds Max 2020 基本操作

本节将了解 3ds Max 2020 的基本操作知识，包括基本操作的类型以及为什么要学习基本操作。

3.1.1 3ds Max 2020 的基本操作

（1）文件基本操作。文件基本操作是对整个软件的基本操作，如保存文件、打开文件。

（2）对象基本操作。对象基本操作是对对象的操作，如移动、旋转、缩放。

（3）视图基本操作。视图基本操作是对视图操作的变换，如切换视图、旋转视图。

3.1.2 为什么要学习基本操作

3ds Max 的基本操作是非常重要的，如果本章知识学得不够扎实，那么在后面进行建模时就会显得有些困难，容易出现操作错误。例如，选择并移动工具的正确使用方法如果掌握不好，在建模移动物体时，就可能移动得不够精准，模型的位置会出现很多问题，因此本章内容一定要反复练习，为后面建模章节做好准备。

3.2 文件基本操作

文件基本操作是指对 3ds Max 文件的操作方法，如打开文件、保存文件、导出文件等。

扫一扫，看视频

3.2.1 实例：打开文件

文件路径：Chapter 03 3ds Max 基本操作→实例：打开文件

在 3ds Max 中有很多种方法可以打开文件，本例选择常用的两种方法讲解。

扫一扫，看视频

Part 01 打开文件方法 1

步骤 01 双击本书中的文件"场景文件.max"，如图 3-1 所示。

图 3-1

步骤 02 等待一段时间，文件被打开了，如图 3-2 所示。

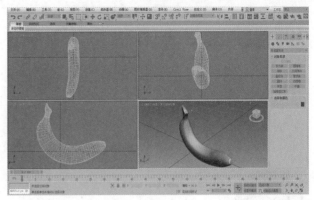

图 3-2

Part 02 打开文件方法 2

步骤 01 双击 3ds Max 图标，此时打开了 3ds Max，如图 3-3 所示。

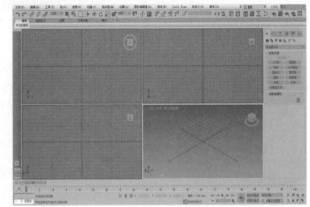

图 3-3

步骤 02 选择本书中的文件"场景文件.max"，将其拖动到 3ds Max 视图中，并执行【打开文件】命令，如图 3-4 所示。

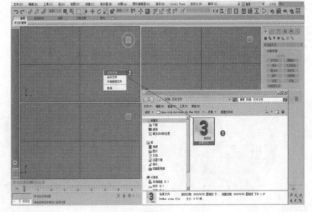

图 3-4

步骤 03 等待一段时间，文件被打开了，如图 3-5 所示。

中文版3ds Max 2020+VRay效果图制作从入门到精通（微课视频 全彩版）

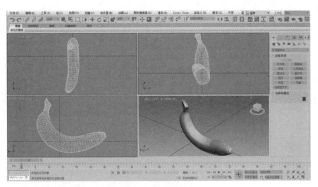

图 3-5

3.2.2 实例：保存文件

文件路径：Chapter 03 3ds Max 基本操作→实例：保存文件

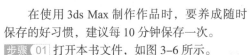

在使用 3ds Max 制作作品时，要养成随时保存的好习惯，建议每 10 分钟保存一次。

步骤 01 打开本书文件，如图 3-6 所示。

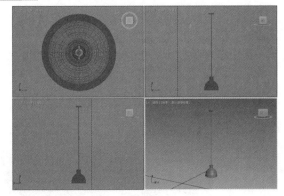

图 3-6

步骤 02 选择吊灯模型，在透视图中将其沿着 X 轴向右平移，如图 3-7 所示。

图 3-7

步骤 03 调整完成后，按快捷键 Ctrl+S 即可进行保存，也可执行【文件】|【保存】命令进行保存。

【重点】3.2.3 实例：导出和导入 .obj 或 .3ds 格式的文件

在制作作品时，一些比较好的模型我们可以将其导出，以方便日后 3ds Max 使用或为了导入其他软件中，作为中间的格式使用。常用的导出格式有 .obj 或 .3ds。

扫一扫，看视频

Part 01 导出文件

步骤 01 打开本书场景文件，如图 3-8 所示。

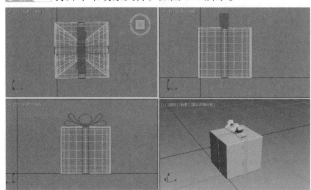

图 3-8

步骤 02 按住 Ctrl 键，在场景中加选礼品盒模型，在菜单栏中执行【文件】|【导出】|【导出选定对象】命令，如图 3-9 所示。

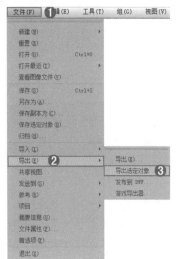

图 3-9

步骤 03 在弹出的对话框中设置【文件名】，然后设置【保存格式】为 .obj 或 .3ds，然后单击【保存】按钮，接着单击【导出】按钮，最后单击【完成】按钮，如图 3-10 所示。

步骤 04 导出完成之后，可以在刚才保存的位置找到文件【导出 .obj】，如图 3-11 所示。

步骤 01 使用【平面】创建一个地面模型，如图 3-12 所示。

图 3-10   图 3-11   图 3-12

步骤 02 在菜单栏中执行【文件】|【导入】|【导入】命令，在弹出的对话框中选择文件【导入的文件 .obj】，接着单击【打开】按钮，在弹出的对话框中单击【导入】按钮，如图 3-13 所示。

步骤 03 导入之后的效果如图 3-14 所示。

图 3-13   图 3-14

【重点】3.2.4 实例：合并 .max 格式的勺子模型

【合并】与【导入】虽然都可以将文件加载到场景中，但是两者有所区别。【合并】主要是针对 3ds Max 的源文件格式，即 .max 格式的文件。而【导入】主要是针对 .obj 或 .3ds 等格式的文件。

扫一扫，看视频

步骤 01 打开本书场景文件，如图 3-15 所示。

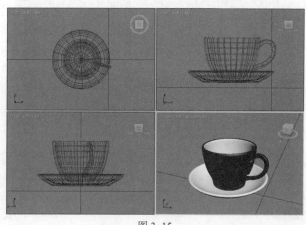

图 3-15

步骤 02 在菜单栏中执行【文件】|【导入】|【合并】命令，在弹出的对话框中选择【勺子.max】文件，接着单击【打开】按钮，在弹出的对话框列表中选中 1，单击【确定】按钮，如图 3-16 所示。

图 3-16

步骤 03 在透视图中单击鼠标左键，此时导入成功，效果如图 3-17 所示。

图 3-17

3.2.5　实例：重置文件

文件路径：Chapter 03 3ds Max 基本操作→实例：重置文件

【重置】是指将当前打开的文件复位为 3ds Max 最初打开的状态，其目的与关闭当前文件然后重新打开 3ds Max 软件相同。

扫一扫，看视频

步骤 01 打开本书场景文件，如图 3-18 所示。

步骤 02 在菜单栏中执行【文件】|【重置】命令，然后单击【是】按钮，如图 3-19 所示。

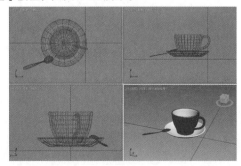

图 3-18

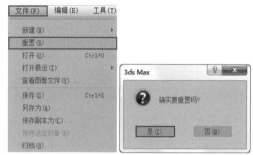

图 3-19

步骤 03 此时创建中的对象都消失不见了，3ds Max 被重置为一个全新的界面，与重新打开 3ds Max 是一样的，如图 3-20 所示。

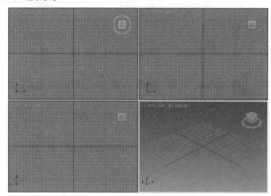

图 3-20

【重点】3.2.6　实例：归档文件

扫一扫，看视频

有时候在制作 3ds Max 作品时，场景中有很多的模型、贴图、灯光等，很有可能贴图的位置分布在计算机的很多不同的位置，并没有整理在一个文件夹中，因此比较乱。而【归档】很好地解决了该问题，可以将 3ds Max 文件快速打包为一个 .zip 的压缩文件，其中包含了该文件所有的素材。

步骤 01 打开本书场景文件，如图 3-21 所示。

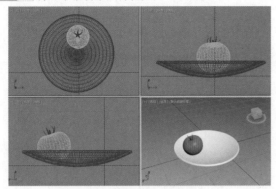

图 3-21

步骤 02 在菜单栏中执行【文件】|【归档】命令，如图 3-22 所示。

文件(F)　编辑(E)　工具(T)

新建(N)	▶
重置(R)	
打开(O)...	Ctrl+O
打开最近(T)	▶
查看图像文件(V)...	
保存(S)	Ctrl+S
另存为(A)...	
保存副本为(C)...	
保存选定对象(I)	
归档(H)...	
导入(I)	▶
导出(E)	▶
共享视图(S)	
发送到(D)	▶
参考(R)	▶
项目(J)	▶
摘要信息(U)...	
文件属性(F)...	
首选项(P)...	
退出(X)	

图 3-22

步骤 03 在弹出的对话框中设置【文件名称】，并单击【保存】按钮，如图 3-23 所示。

图 3-23

步骤 04 等待一段时间，即可在刚才保存的位置看到一个 .zip 的压缩文件，如图 3-24 所示。

实例：归档文件. zip

图 3-24

【重点】3.2.7　实例：找到3ds Max的自动保存位置

扫一扫，看视频

　　3ds Max 是一款复杂的、功能较多的三维软件，因此在运行时出现文件错误也是有可能发生的，除此之外，还可能会遇到计算机突然断电等问题。这些时候可能会造成当前打开的 3ds Max 文件关闭，而此时我们可能没有及时保存，因此找到文件自动保存的位置是很有必要的。

步骤 01 在计算机中执行【开始】|【文档】命令，如图 3-25 所示。

步骤 02 双击打开 3ds Max 文件夹，如图 3-26 所示。

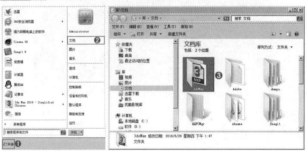

图 3-25　　　　　　图 3-26

步骤 03 双击打开 autoback 文件夹，如图 3-27 所示。

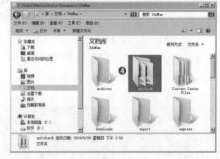

图 3-27

步骤 04 此时会看到该文件夹下有 3 个 .max 格式的文件，我们只需要根据【修改时间】找到离现在最近时间的那个 .max 格式的文件，然后一定要将这个文件选择并复制（快捷键 Ctrl+C）出来，然后找到计算机里其他位置粘贴（快捷键 Ctrl+V），避免造成该文件被每隔几分钟自动替换一次，如图 3-28 所示。

中文版3ds Max 2020+VRay效果图制作从入门到精通（微课视频　全彩版）

图 3-28

3.3 对象基本操作

对象基本操作是指对场景中的模型、灯光、摄影机等对象进行创建、选择、复制、修改、编辑等操作，是完全针对对象的常用操作。在本节中我们将学到大量的 3ds Max 常用对象基本操作技巧。

扫一扫，看视频

3.3.1 实例：创建一组模型

文件路径：Chapter 03 3ds Max 基本操作→实例：创建一组模型

学习 3ds Max 的最基本操作，首先要从了解如何创建模型开始。

扫一扫，看视频

步骤 01 在【命令面板】中执行 （创建）| ●（几何体）| 标准基本体 ▼ | 圆柱体 ，然后在视图中按住鼠标左键拖动创建一个圆柱体模型，如图 3-29 所示。选择当前的圆柱体模型，单击界面右侧的 （修改），并设置其参数，如图 3-30 所示。

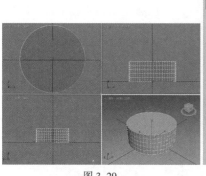

图 3-29   图 3-30

步骤 02 执行 ✛（创建）| ●（几何体）| 标准基本体 ▼ | 茶壶 ，然后在顶视图中按住鼠标左键拖动创建一个茶壶模型，如图 3-31 所示。选择当前的茶壶模型，单击界

面右侧的 （修改），并设置其参数，如图 3-32 所示。

步骤 03 在透视图中沿 Z 轴向上方适当移动茶壶模型，最终效果，如图 3-33 所示。

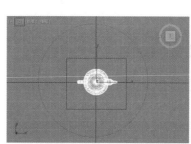

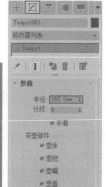

图 3-31   图 3-32

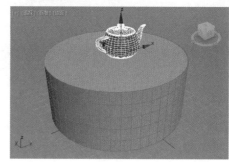

图 3-33

3.3.2 实例：将模型位置设置到世界坐标中心

文件路径：Chapter 03 3ds Max 基本操作→实例：将模型位置设置到世界坐标中心

在视图中创建模型时，可以将模型的位置设置到世界坐标中心。这样再次创建其他模型时，两个模型比较容易对齐。

扫一扫，看视频

步骤 01 打开本书场景文件，如图 3-34 所示，发现模型没有在世界坐标中心位置。

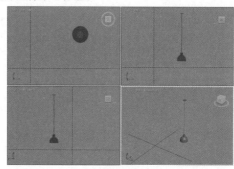

图 3-34

步骤 02 选择吊灯模型，此时可以看到 3ds Max 界面下方的 X、Y、Z 后面的数值都不是 0，如图 3-35 所示。

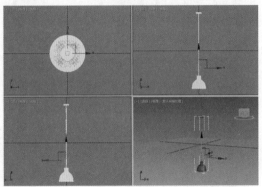
图 3-35

步骤 03 可以将鼠标移动到 X、Y、Z 后方的 ⇕ 位置，分别依次单击右键，可看到数值都被设置为 0 了，如图 3-36 所示。

图 3-36

步骤 04 模型的位置也自动被设置到了世界坐标的中心，如图 3-37 所示。

图 3-37

3.3.3 实例：删除和快速删除大量对象

文件路径：Chapter 03 3ds Max 基本操作→实例：删除和快速删除大量对象

扫一扫，看视频

删除是 3ds Max 的基本操作，按 Delete 键即可完成。除了删除单个文件外，删除很多个文件操作也比较常用。

步骤 01 打开本书场景文件，如图 3-38 所示。

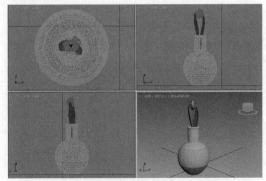
图 3-38

步骤 02 单击可以选择一个模型，按住 Ctrl 键并单击可以选择多个模型，如图 3-39 所示。

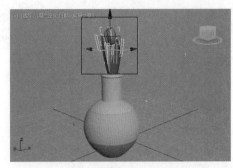
图 3-39

步骤 03 按 Delete 键即可删除，如图 3-40 所示。

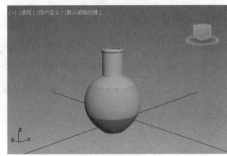
图 3-40

步骤 04 假如我们只想保留花瓶模型，其他物体都删除，那么可以只选择花瓶，如图 3-41 所示。

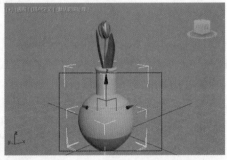
图 3-41

步骤 05 按快捷键 Ctrl+I（反选），此时选择了除去花瓶外的模型，如图 3-42 所示。

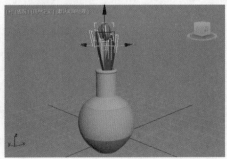
图 3-42

步骤 06 此时按 Delete 键即可删除，如图 3-43 所示。

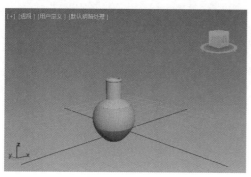

图 3-43

3.3.4 实例：撤销和重做

文件路径：Chapter 03 3ds Max 基本操作→实例：撤销和重做

扫一扫，看视频

在使用 3ds Max 制作作品时，非常容易出现操作的错误，这时我们一定会想到返回到上一步操作，往前返回就是【撤销】。与之相对应的就叫【重做】，是指往后返回。

步骤 01 打开本书场景文件，如图 3-44 所示。

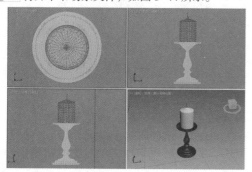

图 3-44

步骤 02 单击选择蜡烛的模型，在透视图中使用 ✛（选择并移动）工具沿 X 轴向右移动模型，如图 3-45 所示。

图 3-45

步骤 03 继续沿 Z 轴向下移动模型，如图 3-46 所示。此时一共有了两个操作，第 1 个操作是向右移动，第 2 个操作是向下移动。

图 3-46

步骤 04 此时单击主工具栏中的 ↶（撤销）按钮，或按快捷键 Ctrl+Z，即可往前返回一步，如图 3-47 所示，可以看到现在的状态是物体在右侧。

图 3-47

步骤 05 假如我们不想执行刚才返回的那个操作了，可以单击 ↷（重做）按钮，即可往后返回一步，如图 3-48 所示，可以看到现在的状态是物体还在下方。

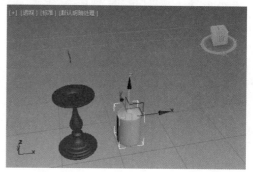

图 3-48

3.3.5 实例：组和解组

文件路径：Chapter 03 3ds Max 基本操作→实例：组和解组

扫一扫，看视频

3ds Max 中可以将多个对象进行组操作，组是指暂时将多个对象放在一起，被组的对象是无法修改参数的或单独调整某一个对象的位置。还可以将组解组，即可恢复到组之前的状态。也可以进行组打开，此时可以对物体暂时进行调整参数或位置，再进行组关闭。

Part 01   组

步骤 01 打开本书场景文件，如图 3-49 所示。

图 3-49

步骤 02 场景中包括绿叶和花盆两部分，如图 3-50 所示。

图 3-50

步骤 03 选择两个模型，如图 3-51 所示。

步骤 04 在菜单栏中执行【组】|【组】命令，如图 3-52 所示。

图 3-51   图 3-52

步骤 05 在弹出的对话框中进行组命名并单击【确定】按钮，如图 3-53 所示。

图 3-53

步骤 06 此时两个模型暂时组在一起了（注意：当前是组在一起，而不是变为一个模型），如图 3-54 所示。

图 3-54

Part 02   解组

步骤 01 在选择当前已经被组在一起的组模型，如图 3-55 所示。

步骤 02 在菜单栏中执行【组】|【解组】命令，如图 3-56 所示。

图 3-55   图 3-56

步骤 03 此时组已经被解组了，解组之后就可以任意选择单击花瓶或绿叶了，如图 3-57 所示。

图 3-57

Part 03   组打开

步骤 01 可以选择 Part 01 中完成的组模型，在菜单栏中执行【组】|【打开】命令，如图 3-58 所示。

步骤 02 此时看到组被暂时打开了，如图 3-59 所示。

图 3-58　　　　　　　　　图 3-59

步骤 03 此时可以单击选择花盆模型，如图 3-60 所示。可以使用 （选择并均匀缩放）工具放大花盆模型，如图 3-61 所示。

图 3-60　　　　　　　　　图 3-61

步骤 04 调整完成后，在菜单栏中执行【组】|【关闭】命令，如图 3-62 所示。

步骤 05 关闭组之后的模型，还是被组在一起的状态，如图 3-63 所示。

图 3-62　　　　　　　　　图 3-63

3.3.6　实例：过滤器准确地选择对象

文件路径：Chapter 03 3ds Max 基本操作→实例：过滤器准确地选择对象

扫一扫，看视频

　　3ds Max 中的对象有很多种，如几何体、图形、灯光、摄影机等。在较为复杂的创建中，这些对象可能非常多，因此不容易准确地进行选择。比如我们想选择某个图形，结果却单击选择了几何体。而过滤器可以很好地解决这个问题，可以设定好过滤器类型，设置好之后就只能选择到这一类对象了，不容易选择错误。

步骤 01 打开场景文件，如图 3-64 所示。

步骤 02 场景中包括了三维模型（几何体）、二维线（图形）、泛光灯（灯光）这 3 种对象，如图 3-65 所示。

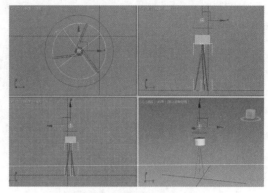

图 3-64

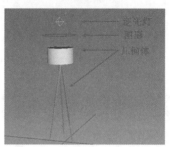

图 3-65

步骤 03 单击过滤器，选择类型为【几何体】，如图 3-66 所示。

步骤 04 此时在视图中无论如何选择，就只能选择到几何体，如图 3-67 所示。

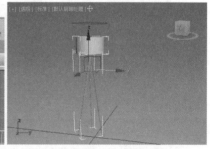

图 3-66　　　　　　　　　图 3-67

步骤 05 单击过滤器，选择类型为【灯光】，如图 3-68 所示。

步骤 06 此时在视图中无论如何选择，就只能选择到灯光，如图 3-69 所示。

图 3-68　　　　　　　　　图 3-69

步骤 07 单击过滤器，选择类型为【图形】，如图3-70所示。

步骤 08 此时在视图中无论如何选择，就只能选择到图形，如图3-71所示。

 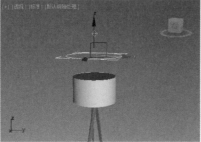

图3-70　　　　　　图3-71

3.3.7　实例：按名称选择物体

文件路径：Chapter 03 3ds Max 基本操作→实例：按名称选择物体

扫一扫，看视频

在制作模型时，建议大家养成良好的习惯。将模型进行合理地命名，可以使用按名称选择物体快速找到我们需要的模型。

步骤 01 打开本书文件，如图3-72所示。

图3-72

步骤 02 场景中的文件分为茶杯和茶壶两类，如图3-73所示。

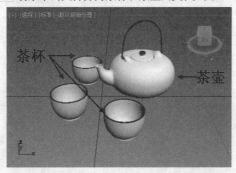

图3-73

步骤 03 当选择其中一个模型，例如选择【茶壶】，然后单击修改，就可以看到它的名称（可以在这里修改它的名称），如图3-74所示。

图3-74

步骤 04 除了直接单击选择物体之外，还可以通过使用主工具栏中的（按名称选择）按钮，并在对话框中单击选择【茶壶】，然后单击【确定】按钮，如图3-75所示。

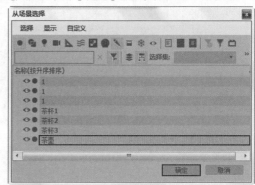

图3-75

步骤 05 此时茶壶模型已经被成功选择，如图3-76所示。

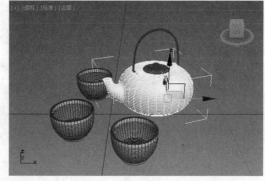

图3-76

3.3.8　实例：使用不同的选择区域选择物体

文件路径：Chapter 03 3ds Max 基本操作→实例：使用不同的选择区域选择物体

扫一扫，看视频

3ds Max 主工具栏中的选择区域包含5种类型。鼠标左键一直按住（矩形选择区域）按钮，即可切换选择其中的任意一种，如图3-77所示。

步骤 01 打开本书场景文件，如图3-78所示。

40

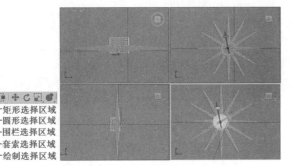

```
矩形选择区域
圆形选择区域
围栏选择区域
套索选择区域
绘制选择区域
```

图 3-77　　　　　　图 3-78

步骤 02 以默认 （矩形选择区域）方式拖动鼠标，即可以矩形的方式进行选择，如图 3-79 所示。

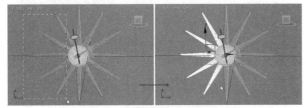

图 3-79

步骤 03 切换到 （圆形选择区域）方式拖动鼠标，即可以圆形的方式进行选择，如图 3-80 所示。

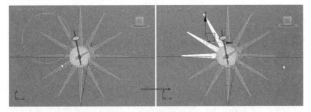

图 3-80

步骤 04 切换到 （围栏选择区域）方式多次单击鼠标左键绘制图形，即可选择相应的模型，如图 3-81 所示。

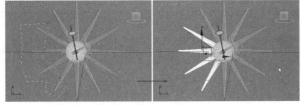

图 3-81

步骤 05 切换到 （套索选择区域）方式拖动鼠标，即可以套索的样式进行选择，如图 3-82 所示。

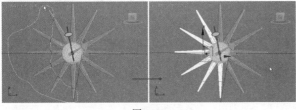

图 3-82

步骤 06 切换到 （绘制选择区域）方式拖动鼠标，然后从空白位置按住鼠标左键，会出现圆形的图标，然后类似画笔一样在模型上拖动，此时即可选择模型，如图 3-83 所示。

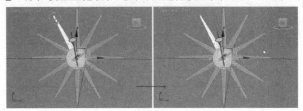

图 3-83

【重点】3.3.9　实例：准确地移动蝴蝶结位置

文件路径：Chapter 03 3ds Max 基本操作→实例：准确地移动蝴蝶结位置

扫一扫，看视频

主工具栏中的 （选择并移动）工具可以对物体进行移动，既可以沿单一轴线进行移动，又可以沿多个轴线移动。但是为了更精准，建议沿单一轴线进行移动（当鼠标移动到单一坐标，该坐标变为黄色时，代表已经选择了该坐标）。

Part 01　准确地移动蝴蝶结位置

步骤 01 打开本书场景文件，如图 3-84 所示。

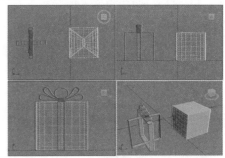

图 3-84

步骤 02 使用 （选择并移动）工具，单击选择蝴蝶结模型，如图 3-85 所示。

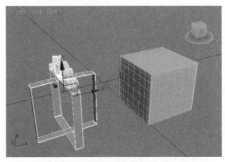

图 3-85

步骤 03 鼠标移动到 X 轴位置，然后只沿 X 轴向右侧进行移动，如图 3-86 所示。

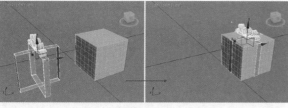

图 3-86

Part 02　错误的移动方法

步骤 01 错误的示范开始了。建议大家不要随便移动，若不沿准确的轴向移动（例如沿 X/Y/Z 三个轴向移动），容易出现位置错误，如图 3-87 所示。

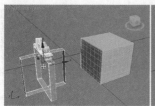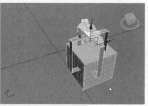

图 3-87

步骤 02 当我们在 4 个视图中查看效果，发现蝴蝶结与盒子的位置并没有完全吻合，如图 3-88 所示。因此说明，在建模时一定要随时查看 4 个视图中的模型效果，因为直接沿三个轴向移动是非常不精准的，其实或许已经出现位置错误。

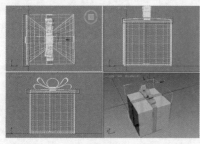

图 3-88

步骤 03 除了查看 4 个视图之外，还需要我们在建模时经常进入透视图，按住 Alt 键，然后按住鼠标中轮并拖动鼠标位置，即可旋转视图，图 3-89 所示发现蝴蝶结在某一些角度看也已经错误了。

图 3-89

【重点】3.3.10　实例：准确地旋转模型

扫一扫，看视频

文件路径：Chapter 03 3ds Max 基本操作→实例：准确地旋转模型

🔄（选择并旋转）工具可以将模型进行旋转，与✛（选择并移动）工具的操作类似，建议大家在旋转时沿单一轴线旋转，这样更准确一些。

Part 01　准确地旋转模型

步骤 01 打开本书场景文件，如图 3-90 所示。

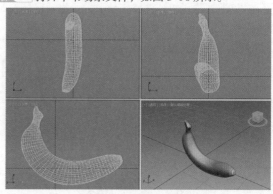

图 3-90

步骤 02 使用主工具栏中的🔄（选择并旋转）工具单击模型，然后将鼠标移动到 Z 轴位置（注意：当鼠标移动到 Z 轴时，Z 会变为蓝色，而 X 和 Y 都为灰色），然后按住鼠标左键并拖动，即可在 Z 轴进行旋转，如图 3-91 所示。

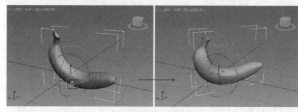

图 3-91

Part 02　错误的旋转方法

使用主工具栏中的🔄（选择并旋转）工具单击模型，然后将鼠标随便放到模型附近，然后按住鼠标左键并拖动，此时模型已经在多个轴向被旋转了，如图 3-92 所示。

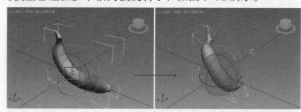

图 3-92

中文版3ds Max 2020+VRay效果图制作从入门到精通（微课视频 全彩版）

3.3.11 实例：缩放装饰品尺寸

文件路径：Chapter 03 3ds Max 基本操作→实例：缩放装饰品尺寸

扫一扫，看视频

（选择并均匀缩放）工具可以沿 3 个轴向缩放物体，即可均匀缩小或放大。沿一个轴向缩放物体，即可在该轴向上压扁或拉长物体。

步骤 01 打开本书场景文件，如图 3-93 所示。

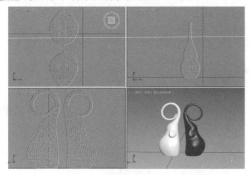

图 3-93

步骤 02 选择右侧的黑色装饰品，使用 （选择并均匀缩放）工具沿 X、Y、Z 3 个轴向缩小装饰品（移动鼠标位置，当 3 个轴向都变为黄色时代表 3 个轴向都被选择成功），如图 3-94 所示。

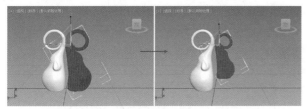

图 3-94

步骤 03 在左视图中，使用 （选择并移动）工具沿 Y 轴向下进行移动，如图 3-95 所示。

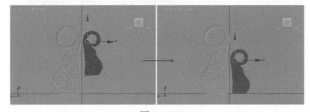

图 3-95

步骤 04 在左视图中，沿 X 轴向左进行移动，如图 3-96 所示。

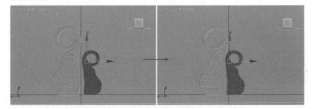

图 3-96

步骤 05 案例最终效果如图 3-97 所示。

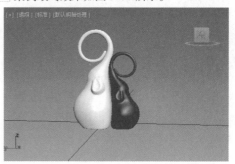

图 3-97

3.3.12 实例:使用选择并放置将一个模型准确放在另一个模型上

文件路径：Chapter 03 3ds Max 基本操作→实例：使用选择并放置将一个模型准确放在另一个模型上

扫一扫，看视频

可以使用【选择并放置】工具 将一个模型准确地放在另一个模型表面，而且除了放在上方外，还可放在侧面。

步骤 01 创建平面、圆柱体和茶壶模型，如图 3-98 所示，3 个物体之间没有任何接触。

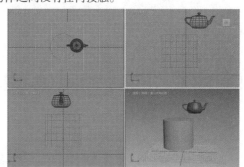

图 3-98

步骤 02 假如想把茶壶放在圆柱体上，除了直接移动位置之外，还可使用【选择并放置】工具 。选择茶壶，然后单击【选择并放置】工具 ，如图 3-99 所示。

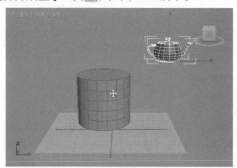

图 3-99

步骤 03 此时按住鼠标左键并移动鼠标位置，可以将茶壶准确地放在圆柱体上了，如图3-100所示。

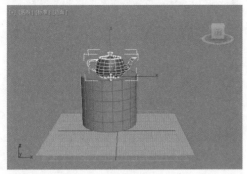

图 3-100

步骤 04 选择茶壶模型，在移动鼠标时将鼠标移动到圆柱体的侧面，此时茶壶底面就自动对齐到了圆柱体的侧面上，如图3-101所示。

图 3-101

3.3.13 实例：使用选择中心将模型轴心设置到中心

文件路径：Chapter 03 3ds Max 基本操作→实例：使用选择中心将模型轴心设置到中心

将模型的轴心设置到模型的中心位置，可以对模型进行移动、旋转、缩放等操作。

扫一扫，看视频

步骤 01 打开本书场景文件，如图3-102所示。

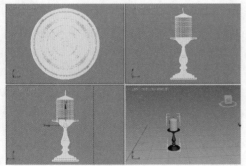

图 3-102

步骤 02 选择场景中的模型，如图3-103所示。

图 3-103

步骤 03 此时看到模型的坐标轴不在模型的中心位置，如图3-104所示。

步骤 04 按住主工具栏中的【使用轴点中心】按钮，然后选择【使用选择中心】按钮，如图3-105所示。

图 3-104　　　　　图 3-105

步骤 05 此时模型的轴心被设置到了模型的中心位置，如图3-106所示。

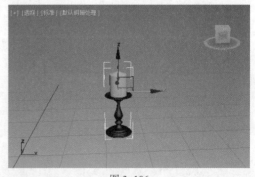

图 3-106

【重点】3.3.14 实例：使用移动复制制作一排餐具

文件路径：Chapter 03 3ds Max 基本操作→实例：使用移动复制制作一排餐具

步骤 01 打开本书场景文件，如图3-107所示。

扫一扫，看视频

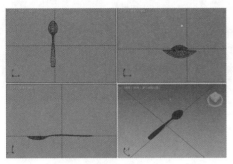

图 3-107

步骤 02 在透视图中选择勺子模型，然后按住 Shift 键以及按住鼠标左键沿 X 轴向右拖动，然后松开鼠标。在弹出的对话框中设置【对象】为【实例】，【副本数】为 5，如图 3-108 所示。

图 3-108

步骤 03 复制完成的效果如图 3-109 所示。

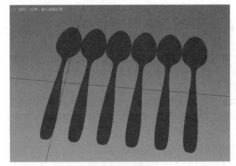

图 3-109

提示：原地复制模型

选择物体，按快捷键 Ctrl+V 也可进行原地复制模型。

【重点】3.3.15 实例：使用旋转复制制作钟表

文件路径：Chapter 03 3ds Max 基本操作→实例：使用旋转复制制作钟表

步骤 01 打开本书场景文件，如图 3-110 所示。

扫一扫，看视频

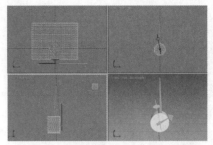

图 3-110

步骤 02 选择模型，如图 3-111 所示。

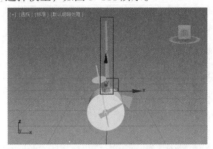

图 3-111

步骤 03 执行 ☴（层次）| 仅影响轴 ，如图 3-112 所示。

步骤 04 此时将轴心移动到钟表中心位置，如图 3-113 所示。

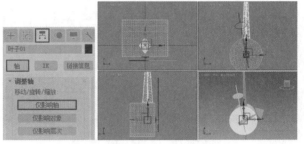

图 3-112   图 3-113

步骤 05 再次单击 仅影响轴 按钮，如图 3-114 所示，此时已经完成了坐标轴位置的修改，然后选择刚才的模型，如图 3-115 所示。

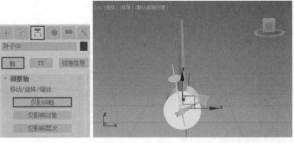

图 3-114   图 3-115

步骤 06 进入前视图中，在选择该模型的状态下激活【选择并旋转】☉ 和【角度捕捉切换】▷ 按钮，按住 Shift 键并按住鼠标左键，将其沿着 Z 轴旋转 -30°，如图 3-116 所示。

旋转完成后释放鼠标,在弹出的【克隆选项】窗口中设置【对象】为【复制】,【副本数】为11,如图3-117所示。

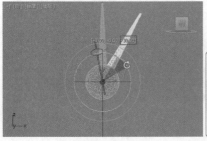 

图3-116 图3-117

步骤 07 最终效果如图3-118所示。

图3-118

3.3.16 实例:使用捕捉开关准确地创建模型

文件路径:Chapter 03 3ds Max 基本操作→实例:使用捕捉开关准确地创建模型

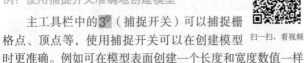

扫一扫,看视频

主工具栏中的 **3²**(捕捉开关)可以捕捉栅格点、顶点等,使用捕捉开关可以在创建模型时更准确。例如可在模型表面创建一个长度和宽度数值一样的物体,也可沿着模型表面的点准确地绘制一条线。

步骤 01 执行 **+**(创建)|**●**(几何体)| 标准基本体 | 长方体 ,然后在视图中拖动创建一个长方体,如图3-119所示。

步骤 02 单击【修改】面板,设置【长度】为2000mm,【宽度】为2000mm,【高度】为500mm,如图3-120所示。

图3-119 图3-120

步骤 03 单击打开主工具栏中的 **3²**(捕捉开关)按钮,然后对该工具单击右键,在弹出的对话框中取消勾选【栅格点】,勾选【顶点】,如图3-121所示。

图3-121

步骤 04 再次在刚才长方体的上方拖动创建另外一个长方体,会发现该长方体的底部与刚才模型的顶部是完全对齐的,如图3-122所示。

步骤 05 单击【修改】面板,可以看到新创建的长方体的参数中【长度】和【宽度】数值都是2000mm,如图3-123所示。

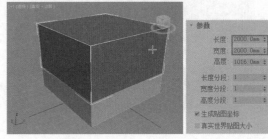

图3-122 图3-123

3.3.17 实例:使用镜像制作装饰墙面

文件路径:Chapter 03 3ds Max 基本操作→实例:使用镜像制作装饰墙面

扫一扫,看视频

主工具栏中的 **镜像**(镜像)工具可以允许模型沿着X、Y、Z 3种轴向进行镜像复制。

步骤 01 打开本书场景文件,如图3-124所示。

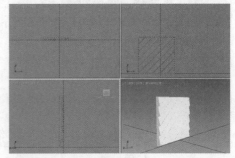

图3-124

步骤 02 在前视图中选择该模型,然后按住 Shift 键并按住鼠标左键,将其沿着 X 轴向右平移并复制,放置在合适的位置后释放鼠标,在弹出的【克隆选项】窗口中设置【对象】为【复制】,【副本数】为5,如图3-125所示。

中文版3ds Max 2020+VRay效果图制作从入门到精通(微课视频 全彩版)

图 3-125

步骤 03 在前视图中选择所有的模型，然后单击主工具栏中的 （镜像）按钮，在弹出的【镜像：屏幕 坐标】窗口中设置【镜像轴】为Y,【克隆当前选择】为【复制】，如图 3-126 所示。此时前视图中的效果如图 3-127 所示。

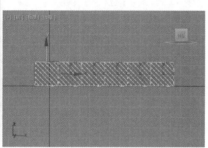

图 3-126　　　　　　　图 3-127

步骤 04 在前视图中将镜像复制出的模型沿着 Y 轴向下平移，如图 3-128 所示。

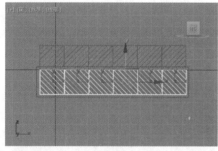

图 3-128

步骤 05 使用同样的方法多次进行镜像复制，并调整位置，最终效果如图 3-129 所示。

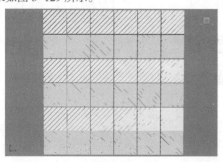

图 3-129

3.3.18 实例：使用对齐制作多人沙发对齐地面

文件路径：Chapter 03 3ds Max 基本操作→实例：使用对齐制作多人沙发对齐地面

主工具栏中的 （对齐）工具可以将一个模型对齐到另外一个模型上面或中间。

扫一扫，看视频

步骤 01 打开本书场景文件，如图 3-130 所示。

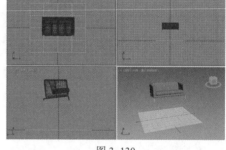

图 3-130

步骤 02 在创建模型时，有时候很难将两个模型完美地对齐，例如将多人沙发对齐到地面上。此时选择多人沙发，单击主工具栏中的 （对齐）按钮，然后再单击地面模型，如图 3-131 所示。

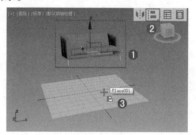

图 3-131

步骤 03 取消勾选【X 位置】【Y 位置】，然后勾选【Z 位置】，设置【当前对象】为【最小】，设置【目标对象】为【最小】，如图 3-132 所示。

步骤 04 此时多人沙发已经落到地面上了，如图 3-133 所示。

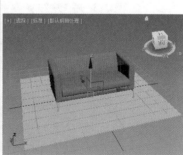

图 3-132　　　　　　　图 3-133

3.3.19 实例：使用间隔工具制作椅子沿线摆放

文件路径：Chapter 03 3ds Max 基本操作→实例：使用间隔工具制作椅子沿线摆放

扫一扫，看视频

使用【间隔工具】可以将模型沿线进行均匀复制分布。

步骤 01 打开本书场景文件，如图 3-134 所示。

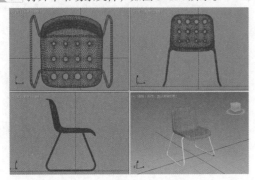

图 3-134

步骤 02 使用【线】工具在顶视图中绘制一条曲线，如图 3-135 所示。

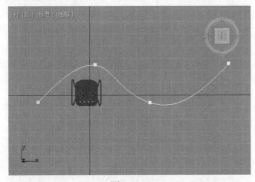

图 3-135

步骤 03 在主工具栏空白处单击右键选择【附加】命令，然后单击选择椅子模型，接着单击 ▦（阵列）按钮，在下拉列表中选择 ⁝⁝⁝（间隔工具），如图 3-136 所示。

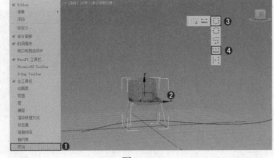

图 3-136

步骤 04 在弹出的对话框中单击【拾取路径】按钮，然后

单击拾取场景中的线，接着设置【计数】为 8，勾选【跟随】，并单击【应用】按钮，最后单击关闭，如图 3-137 所示。

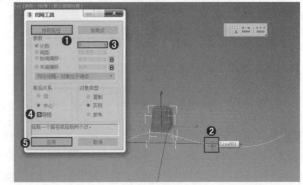

图 3-137

步骤 05 此时椅子已经沿着线复制出来了，如图 3-138 所示。

图 3-138

步骤 06 将原始的椅子模型删除，最终效果如图 3-139 所示。

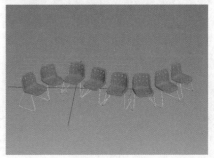

图 3-139

3.3.20 实例：使用阵列工具制作抱枕

扫一扫，看视频

文件路径：Chapter 03 3ds Max 基本操作→实例：使用阵列工具制作抱枕

3ds Max 中的【阵列】工具可以将模型沿特定轴向、沿一定角度进行复制。

步骤 01 打开本书场景文件，如图 3-140 所示。

步骤 02 选择模型，然后执行 ▦（层次）| 仅影响轴 ，然后沿 X 轴将坐标移动到模型右侧，如图 3-141 所示。

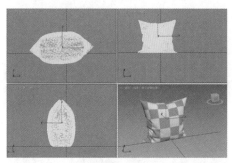

图 3-140

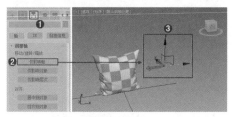

图 3-141

步骤 03 再次单击 仅影响轴 按钮，此时坐标已经修改成功，如图 3-142 所示。

步骤 04 选择模型，然后在菜单栏中执行【工具】|【阵列】命令，如图 3-143 所示。

图 3-142　　　　图 3-143

步骤 05 在弹出的对话框中设置【Z】的【旋转】数值为 60，并单击 < 按钮，最后单击【确定】按钮，如图 3-144 所示。

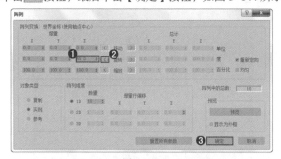

图 3-144

步骤 06 此时抱枕被复制了一圈，可以看到刚才设置的轴心位置决定了复制时的半径，如图 3-145 所示。

图 3-145

【重点】3.3.21 实例: 从网络下载3D模型并整理与使用

文件路径: Chapter 03 3ds Max 基本操作→实例: 从网络下载 3D 模型并整理与使用

扫一扫，看视频

网络上有很多 3ds Max 的下载网站，可以通过搜索【3D 模型】等关键词进入到这些网站。例如我们从网络上下载一个场景，但是只想使用该场景中的一小部分（例如只想使用笔记本模型），那么就需要把下载的文件合并到 3ds Max 中，并进行整理、删除、移动等操作。

步骤 01 打开本书场景文件，如图 3-146 所示。

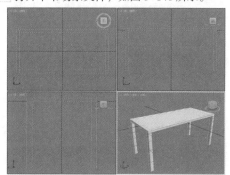

图 3-146

步骤 02 进入顶视图，按住鼠标中轮拖动视图，使当前视图空出来一些，如图 3-147 所示。

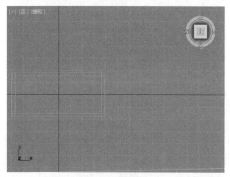

图 3-147

步骤 03 找到本书的文件【下载 .max 】，单击该文件并拖到到顶视图中，然后选择【合并文件】命令，如图 3-148 所示。

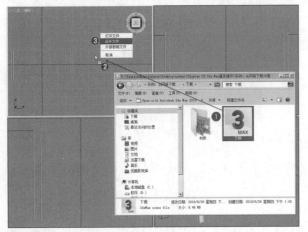

图 3-148

步骤 04 此时在顶视图中单击鼠标左键，确定被合并进来场景的位置，如图 3-149 所示。

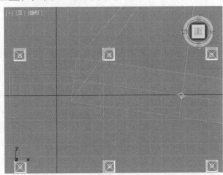

图 3-149

步骤 05 立即按空格键，将合并进来的场景锁定住，然后滚动鼠标中轮缩小顶视图，如图 3-150 所示。

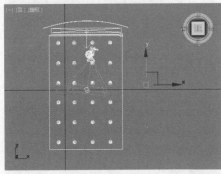

图 3-150

步骤 06 将此时选中的场景进行移动，注意位置不要与场景文件中的桌子模型重合，如图 3-151 所示。

步骤 07 再次按空格键，将场景解锁。然后设置主工具栏中的【过滤器】类型为【L- 灯光】，接着按快捷键 Ctrl+A 全选灯光，如图 3-152 所示。并按 Delete 键删除，如图 3-153 所示。

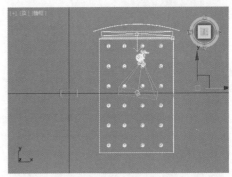

图 3-151

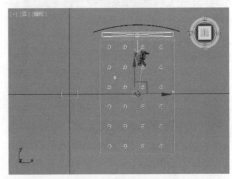

图 3-152

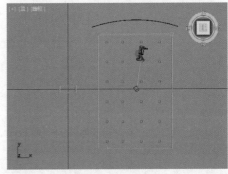

图 3-153

步骤 08 设置主工具栏中的【过滤器】类型为 C-摄影机 ，接着按快捷键 Ctrl+A 全选摄影机，如图 3-154 所示。并按 Delete 键删除，如图 3-155 所示。

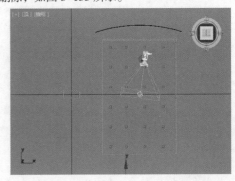

图 3-154

中文版 3ds Max 2020+VRay 效果图制作从入门到精通（微课视频 全彩版）

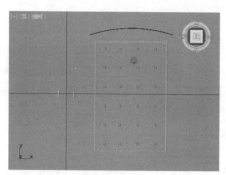

图 3-155

步骤 09 设置主工具栏中的【过滤器】类型为 全部 按钮，然后选择多余的模型，如图 3-156 所示。并按 Delete 键删除，如图 3-157 所示。

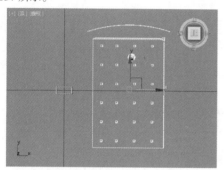

图 3-156

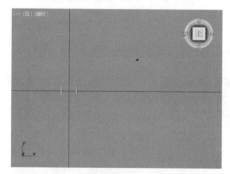

图 3-157

步骤 10 此时选择笔记本模型，并将其移动到桌子上方，如图 3-158 所示。

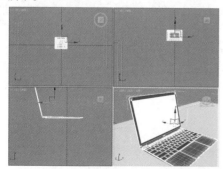

图 3-158

步骤 11 最终模型效果如图 3-159 所示。

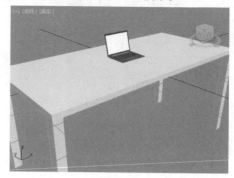

图 3-159

【重点】3.4 视图基本操作

视图基本操作是指对 3ds Max 中的视图区域内的操作，包括视图的显示效果、界面颜色更改、视图切换、透视图操作等。熟练应用视图基本操作，可以在建模时及时发现错误，及时更改。

扫一扫，看视频

3.4.1 实例：建模时建议关闭视图阴影

文件路径：Chapter 03 3ds Max 基本操作→实例：建模时建议关闭视图阴影

在建模的过程中，旋转视图时，某一些角度都会有黑色的阴影。这些阴影容易造成建模时的不便，因此可以将阴影关闭，使视图变得更干净一些。

扫一扫，看视频

步骤 01 打开本书场景文件，如图 3-160 所示。

图 3-160

步骤 02 单击透视图左上角的【用户定义】，然后取消【照明和阴影】下的【阴影】，如图 3-161 所示。

步骤 03 此时模型表面的阴影基本都消失了，但是还有微弱的阴影效果，如图 3-162 所示。

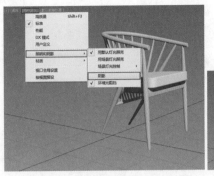

图 3-161　　　　　　图 3-162

步骤 04 再次单击透视图左上角的【用户定义】，然后取消【照明和阴影】下的【环境光阻挡】，如图 3-163 所示。

步骤 05 此时模型表面已经没有了任何阴影效果，如图 3-164 所示。

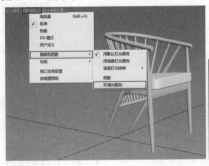

图 3-163　　　　　　图 3-164

3.4.2　实例：自定义界面颜色

打开 3ds Max 时，界面可能是深灰色的，非常暗。在这种界面下长时间使用 3ds Max 时会比较舒服、不太刺眼。也可以设置界面为浅灰色，这种界面比较亮、清爽。

扫一扫，看视频

步骤 01 打开 3ds Max 软件，如图 3-165 所示为深灰色界面。

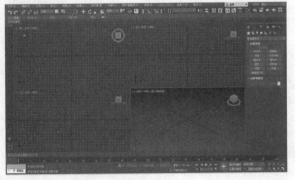

图 3-165

步骤 02 在菜单栏中执行【自定义】|【加载自定义用户界

面方案】命令，在弹出的对话框中选择 ame-light.ui，最后单击【打开】按钮，如图 3-166 所示。

图 3-166

步骤 03 此时界面已经变为了浅灰色的效果，如图 3-167 所示。

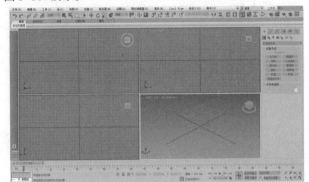

图 3-167

3.4.3　实例：切换视图（顶、前、左、透）

扫一扫，看视频

文件路径：Chapter 03 3ds Max 基本操作→实例：切换视图（顶、前、左、透）

3ds Max 界面默认状态是 4 个视图，分别是顶视图、前视图、左视图、透视图，如图 3-168 所示。建议只在透视图中进行旋转视图操作。

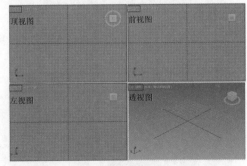

图 3-168

步骤 01 打开本书场景文件，如图 3-169 所示。

步骤 02 鼠标移动到顶视图位置，单击鼠标，即可选择该视图，如图 3-170 所示。

中文版3ds Max 2020+VRay效果图制作从入门到精通（微课视频 全彩版）

图 3-169

图 3-170

步骤 03 单击 3ds Max 界面右下角的 ▣（最大化视口切换）按钮，即可将当前视图最大化，如图 3-171 所示。

图 3-171

步骤 04 当在顶视图中，按住 Alt 键，然后按住鼠标中轮并拖动鼠标位置时，发现顶视图变为了正交视图，如图 3-172 所示。

图 3-172

步骤 05 当出现这种情况时，只需要按快捷键 T 键，即可重新切换为顶视图，如图 3-173 所示。建议左上方的视图保持【顶】（快捷键为 T），右上方的视图保持为【前】（快捷键为 F），左下方的视图保持为【左】（快捷键为 L），右下方的视图保持为【透视图】（快捷键为 P）。假如视图出现更改时，只需要在相应的视图中按快捷键即可切换回来。

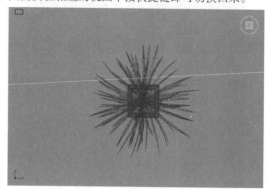

图 3-173

3.4.4 实例：模型的线框和边面显示

文件路径：Chapter 03 3ds Max 基本操作→实例：模型的线框和边面显示

在 3ds Max 中创建模型时，建议在顶视图、前视图、左视图中使用【线框】的方式显示，建议在透视图中使用【边面】的方法显示。

扫一扫，看视频

步骤 01 打开本书场景文件，如图 3-174 所示。

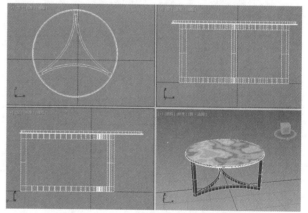

图 3-174

步骤 02 进入透视图，可以看到此时模型是实体显示，并且模型四周有线框效果，如图 3-175 所示。

步骤 03 按快捷键 F4，即可切换【边面】或【默认明暗处理】效果，如图 3-176 所示。

图 3-175

图 3-176

步骤 04 按快捷键 F3,即可切换【默认明暗处理】或【线框】效果,如图 3-177 和图 3-178 所示。

图 3-177

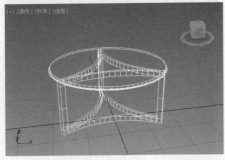

图 3-178

提示:按快捷键 F4 或 F3 没有效果怎么办?

使用台式电脑操作 3ds Max 时,按快捷键 F4 或 F3 是可以切换效果的,但是有时候用笔记本电脑操作 3ds Max

时,则没有任何作用。

遇到这种情况时,可以尝试按住 Fn 键,然后再按 F4 键或 F3 键。

3.4.5 实例:透视图基本操作

文件路径:Chapter 03 3ds Max 基本操作→实例:透视图基本操作

扫一扫,看视频 在透视图中可以对场景进行平移、缩放、推拉、旋转、最大化显示选定对象等操作。

步骤 01 打开本书场景文件,如图 3-179 所示。

图 3-179

步骤 02 进入透视图,按住鼠标中轮并拖动鼠标位置,即可平移视图,如图 3-180 所示。

图 3-180

步骤 03 进入透视图,滚动住鼠标中轮,即可缩放视图,如图 3-181 所示。

图 3-181

步骤 04 进入透视图,按住 Alt 键和 Ctrl 键,然后按住鼠标中轮并拖动鼠标位置,即可推拉视图,如图 3-182 所示。

中文版3ds Max 2020+VRay效果图制作从入门到精通(微课视频 全彩版)

图 3-182

步骤 05 进入透视图，按住 Alt 键，然后按住鼠标中轮并拖动鼠标位置，即可旋转视图，如图 3-183 所示。

图 3-183

步骤 06 进入透视图，选择一个模型，并按 Z 键，即可最大化显示该物体，如图 3-184 所示。

图 3-184

3.5 3ds Max 常见问题及解决方法

3ds Max 在使用过程中可能会出现一些问题，下面罗列了几个常见的问题及相对应的解决方法，以便我们在遇到这些问题时可以顺利解决。

3.5.1 打开文件缺失贴图怎么办

有时候在打开 3ds Max 文件时，会出现提示对话框，如图 3-185 所示。或者视图中某一些模型的贴图没有显示，看起来像是贴图路径错误时，就需要为该文件更换路径位置了。

（1）在命令面板中单击【实用程序】按钮，然后单击【更多】，接着选择【位图 / 光度学路径】，最后单击【确定】按钮，如图 3-186 所示。然后单击【编辑资源】按钮，如图 3-187 所示。

（2）此时弹出【位图 / 光度学路径编辑器】对话框，如图 3-188 所示能看到路径是非常混乱的。

图 3-185

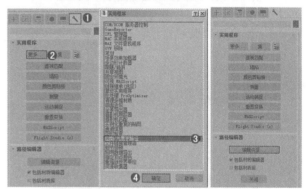

图 3-186　　　　　　　图 3-187

图 3-188

（3）选中左侧所有的贴图，然后单击 按钮，如图 3-189 所示。

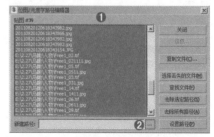

图 3-189

（4）在弹出的对话框中，设置该文件贴图应该在的路径位置，然后单击【使用路径】按钮，如图 3-190 所示。

图 3-190

（5）设置完成路径后，单击【设置路径】按钮，如图 3-191 所示。

图 3-191

（6）此时路径已经更改成功，最后单击【关闭】按钮，如图 3-192 所示。

图 3-192

此时保存文件之后，再次打开该文件时，就不会提示贴图位置的错误了。

3.5.2 打开3ds Max文件提示缺少外部文件

打开 3ds Max 文件提示缺少外部文件，其实不会影响我们使用 3ds Max，但是每次都弹出该窗口，怎么能解决这个

问题呢？

（1）打开一个文件时，如图 3-193 所示，提示【缺少外部文件】，此时需要单击【继续】按钮。

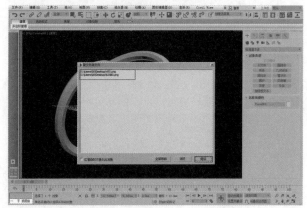

图 3-193

（2）执行【文件】|【参考】|【资源追踪】命令，如图 3-194 所示。

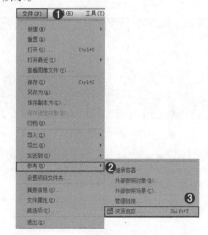

图 3-194

（3）在弹出的窗口中单击右键，选择【移除缺少的资源】，如图 3-195 所示。然后将此时的文件保存，关闭该文件重新再打开一次，就会发现不会再提醒【缺少外部文件】了。

图 3-195

3.5.3 低版本的3ds Max 打不开高版本的文件

需要注意，3ds Max 的低版本是无法打开高版本文件的。比如本书文件是 3ds Max 2020 版本制作的，那么使用 3ds Max 2017 则打不开本书文件。那么有什么办法解决吗？

方法1：3ds Max 2020 在进行另存为操作时，可以设置【保存类型】，最低版本可以保存为 3ds Max 2017 版本，如图 3-196 所示。

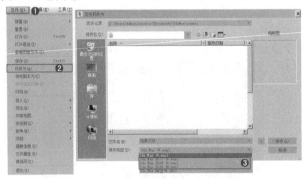

图 3-196

方法2：可以在 3ds Max 2020 中进行本章 3.2.3 节的操作，将模型导出，再进行导入，这样就可以将模型导入到低版本中了，但是灯光等对象是无法进行导出的。

3.5.4 为什么选不了其他物体

在操作时有可能不小心按下空格键，那么就会将当前选中的对象锁定了，也就是说只能对当前对象进行操作了，其他对象是无法选择的，如图 3-197 所示。

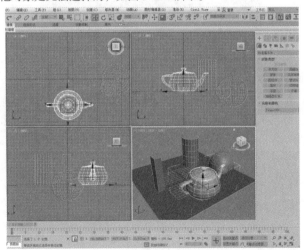

图 3-197

如果想对其他对象进行操作，只需要再次按空格键或单击🔒按钮即可解锁，图 3-198 所示可以选择其他物体了。

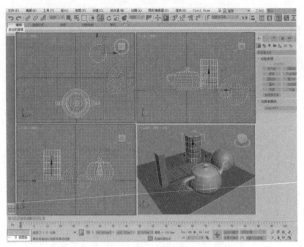

图 3-198

3.5.5 经常会用到的几个小技巧

技巧1：物体的坐标怎么没有了？
按一下 X 键即可。
技巧2：模型非常细致，计算机很卡，怎么办？
可选择模型单击右键，执行【对象属性】命令，然后勾选【显示为外框】，这样就会流畅很多。
技巧3：Alt+X 透明效果。可以选择模型按快捷键 Alt+X，即可显示为透明效果，如图 3-199 和图 3-200 所示。

图 3-199

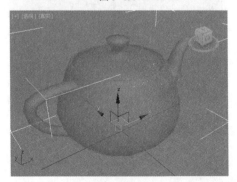

图 3-200

技巧4：Ctrl+X 大师模式。按快捷键 Ctrl+X，视图将变为大师模式，这样操作界面会更大，方便建模使用，如图 3-201 和图 3-202 所示。

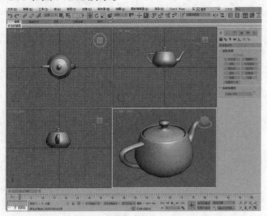

图 3-201

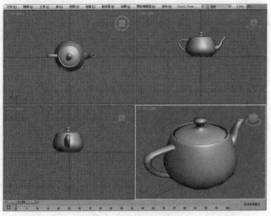

图 3-202

技巧 5：冻结和解冻对象。可选择模型，单击右键并执行【冻结当前选择】命令，如图 3-203 所示。此时模型被冻结了，无法被选中，如图 3-204 所示。如果想解冻，则需要单击右键并执行【全部解冻】命令。

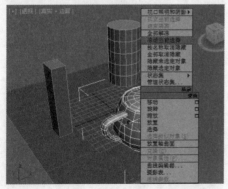

图 3-203

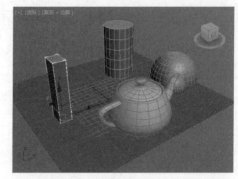

图 3-204

技巧 6：隐藏和显示对象。可选择对象，单击右键并执行【隐藏选定对象】命令，如图 3-205 和图 3-206 所示。

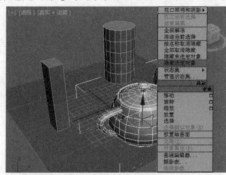

图 3-205

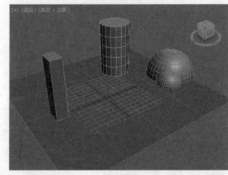

图 3-206

技巧 7：孤立对象。可选择对象，单击右键并执行【孤立当前选择】命令，即可只显示当前选中的对象，如图 3-207 所示。若想恢复正常，则需单击 3ds Max 界面下方的 █ 按钮。

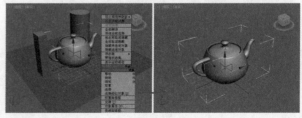

图 3-207

第 4 章

内置几何体建模

本章学习要点：

- 熟练掌握标准基本体和扩展基本体的创建方法
- 熟练掌握门、窗、楼梯、植物、栏杆等室内外设计常用元素的创建方法
- 熟练应用多种几何体模型综合制作室内模型

本章内容简介：

建模是 3D 世界中的第一步操作，在 3ds Max 中有很多种建模方式，其中几何体建模是 3ds Max 中最简单的建模方式，其创建方式类似于"搭积木"。3ds Max 内置有多种常见的几何形体，例如长方体、球体、圆柱体、平面、圆锥体等。通过这些几何形体的组合，可以制作出很多简易的模型，例如书架、桌子、茶几、柜子等。除此之外，3ds Max 还内置了一些室内设计中常用的元素，例如门、窗、楼梯等，只需设置简单的参数就可以得到精确尺寸的模型对象。

通过本章学习，我能做什么？

通过学习本章内容，可以完成对标准基本体、扩展基本体、AEC 扩展、门、窗、楼梯等简单模型的创建、修改，并且可以使用多种几何体类型搭配在一起组合出完整的模型效果，使用几何体建模可以制作一些简易家具、墙体模型。

优秀作品欣赏

4.1 认识建模

本节将讲解什么是建模、为什么要建模、建模的几种方式，通过对本节的学习，我们将对建模有最基本的认识。

4.1.1 什么是建模

建模是指通过应用 3ds Max 的技术，在虚拟世界中创造出模型的过程。图 4-1～图 4-4 所示为优秀的建模作品。

图 4-1   图 4-2

图 4-3   图 4-4

4.1.2 为什么要建模

在制作室内设计效果图的过程中，建模是最基础也是最重要的步骤之一。只有通过创建模型，搭建室内场景框架模型、建立家具模型、装饰模型等才能将场景完地整制作出来。有了模型之后才能进行灯光、材质、贴图、渲染等操作，因此建模是 3ds Max 中制作作品的第一步。

4.1.3 3ds Max 有几种常用的建模方式

常用的建模方式很多，包括几何体建模、样条线建模、复合对象建模、修改器建模、多边形建模等。本书将对这几种重点讲解。

【重点】轻松动手学：创建一个圆柱体

扫一扫，看视频

文件路径：Chapter 04 内置几何体建模→轻松动手学：创建一个圆柱体

步骤 01 在【创建】面板中，执行 ➕（创建）｜●（几何体）｜ 标准基本体 ▼ ｜ 圆柱体 命令，如图 4-5 所示。

步骤 02 进入透视图中，单击并拖动鼠标，然后松开鼠标。此时已经确定好了圆柱体的半径大小，如图 4-6 所示。

 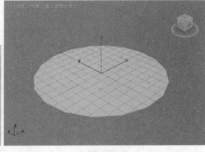

图 4-5   图 4-6

步骤 03 继续移动鼠标位置，然后单击鼠标左键即可确定圆柱体的高度，如图 4-7 所示。

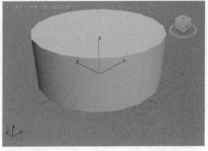

图 4-7

步骤 04 最终效果如图 4-8 所示。

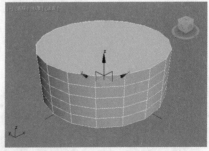

图 4-8

4.2 认识几何体建模

几何体建模是 3ds Max 最简单的建模方式，本节将了解几何体建模概念、适合制作的模型类型、命令面板、几何体

中文版3ds Max 2020+VRay效果图制作从入门到精通（微课视频 全彩版）

类型等知识。

4.2.1 什么是几何体建模

几何体建模是指通过创建几何体类型（例如长方体、球体、圆柱体等）进行物体之间的摆放、参数的修改而创建的模型。

4.2.2 几何体建模适合制作什么模型

几何体建模多应用于效果图制作中，用于制作简易家具模型，如落地灯、圆几、镜子、沙发模型等，如图4-9～图4-12所示。

图4-9　　　　　　图4-10

图4-11　　　　　　图4-12

【重点】4.2.3 认识命令面板

在3ds Max中建模时，会反复应用到【命令】面板。【命令】面板位于3ds Max界面右侧，用于创建对象、修改对象等操作。图4-13所示的面板都属于【命令】面板。

◄——【命令】面板

图4-13

当需要进行建模时，可以单击进入【创建】面板 ➕，如图4-14所示。

当选择建模并需要修改参数时，可以单击进入【修改】面板 ，如图4-15所示。

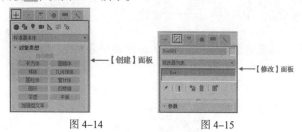

◄——【创建】面板　　◄——【修改】面板

图4-14　　　　　　图4-15

4.2.4 认识几何体类型

执行 ➕（创建）｜ ●（几何体）｜ 标准基本体 ▾ ，然后可以看到其中包括了18种类型，如图4-16所示。

❶创建
❷几何体
❸几何体类型

扫一扫，看视频

图4-16

- 标准基本体：包括3ds Max中最常用的几何体类型，如长方体、球体、圆柱体等。
- 扩展基本体：是标准基本体的扩展补充版，较为常用的类型包括切角长方体、切角圆柱体。
- 复合对象：是一种比较特殊的建模方式，在本书第7章有详细讲解。
- 粒子系统：是专门用于创建粒子动画的工具。
- 面片栅格：可以创建四边形面片和三角形面片两种面片表面。
- 实体对象：用于编辑、转换、合并和切割实体对象。
- 门：包括多种内置门工具。
- NURBS曲面：包括点曲面、CV曲面两种类型，常用于制作较为光滑的模型。
- 窗：包括多种内置窗户工具。
- AEC扩展：包括植物、栏杆、墙三种对象类型。
- Point Cloud Objects：用于加载点云操作，不常用。
- 动力学对象：包括动力学的两种对象，即弹簧和阻尼器。
- 楼梯：包括多种内置楼梯工具。
- Alembic：用于加载Alembic文件，不常用。
- VRay：在安装完成VRay渲染器后才可使用该工具。
- PhoenixFD：用于模拟火、烟、液体等运动效果。
- Arnold：需要配合Arnold渲染器使用。

· CFD：用于计算流体动力学的可视化数据。

4.3 标准基本体

标准基本体是 3ds Max 内置的最简单、最常用的几何体类型，它包括 11 种几何体类型，如图 4-17 所示。

图 4-17

【重点】4.3.1 长方体

长方体是由长度、宽度、高度 3 个元素决定的模型，是最常用的模型之一。常用长方体来模拟方形物体，比如茶几、边几、浴室柜，如图 4-18 所示。

（a）茶几　（b）边几　（c）浴室框

图 4-18

使用【长方体】工具创建一个长方体，如图 4-19 所示。其参数如图 4-20 所示。

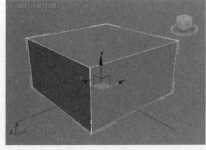

图 4-19　　　　　图 4-20

· 长度 / 宽度 / 高度：设置长方体的长度、宽度、高度的数值。

· 长度分段 / 宽度分段 / 高度分段：设置长度、宽度、高度的分段数值。

> **提示：设置系统单位为 mm**
>
> 3ds Max 制作效果图时需要将系统单位设置为 mm（毫米），这样在创建模型时就会更准确。

（1）在菜单栏中执行【自定义】|【单位设置】命令，如图 4-21 所示。

（2）在弹出的窗口中，单击【系统单位设置】按钮，并设置【系统单位比例】为【毫米】，然后单击【确定】按钮。接着设置【显示单位比例】中的【公制】为【毫米】，最后单击【确定】按钮，如图 4-22 所示。

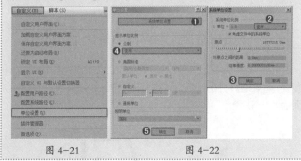

图 4-21　　　　　图 4-22

实例：使用长方体制作方形茶几

文件路径：Chapter 04　内置几何体建模→实例：使用长方体制作方形茶几

本实例将使用长方体制作方形茶几，最终渲染效果如图 4-23 所示。

图 4-23

步骤 01 设置系统单位。在菜单栏中执行【自定义】|【单位设置】命令，在弹出的对话框中单击【系统单位设置】按钮，并设置【系统单位比例】为【毫米】，单击【确定】按钮。接着设置【显示单位比例】中的【公制】为【毫米】，最后单击【确定】按钮，如图 4-24 所示。

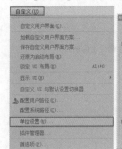

图 4-24

步骤 02 在创建面板中执行 ✛（创建）⬤（几何体）
| 标准基本体 | 长方体 命令，如图4-25所示。
在透视图中拖动鼠标左键创建一个长方体，如图4-26所示。
单击3ds Max界面右侧的☑【修改】按钮，在【参数】展卷
栏中设置【长度】为700mm，【宽度】为700mm，【高度】
为400mm，如图4-27所示。

 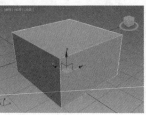 

图4-25　　　　　图4-26　　　　　图4-27

步骤 03 在顶视图继续创建一个长方体，如图4-28所示。
单击☑【修改】按钮，设置【长度】为2000mm，【宽度】
为2000mm，【高度】为150mm，如图4-29所示。最后在透
视图中移动两个长方体的位置，最终效果如图4-30所示。

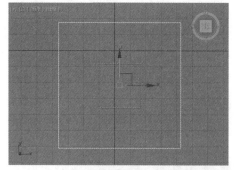

图4-28

 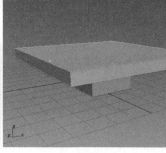

图4-29　　　　　　图4-30

提示：如何让两个长方体对齐得更准确呢？

在创建完成两个长方体后，可以选择其中一个长方体
模型，然后在界面最下方可以看到X、Y、Z参数，单击
这三个参数后方的 ⁝ 按钮，即可将这三个参数数值设置为
0mm，另外一个长方体也执行同样的操作，如图4-31所示。

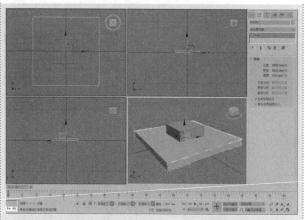

图4-31

此时可以看到两个长方体的中心都对齐到了世界
坐标正中心，因此两者也就自然对齐了。最后只需要选
择更大的那个长方体模型，然后设置Z数值为400mm
（之所以输入400mm，是因为另外一个长方体的高度为
400mm，所以会非常精准地放置到另外一个长方体上方），
如图4-32所示。此时即可得到非常准确的效果，如图4-33
所示。

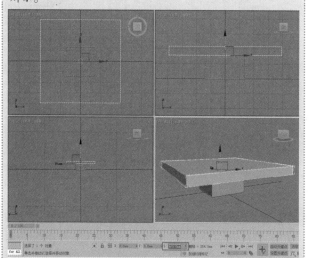

图4-32

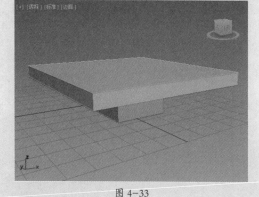

图4-33

实例：使用长方体制作置物架

文件路径：Chapter 04 内置几何体建模→实例：使用长方体制作置物架

扫一扫，看视频

本实例将使用长方体制作置物架，最终渲染效果如图4-34所示。

图4-34

步骤01 在【创建】面板中执行 ╋（创建）| ●（几何体）标准基本体 ▼ | 长方体 命令。如图4-35所示。在透视图中创建一个长方体模型，接着单击 ☑【修改】按钮，在【参数】卷展栏中设置该长方体模型的【长度】为3200mm，【宽度】为8000mm，【高度】为200mm，如图4-36所示。

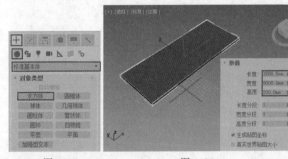

图4-35 图4-36

步骤02 再创建一个长方体模型，设置该长方体模型的【长度】为3200mm，【宽度】为3100mm，【高度】为200mm，如图4-37所示。选中刚刚创建的两个长方体模型，然后单击 ꞈ【镜像】按钮，在弹出的【镜像：世界 坐标】窗口中设置【镜像轴】为ZX，【克隆当前选择】为【复制】，如图4-38所示。

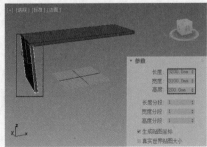

图4-37

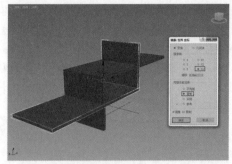

图4-38

步骤03 将镜像复制出的2个长方体模型，沿X轴和Z轴向右下方移动到合适的位置。选中最下方的长方体模型，如图4-39所示，然后按住Shift键并按住鼠标左键，将其Z轴向下平移并复制，移动到合适的位置后释放鼠标，在弹出的【克隆选项】窗口中设置【对象】为【复制】，【副本数】为1，如图4-40所示。

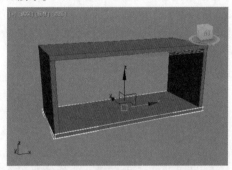

图4-39

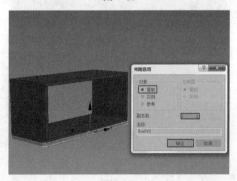

图4-40

步骤04 再次创建一个长方体模型，在【参数】卷展栏中设置该长方体模型的【长度】为3200mm，【宽度】为800mm，【高度】为100mm，并放置在左侧，如图4-41所示。接着使用同样的方法继续创建7个长方体模型，如图4-42所示。

步骤05 再次创建一个长方体模型，设置该长方体模型的【长度】为200mm，【宽度】为200mm，【高度】为800mm，放置于模型底部，如图4-43所示。选中刚刚创建的长方体模型，按住Shift键并按住鼠标左键，将其沿着Y轴向后方平移并复制，移动到合适的位置后释放鼠标，在弹出的对话框中设置【对象】为【复制】,【副本数】为1,如图4-44所示。

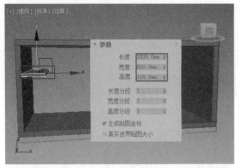

图 4-41

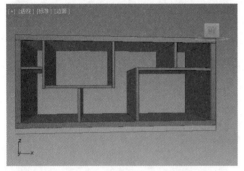

图 4-42

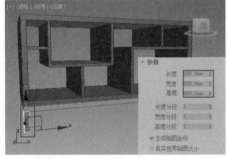

图 4-43

图 4-44

果如图4-46所示。

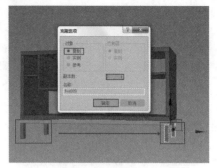

图 4-45

图 4-46

【重点】4.3.2　球体

球体可以制作半径不同的球体模型。常用球体来模拟球形物体或模型的一部分,如壁灯、台灯、落地灯,如图4-47所示。

（a）壁灯　　　　　（b）台灯　　　　（c）落地灯

图 4-47

使用【球体】工具创建一个球体,如图4-48所示。其参数如图4-49所示。

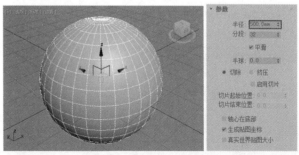

图 4-48　　　　　　　　图 4-49

步骤 06 选中下方的两个长方体模型,接着按住 Shift 键并按住鼠标左键,将其沿 X 轴向右平移并复制,移动到合适的位置后释放鼠标,在弹出的【克隆选项】窗口中设置【对象】为【复制】,【副本数】为1,如图4-45所示。实例最终效

- 半径：半径大小。
- 分段：球体的分段数。
- 平滑：是否产生平滑效果，默认勾选效果比较平滑，若取消勾选则会产生尖锐的转折效果，如图4-50所示。

图4-50

- 半球：使球体变成一部分球体模型效果。半球为0时，球体是完整的；半球为0.5时，球体是一半。两种效果如图4-51所示。

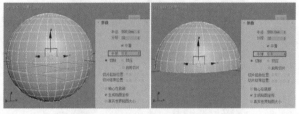

图4-51

- 切除：默认设置为该方式，在使用半球效果时，球体的多边形个数和顶点数会减少。
- 挤压：在使用半球效果并设置为该方式时，半球的多边形个数和顶点数不会减少。图4-52所示为两种方式对比效果（按快捷键7可以显示多边形和顶点数）。

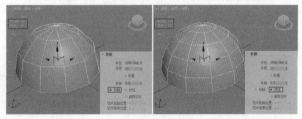

图4-52

- 启用切片：勾选该选项，才可以使用切片功能，使用该功能可以制作一部分球体效果。
- 切片起始位置/切片结束位置：设置切片的起始/结束位置，如图4-53所示。

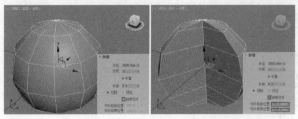

图4-53

- 轴心在底部：勾选该选项可以将模型的轴心设置在模型的底端。

提示：快速设置模型到世界坐标中心

为了在创建模型时更精准，可以在创建完成模型之后快速设置模型到世界坐标中心。

（1）如图4-54所示为创建的球体模型。只需要选择模型，并在3ds Max界面下方的X、Y、Z后方的图标位置右击，如图4-55所示。

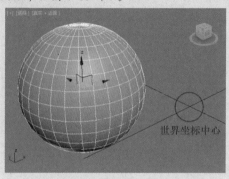

图4-54

图4-55

（2）此时X、Y、Z数值变更为了0mm，说明模型的坐标已经在世界坐标的中心了，如图4-56所示。此时球体的位置如图4-57所示。

图4-56

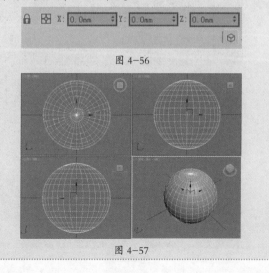

图4-57

【重点】4.3.3　圆柱体

圆柱体是指具有一定半径、一定高度的模型。常用圆柱体来模拟柱形物体，如茶几、台灯、圆几，如图4-58所示。

中文版3ds Max 2020+VRay效果图制作从入门到精通（微课视频　全彩版）

（a）茶几

（b）台灯

（c）圆几

图4-58

使用【圆柱体】工具创建一个圆柱体，如图4-59所示。其参数如图4-60所示。

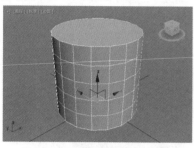
图4-59

图4-60

- 半径：设置圆柱体的半径大小。
- 高度：设置圆柱体的高度数值。
- 高度分段：设置圆柱体在纵向（高度）上的分段数。
- 端面分段：设置圆柱体在端面上的分段数。
- 边数：设置圆柱体在横向（边数）上的分段数。

> **提示：分段的重要性**
>
> 圆柱体中【高度分段】【端面分段】【边数】表示圆柱体在3个方向的分段数多少。例如，分别设置【边数】为50和8，则会看到圆柱体的圆滑度有很大的区别，分段越多模型越光滑，如图4-61和图4-62所示。
>
>
> 图4-61　　　　　　图4-62
>
> 但是假如更改【高度分段】的数值，会发现模型在高度上有了分段数的变化，但是模型本身没有任何变化，如图4-63和图4-64所示。因此，要想好哪些分段需要修改。
>
>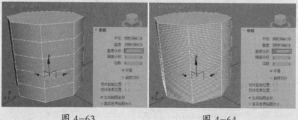
> 图4-63　　　　　　图4-64

实例：使用圆柱体、长方体制作咖啡桌

文件路径：Chapter 04　内置几何体建模→实例：使用圆柱体、长方体制作咖啡桌

本实例将使用圆柱体、长方体制作咖啡桌，最终渲染效果如图4-65所示。

扫一扫，看视频

图4-65

步骤 01 执行【创建】|【几何体】|【圆柱体】命令，接着单击【修改】按钮，设置【半径】为1500mm，【高度】为120mm，【高度分段】为1，【边数】为50，如图4-66所示。

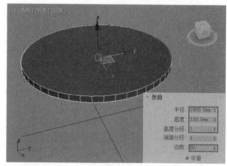
图4-66

步骤 02 在前视图中创建一个长方体，接着单击【修改】按钮，设置【长度】为1500mm，【宽度】为100mm，【高度】为–115mm，如图4-67所示。

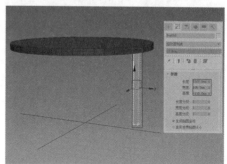
图4-67

步骤 03 选择刚刚创建的长方体模型，然后按住Shift键并按住鼠标左键将其沿Y轴进行平移并复制，放置在合适的位置后释放鼠标，在弹出的【克隆选项】窗口中设置【对

象】为【复制】,【副本数】为1,单击【确定】按钮,如图4-68所示。

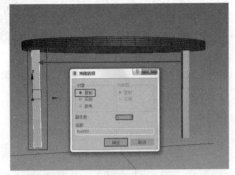

图 4-68

步骤 04 选择刚刚复制的长方体模型,单击主工具栏中的【选择并旋转】按钮 ↻ ,激活【角度捕捉切换】按钮 ↶ ,按住 Shift 键并按住鼠标左键将其沿 X 轴旋转 90°,旋转完成后释放鼠标,在弹出的【克隆选项】窗口中设置【对象】为【复制】,【副本数】为1,如图4-69所示。接着将该长方体模型移动到合适的位置,并设置【长度】为2350mm,【宽度】为100mm,【高度】为-115mm,如图4-70所示。

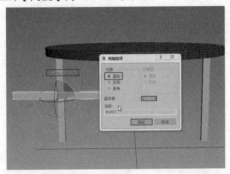

图 4-69

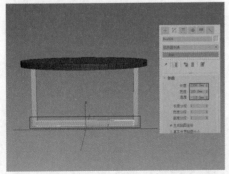

图 4-70

步骤 05 按住 Ctrl 键加选下方的三个长方体模型,单击工具箱中的【选择并旋转】按钮 ↻ ,按住 Shift 键并按住鼠标左键将其沿 Z 轴旋转 90°,接着释放鼠标,在弹出的【克隆选项】窗口中设置【对象】为【复制】,【副本数】为1,如图4-71所示。

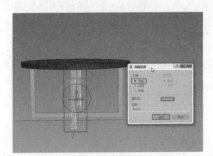

图 4-71

步骤 06 最终模型效果如图4-72所示。

图 4-72

提示:在选中模型时去除模型外面白色的框

在选中模型时,有时模型四周出现白色的框,如图4-73所示,此时按快捷键J,即可去除白色的框,如图4-74所示。

图 4-73

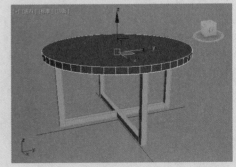

图 4-74

中文版3ds Max 2020+VRay效果图制作从入门到精通(微课视频 全彩版)

【重点】4.3.4　平面

平面是只有长度和宽度，而没有高度（厚度）的模型。可用平面来模拟纸张、背景、地面，如图4-75所示。

（a）纸张　　　（b）背景　　　（c）地面

图4-75

使用【平面】工具创建一个平面，如图4-76所示。其参数如图4-77所示。

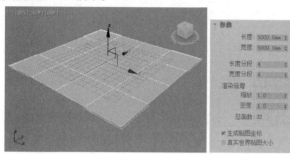

图4-76　　　　　　　图4-77

4.3.5　圆锥体

圆锥体是有上半径（半径2）和下半径（半径1）及高度组成的模型。可用圆锥体来模拟圆几、边几、石膏几何体等，如图4-78所示。

（a）圆几　　　（b）边几　　　（c）石膏几何体

图4-78

使用【圆锥体】工具创建一个圆锥体，如图4-79所示。其参数如图4-80所示。

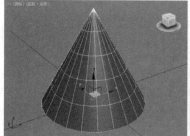

图4-79　　　　　　　图4-80

・半径1：控制圆锥体底部的半径大小。

・半径2：控制圆锥体顶部的半径大小。数值为0时，顶端是最尖锐的；数值大于0时，顶端较为平坦。两种效果如图4-81所示。

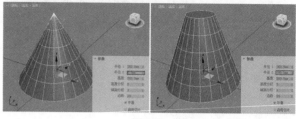

图4-81

4.3.6　茶壶

茶壶是由壶体、壶把、壶嘴、壶盖4部分组成的模型。使用【茶壶】工具创建一个茶壶，如图4-82所示。其参数如图4-83所示。

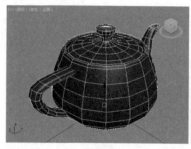

图4-82　　　　　　　图4-83

壶体/壶把/壶嘴/壶盖：分别控制茶壶的4大部分，取消选择时，被取消的部分将不会显示，如图4-84所示。

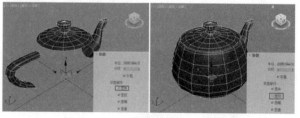

图4-84

4.3.7　几何球体

几何球体是被几何化的球体。可以选择3种方式，分别为四面体、八面体、二十面体。可用几何球体来模拟饰品、建筑、舞台灯等，如图4-85所示。

（a）饰品　　（b）建筑　　（c）舞台灯

图 4-85

使用【几何球体】工具创建一个几何球体，如图 4-86 所示。其参数如图 4-87 所示。

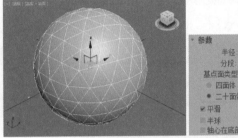

图 4-86　　　　　图 4-87

四面体/八面体/二十面体：可以选择 3 种模型方式。如图 4-88 所示为其中两种的对比效果。

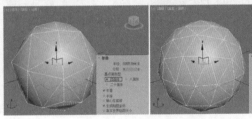

图 4-88

4.3.8　圆环

圆环是由内半径（半径 2）和外半径（半径 1）组成的模型，其横截面为圆形。可用圆环来模拟比如甜甜圈、游泳圈、镜框等，如图 4-89 所示。

（a）甜甜圈　　（b）游泳圈　　（c）镜框

图 4-89

使用【圆环】工具创建一个圆环，如图 4-90 所示。其参数如图 4-91 所示。

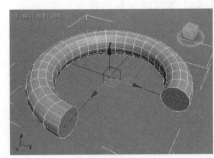

图 4-90　　　　　图 4-91

- 半径 1：设置圆环最外侧的半径数值。
- 半径 2：设置圆环最内侧的半径数值。
- 旋转：控制圆环产生旋转效果。
- 扭曲：控制圆环产生扭曲效果。

实例：使用圆柱体、圆环制作壁镜

扫一扫，看视频

文件路径：Chapter 04　内置几何体建模→实例：使用圆柱体、圆环制作壁镜

本实例将使用圆柱体、圆环制作壁镜，最终渲染效果如图 4-92 所示。

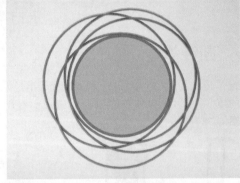

图 4-92

步骤 01 执行【创建】|【几何体】|【管状体】命令，在前视图中按住鼠标左键拖曳，创建一个管状体。设置【半径 1】为 950mm，【半径 2】为 1000，【高度】为 60mm，【高度分段】为 1，【边数】为 50，如图 4-93 所示。

步骤 02 执行【创建】|【几何体】|【圆柱体】命令，在前视图中按住鼠标左键拖拽，创建一个圆柱体。设置【半径】为 950mm，【高度】为 15mm，【边数】为 50，设置完成后将其移动到合适的位置，如图 4-94 所示。

步骤 03 执行【创建】|【几何体】|【圆环】命令，在前视图中绘制一个圆环。设置【半径 1】为 1300mm，【半径 2】为 30mm，【分段】为 50，【边数】为 3，设置完成后将其摆放在合适的位置，如图 4-95 所示。

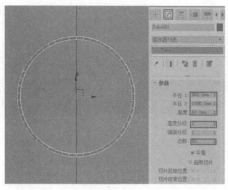

图 4-93

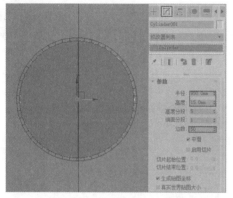

图 4-94

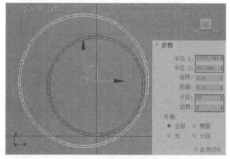

图 4-95

步骤 04 在前视图中选中刚才创建的圆环,按住 Shift 键沿 XY 轴拖动鼠标左键进行移动复制,效果如图 4-96 所示。接着使用同样的方法继续移动复制出其他的圆环,最终效果如图 4-97 所示。

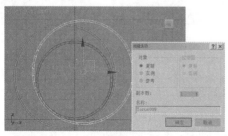

图 4-96

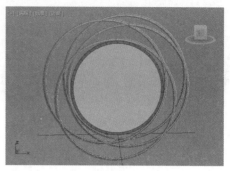

图 4-97

4.3.9 管状体

管状体是由内半径(半径 2)和外半径(半径 1)组成的模型,其横截面为方形。可用管状体来模拟圆形吊灯、边几、台灯等,如图 4-98 所示。

(a)吊灯　　　　(b)边几　　　　(c)台灯

图 4-98

使用【管状体】工具创建一个管状体,如图 4-99 所示。其参数如图 4-100 所示。

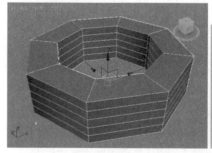 

图 4-99　　　　　　　　图 4-100

- 半径 1:设置管状体最外侧的半径数值。
- 半径 2:设置管状体最内侧的半径数值。
- 高度:设置管状体的高度数值。

4.3.10 四棱锥

四棱锥是由宽度、深度、高度组成的,底部为四边形的锥状模型。使用【四棱锥】工具创建一个四棱锥,如图 4-101 所示。其参数如图 4-102 所示。

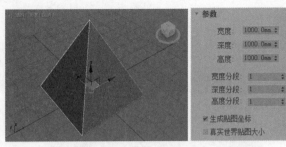

图 4-101   图 4-102

· 宽度 / 深度 / 高度：设置四棱锥的宽度 / 深度 / 高度数值。

4.3.11 加强型文本

加强型文本可以快速创建三维的文字，非常方便，如图 4-103 所示为使用该工具在场景中单击即可创建文字。单击修改，为其设置【挤出】数值，即可为文字设置厚度，如图 4-104 所示。

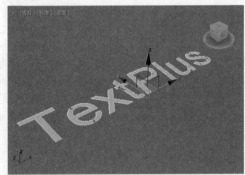

图 4-103

图 4-104

综合实例：使用管状体、圆柱体、长方体制作台灯

文件路径：Chapter 04　内置几何体建模→综合实例：使用管状体、圆柱体、长方体制作台灯

本实例将使用管状体、圆柱体、长方体制作台灯，最终渲染效果如图 4-105 所示。

扫一扫，看视频

图 4-105

步骤 01 在【创建】面板中执行 ✛（创建）●（几何体）| 标准基本体 ▾ | 管状体 命令，如图 4-106 所示。在透视图中创建一个【管状体】，单击【修改】按钮 ，在【参数】卷展栏中设置【半径 1】为 180mm，【半径 2】为 200mm，【高度】为 500mm，【高度分段】为 1，【边数】为 4，取消勾选【平滑】，如图 4-107 所示。效果如图 4-108 所示。

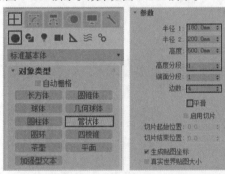

图 4-106   图 4-107

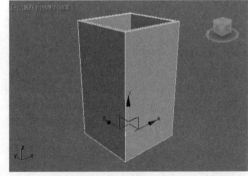

图 4-108

步骤 02 选择此时的模型，激活 （角度捕捉切换）按钮，激活 （选择并旋转）按钮，然后沿 Z 轴旋转 45°，如图 4-109 所示。

步骤 03 在【管状体】的下方创建一个【圆柱体】，将其放置在合适的位置，如图 4-110 所示。【参数】卷展栏中设置圆柱体的【半径】为 20mm，【高度】为 150mm，【高度分段】

中文版3ds Max 2020+VRay效果图制作从入门到精通（微课视频 全彩版）

为1，如图4-111所示。

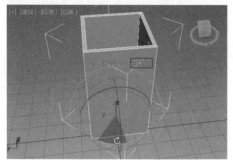

图4-109

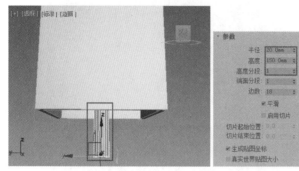

图4-110　　　　　图4-111

步骤 04 在【圆柱体】下方创建一个【长方体】，位置如图4-112所示。在【参数】卷展栏中设置该长方体的【长度】为300mm，【宽度】为300mm，【高度】为50mm，如图4-113所示。

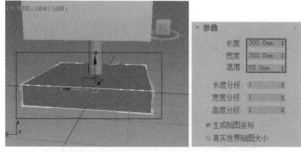

图4-112　　　　　图4-113

步骤 05 实例最终效果如图4-114所示。

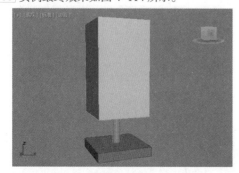

图4-114

综合实例：使用长方体、圆柱体制作婴儿床

文件路径：Chapter 04　内置几何体建模→综合实例：使用长方体、圆柱体制作婴儿床

本实例将使用长方体、圆柱体制作婴儿床，最终渲染效果如图4-115所示。

扫一扫，看视频

图4-115

步骤 01 执行【创建】|【几何体】|【长方体】命令。在透视图中创建一个长方体模型，接着单击【修改】按钮，在【参数】卷展栏中设置【长度】为2100mm，【宽度】为3300mm，【高度】为100mm，如图4-116所示。

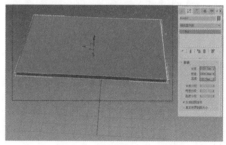

图4-116

步骤 02 选中这个长方体模型，然后按住Shift键并按住鼠标左键将其沿Z轴向上移动复制，移动到合适的位置后释放鼠标，在弹出的【克隆选项】窗口中设置【对象】为【复制】，【副本数】为1，如图4-117所示。单击【修改】按钮，设置【高度】的数值为200mm，如图4-118所示。

图4-117　　　　　图4-118

步骤 03 在前视图中创建一个长方体模型，设置该长方体的【长度】为1700mm，【宽度】为40mm，【高度】为150mm，设置完成后将其放置在合适的位置，如图4-119所示。选中刚刚创建的长方体模型，然后激活 ⊾² （角度捕捉切换）按钮，

激活 🔄 （选择并旋转）按钮，按住 Shift 键，将其沿 Z 轴拖曳旋转 90° 进行复制，接着将其移动到合适的位置，如图 4-120 所示。

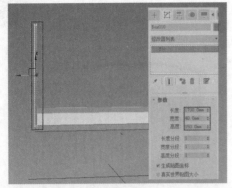

图 4-119

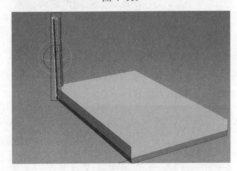

图 4-120

步骤 04 选择刚刚创建的两个长方体模型，然后单击【镜像】按钮 ⚏，在弹出的【镜像：世界 坐标】窗口中设置【镜像轴】为 YZ，【克隆当前选择】为【复制】，设置完成后单击【确定】按钮，如图 4-121 所示。最后将复制出的长方体模型组沿 Y 轴移动到合适的位置，如图 4-122 所示。

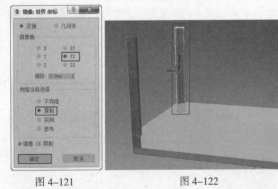

图 4-121   图 4-122

步骤 05 使用同样的方法再次复制出两个长方体组，并将其分别摆放在合适的位置，如图 4-123 所示。

步骤 06 执行【创建】|【几何体】|【圆柱体】命令，在透视图中创建一个圆柱体。接着单击【修改】按钮，设置该圆柱体的【半径】为 20mm，【高度】为 1700mm，设置完成后将其摆放在合适的位置，如图 4-124 所示。

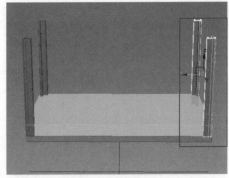

图 4-123

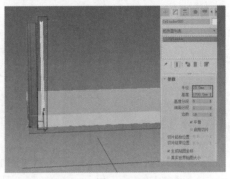

图 4-124

步骤 07 在顶视图中选中刚刚创建的圆柱体，按住 Shift 键并按住鼠标左键，将其沿 X 轴向左平移并复制，在移动到合适的位置后释放鼠标，在弹出的【克隆选项】窗口中设置【对象】为【实例】，【副本数】为 18，如图 4-125 所示。此时顶视图效果如图 4-126 所示。

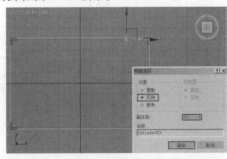

图 4-125

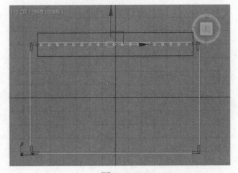

图 4-126

中文版 3ds Max 2020+VRay 效果图制作从入门到精通（微课视频 全彩版）

步骤 08 此时透视图模型效果如图 4-127 所示。

步骤 09 使用同样的方法制作出婴儿床其他三个方向的三组圆柱体，如图 4-128 所示。

图 4-127　　　　　　图 4-128

步骤 10 在透视图中再创建一个长方体模型，设置该长方体模型的【长度】为 150mm，【宽度】为 3300mm，【高度】为 200mm，创建完成后将其摆放在合适的位置，如图 4-129 所示。接着选中刚刚创建的长方体模型，然后按住 Shift 键并沿 Y 轴拖动鼠标左键，移动到合适的位置后释放鼠标，在弹出的【克隆选项】窗口中设置【对象】为【复制】，【副本数】为 1，如图 4-130 所示。

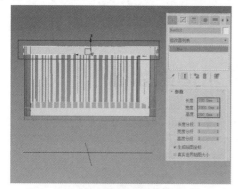

图 4-129

图 4-130

步骤 11 在左视图中再创建一个长方体，设置该长方体【长度】为 150mm，【宽度】为 2100mm，【高度】为 200mm，设置完成后将其放置在合适的位置，如图 4-131 所示。接着将该长方体模型复制一份到左侧，效果如图 4-132 所示。

图 4-131

图 4-132

步骤 12 使用同样的方法再次创建两组长方体模型。效果如图 4-133 和图 4-134 所示。

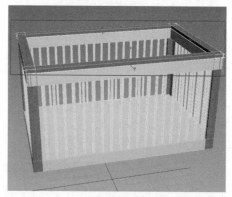

图 4-133

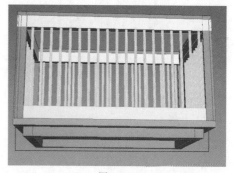

图 4-134

步骤 13 在透视图中再创建一个长方体模型，单击【修改】按钮，设置该长方体【长度】为150mm，【宽度】为150mm，【高度】为400mm，如图4-135所示。单击【选择并旋转】按钮 ↻，将其沿Y轴旋转15°，旋转完成后将其摆放在合适的位置，如图4-136所示。

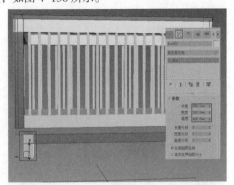

图4-135

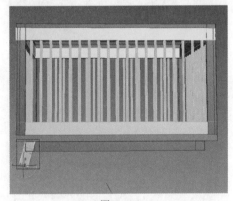

图4-136

步骤 14 选择刚才的模型，单击【镜像】按钮，在弹出的【镜像：世界 坐标】窗口中设置【镜像轴】为X，【克隆当前选择】为【复制】，如图4-137所示。接着将其移动到合适的位置，如图4-138所示。

图4-137

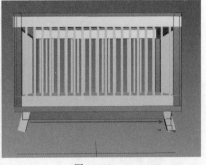

图4-138

步骤 15 选择刚才的两个长方体模型，然后按住Shift键并将其沿Y轴移动复制，放置在合适的位置后释放鼠标，在弹出的【克隆选项】窗口中设置【对象】为【复制】，【副本数】

为1，如图4-139所示。

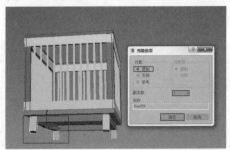

图4-139

步骤 16 最终模型效果如图4-140所示。

图4-140

4.4 扩展基本体

扩展基本体是指3ds Max中标准基本体的扩展版，包括13种不太常用的几何体模型，只需要对这些类型有所了解即可，如图4-141所示。

扫一扫，看视频

图4-141

【重点】4.4.1 切角长方体

切角长方体比长方体增加了【圆角】参数，因此可以制作很多具有圆角的模型（在创建模型时，比创建长方体要多一次拖动并单击鼠标）。可用切角长方体来模拟餐凳、壁灯、单人沙发等，如图4-142所示。

使用【切角长方体】工具创建一个切角长方体，如图4-143所示。其参数如图4-144所示。

(a) 餐凳

(b) 壁灯

(c) 单人沙发

图 4-142

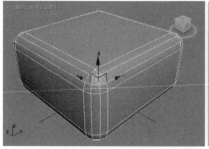

图 4-143　　　　　　　图 4-144

- 圆角：用来设置模型边缘处产生圆角的程度。当设置圆角为 0 时，模型边缘无圆角，其实就是长方体效果。两种效果如图 4-145 所示。

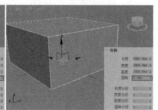

图 4-145

实例：使用切角长方体和切角圆柱体制作现代风格沙发

文件路径：Chapter 04 内置几何体建模→实例：使用切角长方体和切角圆柱体制作现代风格沙发

本实例将使用切角长方体、切角圆柱体制作现代风格沙发，最终渲染效果如图 4-146 所示。

扫一扫，看视频

图 4-146

步骤 01 执行【创建】|【几何体】|【扩展基本体】|【切角长方体】命令，在顶视图中创建一个切角长方体。单击【修改】按钮，设置【长度】为 2100mm，【宽度】为 4000mm，【高

度】为 450mm，【圆角】为 100mm，如图 4-147 所示。接着单击【选择并移动】按钮 ✛，按住 Shift 键并将其沿 Z 轴向上平移并复制，放置在合适的位置后释放鼠标，在弹出的【克隆选项】窗口中设置【对象】为【复制】，【副本数】为 1，如图 4-148 所示。

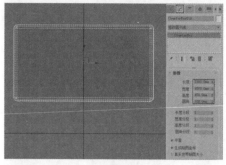

图 4-147

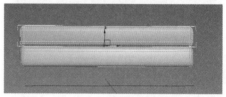

图 4-148

步骤 02 在前视图中创建一个切角长方体，并设置该切角长方体的【长度】为 1700mm，【宽度】为 4000mm，【高度】为 450mm，【圆角】为 100mm，如图 4-149 所示。此时效果如图 4-150 所示。

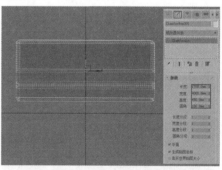

图 4-149

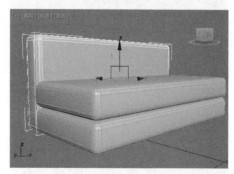

图 4-150

步骤 03 再次创建一个切角长方体，并设置合适的参数，如

图 4-151 所示。选中刚刚创建的切角长方体，按住 Shift 键并按住鼠标左键将其沿 X 轴向右平移并复制，效果如图 4-152 所示。

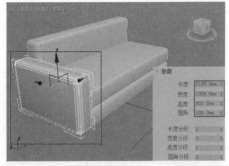

图 4-151

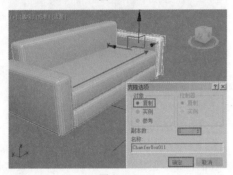

图 4-152

步骤 04 再次创建一个切角长方体，单击【修改】按钮，设置【长度】为 1135mm，【宽度】为 1950mm，【高度】为 450mm，【圆角】为 250mm，如图 4-153 所示。创建完成后将其沿 X 轴向右复制一份，效果如图 4-154 所示。

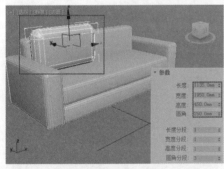

图 4-153

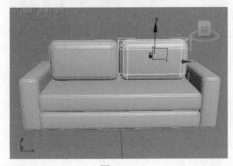

图 4-154

步骤 05 执行【创建】|【几何体】|【扩展基本体】|【切角圆柱体】命令，在前视图中创建一个切角圆柱体。单击【修改】按钮，设置【半径】为 200mm，【高度】为 1200mm，【圆角】为 120mm，【圆角分段】为 50，【边数】为 20，【端面分段】为 10，如图 4-155 所示。接着将其沿 X 轴平移并复制到右侧，效果如图 4-156 所示。

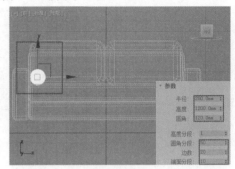

图 4-155

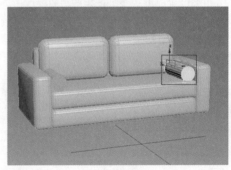

图 4-156

步骤 06 执行【创建】|【几何体】|【标准基本体】|【圆柱体】命令，在顶视图中创建一个圆柱体。单击【修改】按钮，设置【半径】为 70mm，【高度】为 400mm，如图 4-157 所示。接着按住 Shift 键并按住鼠标左键将其沿 Y 轴平移并复制，放置在合适的位置后释放鼠标，在弹出的【克隆选项】窗口中设置【对象】为【复制】，【副本数】为 1，如图 4-158 所示。

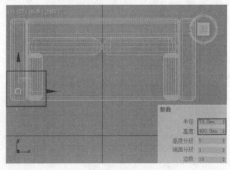

图 4-157

步骤 07 使用同样的方法选择刚刚创建的两个圆柱体，将其沿 X 轴向右平移并复制。实例最终效果如图 4-159 所示。

中文版3ds Max 2020+VRay效果图制作从入门到精通（微课视频 全彩版）

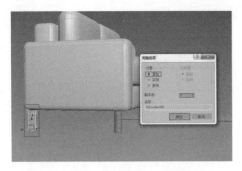

图 4-158

图 4-159

【重点】4.4.2　切角圆柱体

切角圆柱体是指模型边缘处具有圆角效果的圆柱体。可用切角圆柱体来模拟无靠背软椅、吧椅等，如图 4-160 所示。

（a）无靠背软椅　　　（b）吧椅

图 4-160

使用【切角圆柱体】工具创建一个切角圆柱体，如图 4-161 所示。其参数如图 4-162 所示。

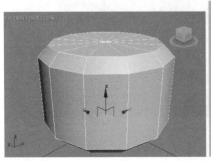

图 4-161　　　　　　图 4-162

4.4.3　异面体

异面体是一种比较奇异的模型，可以模拟四面体、八面体、十二面体、二十面体、星形等效果。使用【异面体】工具创建一个异面体，如图 4-163 所示。其参数如图 4-164 所示。

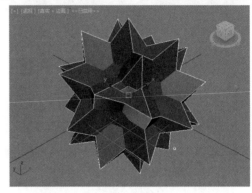

图 4-163

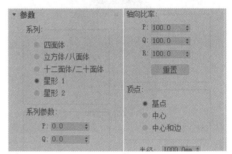

图 4-164

- 系列：包括 5 种类型，分别为四面体、立方体 / 八面体、十二面体 / 二十面体、星形 1、星形 2。如图 4-165 所示为其中两种效果。

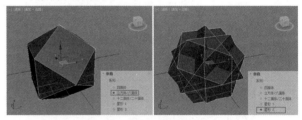

图 4-165

- 系列参数：为多面体顶点和面之间提供两种方式变换的关联参数。
- 轴向比率：控制多面体一个面反射的轴。

4.4.4　环形结

环形结可以制作模型随机缠绕的复杂效果，常用来制作抽象的模型。使用【环形结】工具创建一个环形结，如图 4-166 所示。

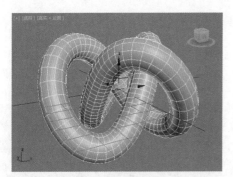

图 4-166

4.4.5　油罐

油罐可以创建带有凸面封口的圆柱体。使用【油罐】工具创建一个油罐，如图 4-167 所示。

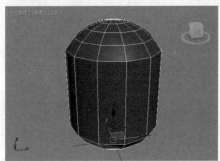

图 4-167

4.4.6　胶囊

胶囊可以创建带有半球状封口的圆柱体。可用胶囊来模拟胶囊药物等。使用【胶囊】工具创建一个胶囊，如图 4-168 所示。

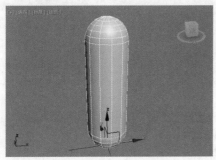

图 4-168

实例：使用圆柱体、管状体、胶囊制作衣架

文件路径：Chapter 04　内置几何体建模→实例：使用圆柱体、管状体、胶囊制作衣架

本实例将使用圆柱体、管状体、胶囊制作

扫一扫，看视频

衣架，最终渲染效果如图 4-169 所示。

图 4-169

步骤 01 执行【创建】|【几何体】|【圆柱体】命令，在透视图中创建一个圆柱体。单击【修改】按钮，设置【半径】为 190mm，【高度】为 50mm，【边数】为 30，如图 4-170 所示。

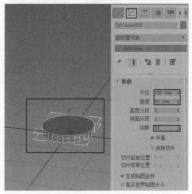

图 4-170

步骤 02 执行【创建】|【几何体】|【圆柱体】命令，在透视图中创建一个圆柱体。单击【修改】按钮，设置【半径】为 30mm，【高度】为 2000mm，【边数】为 30，如图 4-171 所示。

图 4-171

步骤 03 执行【创建】|【几何体】|【管状体】命令，在透视图中创建一个管状体。单击【修改】按钮，设置【半径 1】为 30mm，【半径 2】为 35mm，【高度】为 690mm，设置完成后将其摆放在合适的位置，如图 4-172 所示。

图 4-172

步骤 04 执行【创建】|【几何体】|【扩展基本体】|【胶囊】命令，在透视图中创建一个胶囊模型。单击【修改】按钮，在【参数】卷展栏中设置【半径】为 10mm，【高度】为 200mm，如图 4-173 所示。接着单击激活【选择并旋转】按钮 C 和【角度捕捉切换】按钮，将胶囊沿 Y 轴旋转 50°。效果如图 4-174 所示。

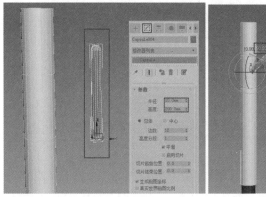

图 4-173   图 4-174

步骤 05 选中刚刚创建的胶囊，接着按住 Shift 键并按住鼠标左键将其沿 Z 轴向下平移并复制，复制到合适的位置后释放鼠标，在弹出的【克隆选项】窗口中设置【对象】为【复制】，【副本数】为 1，如图 4-175 所示。最后使用同样的方法继续创建胶囊并移动至合适的位置，如图 4-176 所示。

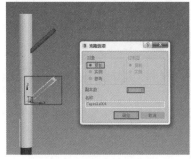 

图 4-175   图 4-176

步骤 06 执行【创建】|【几何体】|【圆环】命令，在透视图中创建一个圆环。单击【修改】按钮，设置【半径 1】为 180mm，【半径 2】为 10mm，【边数】为 50，接着将其移动到合适的位置，如图 4-177 所示。最终效果如图 4-178 所示。

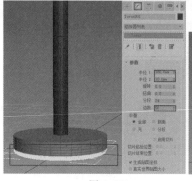 

图 4-177   图 4-178

4.4.7　其他几种扩展基本体类型

下面几种扩展基本体类型不太常用，我们只做简单了解即可。

扫一扫，看视频

1. 纺锤

纺锤可以创建带有圆锥形封口的圆柱体。创建一个纺锤，如图 4-179 所示。

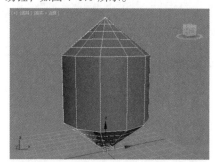

图 4-179

2. 球棱柱

球棱柱可以创建类似圆柱体的效果（可设置模型边数、可设置是否有圆角效果）。创建一个球棱柱，如图 4-180 所示。

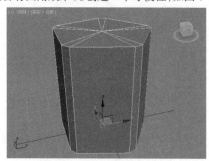

图 4-180

3. L-Ext

L-Ext 可以创建具有 L 形的模型。可用 L-Ext 来模拟墙体、书架、迷宫等。创建一个 L-Ext，如图 4-181 所示。

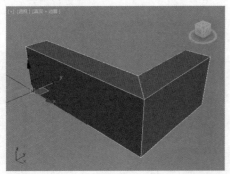

图 4-181

4. C-Ext

C-Ext 可以创建具有 C 形的模型。可用 C-Ext 来模拟墙体，创建一个 C-Ext，如图 4-182 所示。

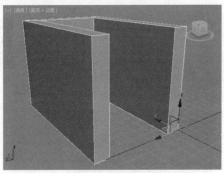

图 4-182

5. 环形波

环形波可以制作具有环形波浪状的模型，不太常用。创建一个环形波，如图 4-183 所示。

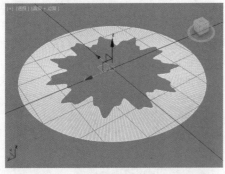

图 4-183

6. 软管

软管可以创建具有管状结构的模型，可用软管来模拟饮料吸管。创建一个软管，如图 4-184 所示。

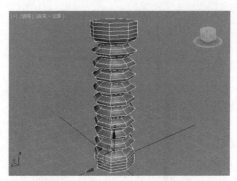

图 4-184

7. 棱柱

棱柱可以创建带有独立分段面的三面棱柱。创建一个棱柱，如图 4-185 所示。

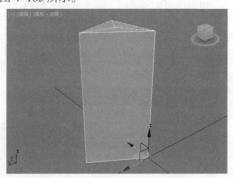

图 4-185

4.5 AEC 扩展

AEC 扩展是专门用于建筑、工程、构造等相关设计领域的模型。包括 3 种类型，分别为植物、栏杆、墙，如图 4-186 所示。

图 4-186

4.5.1 植物

3ds Max 内置了 12 种植物，包括花草树木等效果，但是这 12 种植物模型不是非常逼真，假如在制作作品时需要更真实的植物效果，可以从网络上下载更精致的植物模型使用。如图 4-187 所示为创建的一植物，其参数如图 4-188 所示。

中文版3ds Max 2020+VRay效果图制作从入门到精通（微课视频 全彩版）

图 4-187　　　　　　　　图 4-188

- 高度：设置植物的生长高度。
- 密度：设置植物叶子和花朵的数量。值为 1 表示植物具有完整的叶子和花朵；值为 0.5 表示植物具有 1/2 的叶子和花朵；值为 0 表示植物没有叶子和花朵。
- 修剪：设置植物的修剪效果。数值越大修剪程度越大。
- 种子：随机设置一个数值会出现一个随机的植物样式。
- 显示：控制是否需要显示树叶、果实、花、树干、树枝和根。
- 视口树冠模式：该选项用于设置树冠在视口中的显示模式。
  - 未选择对象时：当没有选择任何对象时以树冠模式显示植物。
  - 始终：始终以树冠模式显示植物。
  - 从不：从不以树冠模式显示植物，但是会显示植物的所有特性。
- 详细程度等级：该选项组中的参数用于设置植物的渲染细腻程度。
  - 低：这种级别用来渲染植物的树冠。
  - 中：这种级别用来渲染减少了面的植物。
  - 高：这种级别用来渲染植物的所有面。

4.5.2　栏杆

栏杆工具由栏杆、立柱和栅栏 3 部分组成。通过栏杆可以制作直线护栏，也可以制作沿路径产生的护栏效果。参数面板如图 4-189 所示。

图 4-189

1. 栏杆

- 拾取栏杆路径：单击该按钮可拾取样条线来作为栏杆的路径。
- 分段：设置栏杆对象的分段数。
- 匹配拐角：在栏杆中放置拐角，以匹配栏杆路径的拐角。
- 长度：设置栏杆的长度。
- 上围栏：该选项组用于设置栏杆上围栏部分的相关参数。
- 下围栏：该选项组用于设置栏杆下围栏部分的相关参数。
- 【下围栏间距】按钮：设置下围栏之间的间距。
- 生成贴图坐标：为栏杆对象分配贴图坐标。
- 真实世界贴图大小：控制应用于对象的纹理贴图材质所使用的缩放方法。

2. 立柱

- 剖面：指定立柱的横截面形状。
- 深度：设置立柱的深度。
- 宽度：设置立柱的宽度。
- 延长：设置立柱在上栏杆底部的延长量。
- 【立柱间距】按钮：设置立柱的间距。

3. 栅栏

- 类型：指定立柱之间的栅栏类型，有【无】【支柱】和【实体填充】3 个选项。
- 支柱：该选项组中的参数只有当栅栏类型设置为【支柱】类型时才可用。
- 实体填充：该选项组中的参数只有当栅栏类型设置为【实体填充】类型时才可用。

轻松动手学：创建一个栏杆

文件路径：Chapter 04　内置几何体建模→轻松动手学：创建一个栏杆

步骤 01 使用【线】工具在顶视图中绘制一条线，如图 4-190 所示。

图 4-190

步骤 02 使用【栏杆】工具在透视图中拖动创建一个栏杆，如图 4-191 所示。

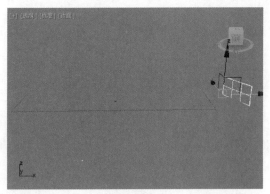

图 4-191

步骤[03] 选择栏杆模型，单击修改。单击【拾取栏杆路径】按钮，然后在视图中单击拾取刚才绘制的线，如图 4-192 所示。

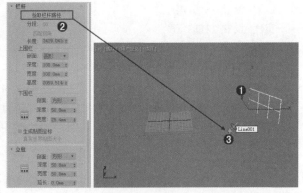

图 4-192

步骤[04] 此时效果如图 4-193 所示。

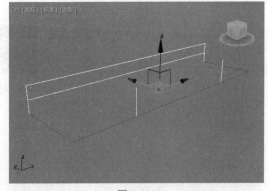

图 4-193

步骤[05] 选择栏杆模型，单击修改。设置【分段】为50，设置【上围栏】中的【剖面】为【圆形】，【深度】为100mm，【宽度】为100mm，【高度】为1800mm。然后单击【下围栏】中的![]按钮，设置【计数】为2。单击【立柱】中的![]按钮，设置【计数】为3，如图 4-194 所示。

步骤[06] 最终栏杆效果如图 4-195 所示。

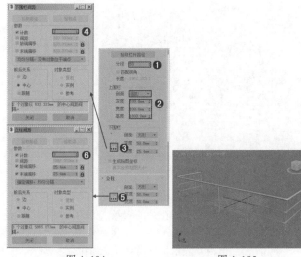

图 4-194   图 4-195

4.5.3 墙

【墙】工具可以快速创建实体墙，比使用样条线制作更快捷，如图 4-196 所示。参数如图 4-197 所示。

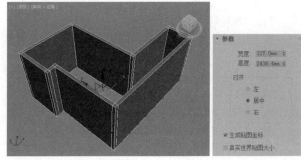

图 4-196   图 4-197

4.6 门、窗与楼梯

3ds Max 中内置了很多室内设计常用的模型，例如门、窗、楼梯。可以使用这些工具快速创建相应的模型，如推拉门、平开窗、旋转楼梯等。

4.6.1 门

3ds Max 中内置了 3 种类型的门，分别为枢轴门、推拉门、折叠门，如图 4-198 所示。

图 4-198

中文版3ds Max 2020+VRay效果图制作从入门到精通（微课视频 全彩版）

- 枢轴门：可以创建最普通样式的门。
- 推拉门：可以创建推拉样式的门。
- 折叠门：可以创建折叠样式的门。

如图4-199所示为3种门效果。3种门的参数基本一样，以枢轴门为例，了解一下其参数，如图4-200所示。

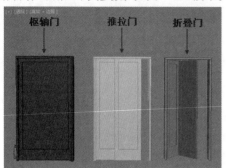

图4-199

图4-200

- 高度/宽度/深度：设置门的总体高度/宽度/深度。
- 打开：设置不同的数值会将门开启不同的角度。
- 创建门框：控制是否创建门框。
- 厚度：设置门的厚度。
- 门挺/顶梁：设置顶部和两侧的镶板框的宽度。
- 底梁：设置门脚处的镶板框的宽度。
- 水平/垂直窗格数：设置镶板沿水平/垂直轴划分的数量。
- 镶板间距：设置镶板之间的间隔宽度。
- 镶板：指定在门中创建镶板的方式。
  - 无：不创建镶板。
  - 玻璃：创建不带倒角的玻璃镶板。
  - 厚度：设置玻璃镶板的厚度。
  - 有倒角：勾选该选项可以创建具有倒角的镶板。
  - 倒角角度：指定门的外部平面和镶板平面之间的倒角角度。
  - 厚度1/厚度2：设置镶板的外部/倒角从起始处厚度。
  - 中间厚度：设置镶板内的面部分的厚度。
  - 宽度1/宽度2：设置倒角从起始处/镶板内的面部分的宽度。

4.6.2 窗

3ds Max中内置了6种类型的窗，分别为遮篷式窗、平开窗、固定窗、旋开窗、伸出式窗、推拉窗，如图4-201所示。

图4-201

- 遮篷式窗：可以创建具有一个或多个可在顶部转枢的窗框。
- 平开窗：可以创建具有一个或两个可在侧面转枢的窗框。
- 固定窗：可以创建关闭的窗框，因此没有"打开窗"参数。
- 旋开窗：可以创建只具有一个窗框，中间通过窗框面用铰链结合起来。其可以垂直或水平旋转打开。
- 伸出式窗：可以创建三个窗框。顶部窗框不能移动，底部的两个窗框可像遮篷式窗那样旋转打开。
- 推拉窗：可以创建两个窗框。一个固定的窗框、一个可移动的窗框。

如图4-202所示为6种窗效果。6种窗的参数类似，以固定窗为例了解一下其参数，如图4-203所示。

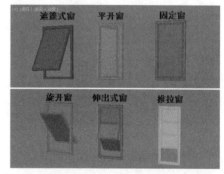

图4-202

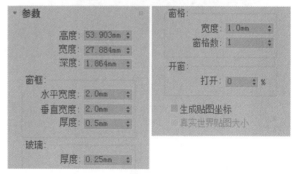

图4-203

- 高度/宽度/深度：设置窗户的总体高度/宽度/深度。
- 窗框：控制窗框的宽度和深度。
- 玻璃：用来指定玻璃的厚度等参数。

- 窗格：该选项控制窗格的基本参数，如窗格宽度、窗格个数。

4.6.3 楼梯

3ds Max 中内置了 4 种类型的楼梯，分别为直线楼梯、L 型楼梯、U 型楼梯、螺旋楼梯，如图 4-204 所示。

图 4-204

- 直线楼梯：可以创建直线型的楼梯。
- L 型楼梯：可以创建 L 型转折效果的楼梯。
- U 型楼梯：可以创建一个两段平行的楼梯，并且它们之间有一个平台。
- 螺旋楼梯：可以创建螺旋状的旋转楼梯效果。

图 4-205 所示为 4 种楼梯效果。4 种楼梯的参数类似，以直线楼梯为例了解一下其参数，如图 4-206 所示。

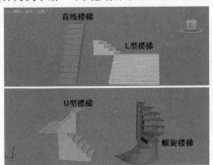

图 4-205

图 4-206

1. 参数

- 类型：设置楼梯的类型，包括开放式、封闭式、落地式。

- 侧弦：沿楼梯梯级的端点创建侧弦。
- 支撑梁：在梯级下创建一个倾斜的切口梁，该梁支撑着台阶。
- 扶手：创建左扶手和右扶手。
- 布局 / 梯级 / 台阶：该选项组中的参数用于设置楼梯的布局 / 梯级 / 台阶参数。

2. 支撑梁

- 深度：设置支撑梁离地面的深度。
- 宽度：设置支撑梁的宽度。
- 【支撑梁间距】按钮 ：设置支撑梁的间距。

3. 栏杆

- 高度：设置栏杆离台阶的高度。
- 偏移：设置栏杆离台阶端点的偏移量。
- 分段：设置栏杆中的分段数量。值越高，栏杆越平滑。
- 半径：设置栏杆的半径。

4. 侧弦

- 深度：设置侧弦离地板的深度。
- 宽度：设置侧弦的宽度。
- 偏移：设置地板与侧弦的垂直距离。

4.7 VR- 毛皮制作毛发

【VR- 毛皮】常用于制作具有毛发特点的模型效果，如地毯、毛毯、草地等，如图 4-207 所示。（注意：若在几何体的类型中找不到 VRay，那么需要成功安装 VRay 渲染器才可以使用该功能。）

（a）地毯　　　　（b）毛毯　　　　（c）草地

图 4-207

创建模型并选择模型，如图 4-208 所示。然后执行 ✛（创建）| ●（几何体）| VRay | VR- 毛皮 命令，如图 4-209 所示。此时模型产生了毛发效果，如图 4-210 所示。

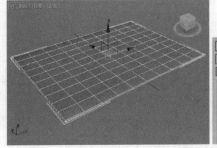

图 4-208　　　　　　　　　　图 4-209

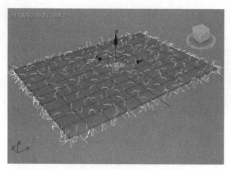

图 4-210

展开【参数】卷展栏，如图 4-211 所示。

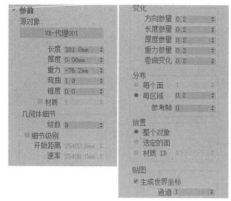

图 4-211

- 源对象：指定需要添加毛发的物体。
- 长度：设置毛发的长度。图 4-212 所示为设置长度为 300 和 100 的对比效果。

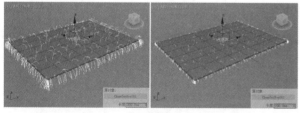

图 4-212

- 厚度：设置毛发的厚度。但是该选项只有在渲染时才会看到变化。
- 重力：控制毛发在 Z 轴方向被下拉的力度，数值越小越下垂、数值越大越直立。图 4-213 所示为设置重力为 30 和 -80 的对比效果。

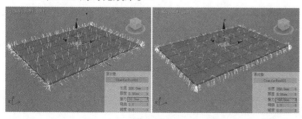

图 4-213

- 弯曲：设置毛发的弯曲程度，数值为 0 时毛发直立，数值越大毛发越弯曲。图 4-214 所示为设置该数值为 0 和 2 的对比效果。

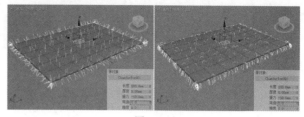

图 4-214

- 锥度：用来控制毛发锥化的程度。
- 结数：控制毛发弯曲时的光滑度。值越大，段数越多，弯曲的毛发越光滑。图 4-215 所示为设置结数为 3 和 30 的对比效果。

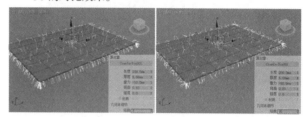

图 4-215

- 平面法线：这个选项用来控制毛发的呈现方式。
- 方向参量：控制毛发在方向上的随机变化。值越大，表示变化越强烈，0 表示不变化。
- 长度参量：控制毛发长度的随机变化。1 表示变化强烈，0 表示不变化。
- 厚度参量：控制毛发粗细的随机变化。1 表示变化强烈，0 表示不变化。
- 重力参量：控制毛发受重力影响的随机变化。1 表示变化强烈，0 表示不变化。图 4-216 所示为设置不同的方向参量、长度参量、厚度参量、重力参量数值的对比效果。

图 4-216

- 每个面：用来控制每个面产生的毛发数量，因为物体的每个面不都是均匀的，所以渲染出来的毛发也不均匀。
- 每区域：用来控制每单位面积中的毛发数量。数值越大，毛发的数量越多。
- 参考帧：指定源物体获取到计算面大小的帧，获取的数据将贯穿整个动画过程。
- 整个对象：勾选该选项后，全部的面都将产生毛发。

- 选定的面：启用该选项后，只有被选择的面才能产生
毛发。

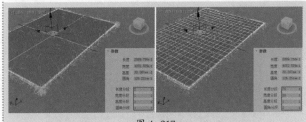

图 4-217

 提示：VR- 毛皮的毛发数量与什么数
值有关？

（1）模型本身的网格分段数的数量越多，毛发则也
越多，如图 4-217 所示。

（2）与 VR- 毛皮参数有关。【每区域】数值越大，
毛发数量越多。该参数在渲染时才可看出区别，在视图
中看不到变化。

Chapter
05

第5章

扫一扫，看视频

样条线建模

本章学习要点：

- 熟练掌握样条线的创建方法
- 熟练掌握样条线的编辑方法
- 掌握扩展样条线的使用方法

本章内容简介：

本章将学习样条线建模，对二维图形进行创建、修改，或者将其转化为可编辑样条线，从而对样条线的顶点、线段等进行编辑操作。学习样条线，不仅可以制作出二维的图形效果，还可以将其修改为三维模型。

通过本章学习，我能做什么？

通过本章的学习，我们可以利用样条线建模轻松制作出一些线条形态的模型。这些线条形态的模型通常可以用于组成家具中的某些部分，如吊灯上的弧形灯柱、顶棚四周的石膏线、铁艺桌椅、铁艺吊灯、茶几、欧式家具上的雕花等。

优秀作品欣赏

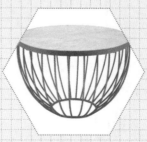

5.1 认识样条线建模

本节将讲解样条线建模的基本知识，包括样条线概念、样条线适用模型、样条线类型。

5.1.1 什么是样条线

样条线是二维的图形，它是一条没有深度的连续线，可以是开放的，也可以是封闭的。创建二维的样条线对于三维模型来说是很重要的，比如使用样条线中的【文本】工具创建一组文字，然后可以将它变为三维文字。

5.1.2 样条线建模适合制作什么模型

样条线可以制作很多线型结构的模型，如水晶灯、艺术镜，如图 5-1 和图 5-2 所示。

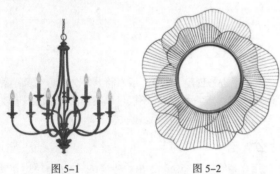

图 5-1　　　　　　　　图 5-2

5.1.3 6 种图形类型

在命令面板中执行【创建】 ✛ |【图形】 ☋ 命令，此时可以看到 6 种图形类型，分别为样条线、NURBS 曲线、复合图形、扩展样条线、CFD、Max Creation Graph，如图 5-3 所示。

图 5-3

- 样条线：样条线中包含了比较常用的二维图形，如线、矩形、圆。
- NURBS 曲线：由 NURBS 建模创建曲线对象。

- 复合图形：创建完成两条线后，可以使用该工具将两条线进行图形布尔运算。
- 扩展样条线：扩展样条线是样条线的扩展版。
- CFD：用于创建 CFD 可视化数据的线，是新增的功能。
- Max Creation Graph：可用于创建曲线，是新增的功能。

5.2 样条线

扫一扫，看视频

样条线是默认的图形类型，其中包括 13 种样条线类型，最常用的有线、矩形、圆、多边形、文本等，如图 5-4 所示。熟练使用样条线，不仅可以创建笔直的或弯曲的线，还可以创建文字等图形。

图 5-4

- 线：可以创建笔直的或弯曲的线，可以是闭合的图形，也可以是非闭合图形。
- 矩形：可以创建矩形图案。
- 圆：可以创建圆形图案。
- 椭圆：可以创建椭圆形图案。
- 弧：可以创建弧形图案。
- 圆环：可以创建两个圆形呈环形套在一起的图案。
- 多边形：可以创建多边形，如三角形、五边形、六边形等。
- 星形：可以创建星形图案，并且可以设置星形的点数和圆角效果。
- 文本：可以创建文字。
- 螺旋线：可以创建很多圈的螺旋线图案。
- 卵形：可以创建类似鸡蛋的图案。
- 截面：截面是一种特殊类型的样条线，其可以通过几何体对象基于横截面切片生成图形。
- 徒手：该工具可以以手绘的方式绘制更灵活的线。

【重点】5.2.1 线

扫一扫，看视频

使用【线】工具可以绘制任意的线效果，如直线、90°转折线、曲线等。绘制线不仅为了绘制二维图形，而且可以将其修改为三维效果，或应用于其他建模方式（如修改器建模、复合对象建模等）。如图 5-5 所示为使用【线】工具制作的书柜、凳子、茶几模型。

(a) 书框　　　　　(b) 凳子　　　　　(c) 茶几

图 5-5

如图 5-6 所示为绘制的 3 种样式的线。

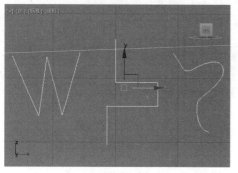

图 5-6

提示：创建线之前，选择不同的效果

单击【线】工具，会看到【创建方法】卷展栏，如图 5-7 所示。

图 5-7

当设置【初始类型】为【角点】时，创建的线都是转折的效果；当设置【初始类型】为【平滑】时，创建的线都是光滑的效果，如图 5-8 所示。

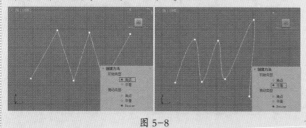

图 5-8

同样，若是修改【拖动类型】，那么在创建线时，单击并拖动鼠标左键会按照【拖动类型】的设置产生相应的效果。

1.【渲染】卷展栏

创建线之后单击【修改】按钮，可在【渲染】卷展栏中将线设置为三维效果。【渲染】卷展栏参数如图 5-9 所示。

图 5-9

- 在渲染中启用：勾选该选项时，在渲染时线会呈现三维效果。
- 在视口中启用：勾选该选项时，样条线在视图中会显示为三维效果。
- 径向：设置样条线的横截面为圆形，如图 5-10 所示。
  - 厚度：设置样条线的直径。
  - 边：设置样条线的边数。
  - 角度：设置横截面的旋转位置。

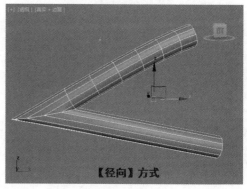

【径向】方式

图 5-10

- 矩形：设置样条线的横截面为矩形，如图 5-11 所示。
  - 长度：用于设置沿局部 Y 轴的横截面大小。
  - 宽度：用于设置沿局部 X 轴的横截面大小。
  - 角度：用于调整视图或渲染器中的横截面的旋转位置。
  - 纵横比：用于设置矩形横截面的纵横比。

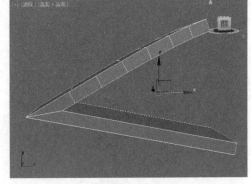

图 5-11

【重点】轻松动手学：将二维线变成三维线

文件路径：Chapter 05　样条线建模→轻松动手
学：将二维线变成三维线

步骤 01 使用【线】工具在前视图中绘制一条线，
如图 5-12 所示。

扫一扫，看视频

步骤 02 单击【修改】按钮，勾选【在渲染中
启用】【在视口中启用】。若设置方式为【径向】，【厚度】为
1000mm（如图 5-13 所示），则会出现横截面为圆形的三维模
型，如图 5-14 所示。

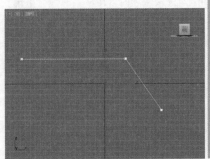

图 5-12　　　　　　　　　　图 5-13

步骤 03 若设置方式为【矩形】，【长度】为 1000mm，【宽度】
为 1000mm（如图 5-15 所示），则会出现横截面为矩形的三
维模型，如图 5-16 所示。

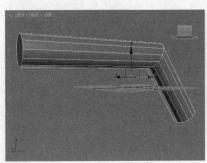

图 5-14　　　　　　　　　　图 5-15

步骤 04 如果想继续绘制新的线，并且不需要直接创建线为
三维效果，则只需要在创建线时取消勾选【在渲染中启用】
和【在视口中启用】，如图 5-17 所示。

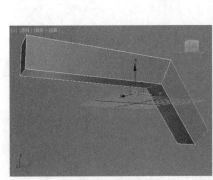

图 5-16　　　　　　　　图 5-17

提示：绘制不同样式的线

（1）绘制尖锐转折的线

使用【线】工具在前视图中单击鼠标左键，可以确定
线的第 1 个顶点，然后移动鼠标位置并再次单击鼠标左键
即可确定第 2 个顶点，继续同样的操作步骤。绘制要完成
时，则只需单击鼠标右键即可完成绘制，如图 5-18 所示。

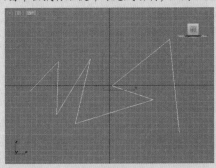

图 5-18

（2）绘制 90°角转折的线

在学会了上面讲解的尖锐转折线绘制方法的基础上，
只需要在绘制线时按下 Shift 键，即可绘制 90°角转折的线，
如图 5-19 所示。

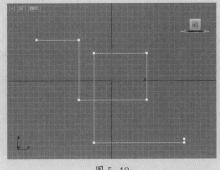

图 5-19

中文版3ds Max 2020+VRay效果图制作从入门到精通（微课视频 全彩版）

（3）绘制过渡平滑的曲线

在学会了上面讲解的尖锐转折线绘制方法的基础上，只需要在绘制时由单击鼠标左键变为按下鼠标左键并拖动鼠标，即可绘制过渡平滑的曲线，如图5-20所示。

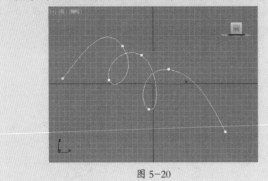

图5-20

2.【插值】卷展栏

在【插值】卷展栏中可以将图形设置得更圆滑，参数如图5-21所示。

图5-21

· 步数：数值越大，图形越圆滑。图5-22所示为设置【步数】为2和20的对比效果。

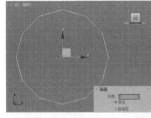 

图5-22

· 优化：勾选该选项后，可从样条线的直线线段中删除不需要的步数。
· 自适应：勾选该选项后，会自适应设置每条样条线的步数，从而生成平滑的曲线。

 提示：继续向视图之外绘制线

在绘制线时，由于视图有限，因此无法完整绘制复杂的、较大的图形。如图5-23所示，向右侧绘制线时，视图显示不全了。

按I键，可以看到视图自动向右跳转了。有了这种方法，就可以轻松绘制较大的图形了，如图5-24所示。

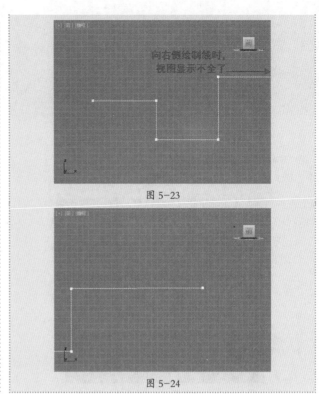

图5-23

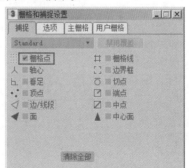

图5-24

其他几个卷展栏的参数，在5.5节中会详细讲解。

【重点】轻松动手学：使用捕捉工具绘制精准的图形

文件路径：Chapter 05 样条线建模→轻松动手学：使用捕捉工具绘制精准的图形

步骤 01 单击打开 3（捕捉开关），然后鼠标右键单击该按钮，在弹出的对话框中选择需要捕捉的类型，例如【栅格点】（栅格点指视图中的灰色网格），如图5-25所示。

扫一扫，看视频

图5-25

步骤 02 此时使用【线】工具，就可以在前视图中绘制图形了。我们会感受到在移动鼠标时，会自动捕捉到栅格点。在一个栅格点的位置单击鼠标左键确定第1个顶点，如图5-26所示。

图 5-26

步骤 03 移动鼠标确定第 2 个顶点位置，并单击鼠标左键，如图 5-27 所示。

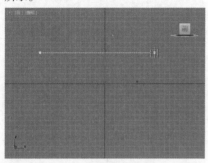

图 5-27

步骤 04 使用同样的方法继续绘制，如图 5-28 所示。

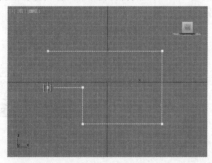

图 5-28

步骤 05 将顶点的位置移动到最开始第 1 个顶点处，并单击鼠标左键，在弹出的对话框中单击【是】按钮，即可进行闭合线操作，如图 5-29 所示。

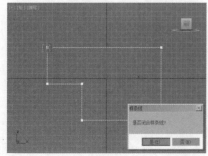

图 5-29

 提示：顶点的 4 种显示方式

绘制一条线，如图 5-30 所示。

单击【修改】按钮，单击 ▶ 按钮，选择【顶点】级别，如图 5-31 所示。

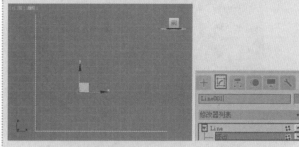

图 5-30   图 5-31

此时可以选择顶点，如图 5-32 所示。

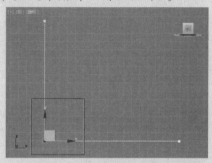

图 5-32

单击鼠标右键，可以看到顶点有 4 种显示方式，如图 5-33 所示。

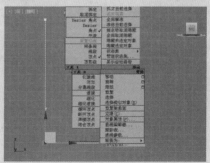

图 5-33

- Bezier 角点：顶点的两侧各有一个滑竿，通过拖动滑竿可以分别设置两侧的弧度。
- Bezier：顶点上只有一个滑竿，通过拖动这一滑竿控制两侧同时变化（当无法正确拖动滑竿时，需要稍微移动顶点的位置）。
- 角点：自动设置该顶点为转折强烈的点。
- 平滑：自动设置该顶点为过渡圆滑的点。

图 5-34 所示为 4 种不同的方法对比的效果。

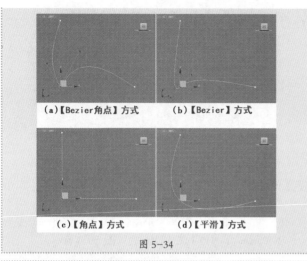

(a)【Bezier角点】方式　　　(b)【Bezier】方式

(c)【角点】方式　　　　　(d)【平滑】方式

图 5-34

💡 **提示：绘制线时，顶点越少越容易调节圆滑效果**

在使用【线】工具绘制线时，顶点越多越不容易调节出平滑的过渡效果。建议使用尽可能少的点，这样调整时会更容易调整出平滑的线，如图 5-35 所示。

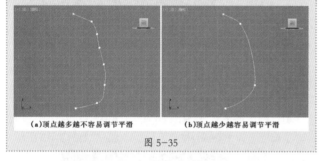

(a)顶点越多越不容易调节平滑　　(b)顶点越少越容易调节平滑

图 5-35

实例：使用【线】工具制作简约茶几

文件路径：Chapter 05　样条线建模→实例：使用【线】工具制作简约茶几

本实例将使用【线】工具绘制简约茶几模型，最终渲染效果如图 5-36 所示。

扫一扫，看视频

图 5-36

步骤 01 在【创建】面板中执行 ✛（创建）｜ （图形）｜ 样条线 ▾ ｜ 线 命令（如图 5-37 所示），在前视图中绘制如图 5-38 所示的样条线。

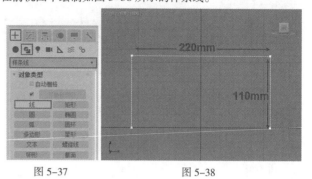

图 5-37　　　　　　　图 5-38

步骤 02 绘制完成后单击【修改】按钮，勾选【在渲染中启用】和【在视口中启用】，选择【矩形】，设置【长度】为 150mm，【宽度】为 10mm，如图 5-39 所示。此时效果如图 5-40 所示。

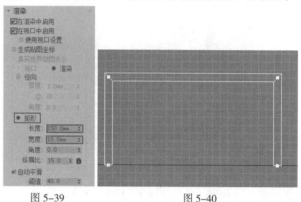

图 5-39　　　　　　　图 5-40

步骤 03 在【选择】卷展栏中选择【顶点】 级别，如图 5-41 所示。在前视图中选择上方的两个顶点，如图 5-42 所示。

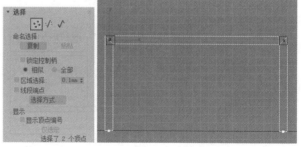

图 5-41　　　　　　　图 5-42

步骤 04 在【几何体】卷展栏中设置【圆角】为 10mm，并按 Enter 键，如图 5-43 所示。此时透视图中的效果如图 5-44 所示。

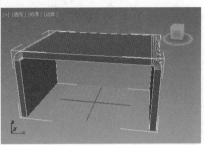

图 5-43　　　　　　　　图 5-44

图 5-48

步骤 05 执 行 ✛（创建）｜ ◎（图形）｜ 样条线 ▾ ｜ 线 命令，在前视图中合适的位置绘制如图 5-45 所示的直线。

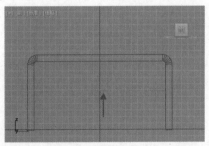

图 5-45

步骤 06 选择刚才的直线，单击【修改】按钮，勾选【在渲染中启用】和【在视口中启用】，选择【矩形】，设置【长度】为 150mm，【宽度】为 3mm，如图 5-46 所示。最终模型如图 5-47 所示。

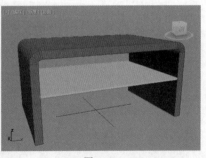

图 5-46　　　　　　　　图 5-47

实例：使用【线】工具制作餐凳

文件路径：Chapter 05　样条线建模→实例：使用【线】工具制作餐凳

本实例将使用切角长方体制作凳子坐垫，使用【线】工具绘制凳腿模型。最终渲染效果如图 5-48 所示。

扫一扫，看视频

步骤 01 执行【创建】｜【几何体】｜【扩展基本体】｜【切角长方体】命令，如图 5-49 所示。在顶视图中创建一个切角长方体，设置【长度】为 2600mm，【宽度】为 2600mm，【高度】为 500mm，【圆角】为 120mm，如图 5-50 所示。

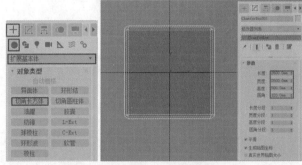

图 5-49　　　　　　　　图 5-50

步骤 02 在前视图中使用【线】工具绘制一条线，如图 5-51 所示。接着单击【修改】按钮，在【渲染】卷展栏中勾选【在渲染中启用】和【在视口中启用】，接着选中【矩形】选项，设置【长度】为 100mm，【宽度】为 150mm，如图 5-52 所示。

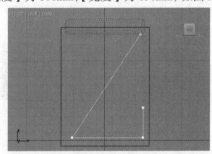

图 5-51

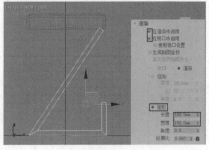

图 5-52

中文版3ds Max 2020+VRay效果图制作从入门到精通（微课视频 全彩版）

步骤 03 在透视图中选中刚刚创建的线条,按住 Shift 键的同时按住鼠标左键将其沿 Y 轴向右侧平移并复制,放置在合适的位置后释放鼠标,在弹出的【克隆选项】窗口中设置【副本数】为1,如图 5-53 所示。

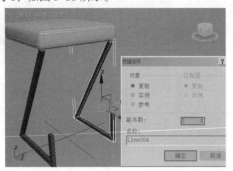

图 5-53

步骤 04 使用【矩形】工具在坐垫模型下方绘制一个矩形,设置【长度】为 2300mm,【宽度】为 2300mm,如图 5-54 所示。

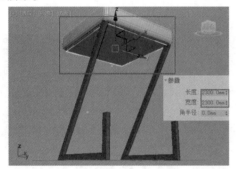

图 5-54

步骤 05 单击【修改】按钮,勾选【在渲染中启用】【在视口中启用】,设置方式为【矩形】,设置【长度】为 100mm,【宽度】为 150mm。设置【参数】卷展栏中的【长度】为 2300mm,【宽度】为 2300mm,如图 5-55 所示。

图 5-55

步骤 06 在左视图中使用【线】工具绘制一条直线,接着单击【修改】按钮,在【渲染】卷展栏中勾选【在渲染中启用】和【在视口中启用】,接着选中【矩形】选项,设置【长度】为 150mm,【宽度】为 100mm,如图 5-56 所示。

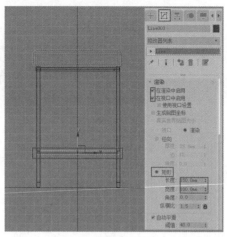

图 5-56

步骤 07 最终效果如图 5-57 所示。

图 5-57

实例:使用【线】工具制作艺术镜子

文件路径:Chapter 05 样条线建模→实例:使用【线】工具制作艺术镜子

本实例将使用圆柱体和管状体制作镜子中心模型,使用【线】工具制作镜子的四周艺术模型。最终渲染效果如图 5-58 所示。

扫一扫,看视频

图 5-58

步骤 01 执行 ╋(创建)|●(几何体)| 标准基本体 ▼ | 圆柱体 命令,如图 5-59 所示。在前视图中创建一个

圆柱体，创建完成后单击【修改】按钮，设置【半径】为20mm，【高度】为2mm，【边数】为100，如图5-60所示。

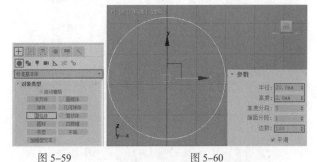

图 5-59　　　　　　　　图 5-60

步骤 02 在前视图中创建一个管状体，将其放置在合适的位置，然后单击【修改】按钮，设置【半径1】为20mm，【半径2】为22mm，【高度】为2mm，【边数】为100，如图5-61所示。

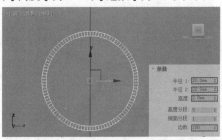

图 5-61

步骤 03 在前视图中再创建一个管状体，将其放置在圆柱体和管状体的上方，并设置【半径1】为3mm，【半径2】为2mm，【高度】为2mm，【边数】为100，如图5-62所示。

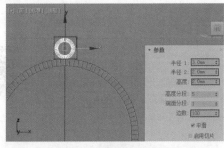

图 5-62

步骤 04 此时透视图中的模型如图5-63所示。

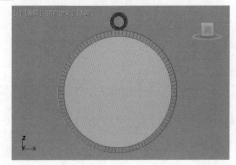

图 5-63

步骤 05 执行 ✛（创建）|　（图形）| 样条线 ▼ | 线 命令（如图5-64所示），在前视图中绘制如图5-65所示的样条线。

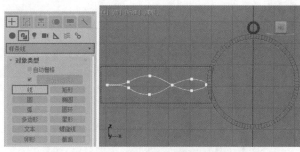

图 5-64　　　　　　　　图 5-65

步骤 06 单击【修改】按钮　，在【渲染】卷展栏中勾选【在渲染中启用】和【在视口中启用】，选中【矩形】选项，设置【长度】为1mm，【宽度】为0.5mm，如图5-66所示。此时透视图中效果如图5-67所示。

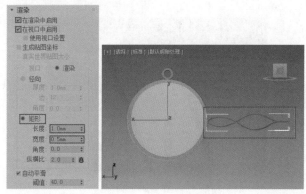

图 5-66　　　　　　　　图 5-67

步骤 07 选择刚刚绘制的样条线，单击【层次】按钮　，并单击　仅影响轴　按钮，如图5-68所示。此时画面中出现了可以移动轴位置的标志，将轴点位置移动到圆柱体和管状体的中心点位置，如图5-69所示。

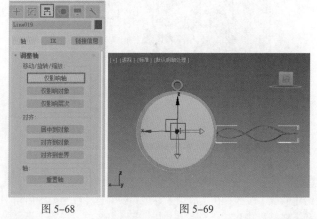

图 5-68　　　　　　　　图 5-69

步骤 08 再次单击　仅影响轴　按钮，完成对轴心的设置。

中文版3ds Max 2020+VRay效果图制作从入门到精通（微课视频 全彩版）

在主工具栏中单击【选择并旋转】 ⟳ 按钮和【角度捕捉切换】 按钮，接着按住 Shift 键的同时按住鼠标左键将其沿 Y 轴以 10°进行旋转，如图 5-70 所示。释放鼠标后在弹出的【克隆选项】窗口中设置【副本数】为 35，如图 5-71 所示。

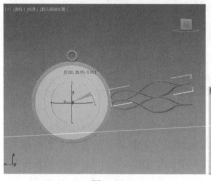

图 5-70   图 5-71

步骤 09 实例最终效果如图 5-72 所示。

图 5-72

实例：使用【线】工具制作屏风

文件路径：Chapter 05　样条线建模→实例：使用【线】工具制作屏风

本实例将使用【矩形】工具制作屏风边框，使用【线】工具绘制屏风花纹，使用【矩形】工具绘制屏风腿模型。最终渲染效果如图 5-73 所示。

扫一扫，看视频

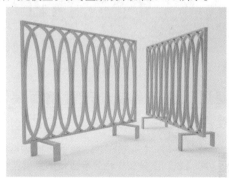

图 5-73

步骤 01 执行【创建】|【图形】|【矩形】命令，设置【长度】为 3050mm，【宽度】为 4784mm，如图 5-74 所示。接着

单击【修改】按钮，勾选【在渲染中启用】和【在视口中启用】选项，选中【矩形】选项，设置【长度】为 100mm，【宽度】为 50mm，如图 5-75 所示。

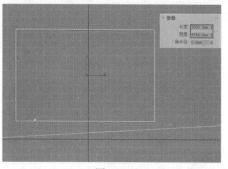

图 5-74

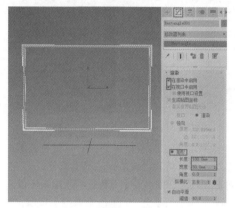

图 5-75

步骤 02 执行【创建】|【图形】|【线】命令，在前视图中创建样条线，如图 5-76 所示。接着单击【修改】按钮，勾选【在渲染中启用】和【在视口中启用】选项，选中【矩形】选项，设置【长度】为 100mm，【宽度】为 50mm，如图 5-77 所示。

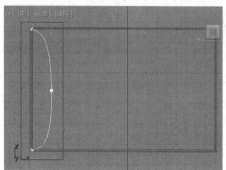

图 5-76

步骤 03 选中刚刚创建的样条线，单击【镜像】按钮，在弹出的【镜像：世界 坐标】窗口中设置【镜像轴】为 X，【克隆当前选择】为【复制】，如图 5-78 所示。接着将镜像复制出的样条线沿 X 轴向右平移并适当调整位置，如图 5-79 所示。

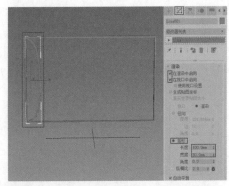

图 5-77

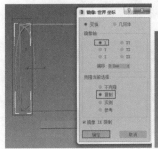

图 5-78

图 5-79

步骤 04 选择刚创建的两条样条线，然后按住 Shift 键的同时按住鼠标左键，将其沿 X 轴向右平移复制，放置在合适的位置后释放鼠标，在弹出的【克隆选项】窗口中设置【对象】为【复制】，【副本数】为 8，单击【确定】按钮，如图 5-80 所示。此时画面效果如图 5-81 所示。

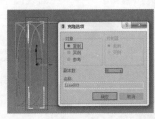

图 5-80

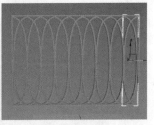

图 5-81

步骤 05 在左视图中绘制如图 5-82 所示的样条线。接着单击【修改】按钮，在【渲染】卷展栏中勾选【在渲染中启用】和【在视口中启用】，选中【矩形】选项，设置【长度】为 187mm，【宽度】为 50mm，如图 5-83 所示。

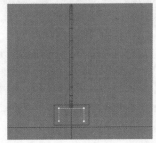

图 5-82

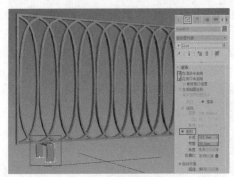

图 5-83

步骤 06 选中刚创建的样条线，然后按住 Shift 键的同时按住鼠标左键，将其沿 X 轴向右平移复制，放置在合适的位置后释放鼠标，在弹出的【克隆选项】窗口中设置【对象】为【复制】，【副本数】为 1，如图 5-84 所示。最终模型效果如图 5-85 所示。

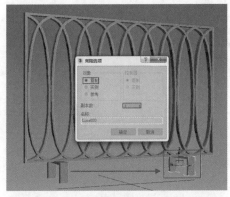

图 5-84

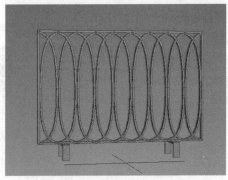

图 5-85

实例：使用【线】工具制作轻奢墙面装饰金属挂件

文件路径：Chapter 05　样条线建模→实例：使用【线】工具制作轻奢墙面装饰金属挂件

　　本实例将使用【线】工具制作轻奢墙面装饰金属挂件，最终渲染效果如图 5-86 所示。

扫一扫，看视频

中文版3ds Max 2020+VRay效果图制作从入门到精通（微课视频　全彩版）

图 5-86

步骤 01 在【创建】面板中执行 ＋（创建）┃ ●（几何体）┃ 标准基本体 ▼ ┃ 圆环 命令，如图 5-87 所示。在前视图中创建一个圆环，接着单击【修改】按钮 ☑，设置【半径 1】为 2000mm，【半径 2】为 120mm，【分段】为 50，【边数】为 18，如图 5-88 所示。

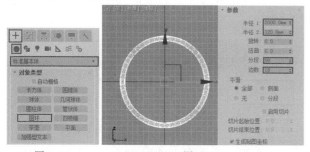

图 5-87　　　　　　　　　图 5-88

步骤 02 在【创建】面板中执行 ＋（创建）┃ ●（图形）┃ 样条线 ▼ ┃ 线 命令，并取消勾选 开始新图形 （取消勾选【开始新图形】后，绘制的图形默认都会是一条样条线，在后面进行操作时更便利），如图 5-89 所示。在前视图中绘制线条，由于取消了 开始新图形 的勾选，所以绘制的样条线是一条样条线，效果如图 5-90 所示。

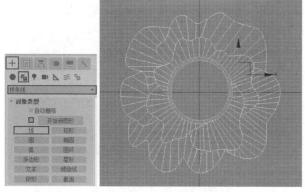

图 5-89　　　　　　　　　图 5-90

步骤 03 绘制完成后单击【修改】按钮 ☑，在【渲染】卷展栏中勾选【在渲染中启用】和【在视口中启用】选项，选中【径

向】选项，设置【厚度】为 50mm，如图 5-91 所示。实例最终效果如图 5-92 所示。

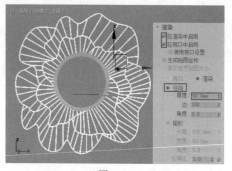

图 5-91

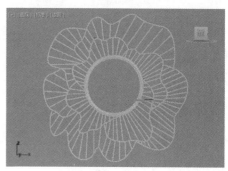

图 5-92

【重点】5.2.2　矩形

【矩形】工具可以创建长方形、圆角矩形等效果，如镜子、茶几、沙发扶手等，如图 5-93 所示。

（a）镜子　　　（b）茶几　　　（c）沙发扶手

图 5-93

创建一个矩形，如图 5-94 所示。其参数面板如图 5-95 所示。

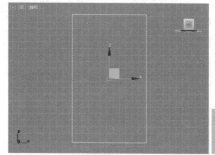

图 5-94　　　　　　　　　图 5-95

•角半径：通过设置【角半径】可以制作圆角矩形效果。

如图 5-96 所示为设置【角半径】为 0 和 500 的对比效果。

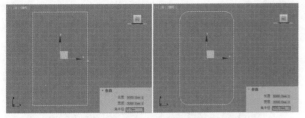

图 5-96

5.2.3　圆、椭圆

【圆】和【椭圆】工具可以创建圆形的线型结构,如吊灯、茶几等,如图 5-97 所示。

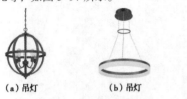

(a) 吊灯　　　(b) 吊灯　　　(c) 茶几

图 5-97

创建一个圆,如图 5-98 所示。其参数面板如图 5-99 所示。

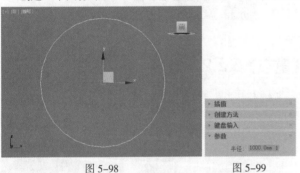

图 5-98　　　　　　　　　图 5-99

> **提示:怎么使绘制的圆更圆滑?**
>
> 创建完成的图形通常都不会特别平滑,如果需要设置更平滑的效果,则需要增大【插值】卷展栏下的【步数】数值。如图 5-100 所示为设置【步数】为 2 和 20 的对比效果。
>
>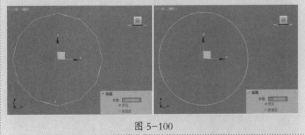
>
> 图 5-100

创建一个椭圆,如图 5-101 所示。其参数面板如图 5-102 所示。

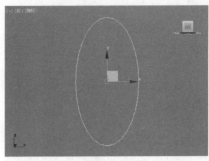

图 5-101　　　　　　　　图 5-102

实例:使用【圆】工具制作圆形茶几

文件路径:Chapter 05　样条线建模→实例:使用【圆】工具制作圆形茶几

本实例将使用【圆】工具制作圆形茶几,最终渲染效果如图 5-103 所示。

图 5-103

步骤 01 执行【创建】|【图形】|【圆】命令,在顶视图中绘制圆形。单击【修改】按钮,设置【半径】为 2000mm,如图 5-104 所示。为该模型添加【挤出】修改器,设置【数量】为 150mm,如图 5-105 所示。

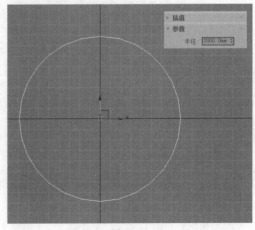

图 5-104

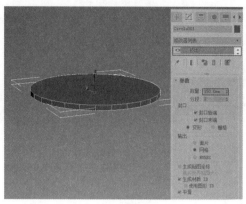

图 5-105

步骤 02 选中该模型，然后按下 Shift 键并按住鼠标左键，将其沿着 Z 轴向下平移并复制，移动到合适的位置后释放鼠标，在弹出的【克隆选项】窗口中设置【对象】为【复制】，【副本数】为 1，单击【确定】按钮，如图 5-106 所示。

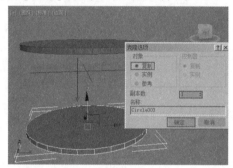

图 5-106

步骤 03 使用主工具栏中的【选择并均匀缩放】工具 ，将复制出的模型适当缩小，如图 5-107 所示。

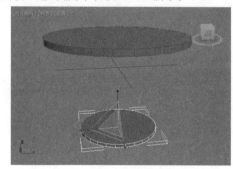

图 5-107

步骤 04 在前视图中再次绘制一个圆形，接着单击【修改】按钮，勾选【在渲染中启用】和【在视口中启用】选项，选中【矩形】选项，设置【长度】为 180mm，【宽度】为 80mm。在【参数】卷展栏中设置【半径】为 1267mm，如图 5-108 所示。选中刚刚创建的样条线，单击【选择并旋转】 和【角度捕捉切换】按钮 ，接着按住 Shift 键的同时按住鼠标左键，将样条线沿着 Z 轴旋转至 40° 时释放鼠标，在弹出的【克隆选项】窗口

中设置【对象】为【复制】，【副本数】为 1，如图 5-109 所示。

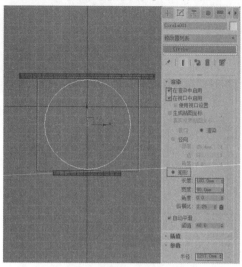

图 5-108

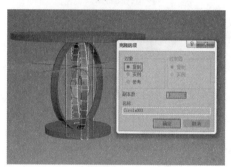

图 5-109

步骤 05 使用同样的方法继续进行旋转复制，复制出其余 3 个模型。实例最终效果如图 5-110 所示。

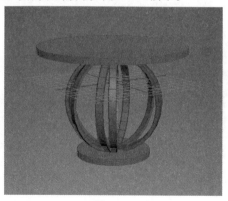

图 5-110

5.2.4 弧

使用【弧】工具创建一个弧，如图 5-111 所示。其参数面板如图 5-112 所示。

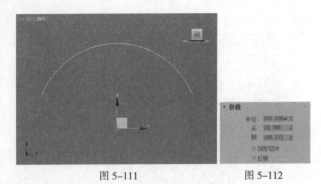

图 5-111　　　　　　　　　图 5-112

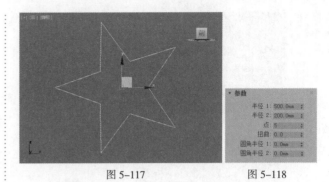

图 5-117　　　　　　　　　图 5-118

5.2.5　圆环

使用【圆环】工具创建一个圆环，如图 5-113 所示。其参数面板如图 5-114 所示。

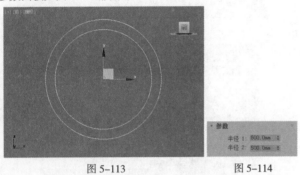

图 5-113　　　　　　　　　图 5-114

5.2.6　多边形

使用【多边形】工具创建一个多边形，如图 5-115 所示。其参数面板如图 5-116 所示。

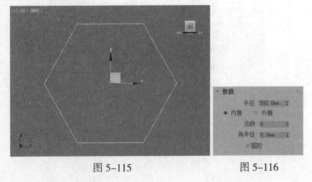

图 5-115　　　　　　　　　图 5-116

5.2.7　星形

使用【星形】工具创建一个星形，如图 5-117 所示。其参数面板如图 5-118 所示。

【重点】5.2.8　文本

【文本】工具用于创建文字。单击创建一组文字，如图 5-119 所示。其参数面板如图 5-120 所示。

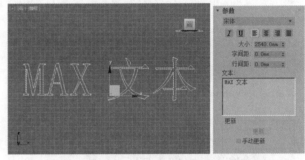

图 5-119　　　　　　　　　图 5-120

- 【斜体样式】按钮 I：单击该按钮可以将文本切换为斜体文本。
- 【下划线样式】按钮 U：单击该按钮可以将文本切换为下划线文本。
- 【左对齐】按钮：单击该按钮可以将文本对齐到边界框的左侧。
- 【居中】按钮：单击该按钮可以将文本对齐到边界框的中心。
- 【右对齐】按钮：单击该按钮可以将文本对齐到边界框的右侧。
- 【对正】按钮：分隔所有文本行以填充边界框的范围。
- 大小：设置文本高度，其默认值为 100mm。
- 字间距：设置文字间距。
- 行间距：调整行间距。
- 文本：在此可输入文本；若要输入多行文本，可以按 Enter 键切换到下一行。

> 提示：安装字体到计算机中
>
> 在 3ds Max 中使用文本工具可以创建文字，而且可以随意设置需要的字体，但是假如我们从网络上下载到一款

中文版3ds Max 2020+VRay效果图制作从入门到精通（微课视频 全彩版）

字体非常合适，那么怎么在 3ds Max 中使用呢？

（1）找到下载的字体，选择该字体并按快捷键 Ctrl+C 将其复制。然后执行【开始】|【控制面板】命令，并单击【字体】文件夹图标，如图 5-121 所示。

图 5-121

（2）在打开的文件夹中单击鼠标右键，选择【粘贴】，此时文字就开始安装，如图 5-122 所示。

图 5-122

（3）文字安装成功之后，重新开启 3ds Max，就可以调用新字体了。

5.2.9 螺旋线

使用【螺旋线】工具创建一条螺旋线，如图 5-123 所示。其参数面板如图 5-124 所示。

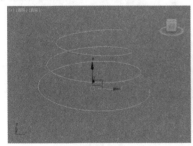 

图 5-123　　　　　　图 5-124

5.2.10 徒手

在视图中使用该工具可以绘制更灵活的线，如图 5-125 所示。其参数面板如图 5-126 所示。

· 显示结：勾选该选项，则会显示出绘制线上的点。
· 采样：数值越大，绘制的线越平滑。

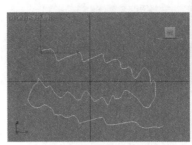 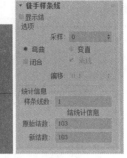

图 5-125　　　　　　图 5-126

· 弯曲 / 变直：设置弯曲的线或笔直的线。
· 闭合：勾选该选项，则绘制的线会变为一条闭合的线。
· 样条线数：显示样条线数量。
· 原始结数 / 新结数：显示绘制最初的结数和设置采样之后的结数。

【重点】实例：导入 CAD 绘制图形

文件路径：Chapter 05　样条线建模→实例：导入 CAD 绘制图形

本实例需要导入 CAD 的 .dwg 格式文件到 3ds Max 中，并根据图形进行绘制，从而制作室内三维墙体结构，如图 5-127 所示。该方法是室内设计、景观设计、建筑设计中常用的方法。

扫一扫，看视频

图 5-127

步骤 01 在菜单栏中执行【文件】|【导入】|【导入】命令，在弹出的窗口中选择本书的 CAD 文件【墙 .dwg】，单击【打开】按钮，在弹出的窗口中勾选【重缩放】，最后单击【确定】按钮，如图 5-128 所示。

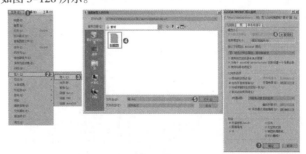

图 5-128

步骤 02 此时效果如图 5-129 所示。

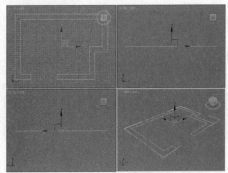

图 5-129

步骤 03 选中刚导入的图形，单击鼠标右键，执行【冻结当前选择】命令，如图 5-130 所示。

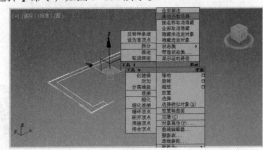

图 5-130

步骤 04 此时图形已经变为灰色，并且不能被选择，目的是在绘制新图形时，原来的图形不会被选中，如图 5-131 所示。

图 5-131

步骤 05 激活【捕捉】3°按钮，然后右击该按钮，在弹出的对话框中的【捕捉】选项卡中勾选【端点】，在【选项】选项卡中勾选【捕捉到冻结对象】，如图 5-132 所示。

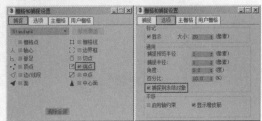

图 5-132

步骤 06 使用【线】工具在顶视图中开始沿着被冻结的图形进行绘制，绘制时点会自动进行捕捉，如图 5-133 所示。

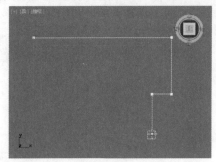

图 5-133

步骤 07 继续绘制线，使其首尾闭合，单击【是】按钮，如图 5-134 所示。

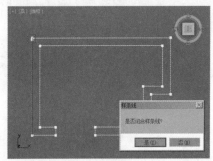

图 5-134

步骤 08 选中刚才绘制的图形（如图 5-135 所示），并为其加载【挤出】修改器，设置【数量】为 2500，如图 5-136 所示。此时效果如图 5-137 所示。

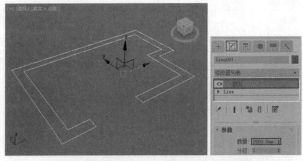

图 5-135　　　　　　　　图 5-136

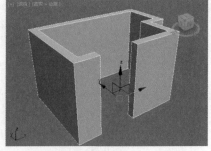

图 5-137

步骤 09 再次选择【线】，在顶视图中进行捕捉，绘制出房顶图形，如图 5-138 所示。然后为其添加【挤出】修改器，设置【数量】为 200，如图 5-139 所示。

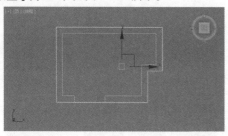

图 5-138

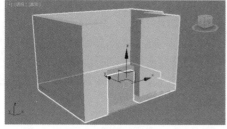

图 5-139

步骤 10 在前视图中选择刚创建的模型，按住 Shift 键沿着 Y 轴向上拖曳复制，如图 5-140 所示。

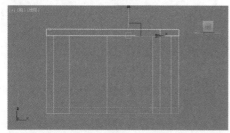

图 5-140

步骤 11 将房顶与地面适当地调整位置，最终效果如图 5-141 所示。

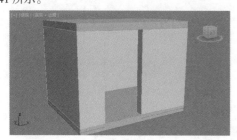

图 5-141

5.3 扩展样条线

扩展样条线中包含了 5 种类型，分别为墙矩形、通道、角度、T 形、宽法兰，如图 5-142 所示。这些工具主要用于制作室内外效果图的墙体结构。

图 5-142

墙矩形、通道、角度、T 形、宽法兰效果分别如图 5-143 ～图 5-147 所示。

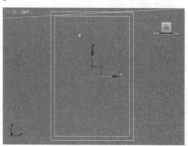

图 5-143

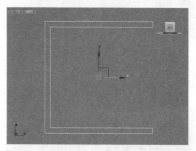

图 5-144

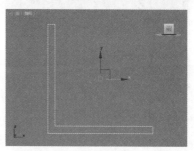

图 5-145

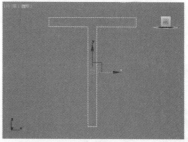

图 5-146

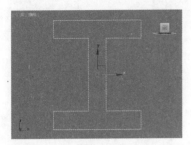

图 5-147

5.4 复合图形

　　【复合图形】中仅包含一种工具，即【图形布尔】，如图 5-148 所示。只有在选中场景中的二维图形时，才可以看到该工具变为可用状态，如图 5-149 所示。

图 5-148

图 5-149

操作步骤

步骤 01 在顶视图中创建一个圆和一个矩形，如图 5-150 所示。

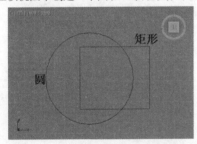

图 5-150

步骤 02 选中圆，执行【创建】 ✛ |【图形】 ⬚ 复合图形 ▾ | 图形布尔 命令，然后单击【并集】按钮，接着单击【添加运算对象】按钮，最后在顶视图中单击拾取矩形，如图 5-151 所示。

图 5-151

步骤 03 此时两个图形变为了一个图形，并且产生了两个图形并集的效果，如图 5-152 所示。此时在【修改】面板中可以看到【运算对象】中出现了两个图形的名称，如图 5-153 所示。

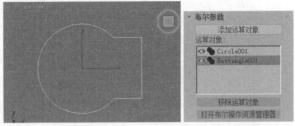

图 5-152　　　　　　　　图 5-153

步骤 04 同样的操作方法，若要让两个图形产生相交的效果，那么选中圆，执行【创建】 ✛ |【图形】 ⬚ | 复合图形 ▾ | 图形布尔 命令，然后单击【相交】按钮，接着单击【添加运算对象】按钮，最后在顶视图中单击拾取矩形，如图 5-154 所示。

图 5-154

步骤 05 此时两个图形变为了一个图形，并且产生了两个图形交集的效果，如图 5-155 所示。

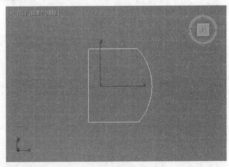

图 5-155

5.5 可编辑样条线

扫一扫，看视频

　　可编辑样条线是样条线建模中的重要技术，通过使用可编辑样条线的相关工具，可将图形形状设置得更丰富。

5.5.1 认识可编辑样条线

1. 什么是可编辑样条线

可编辑样条线是指可以进行编辑的样条线效果。任何图形都可以转换为可编辑样条线，转换之后的图形可以对【顶点】级别、【线段】级别、【样条线】级别进行编辑。

2. 为什么需要将图形转换为可编辑多边形

在创建完成一个图形，例如创建矩形之后，单击【修改】按钮只能设置矩形的基本参数，如长度、宽度等，但是无法对矩形的顶点位置进行修改，如图 5-156 和图 5-157 所示。

图 5-156　　　　　　图 5-157

选择图形,右击,执行【转换为】|【转换为可编辑样条线】命令之后，再次单击【修改】按钮，会看到可以选择顶点级别了，如图 5-158 所示。此时对顶点位置进行调整，如图 5-159 所示。

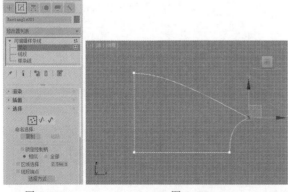

图 5-158　　　　　　图 5-159

【重点】轻松动手学：将圆转换为可编辑样条线

文件路径：Chapter 05　样条线建模→轻松动手学：将圆转换为可编辑样条线

扫一扫，看视频

【圆】的默认参数中无法对顶点、线段、样条线进行编辑，因此需要转换为可编辑样条线。

步骤 01 创建一个圆，如图 5-160 所示。

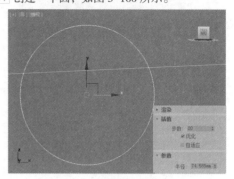

图 5-160

步骤 02 选择圆，单击鼠标右键，执行【转换为】|【转换为可编辑样条线】命令，如图 5-161 所示。

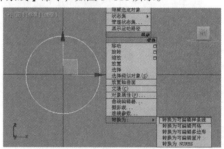

图 5-161

步骤 03 单击【修改】按钮，可以看到原来的参数已经发生了变化。此时圆的参数已经变得和线的参数一样，如图 5-162 所示。可以理解为任何一个图形（如圆、矩形、弧等）被转换为可编辑样条线后，都变成了一条线。

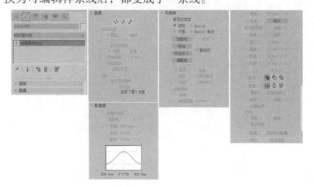

图 5-162

步骤 04 此时就可以对现在的圆进行操作了，例如移动顶点位置，如图 5-163 所示。

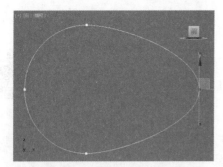

图 5-163

 提示：建议不要将样条线转换为可编辑多边形

使用【圆】工具创建一个圆形，如图 5-164 所示。

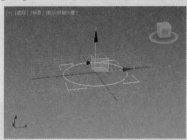

图 5-164

选择圆，单击鼠标右键，执行【转换为】|【转换为可编辑样条线】命令，如图 5-165 所示。此时的圆外观没有发生变化，还是二维的图形，如图 5-166 所示。

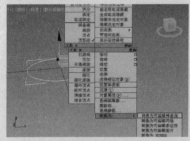

图 5-165

图 5-166

但是，假如选择圆，单击鼠标右键，执行【转换为】|【转换为可编辑多边形】命令（如图 5-167 所示），此时圆变成三维的圆形薄片，如图 5-168 所示。

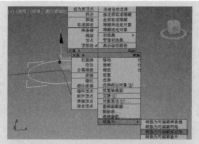

图 5-167

图 5-168

因此，建议二维图形转换为可编辑样条线，而三维模型转换为可编辑多边形。可以选择已经转换为可编辑样条线的圆，此时可以调整顶点的位置，如图 5-169 所示。

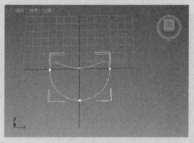

图 5-169

5.5.2　不选择任何子级别下的参数

在不选择进入任何子级别的情况下，单击【修改】按钮，可以看到可用的参数很少，最常用的就是【附加】工具。其参数面板如图 5-170 所示。

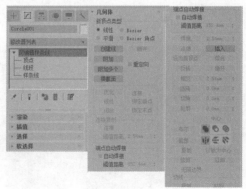

图 5-170

· 附加多个：可以将两个或多个图形合并为一个图形。需要单击该按钮，并依次单击其他图形进行合并。

· 附加：单击该按钮，可以在列表中选择需要合并的图形。

两个或多个图形可以变为一个图形，只需要使用【附加】工具。

（1）创建两个圆，如图5-171所示。

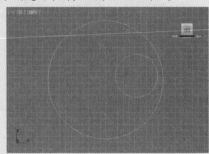

图 5-171

（2）选择任意一个圆，单击鼠标右键，执行【转换为】|【转换为可编辑样条线】命令，如图5-172所示。

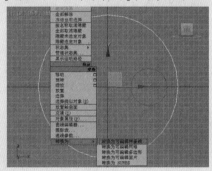

图 5-172

（3）选择上一步中选中的圆，单击【修改】按钮，然后单击【附加】按钮，并在视图中单击拾取另外一个圆，如图5-173所示。

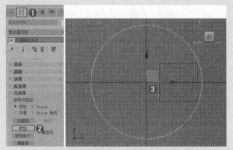

图 5-173

（4）此时两个图形已经变成了一个。单击【修改】按钮，为其添加【挤出】修改器，并设置【数量】，如图5-174所示。

（5）此时出现了三维镂空的模型效果，如图5-175所示。

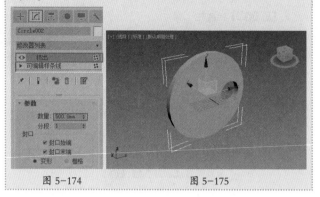

图 5-174　　　　　　图 5-175

【重点】5.5.3　【顶点】级别下的参数

单击【修改】按钮，进入【顶点】级别（快捷键为1），参数如图5-176所示。

图 5-176

1.【选择】卷展栏

在【选择】卷展栏中可以选择3种不同的级别类型，还可以使用命名选择、锁定控制柄、显示设置以及所选实体的信息提供控件。其参数如图5-177所示。

图 5-177

· 顶点：最小的级别，指线上的顶点。

· 分段：指连接两个顶点之间的线段。

· 样条线：一条或多条相连线段的组合。

- 复制：将命名选择放置到复制缓冲区。
- 粘贴：从复制缓冲区中粘贴命名选择。

2.【软选择】卷展栏

在【软选择】卷展栏中可以选择邻接处的子对象，进行移动等操作，使其产生柔软的过渡效果。其参数如图 5-178 所示。

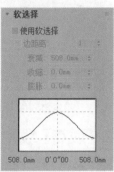

图 5-178

- 使用软选择：选择该选项，才可以使用软选择。
- 边距离：选择该选项后，将软选择限制到指定的面数，该选择在进行选择的区域和软选择的最大范围之间。
- 衰减：定义影响区域的距离。
- 收缩：沿着垂直轴提高并降低曲线的顶点。
- 膨胀：沿着垂直轴展开和收缩曲线。

3.【几何体】卷展栏

在【几何体】卷展栏中可以对图形进行很多操作，如断开、优化、切角、焊接等。其参数如图 5-179 所示。

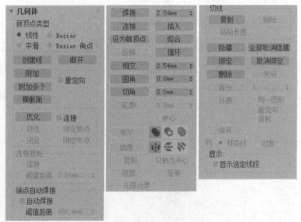

图 5-179

- 创建线：向所选对象添加更多样条线。
- 断开：可将选择的点断开。比如，选中一个顶点，如图 5-180 所示。单击【断开】按钮，如图 5-181 所示。此时单击选择顶点并移动其位置，可以看到已经由一个顶点变为了两个顶点，如图 5-182 所示。

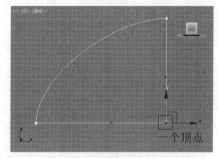

图 5-180

图 5-181

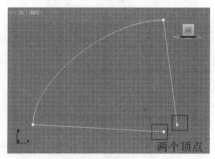

图 5-182

- 附加：将场景中其他样条线附加到所选样条线，使其变为一个图形。
- 附加多个：单击该按钮，在弹出的【附加多个】对话框中可在列表中选择需要附加的图形。
- 横截面：在横截面形状外面创建样条线框架。
- 优化：在线上添加顶点。如图 5-183 所示，进入【顶点】级别，单击【优化】按钮，如图 5-184 所示。此时在线上单击鼠标左键，即可添加顶点，如图 5-185 所示。

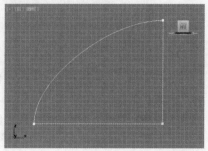

图 5-183

中文版3ds Max 2020+VRay效果图制作从入门到精通（微课视频 全彩版）

图 5-184

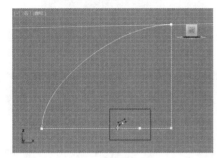

图 5-185

- **连接**：启用时，通过连接新顶点创建一个新的样条线子对象。
- **自动焊接**：启用【自动焊接】后，会自动焊接在一定阈值距离范围内的顶点。
- **阈值距离**：用于控制在自动焊接顶点之前，两个顶点接近的程度。
- **焊接**：可以将两个顶点焊接在一起，使其变为一个顶点。如图 5-186 所示，选中两个顶点，在【焊接】后面的数值框中输入一个较大的数值，然后单击【焊接】按钮，如图 5-187 所示。此时变为了一个顶点，如图 5-188 所示。

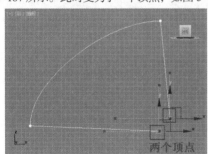

图 5-186

图 5-187

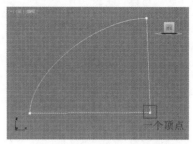

图 5-188

- **连接**：连接两个端点顶点以生成一条线性线段，而无论端点顶点的切线值是多少。
- **设为首顶点**：指定所选形状中的哪个顶点是第一个顶点。
- **熔合**：将所有选定顶点移至它们的平均中心位置。
- **相交**：在属于同一个样条线对象的两条样条线的相交处添加顶点。
- **圆角**：可以将选择的顶点变为具有圆滑过渡的两个顶点。如图 5-189 所示，选中一个顶点，单击【圆角】按钮，如图 5-190 所示。然后在该点处单击并拖动鼠标左键，即可产生圆角效果，如图 5-191 所示。

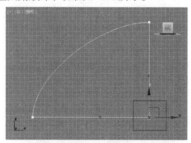

图 5-189

图 5-190

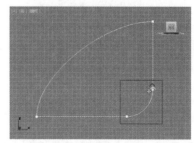

图 5-191

- **切角**：可以将选择的顶点变为具有转角过渡的两个顶点。如图 5-192 所示，选中一个顶点，单击【切角】按钮，如图 5-193 所示。然后在该点处单击并拖动鼠标左键，即可产生切角效果，如图 5-194 所示。

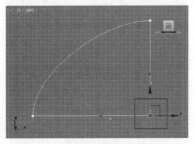

图 5-192

图 5-193

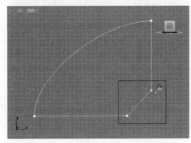

图 5-194

- 复制：启用此按钮，然后选择一个控制柄。此操作将把所选控制柄切线复制到缓冲区。
- 粘贴：启用此按钮，然后单击一个控制柄。此操作将把控制柄切线粘贴到所选顶点。
- 粘贴长度：启用此按钮后，还会复制控制柄长度。
- 隐藏：隐藏所选顶点和任何相连的线段。选择一个或多个顶点，然后单击【隐藏】按钮。
- 全部取消隐藏：显示任何隐藏的子对象。
- 绑定：允许创建绑定顶点。
- 取消绑定：允许断开绑定顶点与所附加线段的连接。
- 删除：删除所选的一个或多个顶点，以及与每个要删除的顶点相连的那条线段。
- 显示选定线段：启用后，顶点子对象层级的任何所选线段将高亮显示为红色。

【重点】5.5.4 【线段】级别下的参数

单击【修改】按钮，进入【线段】 ✓ 级别（快捷键为 2），

参数如图 5-195 所示。

图 5-195

- 隐藏：选择线段，单击【隐藏】按钮，即可将其暂时隐藏，如图 5-196 所示。

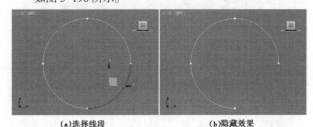

（a）选择线段　　　　　　　（b）隐藏效果

图 5-196

- 全部取消隐藏：单击该按钮，即可显示全部被隐藏的线段，如图 5-197 所示。

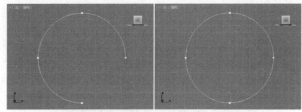

（a）执行【全部取消隐藏】　　　（b）执行之后的效果

图 5-197

- 拆分：该工具可以将线段拆分成多段。举例如下。

（1）选择一条线段，如图 5-198 所示。

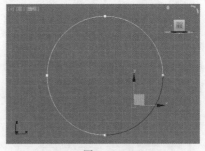

图 5-198

（2）在【拆分】后的数值框中输入 3，然后单击【拆分】按钮，如图 5-199 所示。

（3）此时线段被拆分为 4 段，如图 5-200 所示。

中文版3ds Max 2020+VRay效果图制作从入门到精通（微课视频 全彩版）

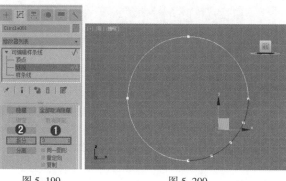

图 5-199　　　　　　　　图 5-200

· 分离：使用该工具可以将选中的线段分离为新的图形。
举例如下。

（1）选择 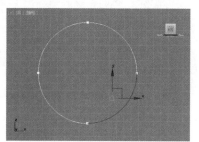（线段）级别，选择一部分线段，如图 5-201
所示。然后单击【分离】按钮，再单击【确定】按钮，如图 5-202
所示。

图 5-201

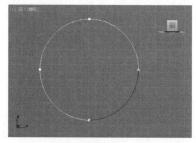

图 5-202

（2）此时分离完成，一条线已经变成了两条线，如图 5-203
所示。此时可以再次单击 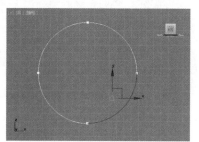（线段），即可取消选择子层级。
然后单击选择被分离出的线，即可进行移动，如图 5-204 所示。

图 5-203

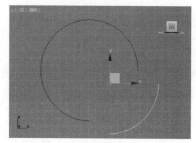

图 5-204

5.5.5　【样条线】级别下的参数

单击【修改】按钮，进入【样条线】 级别（快捷键为 3），
参数如图 5-205 所示。

图 5-205

· 插入：使用该工具，多次单击鼠标左键，即可插入多个
顶点，使图形产生变化，如图 5-206 所示。

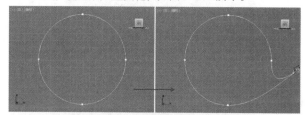

图 5-206

· 轮廓：在【轮廓】后面的数值框中输入数值，然后按
Enter 键即可完成操作。如图 5-207 所示，选择一条样
条线，在【轮廓】后面的数值框中输入 500mm，然后按
Enter 键即可完成操作，如图 5-208 所示。此时出现了轮
廓效果，如图 5-209 所示。

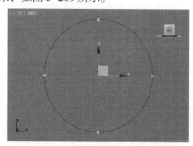

图 5-207

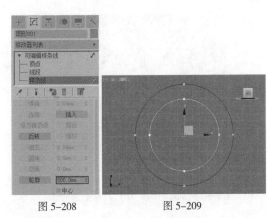

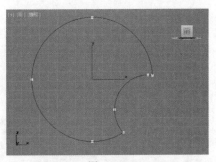

图 5-208　　　　　图 5-209

图 5-212

- 布尔：可以使用该工具中的任意一个 ◐（并集）、◑（差集）、◎（交集）完成两条样条线的并集、差集、交集操作。

（1）◐（并集）效果。选择图形中的一条样条线，然后单击 ◐（并集）按钮，接着单击【布尔】按钮，最后单击另外一条样条线，如图 5-210 所示。此时的并集效果如图 5-211所示（注意：此时的两条样条线已经被附加为一个图形）。

（3）◎（交集）效果。选择图形中的一条样条线，然后单击 ◎（交集）按钮，接着单击【布尔】按钮，最后单击另外一条样条线，此时的交集效果如图 5-213 所示。

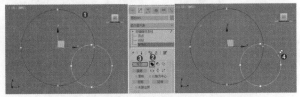

图 5-210

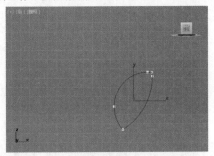

图 5-213

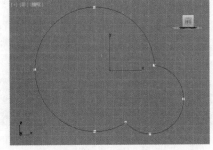

图 5-211

（2）◑（差集）效果。选择图形中的一条样条线，然后单击 ◑（差集）按钮，接着单击【布尔】按钮，最后单击另外一条样条线，此时的差集效果如图 5-212 所示。

> **提示：图形之间布尔的两种方法**
>
> 除了该方法可以为图形制作布尔效果以外，还可以使用 5.4 节复合对象中的方法制作。

- 镜像：可以沿水平镜像、垂直镜像或双向镜像方向镜像样条线。
- 修剪：使用该工具可以清理形状中的重叠部分，使端点结合在一个点上。
- 延伸：使用该工具可以清理形状中的开口部分，使端点结合在一个点上。
- 无限边界：为了计算相交，启用此选项将开口样条线视为无穷长。

中文版3ds Max 2020+VRay效果图制作从入门到精通（微课视频 全彩版）

Chapter
06
第6章

扫一扫，看视频

修改器建模

本章学习要点：

- 熟练掌握挤出、车削、倒角等二维修改器的使用方法
- 熟练掌握 FFD、弯曲、壳、网格平滑等三维修改器的使用方法

本章内容简介：

本章将会学习到修改器建模。修改器建模是需要为模型或图形添加修改器并设置参数，从而产生新模型的建模方式。本章包括二维图形修改器和三维模型修改器两大部分内容。通常二维图形修改器可以使二维变为三维效果，而三维模型修改器通常可以改变模型本身的形态。

通过本章学习，我能做什么？

通过本章的学习，我们可以借助修改器使二维图形变为三维对象，例如制作立体文字、从 CAD 室内平面图创建墙体等。使用三维修改器可以快速制作出变形的三维对象。

优秀作品欣赏

6.1 认识修改器建模

本节将讲解修改器的基本知识，包括修改器概念、为什么添加修改器、修改器适合制作什么模型。

6.1.1 什么是修改器

修改器是为图形或模型添加的工具，使原来的图形或模型产生形态的变化。

6.1.2 为什么要添加修改器

常使用修改器制作有明显变化的模型效果，如扭曲的模型（扭曲修改器）、弯曲的模型（弯曲修改器）、变形的模型（FFD修改器）等。每种修改器都会使对象产生不同的效果，因此本章的知识点比较分散，需要多加练习。

6.1.3 修改器建模适合制作什么模型

修改器建模常用于制作室内家具模型，通过为对象添加修改器使其产生模型的变化。例如，为模型添加晶格修改器制作水晶灯、为模型添加FFD修改器使之产生变形效果等。如图6-1所示为图形添加倒角剖面修改器制作油画框。

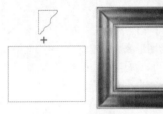

图6-1

6.1.4 编辑修改器

模型创建完成后，可以单击进入【修改】面板，不仅可以对模型参数进行设置，还可以为其添加修改器。如图6-2所示为修改器参数面板。

图6-2

· 锁定堆栈：比如场景中有很多添加了修改器的模型，但是我们只选择某一个模型并激活该按钮，此时只可以对当前选择的模型调整参数。

· 显示最终结果：激活该按钮后，会在选定的对象上显示添加修改器后的最终效果。

· 使唯一：激活该按钮可以将以【实例】方式复制的对象设置为独立的对象。

1. 复制修改器

模型上添加的修改器可以进行复制，然后粘贴到其他模型的修改器中。如图6-3所示选择一个模型，单击【修改】按钮，对某个修改器单击右键，选择【复制】命令。然后选择其他模型，单击【修改】按钮，对名称位置单击右键，选择【粘贴】命令，如图6-4所示。此时这个模型就被粘贴上了与最开始模型一样的修改器，如图6-5所示。

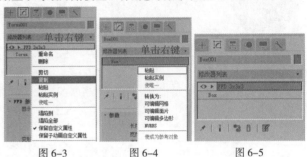

图6-3   图6-4   图6-5

2. 删除修改器

为模型添加完修改器后，如果需要删除，不要按Delete键。若按Delete键，则会将模型也删掉了，正确的方法是选择修改器，然后单击 🗑（从堆栈中移除修改器）按钮，如图6-6所示。

图6-6

6.2 二维图形的修改器类型

二维图形修改器是针对二维图形的，通过对二维图形添加相应的修改器使其变为三维模型效果。常用的二维图形修改器有挤出、车削、倒角、倒角剖面等。

【重点】6.2.1 【挤出】修改器

【挤出】修改器可以快速将二维图形变为具有厚度或高度的三维模型（前提是图形为闭合图形，才会产生三维实体模型；若图形不是闭合的，则只会挤出高度而不是实体效果）。

中文版3ds Max 2020+VRay效果图制作从入门到精通（微课视频　全彩版）

常用来制作墙体等。如图 6-7 所示为添加【挤出】修改器之前的图形和添加【挤出】修改器之后的三维模型效果。

(a) 挤出之前　　　　　(b) 挤出之后

图 6-7

【挤出】修改器参数面板如图 6-8 所示。

图 6-8

- 数量：设置挤出的深度，默认为 0 代表没有挤出，数值越大挤出厚度越大。
- 分段：指定将要在挤出对象中创建线段的数目。
- 封口始端：在挤出对象始端生成一个平面。
- 封口末端：在挤出对象末端生成一个平面。
- 平滑：将平滑应用于挤出图形。

闭合的图形和未闭合的图形在添加【挤出】修改器时，会产生不同的三维效果。

（1）闭合的图形，挤出后的效果是具有厚度的实体模型，如图 6-9 所示。

(a) 闭合的图形　　　　(b) 挤出后的三维效果

图 6-9

（2）未闭合的图形，挤出后的效果是没有厚度但是有高度的薄片模型，如图 6-10 所示。

(a) 未闭合的图形　　　　(b) 挤出后的三维效果

图 6-10

（3）图形闭合且包括两个子图形，挤出后会产生具有部分镂空的三维效果，如图 6-11 所示。

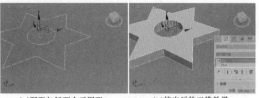

(a) 图形包括两个子图形　　　(b) 挤出后的三维效果

图 6-11

【重点】6.2.2 【倒角】修改器

【倒角】修改器可以将二维图形挤出厚度的同时，在模型的边缘处产生倒角斜面的效果，使得模型边缘细节更丰富，如图 6-12 所示。

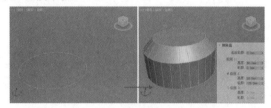

图 6-12

【倒角】修改器常用来制作倒角文字以及带有倒角的对象，例如手机、平板电脑等，如图 6-13 和图 6-14 所示。

图 6-13　　　　　　　　图 6-14

【倒角】修改器参数如图 6-15 所示。

图 6-15

- 始端 / 末端：用对象的始端 / 末端进行封口。
- 变形：为变形创建适合的封口面。
- 栅格：在栅格图案中创建封口面。封装类型的变形和渲染要比渐进变形封装效果好。

- **线性侧面**：激活此项后，级别之间的分段插值会沿着一条直线。
- **曲线侧面**：激活此项后，级别之间的分段插值会沿着一条 Bezier 曲线。
- **分段**：在每个级别之间设置中级分段的数量。
- **级间平滑**：控制是否将平滑组应用于倒角对象侧面。封口会使用与侧面不同的平滑组。
- **避免线相交**：防止轮廓彼此相交。它通过在轮廓中插入额外的顶点并用一条平直的线段覆盖锐角来实现。
- **分离**：设置边之间所保持的距离。
- **起始轮廓**：设置轮廓从原始图形的偏移距离。非零设置会改变原始图形的大小。
- **级别 1**：包含两个参数，它们表示起始级别的改变。
  - **高度**：设置级别 1 在起始级别之上的距离。
  - **轮廓**：设置级别 1 的轮廓到起始轮廓的偏移距离。

【重点】6.2.3 【倒角剖面】修改器

　　【倒角剖面】修改器需要应用两个二维图形。选择其中一个图形，然后为其添加【倒角剖面】修改器，并拾取另外一个图形，从而产生一个三维模型（需要注意，这两个图形一个是在左视图创建的剖面图形、一个是在前视图创建的路径图形，因此不要在同一个视图中创建）。常用来制作石膏线、画框等，如图 6-16 和图 6-17 所示。

图 6-16　　　　　　　图 6-17

　　【倒角剖面】修改器原理图如图 6-18 所示。其参数如图 6-19 所示。

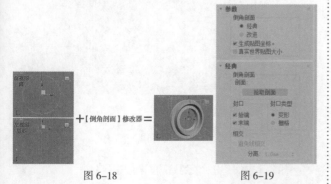

图 6-18　　　　　　　图 6-19

拾取剖面：选中一个图形或 NURBS 曲线来用于剖面路径。

实例：使用【倒角剖面】修改器制作画框

扫一扫，看视频 **文件路径**：Chapter 06 修改器建模→实例：使用【倒角剖面】修改器制作画框

　　本实例通过为一条样条线添加【倒角剖面】修改器，并拾取另外一条样条线制作出三维的画框模型。效果如图 6-20 所示。

图 6-20

步骤 01 在【创建】面板中执行 ✛（创建）| ◙（图形）|样条线 ▾|矩形 命令，如图 6-21 所示。在前视图中创建一个矩形【Rectangle001】，单击【修改】按钮 ☑，设置【长度】为 8mm，【宽度】为 10mm，如图 6-22 所示。

图 6-21

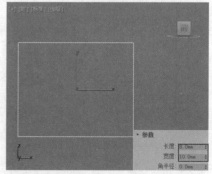

图 6-22

步骤 02 在【创建】面板中执行 ✛（创建）| ◙（图形）|样条线 ▾|线 命令，在前视图中绘制

一条闭合的样条线【Line001】，如图6-23所示。

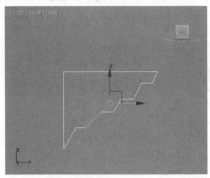

图 6-23

步骤 03 此时可以看到两个图形的大小比例，如图6-24所示。

图 6-24

步骤 04 选择刚刚绘制的矩形【Rectangle001】，单击【修改】按钮，为其加载【倒角剖面】修改器，设置【倒角剖面】为【经典】，单击【拾取剖面】，并单击视图中的样条线【Line001】，如图6-25所示。

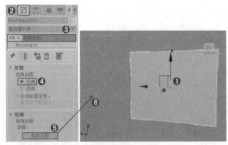

图 6-25

步骤 05 最终的模型效果如图6-26所示。

图 6-26

【重点】6.2.4 【车削】修改器

【车削】修改器的原理是通过绕轴旋转一个图形来创建3D模型，常用来制作花瓶、罗马柱、玻璃杯、酒瓶、烛台、台灯等，如图6-27所示。

（a）烛台 （b）台灯

图 6-27

【车削】原理图如图6-28所示。车削参数如图6-29所示。

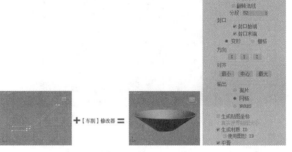

图 6-28 图 6-29

- 度数：确定对象绕轴旋转多少度。图6-30所示为设置度数为180和360的对比效果。

（a）【度数】为180 （b）【度数】为360

图 6-30

- 焊接内核：通过将旋转轴中的顶点焊接来简化网格。
- 翻转法线：勾选该选项后，模型会产生内部外翻的效果。有时候我们发现车削之后的模型"发黑"，不妨可以勾选该选项试一下。
- 分段：数值越大，模型越光滑。如图6-31所示为设置分段为12和60的对比效果。

（a）【分段】为12 （b）【分段】为60

图 6-31

- X/Y/Z：设置轴的旋转方向。
- 对齐：将旋转轴与图形的最小、中心或最大范围对齐。

轻松动手学：使用【车削】修改器制作实心模型

文件路径：Chapter 06 修改器建模→轻松动手学：使用【车削】修改器制作实心模型

下面我们将学习如何创建一个完全实心的茶几模型，这类模型很常见，如烛台、罗马柱。

步骤 01 使用【线】工具在前视图中绘制这样一条曲线，如图 6-32 所示。

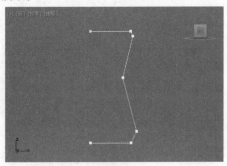

图 6-32

步骤 02 选择线，单击【修改】按钮，为其添加【车削】修改器。勾选【翻转法线】，设置【分段】为6，【对齐】为【最小】，取消勾选【平滑】，如图 6-33 所示。

图 6-33

步骤 03 此时茶几模型已经完成，如图 6-34 所示。

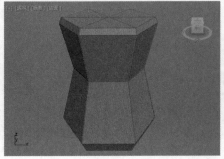

图 6-34

轻松动手学：使用【车削】修改器制作带有厚度的模型

文件路径：Chapter 06 修改器建模→轻松动手学：使用【车削】修改器制作带有厚度的模型

下面将学习如何创建一个带有厚度的模型，这类模型很常见，如高脚杯、碗。

步骤 01 使用【线】工具，在前视图中绘制这样一条曲线，如图 6-35 所示。为了看得更清晰，如图 6-36 所示为自上而下线的三个局部效果。

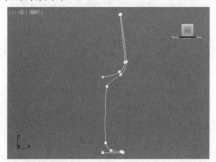

图 6-35

图 6-36

步骤 02 选择线，单击【修改】按钮，为其添加【车削】修改器。设置【分段】为60，设置【对齐】为【最小】，如图 6-37 所示。

步骤 03 此时高脚杯已经制作完成，如图 6-38 所示。

图 6-37　　　　　图 6-38

> 提示：怎样准确地对齐图形中的上下两个点
>
> 由于在绘制线时，很有可能不是足够精准，会导致左侧的两个顶点不在一条垂直线上，即在 X 轴的坐标数值是不一样的，如图 6-39 所示。这样为图形加载【车削】后，

可能会造成产生缺口的错误现象，因此建议将这两个顶点对齐。

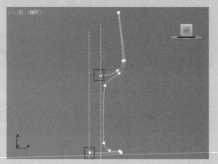

图 6-39

此时选择上面一个顶点，如图 6-40 所示。然后复制其 X 的数值，如图 6-41 所示。

图 6-40

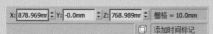

图 6-41

接着选择下面的顶点，如图 6-42 所示。然后将刚才复制的 X 数值粘贴进去，按 Enter 键结束，如图 6-43 所示。

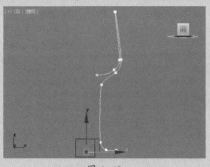

图 6-42

X: 373.969mr Y: -0.0mm Z: 508.527mr 栅格 = 10.0mm
添加时间标记

图 6-43

两个顶点的 X 数值都一致了，那么两个点就会在一条垂直线上了，如图 6-44 所示。

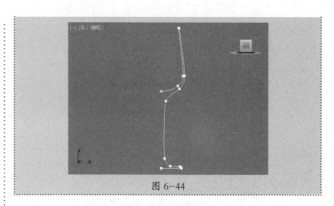

图 6-44

实例：使用【车削】修改器制作台灯

文件路径：Chapter 06 修改器建模→实例：使用【车削】修改器制作台灯

本实例通过为样条线添加【车削】修改器制作出台灯的底部部分。使用管状体和圆柱体制作灯罩和灯柱模型。效果如图 6-45 所示。

扫一扫，看视频

图 6-45

步骤 01 在【创建】面板中执行 ➕（创建）|●（几何体）| 标准基本体 ▼ | 管状体 命令，如图 6-46 所示。

步骤 02 在透视图中创建一个管状体，单击【修改】按钮 📝，设置【半径 1】为 600mm，【半径 2】为 590mm，【高度】为 700mm，【高度分段】为 1，【边数】为 60，如图 6-47 所示。效果如图 6-48 所示。

图 6-46

图 6-47

步骤 03 在【创建】面板中执行 ➕（创建）|●（几何体）

| 标准基本体 | ▼ | 圆柱体 | 命令，在管状体下方创建一个圆柱体，并设置【半径】为50mm，【高度】为250mm，【高度分段】为1，如图6-49所示。效果如图6-50所示。

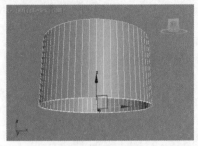

图 6-48

图 6-49

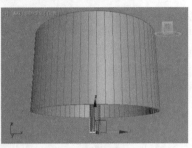

图 6-50

步骤 04 在【创建】面板中，执行 ＋（创建）| 图形（图形）| 样条线 ▼ | 线 命令，如图6-51所示。在前视图中创建如图6-52所示的样条线。

图 6-51

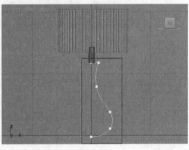

图 6-52

步骤 05 单击【修改】按钮，为样条线加载【车削】修改器，勾选【翻转法线】，设置【对齐】为【最小】，如图6-53所示。此时模型效果如图6-54所示。

图 6-53

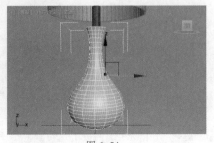

图 6-54

步骤 06 最终效果如图6-55所示。

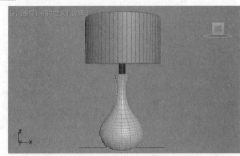

图 6-55

6.3 三维模型的修改器类型

三维模型的修改器是专门针对于三维模型的，通过为三维模型添加修改器，使模型的外观产生变化。常用的三维模型修改器类型有很多，如弯曲、扭曲、FFD、对称、晶格、壳等。

【重点】6.3.1 【弯曲】修改器

【弯曲】修改器可以将模型变弯曲，还可以限制模型弯曲的位置、角度、方向等。常用来制作带有弯曲感的模型，如弯曲的楼梯、拱门、弧形棚顶、弯曲水龙头、弯曲沙发等，如图6-56所示。

(a) 水龙头　　　　**(b) 沙发**

图 6-56

【弯曲】修改器参数如图6-57所示。

图 6-57

• **角度**：从顶点平面设置要弯曲的角度。如图6-58所示为设置角度为0和90的对比效果。注意模型要有一定的分段，分段太少会出现效果错误或效果不佳。

图 6-58

- **方向**：设置弯曲相对于水平面的方向。如图 6-59 所示为设置方向为 0 和 130 的对比效果。

图 6-59

- **弯曲轴**：控制弯曲的轴向。如图 6-60 所示为设置弯曲轴为 X 和 Z 的对比效果。

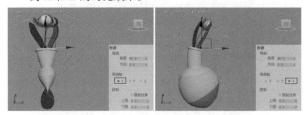

图 6-60

- **限制效果**：将限制约束应用于弯曲效果。
- **上限 / 下限**：控制产生限制效果的上限位置和下限位置。图 6-61 所示为取消【限制效果】和勾选【限制效果】并设置【上限】为 8 的对比效果（注意：不同模型，设置相同的上限 / 下限所产生的效果是不同的）。

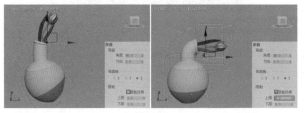

图 6-61

实例：使用【弯曲】修改器制作弯曲沙发

文件路径：Chapter 06 修改器建模→实例：使用【弯曲】修改器制作弯曲沙发

　　本实例使用长方体、切角长方体制作出沙发模型，并为此时的模型添加【弯曲】修改器制作出弯曲的沙发模型。效果如图 6-62 所示。

扫一扫，看视频

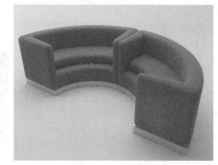

图 6-62

步骤 01 执行【创建】|【几何体】|【长方体】命令，在前视图中创建一个长方体，设置【长度】为 200mm，【宽度】为 3500mm，【高度】为 1500mm，【长度分段】为 8，【宽度分段】为 8，如图 6-63 所示。

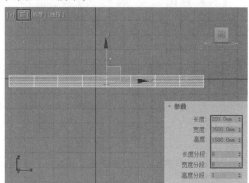

图 6-63

步骤 02 执行【创建】|【几何体】|【扩展基本体】|【切角长方体】命令，在前视图中创建一个切角长方体，设置【长度】为 500mm，【宽度】为 3500mm，【高度】为 1500mm，【圆角】为 100mm，【长度分段】为 5，【宽度分段】为 17，【高度分段】为 17，【圆角分段】为 3，如图 6-64 所示。

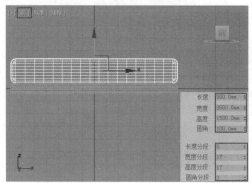

图 6-64

步骤 03 在前视图中再创建一个切角长方体，单击【修改】按钮，设置【长度】为 315mm，【宽度】为 2970mm，【高度】为 1180mm，【圆角】为 100mm，【长度分段】为 3，【宽度分段】为 17，【高度分段】为 17，【圆角分段】为 3，如图 6-65 所示。

此时透视图中的效果如图 6-66 所示。

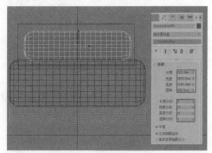

图 6-65

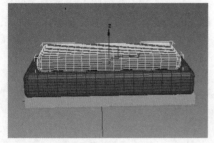

图 6-66

步骤 04 在透视图中再次创建一个切角长方体,单击【修改】按钮,设置【长度】为 1500mm,【宽度】为 320mm,【高度】为 1500mm,【圆角】为 100mm,【长度分段】为 17,【宽度分段】为 1,【高度分段】为 17,【圆角分段】为 3,如图 6-67 所示。

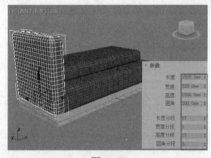

图 6-67

步骤 05 选中刚刚创建的长方体模型,然后按住 Shift 键并按住鼠标左键将其沿 X 轴向右平移并复制,放置在合适的位置后释放鼠标,在弹出的【克隆选项】窗口中设置【对象】为【复制】,【副本数】为 1,效果如图 6-68 所示。

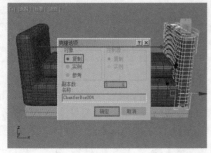

图 6-68

步骤 06 再次在透视图中创建一个切角长方体,单击【修改】按钮,设置【长度】为 360mm,【宽度】为 3500mm,【高度】为 1500mm,【圆角】为 100mm,【长度分段】为 1,【宽度分段】为 17,【高度分段】为 17,【圆角分段】为 3,如图 6-69 所示。

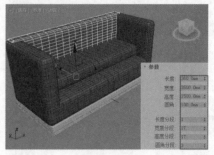

图 6-69

步骤 07 框选场景中的所有模型,然后单击【修改】按钮,为其加载【弯曲】修改器,设置弯曲【角度】为 90,【方向】为 90,【弯曲轴】为 X。效果如图 6-70 所示。

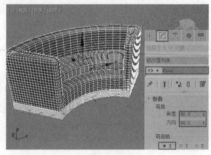

图 6-70

步骤 08 将模型复制一份,并调整位置和旋转,摆放到合适的位置,如图 6-71 所示。

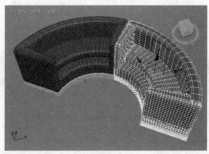

图 6-71

步骤 09 最终效果如图 6-72 所示。

图 6-72

中文版3ds Max 2020+VRay效果图制作从入门到精通（微课视频 全彩版）

【重点】6.3.2 【扭曲】修改器

【弯曲】修改器和【扭曲】修改器都可以对三维模型的外观产生较为明显的变化，从字面意思就可以看出两个修改器的功能。【扭曲】修改器可以将模型变扭曲旋转。常用来制作带有规则扭曲感的模型，如图6-73所示。

(a)扭曲花瓶　　　(b)扭曲台灯

图6-73

【扭曲】修改器参数如图6-74所示。

图6-74

· 角度：设置扭曲的角度。如图6-75所示为设置角度为0和90的对比效果。

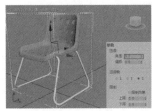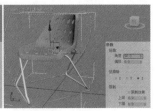

图6-75

· 偏移：使扭曲旋转在对象的任意末端聚团。
· 扭曲轴：控制扭曲的轴向。

【重点】6.3.3 FFD修改器

FFD修改器通过选择【控制点】级别，然后移动控制点位置，使模型产生外观的变化。常用来制作整体扭曲的模型，例如窗帘、浴缸等，如图6-76所示。

(a)窗帘　　　(b)浴缸

图6-76

3ds Max中包括5种FFD修改器，分别为FFD 2*2*2、FFD 3*3*3、FFD 4*4*4、FFD（圆柱体）、FFD（长方体）。

这5种使用方法是一样的，区别在于控制点的数量不同，如图6-77所示。如图6-78所示为模型加载FFD修改器并通过调整控制点的位置产生的模型变化效果。

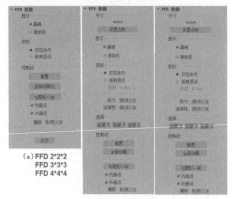

(a)FFD 2*2*2　　(b)FFD（圆柱体）　(c)FFD（长方体）
FFD 3*3*3
FFD 4*4*4

图6-77

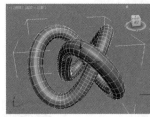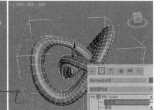

图6-78

· 晶格：将绘制连接控制点的线条以形成栅格。
· 源体积：控制点和晶格会以未修改的状态显示。
· 衰减：它决定着FFD效果减至零时离晶格的距离。仅用于选择"所有顶点"时。
· 张力/连续性：调整变形样条线的张力和连续性。
· 重置：将所有控制点返回到它们的原始位置。
· 全部动画：将"点"控制器指定给所有控制点，这样它们在"轨迹视图"中立即可见。
· 与图形一致：在对象中心控制点位置之间沿直线延长线，将每一个FFD控制点移到修改对象的交叉点上，这将增加一个由"偏移"微调器指定的偏移距离。
· 内部点：仅控制受"与图形一致"影响的对象内部点。
· 外部点：仅控制受"与图形一致"影响的对象外部点。
· 偏移：受"与图形一致"影响的控制点偏移对象曲面的距离。

> 提示：模型添加修改器之前，要设置合适的分段
>
> 在为模型添加修改器时，模型的分段是很重要的。分段过少，容易造成模型无法出现需要的效果。例如FFD修改器、【弯曲】修改器、【扭曲】修改器等，分段尤为重要。

创建一个圆柱体，默认设置【高度分段】为1，加载【弯曲】修改器之后，模型没有弯曲，如图6-79所示。

图6-79

而创建一个圆柱体，设置【高度分段】为10，加载【弯曲】修改器之后，模型的弯曲很好，如图6-80所示。

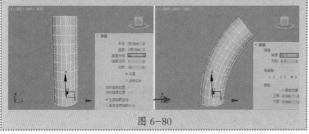

图6-80

实例：使用【挤出】和FFD修改器制作茶几

文件路径：Chapter 06 修改器建模→实例：使用【挤出】和FFD修改器制作茶几

扫一扫，看视频

本实例通过为一条【卵形】添加【挤出】修改器制作出茶几桌面模型，为圆柱体添加FFD 2*2*2修改器制作出茶几腿模型。效果如图6-81所示。

图6-81

步骤 01 在创建面板中执行 ➕（创建）|▪（图形）|「样条线 ▾ |「卵形 」命令，如图6-82所示。在顶视图中按住鼠标左键并拖动，创建一个卵形，并设置【长度】为165mm，【宽度】为110mm，【厚度】为0mm，【角度】为-112，如图6-83所示。

步骤 02 单击【修改】按钮☑，为卵形加载【挤出】修改器，接着设置【数量】为4mm，如图6-84所示。效果如图6-85所示。

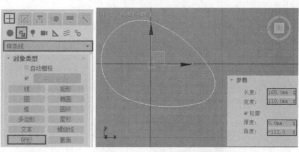

图6-82　　　　　　　图6-83

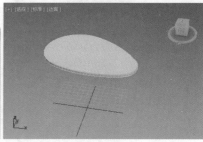

图6-84　　　　　　　图6-85

步骤 03 在【创建】面板中执行 ➕（创建）|▪（图形）|「标准基本体 ▾ |「圆柱体 」命令，如图6-86所示。在卵形下方创建一个圆柱体，单击【修改】按钮☑，设置圆柱体的【半径】为6mm，【高度】为80mm，如图6-87所示。效果如图6-88所示。

图6-86　　　　　　　图6-87

图6-88

中文版3ds Max 2020+VRay效果图制作从入门到精通（微课视频 全彩版）

步骤 04 选择刚刚创建的圆柱体，单击【修改】按钮，并为其加载 FFD 2*2*2 修改器，单击▼图标，选择【控制点】级别，如图 6-89 所示。选择最下方的四个控制点，并使用【选择并均匀缩放】工具，将控制点向内等比缩放，效果如图 6-90 所示。

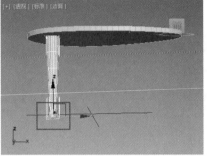

图 6-89   图 6-90

步骤 05 选择该圆柱体，使用【选择并旋转】工具，并激活【角度捕捉切换】工具，沿 Y 轴旋转 15°，如图 6-91 所示。

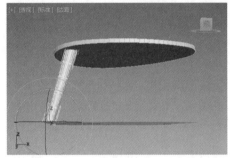

图 6-91

步骤 06 选择该圆柱体，按住 Shift 键并按住鼠标左键，将其移动并复制，如图 6-92 所示。使用【选择并旋转】工具将其沿 Z 轴适当进行旋转，如图 6-93 所示。

图 6-92

步骤 07 使用同样的方式继续复制并调整出第三条茶几腿模型，如图 6-94 所示。

步骤 08 选中卵形和三个圆柱体，使用【选择并均匀缩放】工具，按住 Shift 键并按住鼠标左键将其沿 XYZ 轴均匀缩放并复制，释放鼠标后，在弹出的【克隆选项】窗口中设置

【对象】为【复制】，【副本数】为 1，如图 6-95 所示。此时效果如图 6-96 所示。

图 6-93

图 6-94

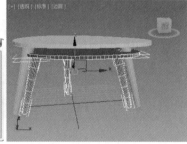

图 6-95   图 6-96

步骤 09 使用【选择并旋转】工具和【角度捕捉切换】工具，将其沿 Z 轴旋转 50°。实例效果如图 6-97 所示。

图 6-97

实例：使用FFD修改器制作圆形玻璃桌

文件路径：Chapter 06 修改器建模→实例：使用 FFD 修改器制作圆形玻璃桌

扫一扫，看视频

本实例通过使用 FFD 修改器制作圆形玻璃桌，效果如图 6-98 所示。

图 6-98

步骤 01 执行【创建】|【几何体】|【管状体】命令，在顶视图中创建一个管状体，接着单击【修改】按钮，设置【半径 1】为 2010mm，【半径 2】为 2100mm，【高度】为 300mm，【边数】为 30，如图 6-99 所示。

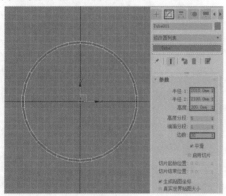

图 6-99

步骤 02 执行【创建】|【几何体】|【圆柱体】命令，在顶视图中创建一个圆柱体，接着单击【修改】按钮，在【参数】卷展栏中设置【半径】为 2006mm，【高度】为 300mm，【边数】为 30，如图 6-100 所示。并将其移动到合适的位置，如图 6-101 所示。

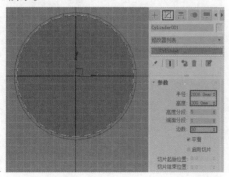

图 6-100

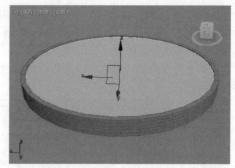

图 6-101

步骤 03 选中创建的管状体，接着按住 Shift 键并按住鼠标左键，在透视图中将其沿 Z 轴向下平移并复制，放置在合适的位置后释放鼠标，在弹出的【克隆选项】窗口中设置【对象】为【复制】，【副本数】为 1，如图 6-102 所示。

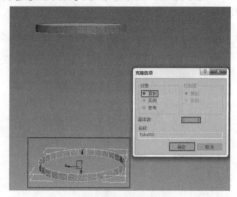

图 6-102

步骤 04 执行【创建】|【几何体】|【长方体】命令，在前视图中创建一个长方体，接着单击【修改】按钮，设置【长度】为 5850mm，【宽度】为 86mm，【高度】为 300mm，【长度分段】为 6，设置完成后将其摆放在合适的位置，如图 6-103 所示。

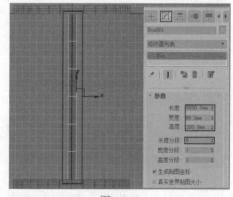

图 6-103

步骤 05 选中刚刚创建的长方体模型，然后单击【层次】按钮，并单击 仅影响轴 按钮，接着将轴移动到中心的位置，如图 6-104 所示。最后再次单击 仅影响轴 按钮，完成对于轴心的设置。

中文版3ds Max 2020+VRay效果图制作从入门到精通（微课视频 全彩版）

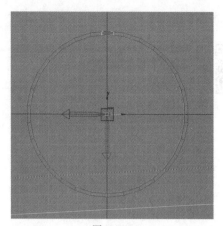

图 6-104

步骤 06 在选择长方体模型的状态下单击【选择并旋转】 ↻ 和【角度捕捉切换】 ⚟ 按钮,在顶视图中将其沿着 Z 轴旋转 -20°,旋转至合适的角度后释放鼠标,在弹出的【克隆选项】窗口中设置【对象】为【复制】,【副本数】为 17,如图 6-105 所示。此时效果如图 6-106 所示。

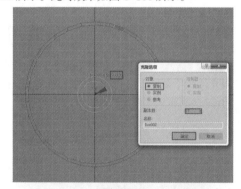

图 6-105

图 6-106

步骤 07 按住 Ctrl 键依次加选场景中的长方体模型,然后执行【组】|【组】命令,将所有的长方体编组。接着单击【修改】按钮,为该组加载 FFD 4*4*4 修改器,并单击 ▼ 按钮,接着单击【控制点】级别,框选模型中间的一些控制点,并

单击【选择并均匀缩放】按钮,将选中的控制点向内均匀收缩,如图 6-107 所示。实例最终效果如图 6-108 所示。

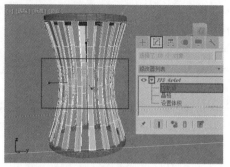

图 6-107

图 6-108

6.3.4 【晶格】修改器

【晶格】修改器可以将模型变成晶格水晶结构效果,该结构包括两部分,分别是支柱(可以理解为框架)、节点(框架交汇处的节点)。常用来制作水晶吊灯等,如图 6-109 所示。

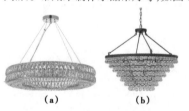

(a)　　　　　(b)

图 6-109

【晶格】修改器参数如图 6-110 所示。

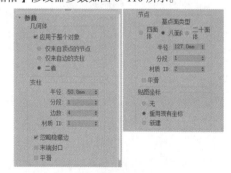

图 6-110

- **应用于整个对象**: 应用到对象的所有边或线段上。
- **支柱**: 控制晶格中的支柱结构的参数, 包括半径、分段、边数等参数。如图6-111所示为创建一个圆柱体并加载【晶格】修改器后, 分别设置【支柱】的【半径】为50mm和5mm的对比效果。

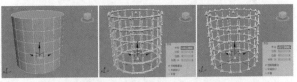

图6-111

- **节点**: 控制晶格中的节点结构的参数, 包括半径、分段等参数。如图6-112所示为创建一个圆柱体并加载【晶格】修改器后, 分别设置【节点】的【半径】为150mm和300mm的对比效果。

图6-112

提示: 模型本身的网格分段决定了晶格的支柱和节点效果

在为模型添加【晶格】修改器之前, 要先把模型的网格分段设置到合理数值。模型的网格分段数量越少, 晶格数量越少, 添加【晶格】修改器之后的效果如图6-113所示。

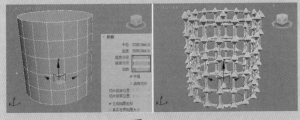

图6-113

模型的网格分段数量越多, 晶格数量越多, 添加【晶格】修改器之后的效果如图6-114所示。

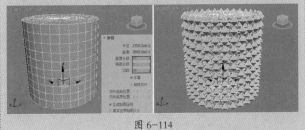

图6-114

实例: 使用【晶格】修改器制作水晶吊灯

扫一扫, 看视频

文件路径: Chapter 06 修改器建模→实例: 使用【晶格】修改器制作水晶吊灯

本实例使用【晶格】修改器制作水晶吊灯模型, 效果如图6-115所示。

图6-115

步骤 01 执行【创建】|【几何体】|【管状体】命令, 在顶视图中创建一个管状体, 接着单击【修改】按钮, 设置【半径1】为1000mm, 【半径2】为1030mm, 【高度】为50mm, 【边数】为50, 如图6-116所示。选择刚刚创建的管状体, 在前视图中按住Shift键并按住鼠标左键将其沿Y轴向上平移并复制, 放置在合适的位置后释放鼠标, 在弹出的【克隆选项】窗口中设置【对象】为【复制】, 【副本数】为1, 如图6-117所示。

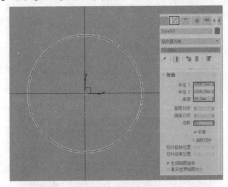

图6-116

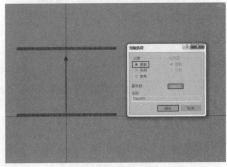

图6-117

步骤 02 执行【创建】|【几何体】|【圆柱体】命令, 在透视图中创建一个圆柱体, 接着单击【修改】按钮, 设

置该圆柱体的【半径】为15mm,【高度】为1200mm,如图6-118所示。

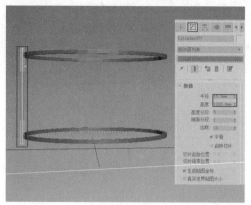

图 6-118

步骤 03 单击【层次】按钮，并单击 仅影响轴 按钮，在顶视图中将中心点移动到合适的位置，如图6-119所示。接着再次单击 仅影响轴 按钮完成轴心的设置。然后单击【选择并旋转】按钮，并激活【角度捕捉切换】按钮，按住Shift键将圆柱体沿Z轴旋转5°，此时释放鼠标，在弹出的【克隆选项】窗口中设置【对象】为【复制】,【副本数】为71,如图6-120所示。

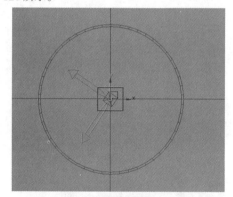

图 6-119

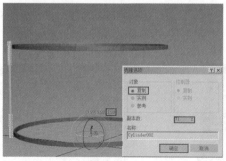

图 6-120

步骤 04 此时模型效果如图6-121所示。执行【创建】|【几何体】|【圆柱体】命令，在顶视图中创建一个圆柱体，接着单击【修改】按钮，设置【半径】为900mm,【高度】为

1300mm,【端面分段】为4,【边数】为50,如图6-122所示。

图 6-121

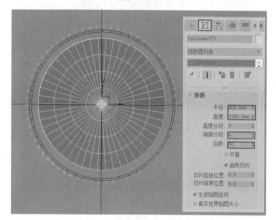

图 6-122

步骤 05 为该圆柱体加载【晶格】修改器,设置【支柱】的【半径】为0mm,设置【节点】的【基点面类型】为【二十面体】,【半径】为30mm,并勾选【平滑】选项,如图6-123所示。

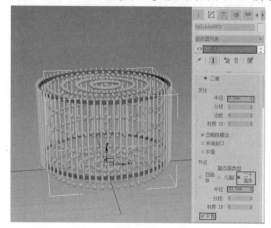

图 6-123

步骤 06 选择刚才的模型，单击【选择并均匀缩放】按钮，按住Shift键并按住鼠标左键将其均匀收缩，在适当的位置释放鼠标，在弹出的【克隆选项】窗口中设置【对象】为【复制】,

【副本数】为 2，如图 6-124 所示。

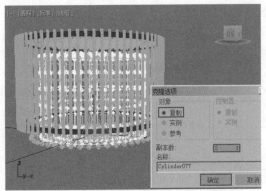

图 6-124

步骤 07 复制完成后的效果如图 6-125 所示。

图 6-125

步骤 08 在顶视图中再次创建一个圆柱体，接着单击【修改】按钮，设置【半径】为 300mm，【高度】为 120mm，如图 6-126 所示。

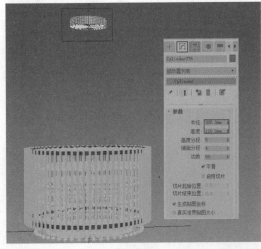

图 6-126

步骤 09 执行【创建】|【图形】|【线】命令，在前视图中绘制线条，接着单击【修改】按钮，在【渲染】卷展栏中勾选【在渲染中启用】和【在视口中启用】选项，单击激活【径向】选项，设置【厚度】为 15mm，如图 6-127 所示。接着

使用同样的方法继续绘制，实例最终效果如图 6-128 所示。

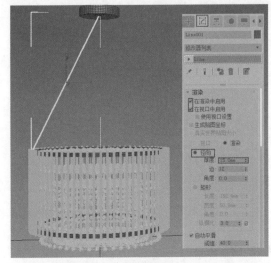

图 6-127

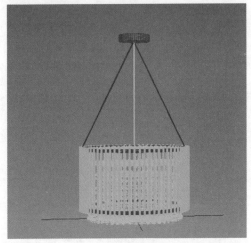

图 6-128

【重点】6.3.5 【壳】修改器

【壳】修改器可以为模型添加厚度效果。常用来制作能够显露出切面厚度的对象，如水杯、灯罩、花瓶等，如图 6-129 和图 6-130 所示。

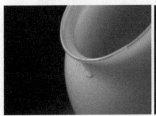 

图 6-129　　　　　　　图 6-130

【壳】修改器参数如图 6-131 所示。

中文版3ds Max 2020+VRay效果图制作从入门到精通（微课视频 全彩版）

图 6-131

- 内部量 / 外部量：控制向模型内或模型外产生厚度的数值，如图 6-132 所示。

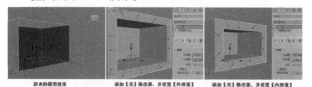

图 6-132

- 倒角边：启用该选项后，并指定"倒角样条线"，3ds Max 会使用样条线定义边的剖面和分辨率。
- 倒角样条线：单击此按钮，然后选择打开样条线定义边的形状和分辨率。

6.3.6 【对称】修改器

【对称】修改器可以将模型沿 X、Y、Z 中的任一轴向进行镜像，使其产生对称的模型效果。因此提供给我们一个创建对称模型的方法，那就是只做一侧模型，最后添加【对称】修改器。常用来制作上下对称或左右对称的物体，如沙发、床头柜等，如图 6-133 和图 6-134 所示。

图 6-133   图 6-134

【对称】修改器参数如图 6-135 所示。

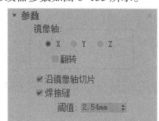

图 6-135

- 镜像轴：设置镜像的轴向。如图 6-136 所示为分别设置 X 和 Z 的对比效果。

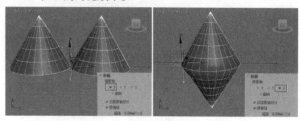

图 6-136

- 翻转：控制是否需要翻转镜像的效果，如图 6-137 所示为取消和勾选翻转选项的效果。

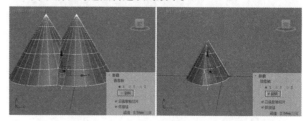

图 6-137

- 沿镜像轴切片：启用"沿镜像轴切片"使镜像轴在定位于网格边界内部时作为一个切片平面。
- 焊接缝：启用"焊接缝"确保沿镜像轴的顶点在阈值以内时会自动焊接。
- 阈值：阈值设置的值代表顶点在自动焊接起来之前的接近程度。

下面利用【对称】修改器创建对称物体。

步骤 01 创建一个圆锥体，如图 6-138 所示。

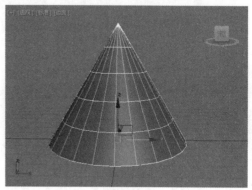

图 6-138

步骤 02 单击【修改】按钮，为其添加【对称】修改器，如图 6-139 所示。

步骤 03 单击 ▼ 按钮展开，选择【镜像】级别，如图 6-140 所示。

步骤 04 此时在该状态下沿 X 轴向左侧移动，即可看到模型产生了变化，如图 6-141 所示。

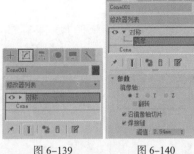

图 6-139　　　　图 6-140

图 6-141

提示：调整镜像位置设置不同对称效果

单击 ▼ 展开，选择【镜像】级别，如图 6-142 所示。

图 6-142

此时可以移动镜像级别的位置，不同的位置会出现不同的对称模型效果，如图 6-143 所示。

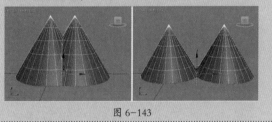

图 6-143

6.3.7 【细分】修改器、【细化】修改器、【优化】修改器

3ds Max 中的修改器可以增加或减少模型的多边形个数。

1.【细分】修改器

【细分】修改器可以增加模型的多边形个数，但是不会改变模型本身的外观形态。如图 6-144 所示为茶壶模型及为其添加【细分】修改器的对比效果。

图 6-144

2.【细化】修改器

【细化】修改器可以增加模型的多边形个数，而且会使模型产生更加光滑的效果。图 6-145 所示为茶壶模型及为其添加【细化】修改器的对比效果。

图 6-145

- ◢ 面：将选择作为三角形面集来处理。
- ☐ 多边形：拆分多边形面。
- 边：从面或多边形的中心到每条边的中点进行细分。应用于三角面时，也会将与选中曲面共享边的非选中曲面进行细分。
- 面中心：从面或多边形的中心到角顶点进行细分。
- 张力：决定新面在经过边细分后是平面、凹面还是凸面。
- 迭代次数：应用细分的次数。

3.【优化】修改器

【优化】修改器与【细分】【细化】两个修改器相反，【优化】修改器可以减少模型多边形个数，使得模型多边形变少，视图操作更流畅。优化修改器参数如图 6-146 所示。加载【优化】修改器前后的对比效果如图 6-147 所示。

图 6-146　　　　　　图 6-147

- 渲染器 L1、L2：设置默认扫描线渲染器的显示级别。使用"视口 L1、L2"来更改保存的优化级别。

- 视口 L1、L2：同时为视口和渲染器设置优化级别。该选项同时切换视口的显示级别。
- 面阈值：设置用于决定哪些面会塌陷的阈值角度。
- 边阈值：为开放边（只绑定了一个面的边）设置不同的阈值角度。较低的值保留开放边。
- 偏移：帮助减少优化过程中产生的细长三角形或退化三角形，它们会导致渲染缺陷。
- 最大边长度：指定最大长度，超出该值的边在优化时无法拉伸。
- 自动边：随着优化启用和禁用边。

【重点】6.3.8 【平滑】修改器、【网格平滑】修改器、【涡轮平滑】修改器

3ds Max 中有 3 种修改器可以使模型变得更平滑，分别是【平滑】修改器、【网格平滑】修改器、【涡轮平滑】修改器。

1.【平滑】修改器

【平滑】修改器可以使模型变得更平滑，但是平滑效果很一般，该修改器不会增加模型的多边形个数。创建一个球体模型，多边形个数为80，如图 6-148 所示。为球体添加【平滑】修改器，默认是取消【自动平滑】的，如图 6-149 所示。此时不但没有更光滑，反而出现了转折更强的效果，如图 6-150 所示。

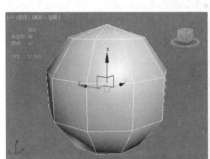

图 6-148　　　　　　　图 6-149

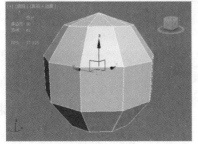

图 6-150

若想使用【平滑】修改器将模型变平滑，则需要勾选【自动平滑】，并且增大【阈值】数值，如图 6-151 所示。添加【平滑】修改器之后的模型，多边形个数没有增多，还是 80 个，而且平滑效果不明显，如图 6-152 所示。

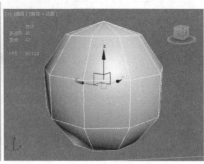

图 6-151　　　　　　　图 6-152

2.【网格平滑】修改器

【网格平滑】修改器可以把模型变得非常平滑，但是会增加模型多边形个数，此时多边形个数增加到了 180 个，如图 6-153 所示。【网格平滑】修改器参数如图 6-154 所示。

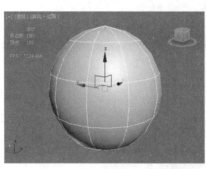

图 6-153　　　　　　　图 6-154

迭代次数：控制光滑的程度，数值越大越光滑。但是模型的多边形个数也越多，占用的内存也越大。建议该数值不要超过3。

3.【涡轮平滑】修改器

【涡轮平滑】修改器可以把模型变得非常平滑，也会增加模型多边形个数，此时多边形个数增加到了 1440 个，甚至比刚才的【网格平滑】修改器还要多，如图 6-155 所示（过多的多边形个数会占用大量内存，会使 3ds Max 操作起来变得卡顿）。【涡轮平滑】修改器参数如图 6-156 所示。

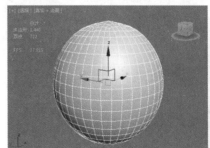

图 6-155　　　　　　　图 6-156

综合实例:使用【挤出】、FFD、【扭曲】修改器制作创意大厦

文件路径: Chapter 06 修改器建模→综合实例: 使用【挤出】、FFD、【扭曲】修改器制作创意大厦

扫一扫,看视频

本实例使用圆柱体制作大厦的地面,创建多边形样条线,并为其添加【挤出】修改器,得到立体效果。接着添加【扭曲】修改器制作出旋转扭曲效果。最后使用FFD修改器修改建筑顶部的形态,效果如图6-157所示。

图 6-157

步骤 01 使用【圆柱体】工具在场景中创建一个圆柱体模型,作为大厦的地面,如图6-158所示。

步骤 02 单击【修改】按钮,设置【半径】为200mm,【高度】为4mm,【边数】为50,如图6-159所示。

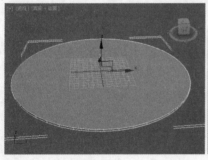
图 6-158　　　　　　　图 6-159

步骤 03 执行 ╋ (创建)|　(图形)| 样条线 ▾ | 多边形 ,创建一个多边形图形,如图6-160所示。单击【修改】按钮,设置【半径】为39mm,【边数】为8,如图6-161所示。

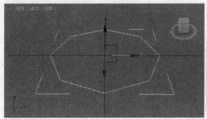

图 6-160　　　　　　　图 6-161

步骤 04 为多边形图形加载【挤出】修改器,并设置【数量】为350mm,【分段】为15,如图6-162所示。模型效果如图6-163所示。

图 6-162　　　　　　　图 6-163

步骤 05 继续为模型加载【扭曲】修改器,设置【角度】为200,设置【扭曲轴】为Z,如图6-164所示。效果如图6-165所示。

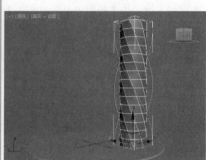
图 6-164　　　　　　　图 6-165

步骤 06 选中模型,为其加载FFD 4*4*4修改器,并在透视图中选择如图6-166所示的控制点。并沿着Y轴向左等比缩放,再沿着X轴向右等比缩放,效果如图6-167所示。

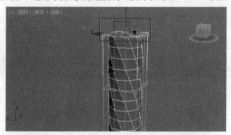
图 6-166

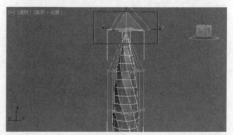
图 6-167

步骤 07 选择控制点并调节到如图6-168所示的效果。

中文版3ds Max 2020+VRay效果图制作从入门到精通 (微课视频 全彩版)

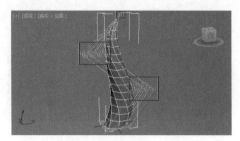

图 6-168

步骤 08 将模型调节到合适的位置，如图 6-169 所示。

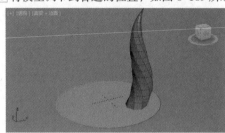

图 6-169

步骤 09 使用同样的方法继续创建另外 3 个建筑模型，如图 6-170 所示。

步骤 10 最终模型效果如图 6-171 所示。

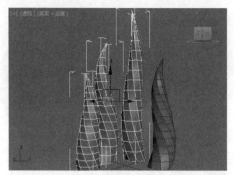

图 6-170

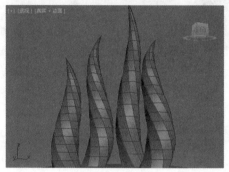

图 6-171

扫一扫，看视频

Chapter 07

第7章

复合对象建模

本章学习要点：

　　认识复合对象

　　熟练掌握放样、图形合并、散布、布尔、变形等工具的使用

本章内容简介：

　　本章将会学习到复合对象建模。复合对象建模是一种非常特殊的建模方式，只适用于很小一部分模型类型。由于复合对象的很多工具在操作时需要应用到几何体、样条线的内容，因此将本章放在这些内容之后，方便我们轻松学习掌握。

通过本章学习，我能做什么？

　　3ds Max 中包含的这些复合对象工具的使用方法与产生效果都不相同。使用【放样】工具可以制作石膏线、镜框、油画框等对象。使用【图形合并】工具可以制作轮胎花纹、石头刻字等。【散布】工具可以制作石子路、树林、花海。【布尔】工具、【ProBoolean（超级布尔）】工具可用来模拟螺丝、骰子、按钮效果。【变形】工具可以制作变形效果的动画。【一致】工具可以制作山上的公路。【地形】工具可以使用多条图形制作具有高低不同海拔的地形模型。

优秀作品欣赏

7.1 复合对象的基本知识

本节将讲解复合对象的基本知识，其中包括复合对象的概念、复合对象适合制作的模型类型、复合对象 12 种类型。

扫一扫，看视频

7.1.1 什么是复合对象

复合对象建模方式并不能制作所有的模型效果，它是一种比较特殊的建模方式，通常将两个或多个现有对象组合成单个对象。

7.1.2 复合对象适合制作哪些模型

复合对象适合制作特殊的模型效果，例如一类物体分布于另外一个物体表面，为模型扣除孔洞、石膏线、油画框等。

7.1.3 了解复合对象

执行【创建】**+**|【几何体】**●**|复合对象 ▼ ，可以看到复合对象包括 12 种类型，每种类型可以用于制作不同的模型效果，如图 7-1 所示。

图 7-1

扫一扫，看视频

- **变形**：变形是一种与 2D 动画中的中间动画类似的动画技术。可以将一个模型变为另外一个模型。
- **散布**：将一类对象分布于另外一类对象表面。例如树分布于山表面。
- **一致**：通过将某个对象的顶点投影至另一个对象的表面而创建。例如制作山上曲折盘旋的公路。
- **连接**：使用连接复合对象，可通过对象表面的"洞"连接两个或多个对象。
- **水滴网格**：可通过几何体或粒子创建一组球体，还可将球体连接起来，好像这些球体是由柔软的液态物质构成的一样。
- **布尔**：用于两个模型之间的作用，如两个模型的相加效果、相减效果等。
- **图形合并**：创建包含网格对象和一个或多个图形的复合对象。常制作物体表面的图案，如轮胎的花纹、戒指纹饰等。

- **地形**：用等高线数据创建曲面。
- **放样**：使用两条图形制作三维模型。如石膏线、油画框等。
- **网格化**：以每帧为基准将程序对象转化为网格对象，这样可以应用修改器，如弯曲或 UVW 贴图。
- **ProBoolean**：与布尔类似，是布尔的升级版。
- **ProCutter**：用于爆炸、断开、装配、建立截面或将对象拟合在一起的工具。

7.2 常用复合对象工具

复合对象包括 12 种类型，其中有专门针对二维图形的复合对象类型，也有针对三维模型的复合对象。在使用复合对象之前建议保存 3ds Max 文件，因为复合对象操作较容易出现错误问题。

扫一扫，看视频

【重点】7.2.1 放样

【放样】是通过两条线制作三维效果（一条为截面、一条为顶视图效果），如图 7-2 所示。

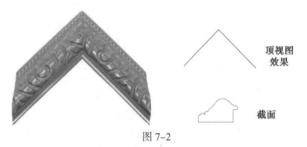

顶视图效果

截面

图 7-2

通常用来模拟例如石膏线、镜框、油画框等，如图 7-3 所示。

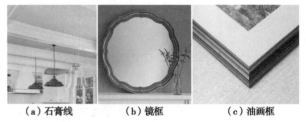

(a) 石膏线　　　　(b) 镜框　　　　(c) 油画框

图 7-3

【放样】参数如图 7-4 所示。

- **创建方法**：可以选择【获取路径】或【获取图形】。
  - **获取路径**：将路径指定给选定图形或更改当前指定的路径。
  - **获取图形**：将图形指定给选定路径或更改当前指定的图形。
- **曲面参数**：可以控制放样曲面的平滑以及指定是否沿着放样对象应用纹理贴图。

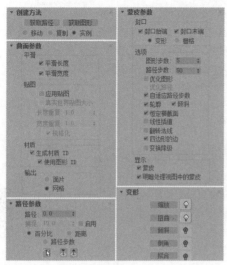

图 7-4

- ◆ 平滑长度：沿着路径的长度提供平滑曲面。
- ◆ 平滑宽度：围绕横截面图形的周界提供平滑曲面。
- 路径参数：可以控制沿着放样对象路径在各个间隔期间的图形位置。
  - ◆ 路径：通过输入值或拖动微调器来设置路径的级别。
  - ◆ 捕捉：用于设置沿着路径图形之间的恒定距离。
  - ◆ 启用：当启用【启用】选项时，【捕捉】处于活动状态。
  - ◆ 百分比：将路径级别表示为路径总长度的百分比。
  - ◆ 距离：将路径级别表示为路径第一个顶点的绝对距离。
  - ◆ 路径步数：将图形置于路径步数和顶点上，而不是作为沿着路径的一个百分比或距离。
- 蒙皮参数：可以调整放样对象网格的复杂性。
  - ◆ 封口始端：如果启用，则路径第一个顶点处的放样端被覆盖或封口。
  - ◆ 封口末端：如果启用，则路径最后一个顶点处的放样端被封口。
  - ◆ 图形步数：设置横截面图形的每个顶点之间的步数。该值会影响围绕放样周界的边的数目。
  - ◆ 路径步数：设置路径的每个主分段之间的步数。该值会影响沿放样长度方向的分段的数目，值越大越光滑。如图 7-5 所示为设置【路径步数】为 2 和 20 的对比效果。

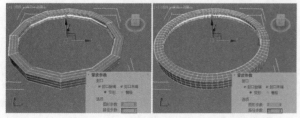

图 7-5

- 变形：变形控件用于沿着路径缩放、扭曲、倾斜、倒角或拟合形状。

- ◆ 缩放：可通过调节曲线的形状控制放样后的模型产生局部变大或变小的效果，如图 7-6 和图 7-7 所示为设置缩放前后的对比效果，如图 7-8 所示为曲线效果。

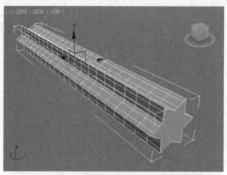

图 7-6

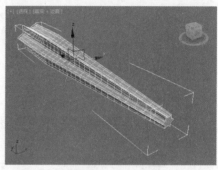

图 7-7

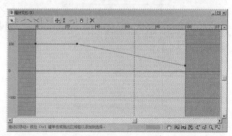

图 7-8

- ◆ 扭曲：可通过调节曲线的形状控制放样后的模型产生扭曲旋转的效果。如图 7-9 和图 7-10 所示为设置扭曲前后的对比效果，如图 7-11 所示为曲线效果。

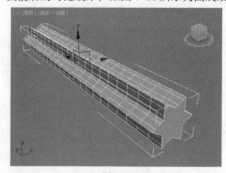

图 7-9

中文版3ds Max 2020+VRay效果图制作从入门到精通（微课视频 全彩版）

142

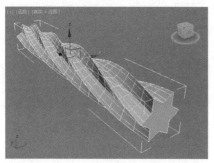

图 7-10

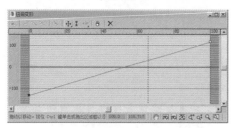

图 7-11

- 倾斜：围绕局部的 X 轴和 Y 轴旋转图形。
- 倒角：使放样后的模型产生倒角效果。
- 拟合：可以使用两条"拟合"曲线来定义对象的顶部和侧剖面。

实例：使用放样制作欧式石膏线

文件路径：Chapter 07 复合对象建模→实例：使用放样制作欧式石膏线

本实例使用一条闭合的样条线和一个矩形，并结合使用【放样】工具制作出三维模型效果，需注意在制作完成后可以通过调整图像子级别的旋转角度来设置不同的三维效果。最终渲染效果如图 7-12 所示。

扫一扫，看视频

图 7-12

步骤 01 在【创建】面板中执行【创建】＋|【几何体】●|标准基本体 ▼|长方体命令，在透视图中创建一个长方体模型，接着单击【修改】按钮，设置该长方体的【长度】为 2800mm，【宽度】为 5000mm，【高度】为 240mm，如图 7-13 所示。

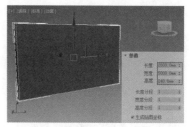

图 7-13

步骤 02 执行【创建】＋|【图形】 ⬚|样条线 ▼|线命令，如图 7-14 所示，在顶视图中绘制闭合的样条线，如图 7-15 所示。

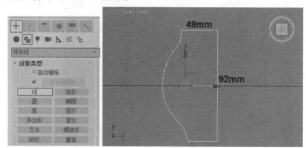

图 7-14　　　　　图 7-15

步骤 03 执行【创建】＋|【图形】 ⬚|样条线 ▼|矩形命令，如图 7-16 所示，在视图中创建一个矩形，设置【长度】为 2500mm，【宽度】为 830mm，如图 7-17 所示。

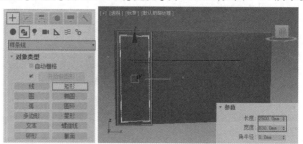

图 7-16　　　　　图 7-17

步骤 04 选择刚才的矩形，执行【创建】＋|【几何体】●|复合对象 ▼|放样命令，如图 7-18 所示，在【创建方法】卷展栏中单击 获取图形 按钮，鼠标左键单击刚才绘制的闭合的样条线，如图 7-19 所示。

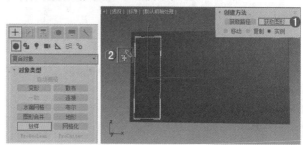

图 7-18　　　　　图 7-19

步骤 05 此时效果如图 7-20 所示。细节效果如图 7-21 所示。

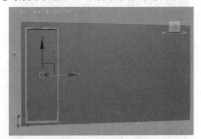

图 7-20

图 7-21

步骤 06 此时发现模型是翻转的效果，如果需要让此时的三维模型的效果产生变化，选择此时的三维模型，并激活 ⟳（选择并旋转）、⟳（角度捕捉切换）工具按钮，单击 ▶ Loft 按钮，选择 图形 ，然后在模型上框选中图形级别，如图 7-22 所示。接着沿 Z 轴旋转 90°，此时可看到模型产生了翻转效果，如图 7-23 所示。

图 7-22　　　　　　　图 7-23

步骤 07 在透视图中选择左侧的图形，然后按住 Shift 键并按住鼠标左键，将其沿着 X 轴向右平移并复制，将其移动到右侧适当的位置后释放鼠标，在弹出的【克隆选项】窗口中设置【对象】为【复制】，【副本数】为 1，如图 7-24 所示。此时效果如图 7-25 所示。

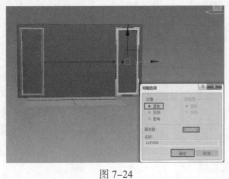

图 7-24

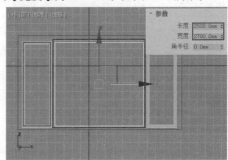

图 7-25

步骤 08 在顶视图中再次创建一个矩形，设置【长度】为 2500mm，【宽度】为 2700mm，如图 7-26 所示。

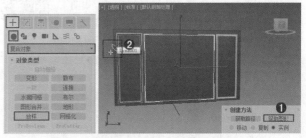

图 7-26

步骤 09 执行【创建】➕|【几何体】●| 复合对象 ▾ | 放样 命令，如图 7-27 所示，在【创建方法】卷展栏中单击 获取图形 按钮，鼠标左键单击刚才绘制的闭合的样条线，如图 7-28 所示。

图 7-27　　　　　　图 7-28

步骤 10 使用刚才同样的方法将模型的图形级别沿 Z 轴旋转 90°，如图 7-29 所示。

图 7-29

中文版3ds Max 2020+VRay效果图制作从入门到精通（微课视频 全彩版）

> **提示：复合对象建模时的注意事项**
>
> 复合对象建模时，常遇到先选择一个对象并使用复合对象后还需要拾取另外一个对象，容易造成选择的顺序混淆错误，因此出现的效果也是错误的。遇到错误时，要按Ctrl+Z组合键撤销操作，若执行一次无法撤销到使用复合对象命名之前时，可以多次撤销。要保证撤销回使用复合对象命名之前时，再重新制作。

【重点】7.2.2　图形合并

【图形合并】工具可以将一个二维的图形"印"到三维模型上面。通常用来模拟轮胎花纹、石头刻字、戒指刻字效果，如图7-30所示。其参数如图7-31所示。

（a）轮胎花纹　　（b）石头刻字　　（c）戒指刻字

图7-30

图7-31

- 拾取图形：单击该按钮，然后单击要嵌入网格对象中的图形。
- 名称：如果选择列表中的对象，则此处将显示其名称。
- 删除图形：从复合对象中删除选中图形。
- 提取操作对象：提取选中操作对象的副本或实例。
- 饼切：切去网格对象曲面外部的图形。
- 合并：将图形与网格对象曲面合并。
- 反转：反转"饼切"或"合并"效果。

实例：使用图形合并工具制作长方体上突出的文字

文件路径：Chapter 07　复合对象建模→实例：使用图形合并工具制作长方体上突出的文字

【图形合并】工具可以将一个二维图形印到

扫一扫，看视频

三维模型上面。本实例将讲解使用图形合并制作长方体上突出的文字效果。案例最终效果如图7-32所示。

图7-32

步骤 01 执行【创建】➕|【几何体】●|标准基本体▾|长方体 命令，如图7-33所示，在透视图中创建长方体模型，设置【长度】为200mm，【宽度】为200mm，【高度】为200mm，如图7-34所示。

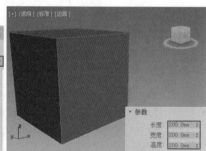

图7-33　　　　　图7-34

步骤 02 执行【创建】➕|【图形】🟡|样条线▾|文本 命令，如图7-35所示，在前视图中单击进行文本的创建，在【参数】卷展栏中设置合适的字体，对齐方式为【居中】▤，【大小】为40mm，接着在【文本】的下方输入文本，如图7-36所示。（需要注意的是长方体模型和文本的位置关系，文本的位置要在长方体模型的前方，而非内部，这样才能保证文本被完整地"印"在多边形上。）

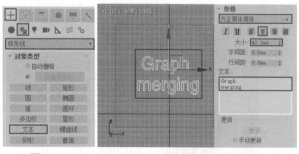

图7-35　　　　　图7-36

步骤 03 如图7-37所示为在透视图中看到的文字和长方体之间的位置关系。

图 7-37

步骤 04 选择长方体模型，执行【创建】➕|【几何体】●| 复合对象 ▼ | 图形合并 命令，如图 7-38 所示，在【拾取运算对象】卷展栏下单击【拾取图形】按钮，接着在透视图中单击选择文本，如图 7-39 所示。

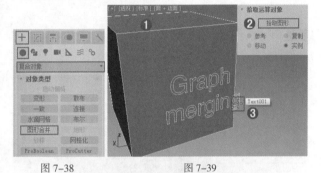

图 7-38　　　　　　　　图 7-39

步骤 05 此时场景中的效果如图 7-40 所示。

图 7-40

步骤 06 选择此时的长方体模型，单击鼠标右键，执行【转换为】|【转换为可编辑多边形】命令，如图 7-41 所示，进入【多边形】■级别，选择如图 7-42 所示的多边形。

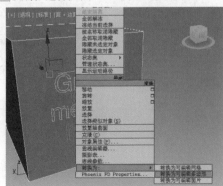

图 7-41

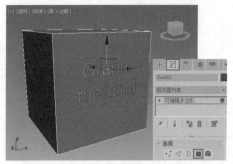

图 7-42

步骤 07 单击【挤出】后方的【设置】□按钮，设置【高度】为 5mm，如图 7-43 所示。

图 7-43

步骤 08 实例最终效果如图 7-44 所示。

图 7-44

【重点】7.2.3　散布

【散布】工具可以将一个模型随机分布到另外一个物体表面，可用来模拟海边石子、一片树林、一簇郁金香，如图 7-45所示。

（a）海边石子　　　　（b）一片树林　　　　（c）一簇郁金香

图 7-45

中文版3ds Max 2020+VRay效果图制作从入门到精通（微课视频 全彩版）

【散布】工具参数如图7-46所示。

图 7-46

- 拾取分布对象：选择一个A对象，然后单击【散布】工具，接着单击该按钮，最后在场景中单击一个B对象，即可将A分布在B表面。
- 分布：【使用分布对象】根据分布对象的几何体来散布源对象。【仅使用变换】此选项无须分布对象，而是使用【变换】卷展栏上的偏移值来定位源对象的重复项。
- 源对象参数：该选项组中可设置散布源对象的重复数目、比例、随机扰动、偏移效果。
- 分布对象参数：用于设置源对象重复项相对于分布对象的排列方式。
- 分布方式：设置源对象的分布方式。

实例：使用散布工具制作创意吊灯

文件路径：Chapter 07　复合对象建模→实例：使用散布工具制作创意吊灯

扫一扫，看视频

　　使用【散布】工具可将一个模型分布在另外一个模型表面，创意吊灯模型比较复杂，使用常规的建模方式制作起来比较麻烦，而使用【散布】工具可以快速创建出来。最终渲染效果如图7-47所示。

图 7-47

步骤 01 使用【球体】工具创建一个球体模型，如图7-48所示。单击【修改】按钮，设置【半径】为500mm，如图7-49所示。

图 7-48　　　　　　　　图 7-49

步骤 02 使用【平面】工具创建一个如图7-50所示的平面，设置【长度】为200mm，【宽度】为200mm，【长度分段】和【宽度分段】为1，如图7-51所示。

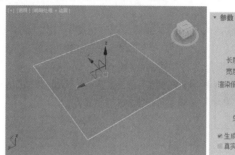

图 7-50　　　　　　　　图 7-51

步骤 03 选择【平面】模型，右击，执行【转换为】|【转换为可编辑多边形】命令，如图7-52所示。使用C（选择并旋转）工具旋转复制3个，使用（选择并移动）工具移动到合适的位置，如图7-53所示。

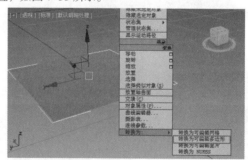

图 7-52

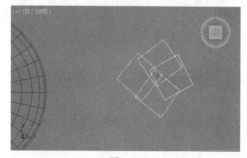

图 7-53

步骤 04 选择此时的 4 个平面，然后单击 🔧（实用程序）| 塌陷 | 塌陷选定对象 按钮，如图 7-54 所示。此时这几个模型变为了一个模型，如图 7-55 所示。

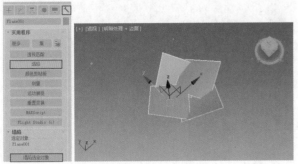

图 7-54　　　　　　　图 7-55

步骤 05 选择刚才塌陷后的平面模型，执行【创建】|【几何体】|【复合对象】|【散布】命令，然后单击 拾取分布对象 按钮，最后单击拾取球体，如图 7-56 所示。

步骤 06 此时选择散布后的模型，单击【修改】按钮，设置【重复数】为 50，选中【区域】，如图 7-57 所示。

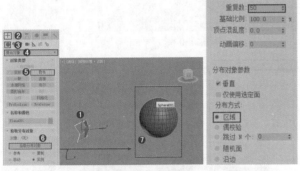

图 7-56　　　　　　　图 7-57

步骤 07 使用 ✛（选择并移动）工具选中散布出来的模型移动到合适的位置，然后将剩下的球体删除，如图 7-58 所示。

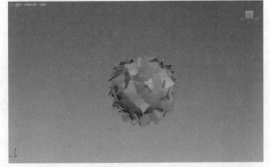

图 7-58

步骤 08 在前视图中绘制一条直线，如图 7-59 所示。

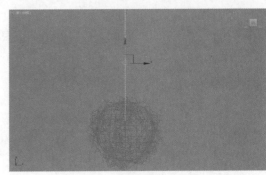

图 7-59

步骤 09 勾选【在渲染中启用】和【在视口中启用】，选择【径向】，设置【厚度】为 10mm，如图 7-60 所示。

步骤 10 这样吊灯模型就制作完成了，效果如图 7-61 所示。

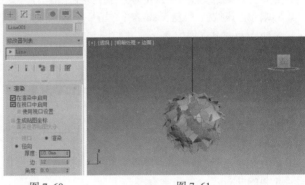

图 7-60　　　　　　　图 7-61

【重点】7.2.4　布尔、ProBoolean（超级布尔）

　　【布尔】工具、【ProBoolean（超级布尔）】工具都可以制作两个物体之间的"相减""相加"等效果。【ProBoolean（超级布尔）】工具比【布尔】工具更高级一些，不容易产生错误，因此只需学会其中一个工具就可以了（在执行布尔操作之前，应该先保存场景或使用【编辑】菜单栏中的【暂存】），这两个工具可用来模拟螺丝、骰子、手机按钮效果，如图 7-62 所示。其参数如图 7-63 所示。

（a）螺丝　　　　（b）骰子　　　　（c）手机按钮

图 7-62

图 7-63

- 并集：移除几何体的相交部分或重叠部分。
- 交集：只保留几何体的重叠的位置。
- 差集：减去相交体积的原始对象的体积，例如为模型打洞。
- 合集：将对象组合到单个对象中，而不移除任何几何体。
- 附加（无交集）：将两个或多个单独的实体合并成单个布尔型对象，而不更改各实体的拓扑。
- 插入：先从第一个操作对象中减去第二个操作对象的边界体积，然后再组合这两个对象。
- 盖印：将图形轮廓（或相交边）打印到原始网格对象上。
- 切面：切割原始网格图形的面，只影响这些面。

提示：布尔和 ProBoolean 的注意事项

在为模型应用布尔或 ProBoolean 之前，一定要保存当前的文件。另外，建议在使用这两个工具之前要确保该模型不会再进行其他编辑，例如进行平滑处理、多边形建模等操作。若在使用这两个工具之后，再进行平滑处理、多边形建模等操作时，该模型可能产生比较奇怪的效果。

实例：应用布尔运算制作星形盘子

文件路径：Chapter 07 复合对象建模→实例：
应用布尔运算制作星形盘子

布尔运算的前提是首先要创建两个三维模型，然后选择大的模型进行布尔，最后拾取小的模型。实例最终效果如图 7-64 所示。

扫一扫，看视频

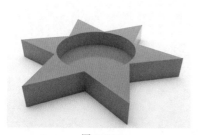

图 7-64

步骤 01 执行【创建】➕|【图形】 |样条线 ▼| 星形 命令，如图 7-65 所示，在透视图中按住鼠标左键拖曳创建星形，设置【半径 1】为 80mm，【半径 2】为 40mm，如图 7-66 所示。

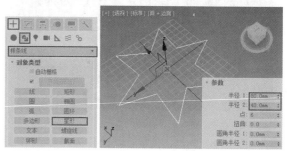

图 7-65　　　　　　　　图 7-66

步骤 02 单击【修改】按钮，为该模型加载【挤出】修改器，设置【数量】为 20mm，如图 7-67 所示。

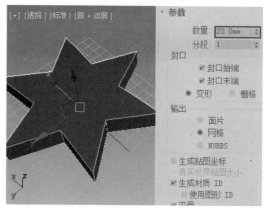

图 7-67

步骤 03 在顶视图中创建【圆柱体】，设置【半径】为 38mm，【高度】为 25mm，【高度分段】为 1、【边数】为 100，如图 7-68 所示。

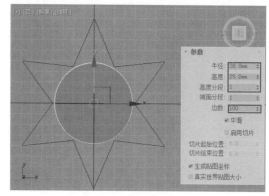

图 7-68

步骤 04 将上一步创建的圆柱体移动到合适的位置，注意圆柱体要与星形的最底部有一些距离，如图 7-69 所示。

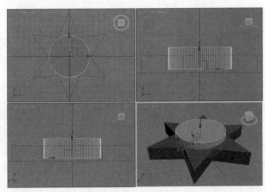

图 7-69

图 7-70

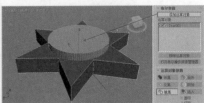

图 7-71

步骤 05 选中星形模型，执行【创建】➕|【几何体】●
|【复合对象 ▼】| 布尔 命令，如图 7-70 所示，接着展开【布尔参数】卷展栏，单击【差集】按钮，然后单击【添加运算对象】按钮，最后单击场景中的圆柱体，如图 7-71 所示。

步骤 06 实例最终效果如图 7-72 所示。

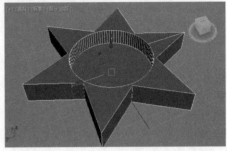

图 7-72

中文版3ds Max 2020+VRay效果图制作从入门到精通（微课视频 全彩版）

Chapter
08
第8章

扫一扫，看视频

多边形建模

本章学习要点：

- 熟练掌握多边形建模的操作流程
- 熟练掌握各子级别下工具的应用
- 熟练掌握多边形建模制作室内常见家具模型
- 熟练掌握多边形建模制作完整室内空间模型

本章内容简介：

本章讲解了 3ds Max 中最复杂、最经典、最重要的建模方式之一。在本章中将学习到将模型转换为可编辑多边形、各个子级别下的参数详解和使用方式、综合应用多种多边形建模工具制作复杂的家具、室内空间框架等室内设计常用的模型。

通过本章学习，我能做什么？

多边形建模的功能非常强大，可以制作多种类型的模型效果，但需要注意的是，虽然多边形建模很强大，但是没有哪一种建模方式是完美的，有一些模型依然需要借助其他建模方式完成，并且在进行建模之前，要考虑哪种建模方式更容易制作，哪样建模方式会大量节省操作时间，现实操作时很多时候一个模型可能需要两种甚至更多种建模方式完成，因此熟练掌握每一种建模方式都是很有意义的。

优秀作品欣赏

8.1 认识多边形建模

本节将讲解多边形建模的基本知识，包括多边形建模的概念、多边形建模适合制作的模型类型、多边形建模常用流程、转换为可编辑多边形的方法。

扫一扫，看视频

8.1.1 什么是多边形建模

多边形建模是 3ds Max 中最为复杂的建模方式，该建模方式功能强大，可以进行较为复杂的模型制作，是本书中最为重要的建模方式之一。通过对多边形的顶点、边、边界、多边形、元素这 5 种子级别的操作，使模型产生变化效果。因此，多边形建模是基于一个简单模型进行编辑更改而得到精细复杂模型效果的过程。

8.1.2 多边形建模适合制作什么模型

在制作模型时，有一些复杂的模型效果很难用几何体建模、样条线建模、修改器建模等建模方式制作，这时可以考虑使用多边形建模方式。由于多边形建模的应用广泛，可以使用该建模方式制作家具模型、室内墙体模型等效果，如图 8-1 和图 8-2 所示。

图 8-1　　　　　图 8-2

8.1.3 多边形建模的常用流程

多边形建模是完全固定的流程，大致可以分为以下几个步骤。

（1）创建几何体模型。

（2）将模型转换为可编辑多边形，并使用多边形工具调整模型的顶点、边、多边形等。

（3）继续制作模型大致形态。

（4）继续深入制作直至完成。

图 8-3 所示为一个餐柜的创作流程。

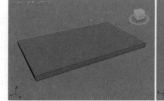
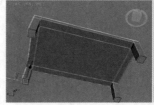

图 8-3

【重点】8.1.4　将模型转换为可编辑多边形

创建一个长方体，单击【修改】按钮，可以看到出现了很多原始参数，如长度、宽度、高度，如图 8-4 所示。

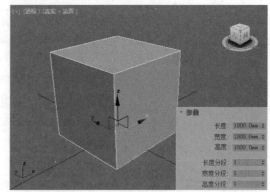

图 8-4

此时可以将模型转换为可编辑多边形，常用的方法有以下 3 种。

方法 1：选择模型单击右键，执行【转换为】|【转换为可编辑多边形】命令，如图 8-5 所示。

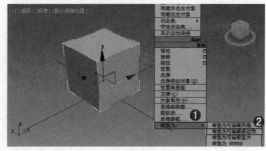

图 8-5

方法 2：选择模型单击【修改】按钮，为其添加【编辑多边形】修改器，如图 8-6 所示。

中文版3ds Max 2020+VRay效果图制作从入门到精通（微课视频 全彩版）

图 8-6

方法 3：选择模型，并在主工具栏的空白位置单击右键，选择 Ribbon 命令，然后执行【多边形建模】|【转化为多边形】命令，如图 8-7 所示。

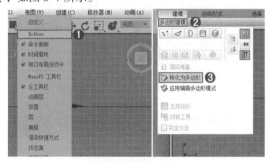

图 8-7

这 3 种方法都可以将模型转换为可编辑多边形。转换完成后的模型，单击【修改】按钮，可以看到原始的参数已经不见了，取而代之的是【软选择】【编辑几何体】【细分曲面】【细分置换】【绘制变形】等卷展栏参数，如图 8-8 所示。

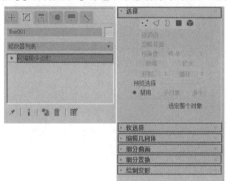

图 8-8

重点 8.2 【选择】卷展栏

将模型转换为可编辑多边形后，单击【修改】按钮，进入【选择】卷展栏，此时可以选择任意一种子级别。参数面板如图 8-9 所示。

扫一扫，看视频

图 8-9

· 子级别类型：包括【顶点】、【边】、【边界】、【多边形】和【元素】5 种级别。

· 按顶点：除了【顶点】级别外，该选项可以在其他 4 种级别中使用。启用该选项后，只有选择所用的顶点才能选择子对象。

· 忽略背面：启用该选项后，只能选中法线指向当前视图的子对象。

· 按角度：启用该选项后，可以根据面的转折度数来选择子对象。

· 收缩：单击该按钮可以在当前选择范围中向内减少一圈。

· 扩大：与【收缩】相反，单击该按钮可以在当前选择范围中向外增加一圈。

· 环形：使用该工具可以快速选择平行于当前的对象（该按钮只能在【边】和【边界】级别中使用），如图 8-10 所示。

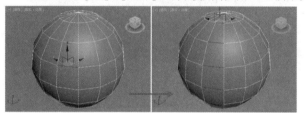

图 8-10

· 循环：使用该工具可以快速选择当前对象所在的循环一周的对象（该按钮只能在【边】和【边界】级别中使用），如图 8-11 所示。

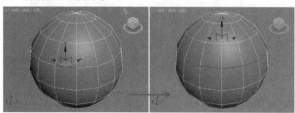

图 8-11

· 预览选择：选择对象之前，通过这里的选项可以预览光标滑过位置的子对象，有【禁用】【子对象】和【多个】3 个选项可供选择。

提示：选择顶点、边、多边形等子级别的技巧

1. 熟用 Alt 键

（1）在选择多边形时，可以在前视图中框选如图 8-12 所示的多边形。

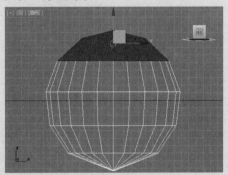

图 8-12

（2）按住 Alt 键，并在前视图中拖动鼠标左键，在顶部框选出一个范围，如图 8-13 所示。

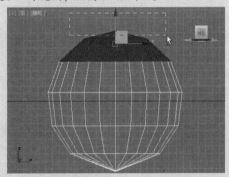

图 8-13

（3）此时就可以将顶部的多边形排除了，如图 8-14 所示。

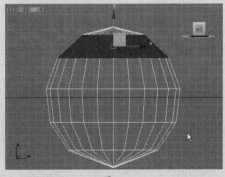

图 8-14

2. 熟用 Ctrl 键

（1）在选择边时，可以在视图中单击选择如图 8-15 所示的边，如图 8-16 所示。

（2）此时就可以选择 3 条边，如图 8-17 所示。

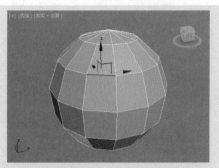

图 8-15

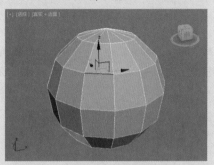

图 8-16

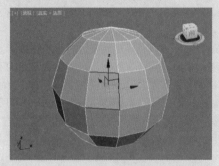

图 8-17

提示：顶点快速对齐的方法

当不小心将某一些顶点位置移动了，或需要将一些顶点对齐在一个水平线上时，可以通过使用 ▦（选择并均匀缩放）工具进行操作。

（1）进入顶点子级别，如图 8-18 所示。

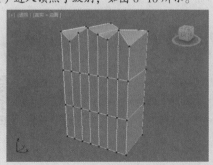

图 8-18

（2）在前视图中选择如图8-19所示的参差不齐的顶点。

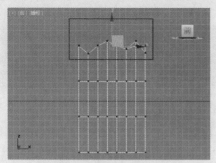

图 8-19

（3）单击使用 （选择并均匀缩放）工具，并沿着Y轴多次向下方拖动，即可使点变得整齐，如图8-20所示。

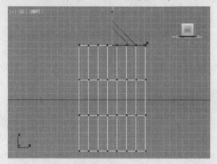

图 8-20

提示：5种子级别下参数有不同

选择任何级别时，有6个卷展栏参数是一致的，包括【选择】卷展栏、【编辑几何体】卷展栏、【软选择】卷展栏、【绘制变形】卷展栏、【细分曲面】卷展栏、【细分置换】卷展栏。

在选择某一些级别时，还有几个卷展栏参数是不一致的，包括【编辑顶点】卷展栏、【编辑边】卷展栏、【编辑边界】卷展栏、【编辑多边形】卷展栏、【编辑元素】卷展栏。

如图8-21～图8-25所示为【顶点】、【边】、【边界】、【多边形】和【元素】下不同的参数。

图 8-21

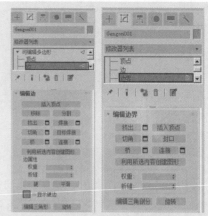

图 8-22　　　　　图 8-23

图 8-24

图 8-25

重点 8.3 【软选择】卷展栏

选择一个顶点，勾选【使用软选择】，即可选择该点附近的多个点，并且在移动时会按照颜色影响移动的程度（颜色越红影响越大，颜色越蓝影响越小），如图8-26和图8-27所示。

扫一扫，看视频

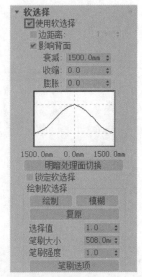

图 8-26

图 8-27

- **使用软选择**：勾选该选项即可开启软选择操作。如果不需要再使用用软选择，那么可以取消该选项。
- **边距离**：勾选该选项时，可以根据边距离显示颜色。
- **影响背面**：勾选该选项时，软选择也将影响模型的背面，若选取则不影响背面。
- **衰减**：控制软选择的影响范围，数值越大范围越大，如图 8-28 所示。

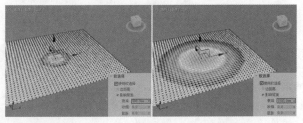

图 8-28

- **收缩**：数值越大，红色区域越小，但数值非常大时蓝色范围将变小，如图 8-29 所示。

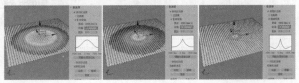

图 8-29

- **膨胀**：数值越大，红色区域越大，那么在较大的膨胀数值下移动点位置时，可以看到过渡比较强烈，不柔和，如图 8-30 所示。

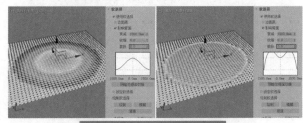

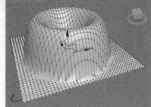

图 8-30

- **锁定软选择**：单击【绘制】选项时，自动会勾选【锁定软选择】，如果需要继续设置【衰减】【收缩】等参数时，需要取消该选项。
- **绘制**：单击【绘制】按钮，即可在模型表面拖动鼠标左键绘制选择区域，如图 8-31 所示。

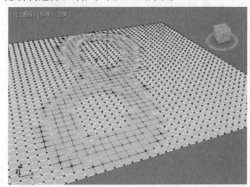

图 8-31

- **模糊**：单击该按钮，并在模型的区域边缘绘制，即可将顶点的颜色变柔和，如图 8-32 所示。

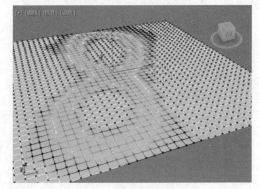

图 8-32

- 复原: 类似橡皮擦一样, 可以使用该工具将选择区域取消, 如图 8-33 所示。

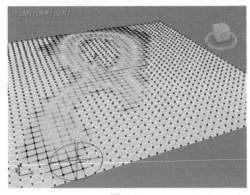

图 8-33

- 选择值: 数值越小, 在绘制时红色越少, 影响越弱, 如图 8-34 所示。

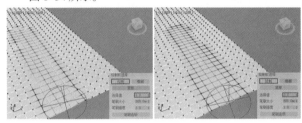

图 8-34

- 笔刷大小: 数值越大, 在绘制时绘制的半径越大, 如图 8-35 所示。

图 8-35

- 笔刷强度: 数值越小, 在绘制时绘制的顶点颜色越偏蓝色, 也就是说顶点受到的影响越小, 如图 8-36 所示。

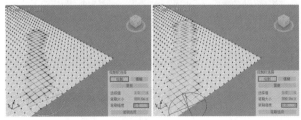

图 8-36

- 笔刷选项: 单击该按钮, 可以弹出【绘制选项】对话框, 在这里可以设置用于绘制的多种参数, 如图 8-37 所示。

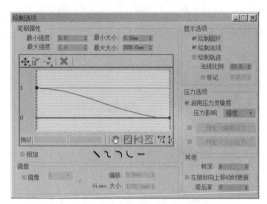

图 8-37

提示: 选择边, 并按住 Shift 键, 拖动鼠标左键, 即可"拽出"新的多边形

这是一种新的建模思路, 很多模型可以通过该方法逐渐"拽出来", 非常神奇、有趣。

（1）在一个未闭合的模型中选择一条边或多条边, 如图 8-38 所示。

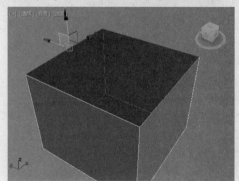

图 8-38

（2）按住 Shift 键, 并沿 Y 轴和 Z 轴拖动鼠标左键, 即可拖曳出新的多边形, 如图 8-39 所示。

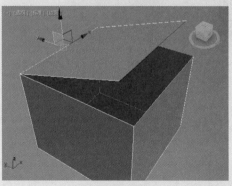

图 8-39

（3）继续按住 Shift 键并拖动多次, 即可创建更多新的多边形, 如图 8-40 所示。

（4）但是一定要注意一个问题, 如果模型是完全闭合的，那么在选择边并按住 Shift 键拖曳时是无法拽出新的多边形的。因此该操作的前提条件是模型是未闭合的，如图 8-41 所示。

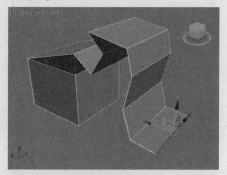

图 8-40

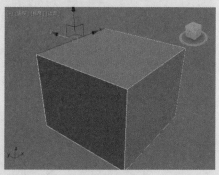

图 8-41

重点 8.4 【编辑几何体】卷展栏

【编辑几何体】卷展栏中可以完成附加、切片平面、分割、网格平滑等操作。参数面板如图 8-42 所示。

扫一扫，看视频

图 8-42

- 重复上一个：单击该按钮可重复使用上次应用的命令。
- 约束：使用现有的几何体来约束子对象的变换效果，共有【无】【边】【面】【法线】4 种方式可供选择。
- 保持 UV：启用该选项后，可以在编辑子对象的同时不影

响该对象的 UV 贴图。

- 创建：创建新的几何体。
- 塌陷：这个工具与【焊接】工具很像，但它无须设置【阈值】，可以直接塌陷在一起（需选择 5 种子对象中的任何一种才可使用）。例如，在选择【顶点】子对象时，选择两个顶点，然后单击【塌陷】按钮，即可变为一个顶点，如图 8-43 所示。

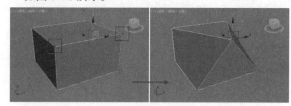

图 8-43

- 附加：使用该工具可以将其他模型也被附加在一起，变为一个模型，如图 8-44 所示。

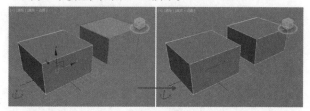

图 8-44

- 分离：将选定的子对象作为单独的对象或元素分离出来。
- 切片平面：使用该工具可以沿某一平面分开网格对象。
- 分割：启用该选项后，可通过【快速切片】工具和【切割】工具在划分边的位置处创建出两个顶点集合。
- 切片：可以在切片平面位置处执行切割操作。
- 重置平面：将执行过【切片】的平面恢复到之前的状态。
- 快速切片：使用该工具可以在模型上创建完整一圈的分段，如图 8-45 所示。

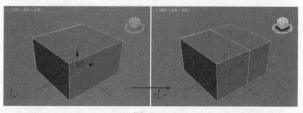

图 8-45

- 切割：可以在模型上创建出新的边，非常灵活方便，如图 8-46 所示。

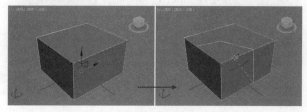

图 8-46

中文版 3ds Max 2020+VRay 效果图制作从入门到精通（微课视频 全彩版）

• 网格平滑：使选定的对象产生平滑效果，如图 8-47 所示。

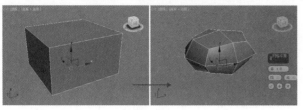

图 8-47

• 细化：增加局部网格的密度，从而方便处理对象的细节，多次执行该工具可以多次细化模型，如图 8-48 所示。

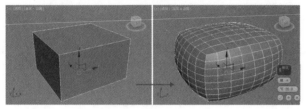

图 8-48

• 平面化：强制所有选定的子对象成为共面。
• 视图对齐：使对象中的所有顶点与活动视图所在的平面对齐。
• 栅格对齐：使选定对象中的所有顶点与活动视图所在的平面对齐。
• 松弛：使当前选定的对象产生松弛平缓现象，如图 8-49 所示。

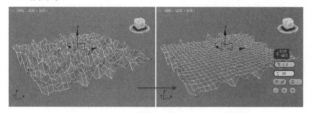

图 8-49

• 隐藏选定对象：隐藏所选定的子对象。
• 全部取消隐藏：将所有的隐藏对象还原为可见对象。
• 隐藏未选定对象：隐藏未选定的任何子对象。
• 命名选择：用于复制和粘贴子对象的命名选择集。
• 删除孤立顶点：启用该选项后，选择连续子对象时会删除孤立顶点。
• 完全交互：启用该选项后，如果更改数值，将直接在视图中显示最终的结果。

提示：把多个模型变为一个模型

把多个模型变为一个模型，除了使用【编辑几何体】卷展栏中的【附加】工具之外，还可以使用【塌陷】的方法。

（1）选择 4 个模型，如图 8-50 所示。

（2）执行 （实用程序）| 塌陷

| 塌陷选定对象 命令，如图 8-51 所示。

（3）此时 4 个模型变为了一个模型，如图 8-52 所示。

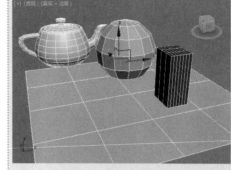

图 8-50   图 8-51

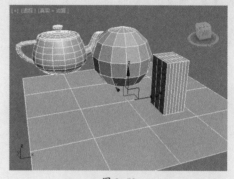

图 8-52

重点 8.5 【细分曲面】卷展栏

【细分曲面】卷展栏可以将细分应用于采用网格平滑格式的对象，以便于对分辨率较低的"框架"网格进行操作，同时查看更为平滑的细分结果。参数面板如图 8-53 所示。

图 8-53

• 平滑结果：对所有的多边形应用相同的平滑组。
• 使用 NURMS 细分：通过 NURMS 方法应用平滑效果。
• 等值线显示：启用该选项后，只显示等值线。

- 显示框架：在修改或细分之前，切换可编辑多边形对象的两种颜色线框的显示方式。
- 显示：包含【迭代次数】和【平滑度】两个选项。
  - 迭代次数：用于控制平滑多边形对象时所用的迭代次数。
  - 平滑度：用于控制多边形的平滑程度。
- 渲染：用于控制渲染时的迭代次数与平滑度。
- 分隔方式：包括【平滑组】与【材质】两个选项。
- 更新选项：设置手动或渲染时的更新选项。

8.6 【细分置换】卷展栏

【细分置换】卷展栏用于细分可编辑多边形对象的曲面近似设置。参数面板如图 8-54 所示。

图 8-54

重点 8.7 【绘制变形】卷展栏

【绘制变形】卷展栏可以推、拉或者在对象曲面上拖动鼠标来使模型产生凹凸效果，类似于绘画效果。参数面板如图 8-55 所示。

扫一扫，看视频

图 8-55

- 推／拉：单击该按钮，即可拖动鼠标左键，在模型上绘制凸起的效果。按住 Alt 键绘制，则会绘制凹陷的效果。
- 松弛：单击该按钮，即可拖动鼠标左键，让模型更松弛平

缓。
- 复原：通过绘制可以逐渐"擦除"或反转"推／拉"或"松弛"的效果。
- 原始法线：选择此项后，对顶点的推或拉会使顶点以它变形之前的法线方向进行移动。
- 变形法线：选择此项后，对顶点的推或拉会使顶点以它现在的法线方向进行移动。
- 变换轴 X/Y/Z：选择此项后，对顶点的推或拉会使顶点沿着指定的轴进行移动。
- 推／拉值：确定单个推／拉操作应用的方向和最大范围。
- 笔刷大小：设置圆形笔刷的半径。只有笔刷圆之内的顶点才可以变形。
- 笔刷强度：设置笔刷应用"推／拉"值的速率。
- 笔刷选项：单击此按钮可以打开【绘制选项】对话框，可设置各种笔刷相关的参数。
- 提交：单击该按钮即可完成绘制。
- 取消：单击该按钮即可取消刚才绘制变形的效果。

轻松动手学：绘制变形制作毛毯

文件路径：Chapter 08　多边形建模→轻松动手学：绘制变形制作毛毯

步骤 01 创建一个【切角长方体】模型，参数如图 8-56 所示。
步骤 02 创建一个【平面】模型，并放置于切角长方体上方，参数如图 8-57 所示。

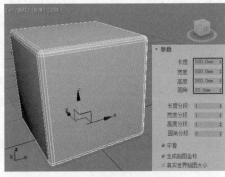

图 8-56

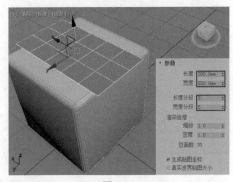

图 8-57

步骤 03 选择平面模型，单击右键，执行【转换为】|【转换为可编辑多边形】命令，如图 8-58 所示。

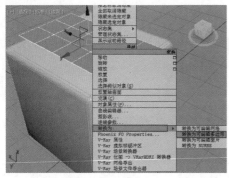

图 8-58

步骤 04 单击【修改】按钮，选中【边】◁级别，并选择平面模型两侧的 6 条边，如图 8-59 所示。

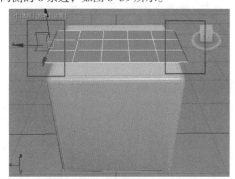

图 8-59

步骤 05 在左视图中按住 Shift 键，沿 Y 轴向下拖动，即可拖动出 6 个新的多边形，如图 8-60 所示。

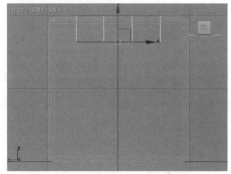

图 8-60

步骤 06 在左视图中继续重复操作 4 次，按住 Shift 键，沿 Y 轴向下拖动，如图 8-61 所示。

步骤 07 此时透视图中模型效果如图 8-62 所示。

步骤 08 此时发现现在模型的分段数量太少了，需要为模型增加大量分段。再次单击◁（边），取消边级别。进入【编辑几何体】卷展栏，单击【细化】后面的【设置】按钮▪，如图 8-63 所示。

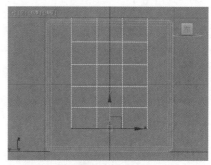

图 8-61

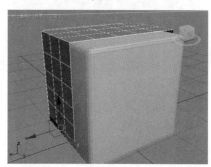

图 8-62

步骤 09 此时设置【张力】为 30，如图 8-64 所示。接着单击两次【应用并继续】按钮➕，最后单击【确定】按钮，如图 8-65 所示。

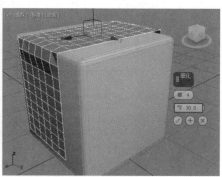

图 8-63   图 8-64

图 8-65

步骤 10 单击【修改】按钮，展开【绘制变形】卷展栏，单击 推/拉 按钮并设置参数，如图8-66所示。然后多次按下鼠标左键并拖动鼠标，即可制作起伏效果，如图8-67所示。

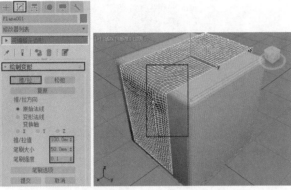

图 8-66　　　　　　　图 8-67

步骤 11 继续拖动鼠标左键进行绘制起伏效果，如图8-68所示。

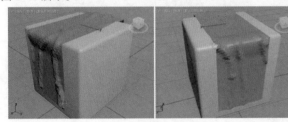

图 8-68

步骤 12 继续单击【修改】按钮并设置参数（设置更小的推/拉值，笔刷强度可以制作较微弱的凸起），如图8-69所示。然后多次按下鼠标左键并拖动鼠标，即可制作小的起伏效果，如图8-70所示。

图 8-69

图 8-70

步骤 13 还可以按住Alt键，并多次按下鼠标左键并拖动鼠标，即可制作凹陷效果，如图8-71所示。

图 8-71

步骤 14 单击 松弛 按钮，重新设置【笔刷大小】和【笔刷强度】数值，如图8-72所示。然后对模型转折较强烈的位置多次按下鼠标左键并拖动鼠标，即可使其变得缓和，如图8-73所示。

图 8-72　　　　　　　图 8-73

步骤 15 再次单击 松弛 按钮，完成绘制，如图8-74所示。

图 8-74

步骤 16 此时选择毛毯模型，单击【修改】按钮，为其添加【网格平滑】修改器，设置【迭代次数】为1，如图8-75所示。模型效果如图8-76所示。

图 8-75

图 8-76

步骤 17 在前视图中沿 X 轴适当收缩,如图 8-77 所示。

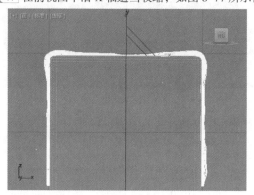

图 8-77

步骤 18 最终模型效果如图 8-78 所示。

图 8-78

【重点】8.8 【编辑顶点】卷展栏

单击进入【顶点】 级别,可以找到【编辑顶点】卷展栏。【编辑顶点】卷展栏可以对顶点进行移除、挤出、切角、焊接等操作。参数面板如图 8-79 所示。

扫一扫,看视频

图 8-79

- 移除:该选项可以将顶点进行移除处理,如图 8-80 所示。

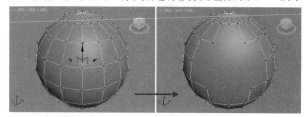

图 8-80

- 断开:选择顶点,并单击该选项后可以将顶点断开,变为多个顶点,如图 8-81 所示。

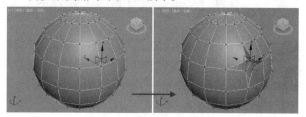

图 8-81

- 挤出:使用该工具可以将顶点向后向内进行挤出,使其产生锥形的效果。
- 焊接:两个或多个顶点在一定的距离范围内,可以使用该选项进行焊接,焊接为一个顶点,如图 8-82 所示。

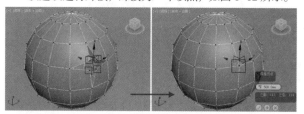

图 8-82

- 切角:使用该选项可以将顶点切角为三角形的面效果,如图 8-83 所示。

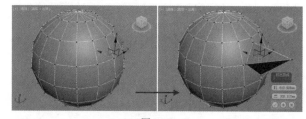

图 8-83

- **目标焊接**：选择一个顶点后，使用该工具可以将其焊接到相邻的目标顶点。
- **连接**：在选中的对角顶点之间创建新的边，如图 8-84 所示。

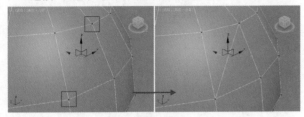

图 8-84

- **移除孤立顶点**：删除不属于任何多边形的所有顶点。
- **移除未使用的贴图顶点**：该选项可以将未使用的顶点进行自动删除。
- **权重**：设置选定顶点的权重，供 NURMS 细分选项和【网格平滑】修改器使用。
- **折缝**：指定对选定顶点或顶点执行的折缝操作量，供 NURMS 细分选项和【网格平滑】修改器使用。

【重点】8.9 【编辑边】卷展栏

扫一扫，看视频

单击进入【边】◁ 级别，可以找到【编辑边】卷展栏。【编辑边】卷展栏可以对边进行挤出、焊接、切角、连接等操作。参数面板如图 8-85 所示。

图 8-85

- **插入顶点**：可以手动在选择的边上任意添加顶点。
- **移除**：选择边，单击该按钮可将边移除，如图 8-86 所示。（若按 Delete 键，则会删除边以及与边连接的面，效果不同，如图 8-87 所示。）

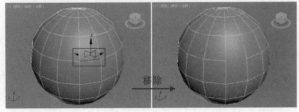

图 8-86

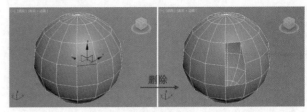

图 8-87

- **分割**：沿着选定边分割网格。对网格中心的单条边应用时，不会起任何作用。
- **挤出**：直接使用这个工具可以在视图中挤出边，是最常使用的工具，需要熟练掌握，如图 8-88 所示。

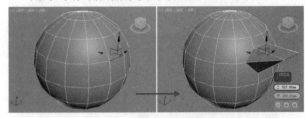

图 8-88

- **焊接**：组合【焊接边】对话框指定的【焊接阈值】范围内的选定边。只能焊接仅附着一个多边形的边，也就是边界上的边。
- **切角**：可以将选择的边进行切角处理产生平行的多条边。切角是最常使用的工具，需要熟练掌握，如图 8-89 所示。

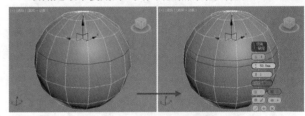

图 8-89

- **目标焊接**：用于选择边并将其焊接到目标边。只能焊接仅附着一个多边形的边，也就是边界上的边。
- **桥**：使用该工具可以连接对象的边，但只能连接边界边，也就是只在一侧有多边形的边。
- **连接**：可以选择平行的多条边，并使用该工具产生垂直的边，如图 8-90 所示。

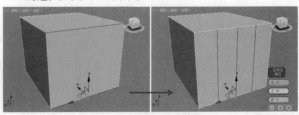

图 8-90

- **利用所选内容创建图形**：可以将选定的边创建为新的样条线图形，如图 8-91 所示，选择边并单击【利用所选内容创建图形】,当设置【图形类型】为【平滑】时,可以创建一条平滑的图形。

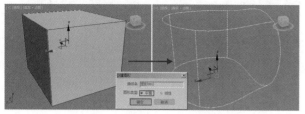

图 8-91

如图 8-92 所示,选择边并单击【利用所选内容创建图形】,当设置【图形类型】为【线性】时,可以创建一个转角的图形。

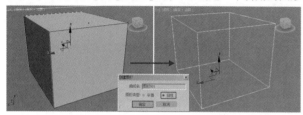

图 8-92

- 权重:设置选定边的权重,供 NURMS 细分选项和【网格平滑】修改器使用。
- 拆缝:指定对选定边或边执行的折缝操作量,供 NURMS 细分选项和【网格平滑】修改器使用。

提示:为模型增加分段的方法

模型在进行多边形建模时,有时候需要增加一些分段,使其制作更精细。其中有几种常用的工具,可以为模型增加分段。

1. 切角

进入边级别,选择几条边,然后单击 切角 后的【设置】按钮□,即可产生出平行于被选择边的新分段,如图 8-93 所示。

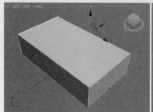

图 8-93

2. 连接

进入边级别,选择几条边,然后单击 连接 后的【设置】按钮□,即可产生出垂直于被选择边的新分段,如图 8-94 所示。

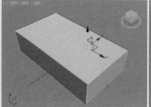

图 8-94

3. 快速切片

进入顶点级别,单击 快速切片 按钮,然后在模型上单击鼠标左键,接着移动鼠标,再次单击鼠标左键,即可添加一条循环的分段,如图 8-95 所示。

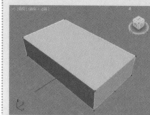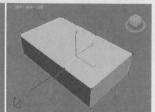

图 8-95

4. 切割

进入顶点级别,单击 切割 按钮,然后在模型上多次单击鼠标左键,即可添加任意形状的分段,非常灵活,如图 8-96 所示。

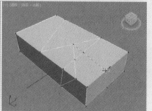

图 8-96

5. 细化

在不选择任何子级别的情况下,单击 细化 后的【设置】按钮□,即可快速均匀地增加分段,如图 8-97 所示。

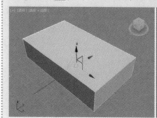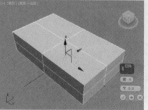

图 8-97

8.10 【编辑边界】卷展栏

单击进入【边界】 ⊇,可以找到【编辑边界】卷展栏。【编辑边界】卷展栏可以对边界进行挤出、切角、封口等操作。

参数面板如图 8-98 所示。

图 8-98

· 封口：进入【边界】 ⟋，然后单击选择模型的边界，如图 8-99 所示。单击【封口】按钮，即可产生一个新的多边形将其闭合，如图 8-100 所示。

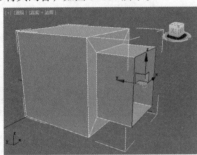

图 8-99

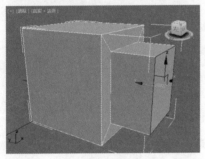

图 8-100

提示：为什么选择不了模型的边界呢？

边界是指模型有缺口的位置，这一圈对象叫作边界。因此只有带有缺口的模型才有边界，如图 8-101 所示。单击即可选择边界，如图 8-102 所示。

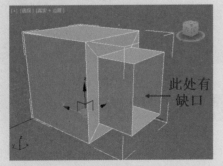

图 8-101

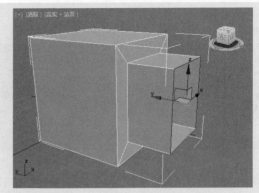

图 8-102

而完全封闭的模型是没有边界的，因此也就无法选择边界，如图 8-103 所示。

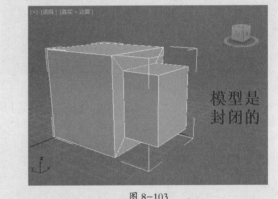

图 8-103

 8.11 【编辑多边形】卷展栏

扫一扫，看视频

单击进入【多边形】 ■，可以找到【编辑多边形】卷展栏。【编辑多边形】卷展栏可以对多边形进行挤出、倒角、轮廓、插入、桥等操作。参数面板如图 8-104 所示。

图 8-104

· 插入顶点：可以手动在选择的多边形上任意添加顶点。
· 挤出：【挤出】工具可以将选择的多边形进行挤出效果处理。组、局部法线、按多边形 3 种方式，效果各不相同，如图 8-105 所示。

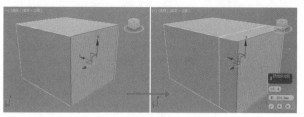

图 8-105

•轮廓：用于增加或减小每组连续的选定多边形的外边，如图 8-106 所示。

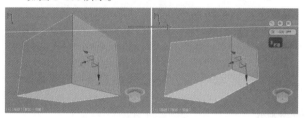

图 8-106

•倒角：与挤出比较类似，但是比挤出更为复杂，可以挤出多边形，也可以向内和向外缩放多边形，如图 8-107 所示。

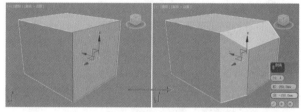

图 8-107

•插入：使用该选项可以制作出插入一个新多边形的效果。插入是最常使用的工具，需要熟练掌握，如图 8-108 所示。

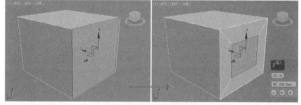

图 8-108

•桥：选择模型正反两面相对的两个多边形，并使用该工具可以制作出镂空的效果，图 8-109 所示为选择两个多边形，使用【插入】工具使其插入产生一个多边形。单击 桥 按钮，即可产生镂空效果，如图 8-110 所示。

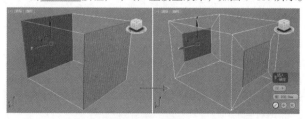

图 8-109

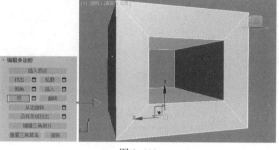

图 8-110

•翻转：反转选定多边形的法线方向，从而使其面向用户的正面。

•从边旋转：选择多边形后，使用该工具可以沿着垂直方向拖动任何边，旋转选定多边形。

•沿样条线挤出：沿样条线挤出当前选定的多边形。

•编辑三角剖分：通过绘制内边修改多边形细分为三角形的方式。

•重复三角算法：在当前选定的一个或多个多边形上执行最佳三角剖分。

•旋转：使用该工具可以修改多边形细分为三角形的方式。

提示：插入、挤出的不同效果

插入和挤出工具在默认状态下都是按【组】方式操作，还可以根据实际情况切换其他的类型。

1. 插入

插入包括【组】和【按多边形】两种方式，如图 8-111 所示。

图 8-111

（1）组。整体作为一组进行插入多边形，如图 8-112 所示。

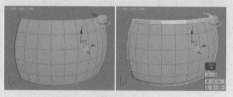

图 8-112

（2）按多边形。按照每个多边形独立产生插入效果，如图 8-113 所示。

2. 挤出

挤出包括【组】【局部法线】和【按多边形】3 种方式，如图 8-114 所示。

（1）组。整体作为一组进行挤出效果，如图 8-115 所示。

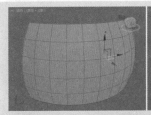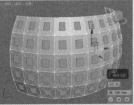

图 8-113

组

局部法线

按多边形

图 8-114

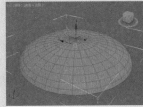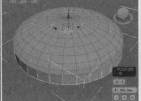

图 8-115

（2）局部法线。按照多边形局部法线的方向进行挤出，如图 8-116 所示。

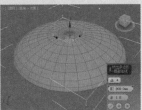

图 8-116

（3）按多边形。按照每个多边形的方向独立产生挤出效果，如图 8-117 所示。

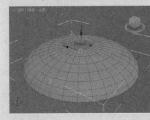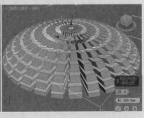

图 8-117

8.12 【编辑元素】卷展栏

单击进入【元素】 级别，可以找到【编辑元素】卷展栏。【编辑元素】卷展栏可以对元素进行翻转、旋转、编辑三角剖分等操作。参数面板如图 8-118 所示。

图 8-118

· 插入顶点：可用于手动细分多边形。
· 翻转：反转选定多边形的法线方向。
· 编辑三角剖分：可以通过绘制内边修改多边形细分为三角形的方式。
· 重复三角算法：3ds Max 对当前选定的多边形自动执行最佳的三角剖分操作。
· 旋转：用于通过单击对角线修改多边形细分为三角形的方式。

【重点】轻松动手学：为模型设置平滑效果

文件路径：Chapter 08　多边形建模→轻松动手学：为模型设置平滑效果

扫一扫，看视频

在为模型添加【网格平滑】修改器之前，需要先根据实际情况为模型添加分段。创建一个长方体，如图 8-119 所示。设置参数如图 8-120 所示。

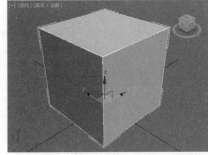

图 8-119　　　　　图 8-120

1. 长方体 + 网格平滑修改器

步骤 01 为长方体添加【网格平滑】修改器，并设置【迭代次数】为 2，如图 8-121 所示。

步骤 02 此时长方体变为了光滑的球体效果，如图 8-122 所示。

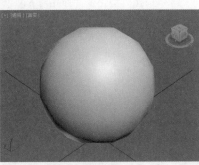

图 8-121　　　　　图 8-122

中文版3ds Max 2020+VRay效果图制作从入门到精通（微课视频 全彩版）

2. 所有边切角 + 网格平滑修改器

步骤 01 选择所有的边,如图 8-123 所示。

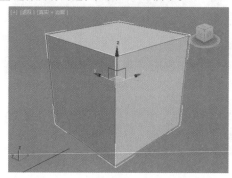

图 8-123

步骤 02 单击 切角 后面的【设置】按钮□,设置比较小的数值,如图 8-124 所示。

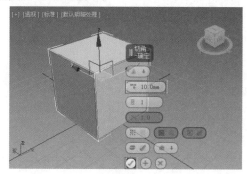

图 8-124

步骤 03 再次取消边,然后添加【网格平滑】修改器,并设置【迭代次数】为 2,如图 8-125 所示。

步骤 04 此时长方体变为了四周有一定圆滑效果的模型,如图 8-126 所示。

图 8-125　　　　　图 8-126

3. 四条竖着的边切角 + 网格平滑修改器

步骤 01 选择竖着的 4 条边,如图 8-127 所示。

步骤 02 单击 切角 后面的【设置】按钮□,设置比较小的数值,如图 8-128 所示。

步骤 03 再次取消边,然后添加【网格平滑】修改器,并设置【迭代次数】为 2,如图 8-129 所示。

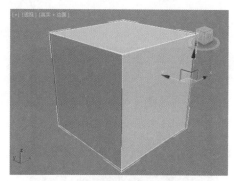

图 8-127

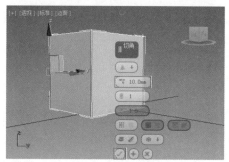

图 8-128

步骤 04 此时长方体变为了 4 条竖着位置有一定圆滑效果的模型,如图 8-130 所示。

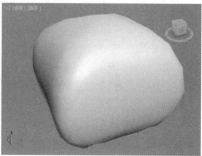

图 8-129　　　　　图 8-130

4. 继续增加分段 + 网格平滑修改器

步骤 01 在第 3 个类型的步骤 02 的基础上选择 4 条线,如图 8-131 所示。

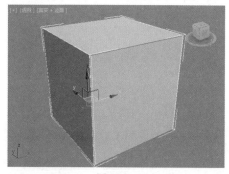

图 8-131

步骤 02 单击 连接 后面的【设置】按钮□，添加两条分段线，并且分布在模型两侧的边缘位置，如图 8-132 所示。

图 8-132

步骤 03 再次取消边，然后添加【网格平滑】修改器，并设置【迭代次数】为 2，如图 8-133 所示。

步骤 04 此时长方体变为了一个横着的圆柱体的模型，如图 8-134 所示。

图 8-133

图 8-134

总结：根据上面 4 种类型的学习，可以认识到模型分段的重要性。为模型的边缘处添加分段（通常使用【切角】工具增加分段）时，再添加【网格平滑】修改器，产生的模型会在这些边缘处比较尖锐，而其他位置则自动光滑。因此，想让模型的哪个位置比较尖锐，我们就应该在哪个位置增加分段。

举一反三：内部为圆形、外部为方形的效果

文件路径：Chapter 08 多边形建模→举一反三：内部为圆形、外部为方形的效果

扫一扫，看视频

步骤 01 为长方体分别设置【插入】和【挤出】操作，如图 8-135 和图 8-136 所示。

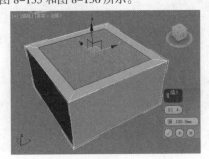

图 8-135

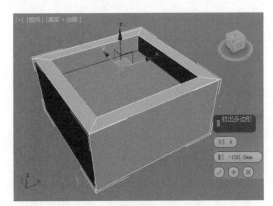

图 8-136

步骤 02 选择如图 8-137 所示的 12 条边（都是模型外轮廓的边）。

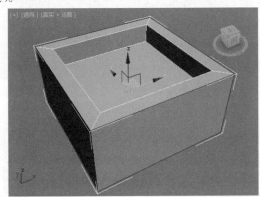

图 8-137

步骤 03 单击 切角 后面的【设置】按钮□，设置比较小的数值，如图 8-138 所示。

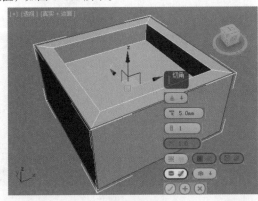

图 8-138

步骤 04 再次取消边，然后添加【网格平滑】修改器，并设置【迭代次数】为 3，如图 8-139 所示。

步骤 05 此时长方体变为了内部为圆形、外部为方形的模型，如图 8-140 所示（因为刚才没有为模型内部的边进行切角，因此网格平滑后的模型的效果就是内部为圆形、外部为方形的模型）。

图 8-139 　　　　　　图 8-140

{重点} 8.13 多边形建模应用实例

实例：使用多边形建模制作矮柜

文件路径：Chapter 08　多边形建模→实例：使用多边形建模制作矮柜

扫一扫，看视频

　　本实例使用多边形建模中的连接、插入、挤出工具制作矮柜模型。最终模型效果如图 8-141所示。

图 8-141

步骤 01 在【创建】面板中执行 ✚（创建）|●（几何体）| 标准基本体 ▼ | 长方体 命令，如图 8-142 所示。在透视图中创建一个长方体，单击【修改】按钮 ☑,在【参数】卷展栏中设置【长度】为 800mm,【宽度】为 1500mm,【高度】为 600mm，如图 8-143 所示。

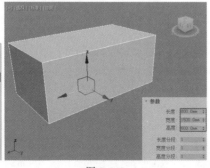

图 8-142 　　　　　　图 8-143

步骤 02 选中模型单击右键，执行【转换为】|【转换为可编辑多边形】命令，如图 8-144 所示。

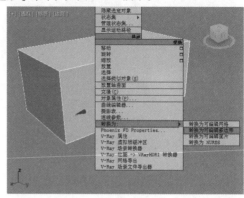

图 8-144

步骤 03 选择如图 8-145 所示的 4 条边。单击 连接 后面的 □（设置）按钮，设置【分段】为 1，如图 8-146 所示。

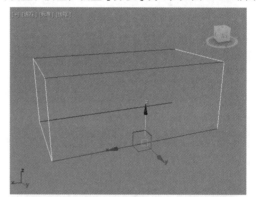

图 8-145

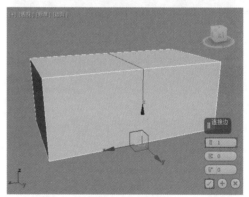

图 8-146

步骤 04 选择如图 8-147 所示的 6 条边，单击 连接 后面的 □（设置）按钮，设置【分段】为 2，如图 8-148 所示。

步骤 05 进入【边】级别，选择如图 8-149 所示的一圈边，将其沿 Z 轴向上移动，调整位置，如图 8-150 所示。

所示。

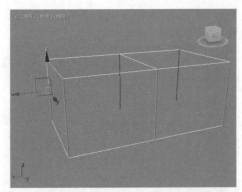

图 8-147

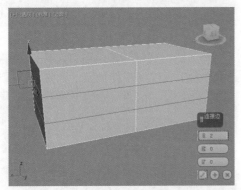

图 8-148

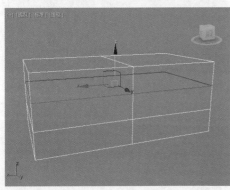

图 8-149

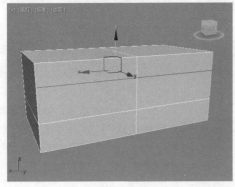

图 8-150

步骤 06 使用同样的方法调整其他边的位置，如图 8-151

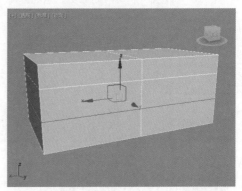

图 8-151

步骤 07 进入【多边形】级别，选择如图 8-152 所示的 3 个多边形。单击 插入 后面的□（设置）按钮，设置方式为 按多边形，【数量】为 15，如图 8-153 所示。

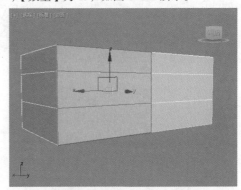

图 8-152

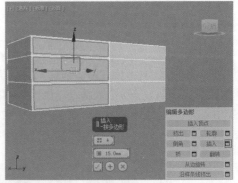

图 8-153

步骤 08 继续选中当前的多边形，并单击 挤出 后面的□（设置）按钮，设置【高度】为 -750mm，如图 8-154 所示。

步骤 09 选中如图 8-155 所示的 3 个多边形，单击【插入】后的□（设置）按钮，设置【插入】的方式为 组，【插入数量】为 15mm，如图 8-156 所示。

步骤 10 继续选中当前的多边形，并单击 挤出 后面的□（设置）按钮，设置【高度】为 -750mm，如图 8-157 所示。

中文版3ds Max 2020+VRay效果图制作从入门到精通（微课视频 全彩版）

图 8-154

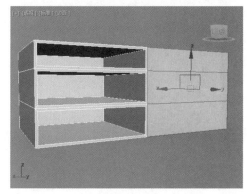

图 8-155

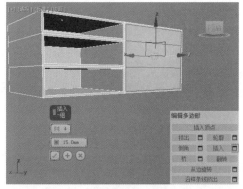

图 8-156

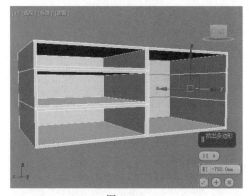

图 8-157

步骤 11 在透视图中创建如图 8-158 所示的长方体,并将其放置在合适的位置作为柜门。使用同样的方法创建其他长方体,效果如图 8-159 所示。

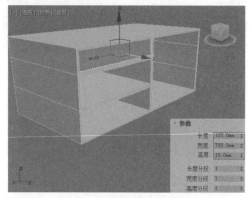

图 8-158

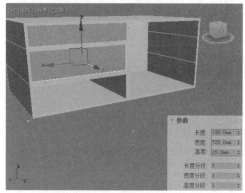

图 8-159

步骤 12 选中当前的长方体,按住 Shift 键沿 Z 轴向下拖动鼠标左键,在弹出的窗口选中【实例】,【副本数】为 1,单击【确定】按钮,如图 8-160 所示。

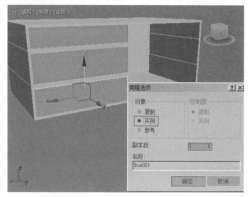

图 8-160

步骤 13 继续创建一个长方体,放置于右侧作为柜门,如图 8-161 所示。

步骤 14 创建【球体】模型,设置【半径】为 18mm,如图 8-162 所示。

步骤 15 复制刚才的球体模型,摆放于合适位置,如

图 8-163 所示。

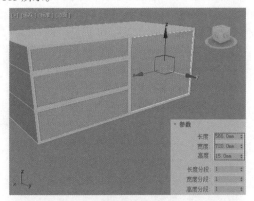

图 8-161

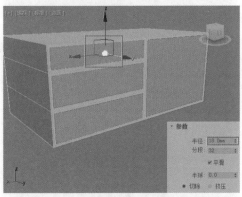

图 8-162

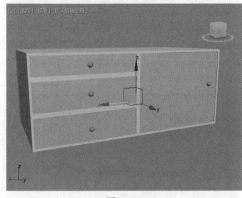

图 8-163

步骤 16 在柜子底部创建一个【圆锥体】模型，设置【半径 1】为 15mm，【半径 2】为 30mm，【高度】为 150mm，如图 8-164 所示。

步骤 17 在顶视图中选择刚才的圆锥体，按住 Shift 键沿 X 轴向左侧拖动鼠标，在弹出的窗口中选择【实例】，【副本数】为 1，如图 8-165 所示。

步骤 18 在顶视图中选择刚才的 2 个圆锥体，按住 Shift 键沿 Y 轴向下拖动鼠标，在弹出的窗口中选择【实例】，【副本数】为 1，如图 8-166 所示。

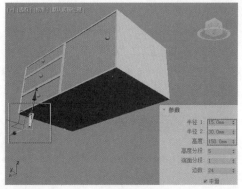

图 8-164

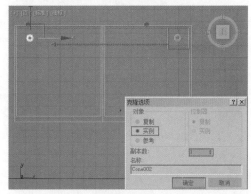

图 8-165

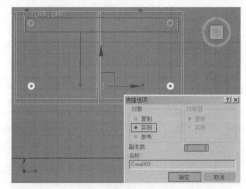

图 8-166

步骤 19 最终模型效果如图 8-167 所示。

图 8-167

中文版3ds Max 2020+VRay效果图制作从入门到精通（微课视频 全彩版）

实例：使用多边形建模制作餐柜

文件路径：Chapter 08　多边形建模→实例：使用多边形建模制作餐柜

扫一扫，看视频

本实例使用多边形建模中的连接、挤出、倒角工具制作餐柜模型。最终模型如图 8-168 所示。

图 8-168

步骤 01 在顶视图中创建一个【长方体】模型，设置【长度】为 1500mm，【宽度】为 2500m，【高度】为 100mm，如图 8-169 所示。接着单击鼠标右键，执行【转换为】|【转换为可编辑多边形】命令，如图 8-170 所示。

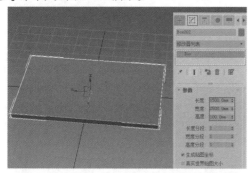

图 8-169

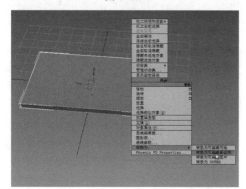

图 8-170

步骤 02 进入【边】级别，选择如图 8-171 所示的 4 条边。接着在【编辑边】卷展栏下单击【连接】后方的□（设置）按钮，设置【分段】为 2，【收缩】为 85，如图 8-172 所示。

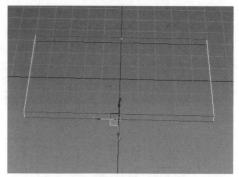

图 8-171

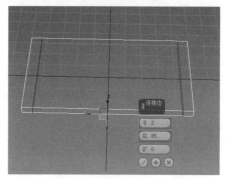

图 8-172

步骤 03 在顶视图再次框选如图 8-173 所示的 8 条边。然后单击【连接】后方的□（设置）按钮，设置【分段】为 2，【收缩】为 70，如图 8-174 所示。

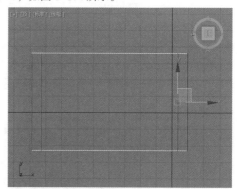

图 8-173

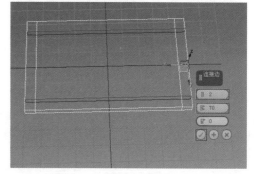

图 8-174

步骤 04 进入 ■【多边形】级别，选中如图 8-175 所示中模型底部的 4 个多边形。接着单击【挤出】后方的 □（设置）按钮，设置【挤出】的高度为 500mm，如图 8-176 所示。

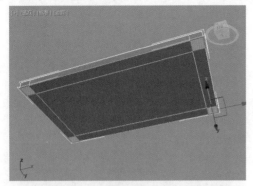

图 8-175

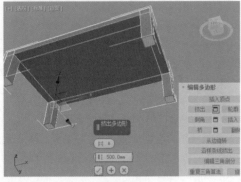

图 8-176

步骤 05 选中如图 8-177 所示中的 1 个多边形，单击【倒角】后方的 □（设置）按钮，设置【高度】为 80mm，【轮廓】为 160mm，如图 8-178 所示。

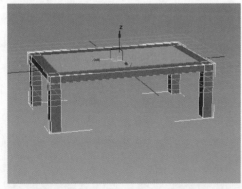

图 8-177

步骤 06 在选中该多边形的状态下单击【挤出】后方的 □（设置）按钮，设置【高度】为 1300mm，如图 8-179 所示。

步骤 07 进入【边】级别，在前视图中框选如图 8-180 所示中的 4 条边。单击【连接】后方的 □（设置）按钮，设置【分段】为 2，【收缩】为 90，如图 8-181 所示。

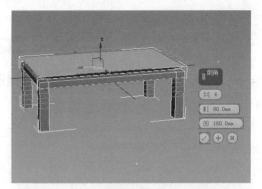

图 8-178

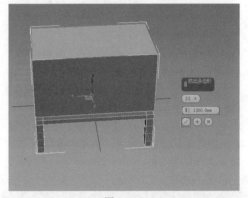

图 8-179

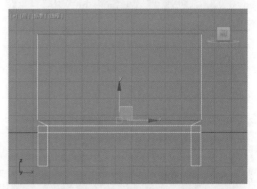

图 8-180

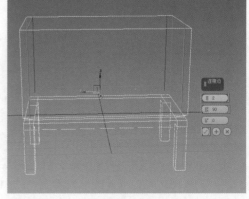

图 8-181

中文版3ds Max 2020+VRay效果图制作从入门到精通（微课视频 全彩版）

步骤 08 在前视图中框选如图 8-182 所示中的 8 条边。单击【连接】后方的□（设置）按钮，设置【分段】为 2，【收缩】为 80，如图 8-183 所示。

如图 8-188 所示。

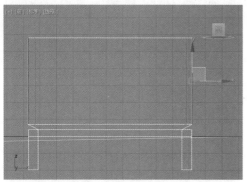

图 8-182

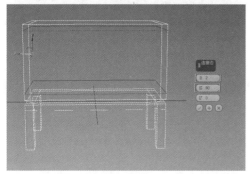

图 8-183

步骤 09 选择如图 8-184 所示中的 2 条边。单击【连接】后方的□（设置）按钮，设置【分段】为 2，【收缩】为 25，如图 8-185 所示。

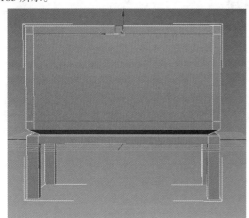

图 8-184

步骤 10 进入■【多边形】级别，选中如图 8-186 所示的 2 个多边形。单击【倒角】后方的□（设置）按钮，设置【高度】为 -25mm，【轮廓】为 -140mm，如图 8-187 所示。

步骤 11 选中中间的 1 个多边形，然后单击【倒角】后方的□（设置）按钮，设置【高度】为 32mm，【轮廓】为 -80mm，

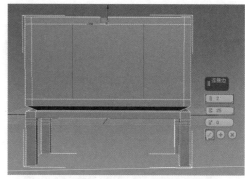

图 8-185

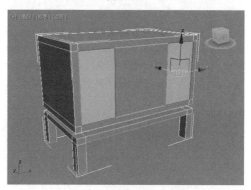

图 8-186

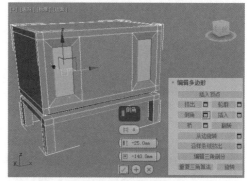

图 8-187

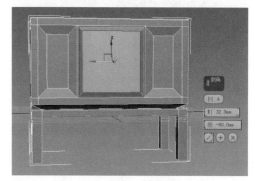

图 8-188

步骤 12 进入【边】级别，选中如图 8-189 所示的 2 条边。

接着单击【连接】后方的□（设置）按钮，设置【分段】为1，如图 8-190 所示。

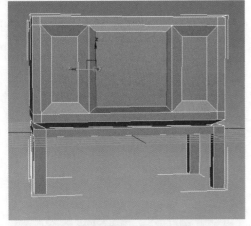

图 8-189

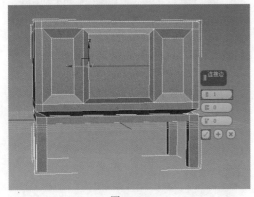

图 8-190

步骤 13 进入 ■【多边形】级别，选中如图 8-191 所示的 2 个多边形。单击【倒角】后方的□（设置）按钮，设置方式为 ▦ 按多边形，设置【高度】为 10mm，【轮廓】为 -20mm，如图 8-192 所示。

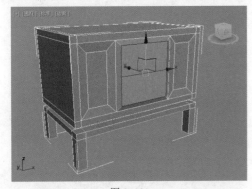

图 8-191

步骤 14 实例最终效果如图 8-193 所示。

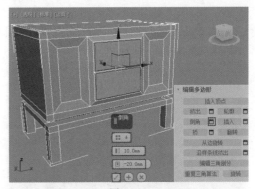

图 8-192

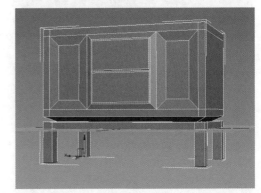

图 8-193

实例：使用多边形建模制作双人沙发

文件路径：Chapter 08　多边形建模→实例：使用多边形建模制作双人沙发

扫一扫，看视频

本实例使用多边形建模中的连接、挤出、倒角工具制作双人沙发模型。最终模型如图 8-194 所示。

图 8-194

步骤 01 在透视图中创建一个长方体，设置【长度】为 780mm，【宽度】为 1500mm，【高度】为 150mm，如图 8-195 所示。

中文版3ds Max 2020+VRay效果图制作从入门到精通（微课视频 全彩版）

步骤 02 选择模型，右击，执行【转换为】|【转换为可编辑多边形】命令，如图 8-196 所示。

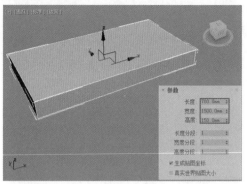

图 8-195

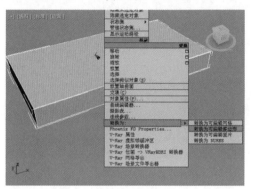

图 8-196

步骤 03 单击【修改】按钮，进入【边】级别，选择如图 8-197 所示的 4 条边。单击 连接 后面的 □（设置）按钮，设置【分段】为 9，如图 8-198 所示。

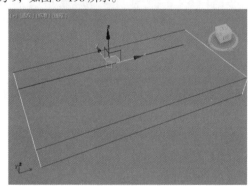

图 8-197

步骤 04 在顶视图框选如图 8-199 所示的 22 条边。单击 连接 后面的 □（设置）按钮，设置【分段】为 3，如图 8-200 所示。

步骤 05 进入【多边形】级别，按住 Ctrl 键依次单击，选择如图 8-201 所示的多边形。单击 挤出 后面的 □（设置）按钮，设置【高度】为 500mm，如图 8-202 所示。

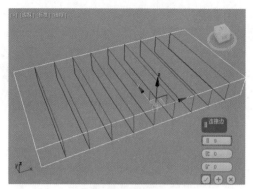

图 8-198

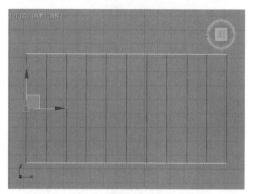

图 8-199

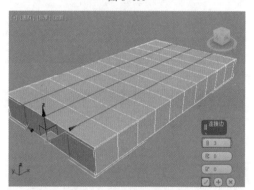

图 8-200

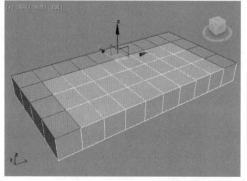

图 8-201

图 8-202

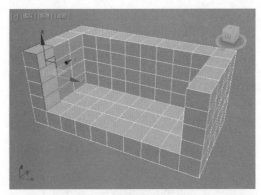

图 8-205

步骤 06 进入【边】级别，选择如图 8-203 所示的边。单击 连接 后面的□（设置）按钮，设置【分段】为3，如图 8-204 所示。

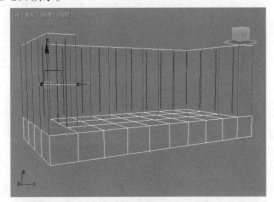

图 8-203

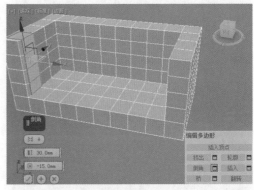

图 8-206

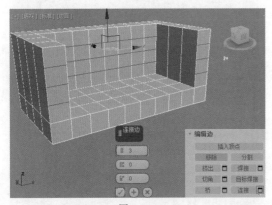

图 8-204

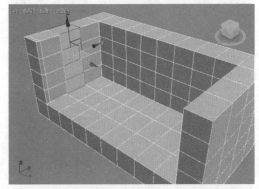

图 8-207

步骤 07 进入【多边形】级别，选择如图 8-205 所示的5个多边形。单击 倒角 后面的□（设置）按钮，设置【倒角高度】为30mm，【倒角轮廓】为 –15mm，如图 8-206 所示。

步骤 08 继续选中5个多边形，并执行刚才同样的【倒角】命令及参数设置，如图 8-207 和图 8-208 所示。

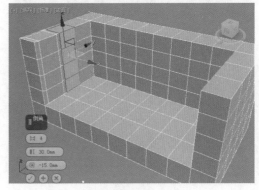

图 8-208

步骤 09 使用同样的方法，依次选择相应的多边形，并使用倒角，效果如图 8-209 所示。

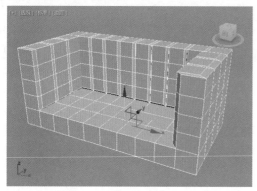

图 8-209

步骤 10 为模型加载【网格平滑】修改器，设置【迭代次数】为 3，如图 8-210 所示。

步骤 11 此时模型效果如图 8-211 所示。

 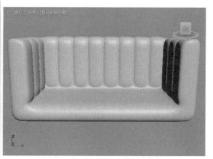

图 8-210　　　　　　图 8-211

步骤 12 在【创建】面板中执行 + （创建）｜ ● （几何体）｜ 扩展基本体 ▼ ｜ 切角长方体 命令。在透视图中创建一个切角长方体，设置【长度】为 533mm，【宽度】为 580mm，【高度】为 130mm，【圆角】为 30mm，【圆角分段】为 5，如图 8-212 所示。选择该切角长方体，按住 Shift 键并按住鼠标左键将其沿 X 轴向右移动并复制，在合适的位置释放鼠标，在弹出的【克隆选项】窗口中设置【对象】为【复制】，【副本数】为 1，如图 8-213 所示。

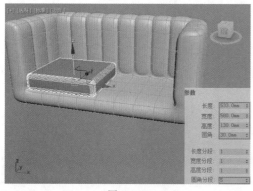

图 8-212

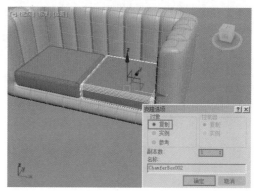

图 8-213

步骤 13 在沙发底部创建一个【圆锥体】模型，设置【半径 1】为 20mm，【半径 2】为 30mm，【高度】为 130mm，【高度分段】为 1，【边数】为 24，如图 8-214 所示。

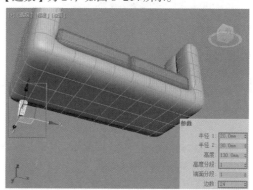

图 8-214

步骤 14 选择刚创建的圆锥体，激活主工具栏中的 C （选择并旋转）工具和 ピ （角度捕捉切换）按钮，沿 X 轴旋转 15°，如图 8-215 所示。

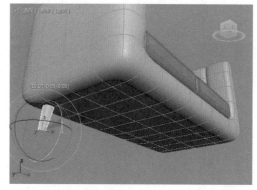

图 8-215

步骤 15 选择刚创建的圆锥体，按住 Shift 键沿 X 轴向右侧拖动鼠标，在弹出的【克隆选项】窗口中设置【对象】为【复制】，【副本数】为 1，如图 8-216 所示。

步骤 16 选择此时的 2 个圆锥体，单击主工具栏中的 ▶️ （镜像），并在弹出的【镜像：世界【坐标】窗口中设置【镜像轴】

为 Y，【克隆当前选择】为【复制】，如图 8-217 所示。

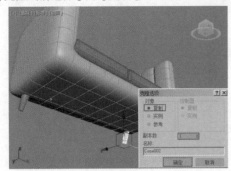
图 8-216

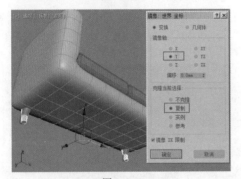
图 8-217

步骤 17 沿 Y 轴移动镜像出的 2 个圆锥体，并摆放在合适的位置，如图 8-218 所示。

图 8-218

步骤 18 最终模型效果如图 8-219 所示。

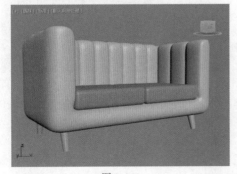
图 8-219

进行室内空间模型创建时，通常需要先将绘制好的 CAD 文件导入 3D 中，然后使用【线】工具进行绘制，绘制出需要的线，然后添加【挤出】修改器制作出三维墙体效果。然后再进一步制作细节模型（窗口、门口、其他）。最后可以创建出顶面和地面模型。本节我们将以几个实例讲解创建墙体框架模型、吊顶模型、窗口模型、电视背景墙模型，并拼接为一个完整的空间模型。

实例：使用多边形建模制作墙体框架

文件路径：Chapter 08　多边形建模→实例：使用多边形建模制作墙体框架

本实例讲解将 CAD 中绘制的文件导入 3ds Max 中，然后绘制户型平面图，并加载【挤出】修改器制作三维墙体框架模型。最终模型如图 8-220 所示。

图 8-220

1. 主要墙体模型

步骤 01 在菜单栏中执行【文件】【导入】【导入】命令，在弹出的窗口中选择本书的 CAD 文件【平面图 .dwg】，单击【打开】按钮，如图 8-221 所示。

扫一扫，看视频　步骤 02 在弹出的窗口中勾选【重缩放】，最后单击【确定】按钮，如图 8-222 所示。

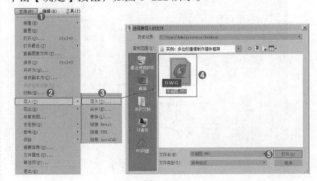
图 8-221

图 8-222

步骤 03 此时效果如图 8-223 所示。

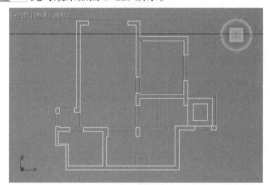

图 8-223

步骤 04 选中刚导入的图形，单击鼠标右键，执行【冻结当前选择】命令，如图 8-224 所示。

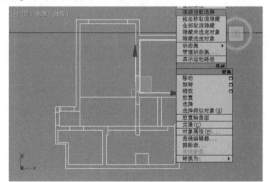

图 8-224

步骤 05 此时图形已经变为灰色，并且不能被选择到，目的是在绘制新图形时，原来的图形不会被选中，如图 8-225 所示。

步骤 06 激活【捕捉】3°按钮，然后用鼠标右键单击该按钮，并在弹出的窗口的【捕捉】选项中勾选【端点】，在【选项】中勾选【捕捉到冻结对象】，如图 8-226 所示。

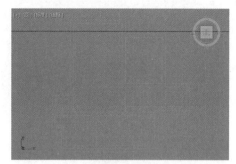

图 8-225

图 8-226

步骤 07 执行＋（创建）|⚙（图形）| 样条线 ▼ ，取消勾选【开始新图形】，最后单击 线 按钮，如图 8-227 所示。

步骤 08 此时开始在顶视图中沿着被冻结的图形进行绘制，由于刚才使用了【捕捉】工具，绘制时点会自动进行捕捉，因此绘制得非常精准，如图 8-228 所示。

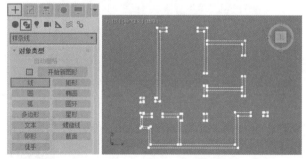

图 8-227　　　　　　图 8-228

步骤 09 为绘制完成的线加载【挤出】修改器，设置【数量】为 2670mm，如图 8-229 所示。

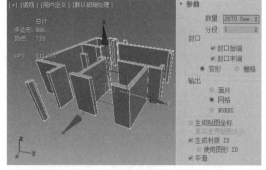

图 8-229

提示：在绘制线而视图不够大时，可以配合 I 键使用

在绘制线时，由于视图有限，因此无法完整绘制复杂的、较大的图形，如图 8-230 所示，向右侧绘制线时，视图显示不全了。

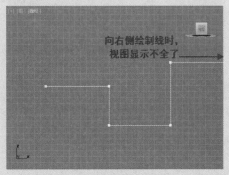

向右侧绘制线时，视图显示不全了

图 8-230

按 I 键，可以看到视图自动向右跳转了。所以使用这个方法就可以轻松绘制较大的图形了，如图 8-231 所示。

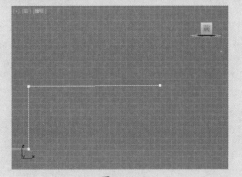

图 8-231

2. 门口和窗口模型

步骤 01 执行 ➕（创建）▣（图形）｜ 样条线 ｜ 矩形 命令，如图 8-232 所示。在顶视图中绘制矩形，设置【长度】为 240mm，【宽度】为 2365mm，如图 8-233 所示。

扫一扫，看视频

图 8-232

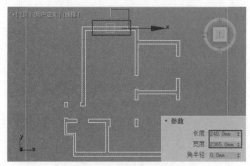

图 8-233

步骤 02 在透视图中将矩形调整到合适的位置，接着为其加载【挤出】修改器，并在【参数】卷展栏中设置挤出的【数量】为 735mm，如图 8-234 所示。

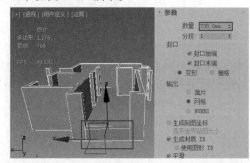

图 8-234

步骤 03 再次在顶视图中绘制矩形。设置该矩形的【长度】为 240mm，【宽度】为 2365mm，如图 8-235 所示。并加载【挤出】修改器，设置挤出的【数量】为 300mm。在透视图中将其调整到合适的位置，如图 8-236 所示。

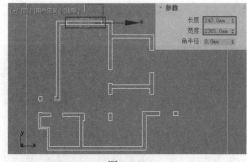

图 8-235

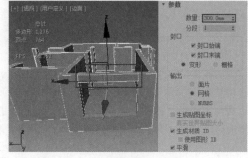

图 8-236

步骤 04 在顶视图中再次进行矩形的绘制，设置【长度】为 240mm，【宽度】为935mm，如图 8-237 所示。并为该矩形加载【挤出】修改器，设置【数量】为570mm，在透视图中将矩形调整到合适的位置，如图 8-238 所示。

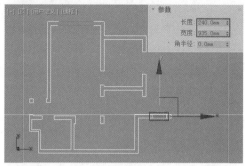

图 8-237

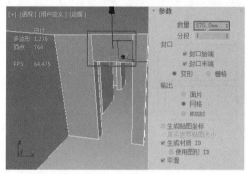

图 8-238

步骤 05 再次绘制一个矩形，在【参数】卷展栏中设置【长度】为240mm，【宽度】为 1570mm，如图 8-239 所示。在透视图中将其调整到合适的位置，并为其加载【挤出】修改器，接着设置挤出的【数量】为940mm，如图 8-240 所示。

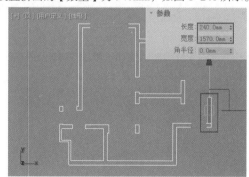

图 8-239

步骤 06 在顶视图中绘制一个矩形，设置【长度】为 240mm，【宽度】为 240mm，如图 8-241 所示。接着为其加载【挤出】修改器，在【参数】卷展栏中设置挤出的【数量】为2670mm。在透视图中将其调整到合适的位置，如图 8-242 所示。

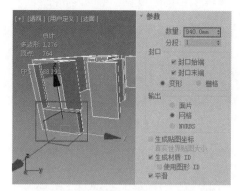

图 8-240

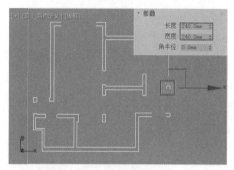

图 8-241

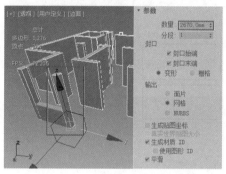

图 8-242

步骤 07 再次绘制矩形，设置【长度】为240mm，【宽度】为 1565mm，如图 8-243 所示。并为其加载【挤出】修改器，设置挤出的【数量】为 280mm。接着在透视图中将其调整到合适的位置，如图 8-244 所示。

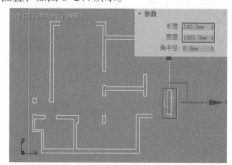

图 8-243

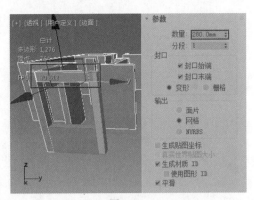

图 8-244

步骤 08 再次绘制矩形，设置【长度】为240mm，【宽度】为1430mm，如图 8-245 所示。并为其加载【挤出】修改器，设置挤出的【数量】为281.5mm。接着在透视图中将其调整到合适的位置，如图 8-246 所示。

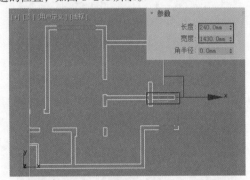

图 8-245

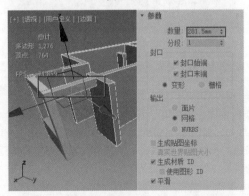

图 8-246

步骤 09 再次创建矩形，设置【长度】为240mm，【宽度】为1430mm，如图 8-247 所示。接着为其加载【挤出】修改器，并设置挤出的【数量】为940mm，如图 8-248 所示。

步骤 10 执行 + 创建）| ◎ （图形）| 样条线 ▼ | 矩形 命令，并取消勾选【开始新图形】选项，如图 8-249 所示。接着在顶视图中绘制多个矩形（由于取消了【开始新图形】选项的勾选，此时绘制的图形会自动成为一个整体），如图 8-250 所示。

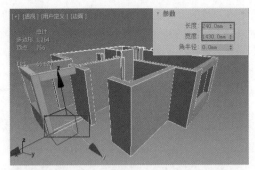

图 8-247

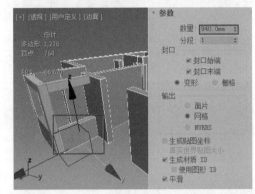

图 8-248

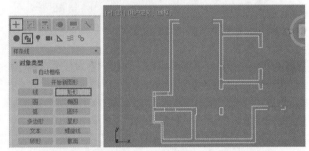

图 8-249   图 8-250

步骤 11 为刚刚绘制的图形加载【挤出】修改器，并设置挤出的【数量】570mm，如图 8-251 所示。

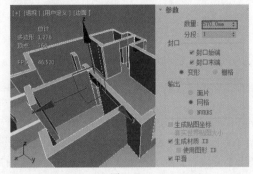

图 8-251

步骤 12 使用同样的方法继续绘制其他门口和窗口模型，如图 8-252 所示。

中文版3ds Max 2020+VRay效果图制作从入门到精通（微课视频 全彩版）

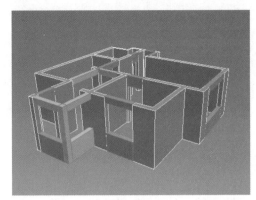

图 8-252

3. 其他部分模型

步骤 01 在顶视图中绘制矩形,绘制完成后在【参数】卷展栏中设置该矩形的【长度】为628mm,【宽度】为750.708mm,如图8-253所示。并为其加载【挤出】修改器,设置挤出的【高度】为2670mm,设置完成后在透视图中调整矩形的位置,如图8-254所示。

扫一扫,看视频

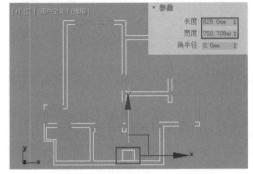

图 8-253

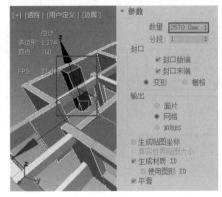

图 8-254

步骤 02 在顶视图中绘制矩形,绘制完成后在【参数】卷展栏中设置该矩形的【长度】为1660mm,【宽度】为230mm,如图8-255所示。并为其加载【挤出】修改器,设置挤出的【数量】为290mm,设置完成后在透视图中调整矩形的位置,如图8-256所示。

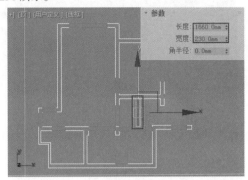

图 8-255

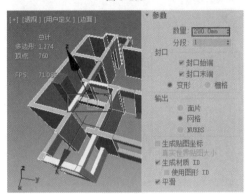

图 8-256

4. 吊顶

步骤 01 在顶视图中绘制矩形,设置【长度】为875mm,【宽度】为1205mm,如图8-257所示。接着为其加载【挤出】修改器,设置挤出的【数量】为200mm,在透视图中调整该模型的位置,如图8-258所示。

扫一扫,看视频

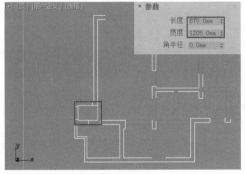

图 8-257

步骤 02 在顶视图中绘制矩形,绘制完成后单击【修改】按钮,在【参数】卷展栏中设置【长度】为1665mm,【宽度】为3340mm,如图8-259所示。接着为其加载【挤出】修改器,设置挤出的【数量】为150mm,在透视图中调整该模型的位置,如图8-260所示。

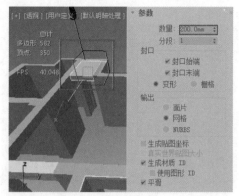

图 8-258

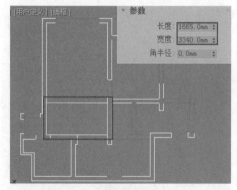

图 8-259

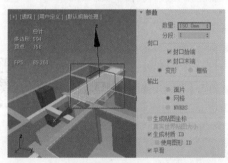

图 8-260

步骤 03 执行 ✛（创建）| ◓（图形）| 样条线 ▼ | 线 命令，如图 8-261 所示。在顶视图中绘制闭合的样条线（在绘制的过程中可以按住 Shift 键，使绘制的线段具有水平或垂直的效果）。接着在【参数】卷展栏中设置【长度】为 240mm，【宽度】为 2365mm，效果如图 8-262 所示。

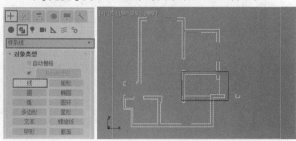

图 8-261   图 8-262

步骤 04 绘制完成后为闭合的样条线加载【挤出】修改器，并设置挤出的【数量】为 250mm，如图 8-263 所示。

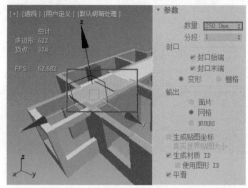

图 8-263

步骤 05 继续使用【线】工具在顶视图绘制，如图 8-264 所示的图形。

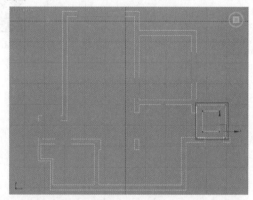

图 8-264

步骤 06 单击修改，为其添加【挤出】修改器，设置【数量】为 270mm，如图 8-265 所示。

图 8-265

步骤 07 继续使用【矩形】工具在顶视图绘制一个矩形，设置【长度】为 970mm，【宽度】为 830mm，如图 8-266 所示。

步骤 08 单击修改，为其添加【挤出】修改器，设置【数量】为 200mm，如图 8-267 所示。

中文版3ds Max 2020+VRay效果图制作从入门到精通（微课视频 全彩版）

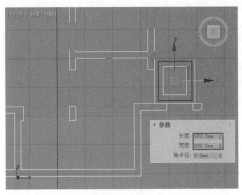

图 8-266

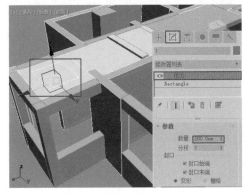

图 8-267

5. 顶棚和地面模型

步骤 01 激活主工具栏中的 🧲 （捕捉）工具，并用鼠标右键单击该工具。在弹出的窗口中仅勾选【顶点】选项，如图 8-268 所示。

步骤 02 执行 ➕ （创建）| ❖ （图形）| 样条线 ▼ | 线 命令，在顶视图中沿着模型外部的边缘绘制闭合的样条线，如图 8-269 所示。

扫一扫，看视频

图 8-268

步骤 03 绘制完成后为样条线加载【挤出】修改器，并设置挤出的【数量】为 100mm，如图 8-270 所示。

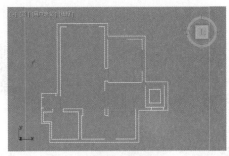

图 8-269

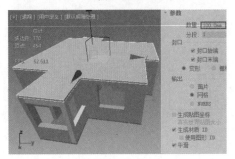

图 8-270

步骤 04 在选中上一步创建的模型的状态下，进入前视图中，按住 Shift 键并按住鼠标左键，将其沿着 Y 轴向下平移并复制，移动到合适的位置后释放鼠标，在弹出的【克隆选项】窗口中设置【对象】为【复制】，【副本数】为 1，如图 8-271 所示。最终效果如图 8-272 所示。

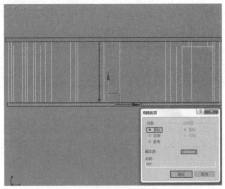

图 8-271

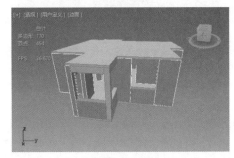

图 8-272

实例：使用多边形建模制作吊顶

文件路径：Chapter 08 多边形建模→实例：使用多边形建模制作吊顶

扫一扫，看视频

本实案例主要讲解吊顶的制作方法，在制作的过程中首先应用【线】和【矩形】工具在视图中绘制图形。配合【倒角剖面】与【挤出】修改器制作完成吊顶模型。最终模型如图 8-273 所示。

图 8-273

步骤 01 在【创建】面板中执行 ➕（创建）| ⚙（图形）|| 样条线 ▼ || 线 命令，在顶视图中绘制闭合的样条线，如图 8-274 所示。

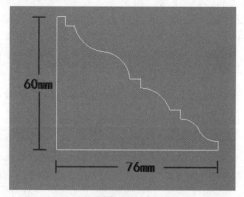
图 8-274

> 💡 **提示：在使用【线】工具绘制时，尺寸如何更精准**
>
> 在使用【线】工具绘制时，有的读者朋友会问，线的参数中看不到长度、宽度等数值，那如何确定绘制的线是多长、多宽呢？其实很简单，我们设想一下，线参数中找不到数值，可以使用【矩形】作为参考。创建一个矩形，设置好具体尺寸，那么在绘制线时，就会变得非常精准了，如图 8-275 所示。接下来再使用【线】工具绘制即可，如图 8-276 所示。

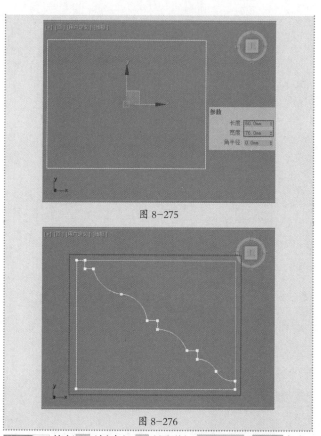
图 8-275

图 8-276

步骤 02 执行 ➕（创建）| ⚙（图形）| 样条线 ▼ | 矩形 命令，如图 8-277 所示。在顶视图中绘制一个【矩形】，设置【长度】为 2812mm，【宽度】为 2512mm，如图 8-278 所示。

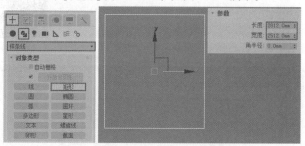
图 8-277　　　　　　　　图 8-278

步骤 03 为该模型加载【倒角剖面】修改器，在【参数】卷展栏中设置【倒角剖面】为【经典】，然后在【经典】卷展栏下单击 拾取剖面 按钮，单击上一步绘制的闭合样条线，如图 8-279 所示。此时效果如图 8-280 所示。模型的细节图如图 8-281 所示。

步骤 04 在选中该模型的状态下单击【修改】按钮 🔲，接着单击【倒角剖面】前方的 ▼ 按钮，进入【剖面 Gizmo】级别，单击【选择并旋转】🔄 和【角度捕捉切换】🧲 按钮，将其沿 Y 轴旋转 -270°，如图 8-282 所示。细节效果如图 8-283 所示。

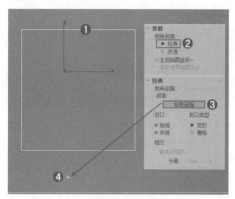

图 8-279

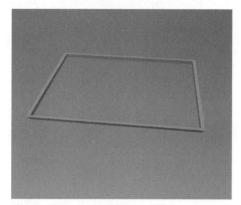

图 8-280

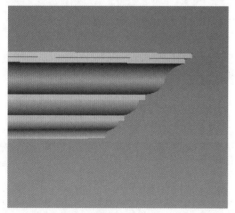

图 8-281

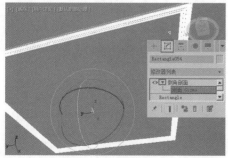

图 8-282

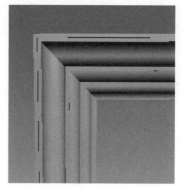

图 8-283

 提示：如何修改拾取剖面后模型的
效果

在拾取剖面操作完成之后，如若想要修改模型的效果，可以单击【倒角剖面】前方的 ▶ 按钮，进入【剖面 Gizmo】级别，然后通过修改剖面图形的旋转角度或形状来修改模型的效果，如图 8-284 所示。

图 8-284

步骤 05 执行 ➕（创建）|❶（图形）| 样条线 ▾ | 矩形 命令，并取消勾选【开始新图形】选项（由于取消了【开始新图形】选项的勾选，因此绘制的矩形会自动成为一个整体），如图 8-285 所示。接着在顶视图中绘制矩形，设置内部的矩形【长度】为 2865mm，【宽度】为 2562mm，外部的矩形【长度】为 5000mm，【宽度】为 3370mm，如图 8-286 所示。

图 8-285   图 8-286

步骤 06 绘制完成后为该模型加载【挤出】修改器，设置【数量】为 60mm，如图 8-287 所示。

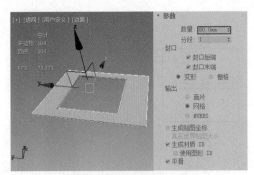

图 8-287

步骤 07 使用同样的方法再次绘制矩形，设置内部矩形的【长度】为 3224mm，【宽度】为 2966mm，外部矩形的【长度】为 5035mm，【宽度】为 3280mm，如图 8-288 所示。为该矩形加载【挤出】修改器，设置挤出的【数量】为 150mm，如图 8-289 所示。

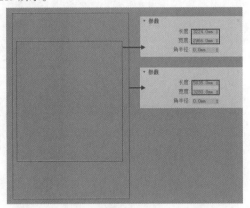

图 8-288

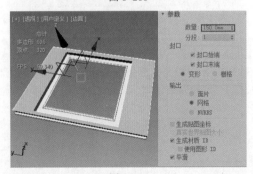

图 8-289

步骤 08 再次绘制一个矩形，在【参数】卷展栏中设置该矩形的【长度】为 3255mm，【宽度】为 2975mm，如图 8-290 所示。接着为该矩形加载【挤出】修改器，设置挤出的【数量】为 50mm，如图 8-291 所示。

步骤 09 选中刚刚创建的模型，单击鼠标右键，执行【转换为】|【转换为可编辑多边形】命令，将其转换为可编辑的多边形。进入【多边形】级别 ■，选中如图 8-292 所示的多边形。单击【插入】后方的 □ 按钮，设置插入的数值为 500mm，如

图 8-293 所示。

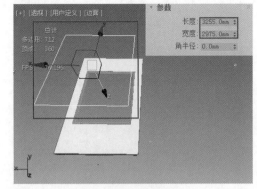

图 8-290

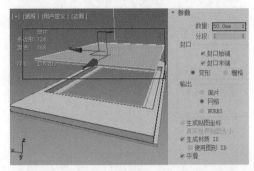

图 8-291

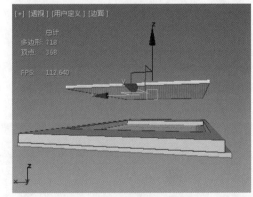

图 8-292

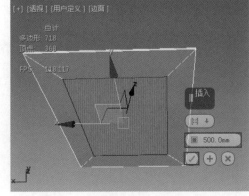

图 8-293

中文版3ds Max 2020+VRay效果图制作从入门到精通（微课视频 全彩版）

步骤 10 单击【挤出】后方的■按钮，设置挤出的【数量】
为 –15mm，如图 8-294 所示。

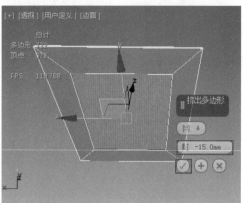

图 8-294

步骤 11 再次单击【插入】后方的■按钮，设置插入的数值
为 90mm，如图 8-295 所示。接着单击【挤出】后方的■按钮，
设置挤出的【数量】为 –15mm，如图 8-296 所示。

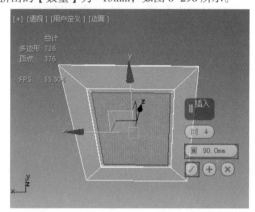

图 8-295

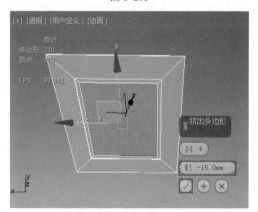

图 8-296

步骤 12 退出多边形级别，并将其移动放置在合适的位置，
如图 8-297 所示。实例最终效果如图 8-298 所示。

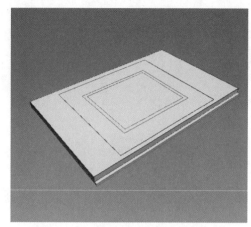

图 8-297

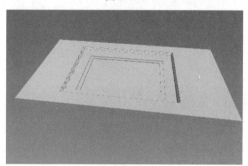

图 8-298

实例：使用多边形建模制作窗口

文件路径：Chapter 08　多边形建模→实例：使
用多边形建模制作窗口

　　本实例综合应用几何体建模、样条线建模、
修改器建模、多边形建模多种建模方式完成窗口
模型的制作。最终模型如图 8-299 所示。

扫一扫，看视频

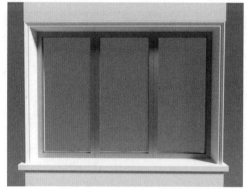

图 8-299

步骤 01 在【创建】面板中执行 ✛（创建）｜ ◙（图形）
｜ 样条线 ▾ ｜ 矩形 命令，在顶视图中创建一个矩形，设
置【长度】为 240mm，【宽度】为 2365mm，如图 8-300 所示。

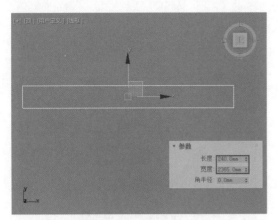

图 8-300

步骤 02 为刚刚创建的矩形加载【挤出】修改器，在【参数】卷展栏中设置【数量】为735mm，如图 8-301 所示。

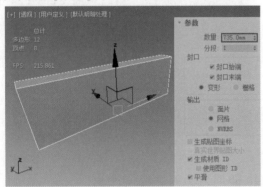

图 8-301

步骤 03 执行 ➕（创建）|●（几何体）| 扩展基本体 ▾ | 切角长方体 命令，如图 8-302 所示。在刚刚创建的长方体的上方创建一个切角长方体，设置【长度】为 360mm，【宽度】为 2480mm，【高度】为 70mm，【圆角】为 8mm，【圆角分段】为 20，如图 8-303 所示。

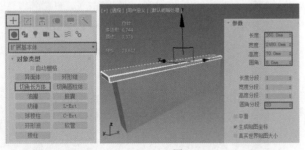

图 8-302   图 8-303

步骤 04 制作窗框。在前视图中再次创建一个矩形，设置【长度】为 1440mm，【宽度】为 626mm，如图 8-304 所示。在选中矩形的状态下单击鼠标右击，执行【转换为】|【转换为可编辑样条线】命令，将其转换为可编辑的样条线，如图 8-305 所示。

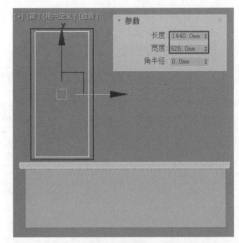

图 8-304

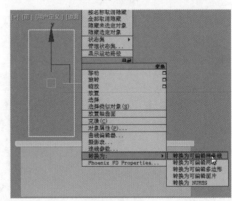

图 8-305

步骤 05 单击【修改】按钮，并进入【样条线】级别 ✓，选择样条线，然后单击 轮廓 按钮，在后面设置其数值为 -60mm，如图 8-306 所示。再次单击（样条线）级别 ✓，此时取消样条线状态，接着为其加载【挤出】修改器，设置【数量】为 40mm，如图 8-307 所示。

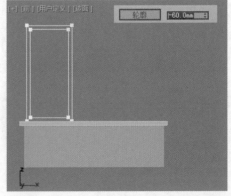

图 8-306

步骤 06 制作窗玻璃。在前视图中再次创建一个矩形，设置【长度】为 1440mm，【宽度】为 626mm，如图 8-308 所示。设置完成后为其加载【挤出】修改器，并设置【数量】

中文版3ds Max 2020+VRay效果图制作从入门到精通（微课视频 全彩版）

为 10mm（按 Alt+X 组合键进入半透明的显示模式效果），如图 8-309 所示。

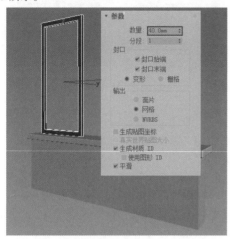

图 8-307

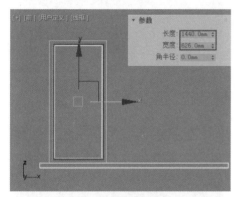

图 8-308

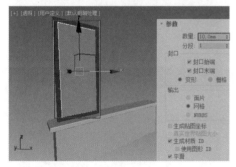

图 8-309

步骤 07 在前视图中加选刚刚创建的窗框和窗玻璃模型，接着按住 Shift 键并按住鼠标左键，将其沿着 X 轴向右平移并复制，放置在合适的位置后释放鼠标，在弹出的【克隆选项】窗口中设置【对象】为【复制】，【副本数】为 2，如图 8-310 所示。此时效果如图 8-311 所示。

步骤 08 执行 ✚（创建）| ✿（图形）| 样条线 ▾ | 线 命令，如图 8-312 所示。在顶视图中绘制闭合的样条线，如图 8-313 所示。

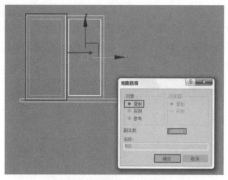

图 8-310

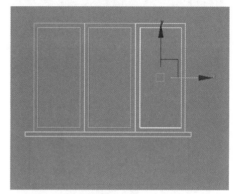

图 8-311

图 8-312

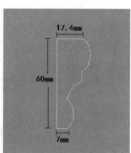

图 8-313

步骤 09 在前视图中再次进行样条线的绘制（该样条线不闭合），如图 8-314 所示。

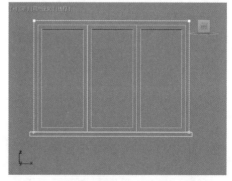

图 8-314

步骤 10 绘制完成后为其加载【扫描】修改器。接着单击【使用自定义截面】选项，并单击【拾取】按钮，在透视图中选中刚刚绘制的闭合的样条线，如图 8-315 所示。此时效果如图 8-316 所示。

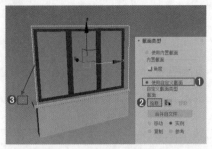

图 8-315

图 8-316

步骤 11 为该模型加载【编辑多边形】修改器，进入【多边形】级别 ■，选中模型后方的三个多边形，如图 8-317 所示。接着单击【挤出】后面的【设置】按钮 □，设置挤出的【高度】为 270mm，如图 8-318 所示。

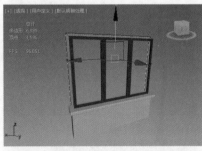

图 8-317

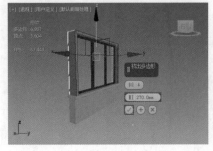

图 8-318

步骤 12 为该模型加载【平滑】修改器，如图 8-319 所示。

图 8-319

步骤 13 在视图中再次创建一个矩形，设置【长度】为 240mm，【宽度】为 2365mm，如图 8-320 所示。为该模型加载【挤出】修改器，设置【数量】为 290mm，如图 8-321 所示。

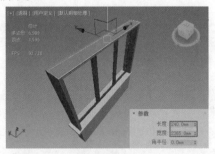

图 8-320

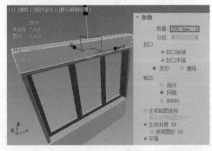

图 8-321

步骤 14 最终窗框模型效果如图 8-322 所示。

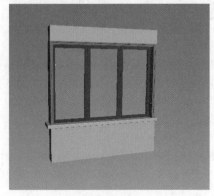

图 8-322

中文版3ds Max 2020+VRay效果图制作从入门到精通（微课视频 全彩版）

实例：使用多边形建模制作电视背景墙

文件路径：Chapter 08 多边形建模→实例：使用多边形建模制作电视背景墙

扫一扫，看视频

本实例应用连接、切割、插入、挤出工具制作背景墙模型，并将本章中制作完成的多个模型合并在一个场景中，组合成室内的基本框架，并导入室内家具模型。电视背景墙模型如图8-323所示。

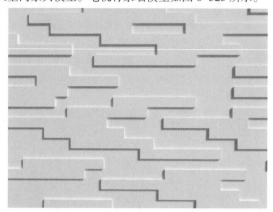

图 8-323

步骤 01 在前视图中创建一个【长方体】模型，接着单击【修改】按钮，设置【长度】为2700mm，【宽度】为5000mm，【高度】为40mm，如图8-324所示。透视图效果如图8-325所示。

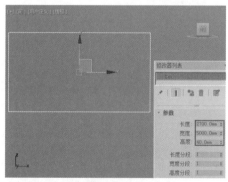

图 8-324

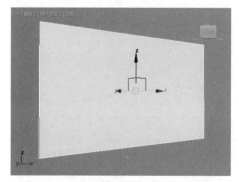

图 8-325

步骤 02 在选中该长方体模型的状态下单击鼠标右键，执行

【转换为】|【转换为可编辑多边形】命令，将其转换为可编辑的多边形。进入【边】级别，在透视图中选择如图8-326所示的4条边，接着单击【连接】后面的【设置】按钮，设置【分段】为20，如图8-327所示。

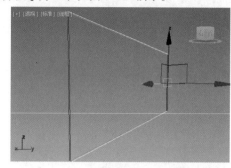

图 8-326

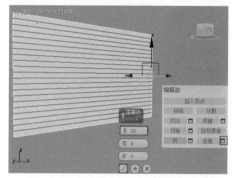

图 8-327

步骤 03 选择如图8-328所示的4条边，单击【连接】后面的【设置】按钮，设置【分段】为4，【滑块】为30，如图8-329所示。

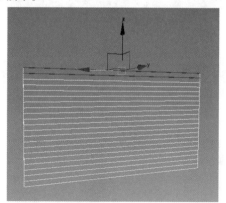

图 8-328

步骤 04 在选择【边】级别的状态下，单击 切割 按钮，在前视图中适当的位置单击鼠标左键确定切割的点，接着将鼠标向下平移，如图8-330所示。当移动到下方的横向线条处时再次单击鼠标左键，最后单击右键完成切割，如图8-331所示。

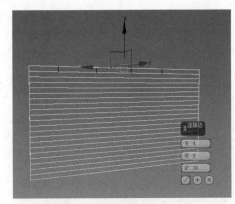

图 8-329

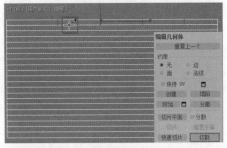

图 8-330

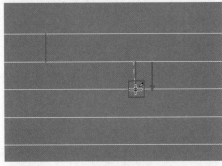

图 8-331

步骤 05 在左视图中单击【左】按钮，在弹出的下拉列表中选择【后】进入后视图中，如图 8-332 所示。此时我们在后视图中可以看到刚刚在前视图中切割的线条，如图 8-333 所示。

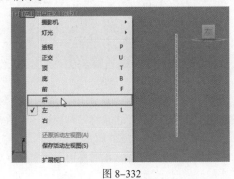

图 8-332

图 8-333

步骤 06 在后视图中对照着在前视图中切割的线条进行切割，以达到切割的效果前后对称，如图 8-334 所示。此时透视图中的效果如图 8-335 所示。

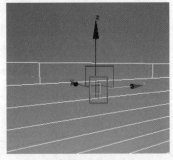

图 8-334

图 8-335

步骤 07 使用同样的方法继续在前视图和后视图中进行切割，如图 8-336 所示。

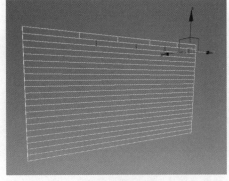

图 8-336

中文版3ds Max 2020+VRay效果图制作从入门到精通（微课视频 全彩版）

步骤 08 接着使用同样的方法继续进行切割，注意要切割出类似砖的排列方式，如图 8-337 所示。

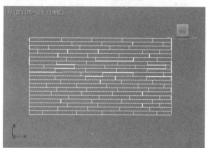

图 8-337

步骤 09 进入【多边形】级别 ■，在前视图中选择如图 8-338 所示的多边形。

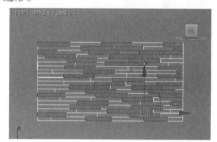

图 8-338

步骤 10 单击【插入】后面的【设置】按钮 ■，设置【数量】为 2mm，如图 8-339 所示。

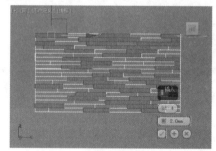

图 8-339

步骤 11 单击【挤出】后面的【设置】按钮 ■，设置【高度】为 20mm，如图 8-340 所示。

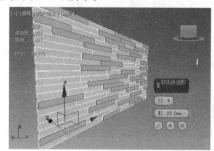

图 8-340

步骤 12 使用同样的方法制作墙体背面的效果（按 Alt+X 组

合键可以将视图半透明显示），如图 8-341 所示。

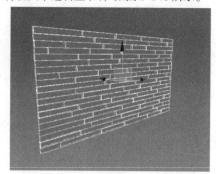

图 8-341

步骤 13 最终电视背景墙模型效果如图 8-342 所示。

图 8-342

步骤 14 将本章中制作完成的【墙体框架】【吊顶】【窗口】【电视背景墙】模型组合在一起，如图 8-343 和图 8-344 所示。

图 8-343

图 8-344

步骤 15 全部合并完成并将位置调整好后的效果如图 8-345 所示。

图 8-345

步骤 16 将下载的模型文件【家具等模型 .max】合并到场景中，组合为完整的室内空间模型，如图 8-346 所示。

图 8-346

步骤 17 在弹出的对话框中单击【全部】按钮，并单击【确定】按钮，如图 8-347 所示。

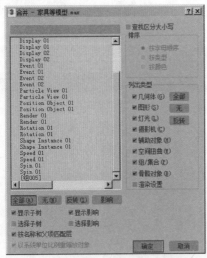

图 8-347

步骤 18 此时在弹出的对话框中勾选【应用于所有重复情况】，并单击【自动重命名】按钮，如图 8-348 所示。

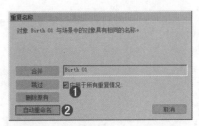

图 8-348

步骤 19 此时家具等模型被合并入当前场景中了，但是位置是不正确的，如图 8-349 所示。

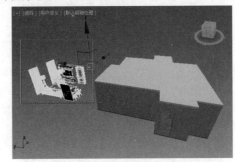

图 8-349

步骤 20 仔细移动好家具所在的位置，调整完成后如图 8-350 所示。

图 8-350

步骤 21 最终组合在一起的模型如图 8-351 所示。（注意：该实例的模型即是"Chapter 14 现代简约风格小户型客厅设计"的模型文件，模型略有细节不同，不影响使用。）

图 8-351

Chapter 09

第 9 章

渲染器参数设置

本章学习要点：

· 认识渲染器
· 掌握 VRay 渲染器的参数设置
· 熟练掌握测试渲染和高精度渲染参数的设置

本章内容简介：

　　3ds Max 与 VRay 可以说是"最强搭档"。VRay 渲染器是功能最强大的渲染器之一，是室内外效果图、产品设计效果图、CG 动画制作常用的渲染器，也是本书的重点。由于渲染设置参数很多，不易理解，因此在本章笔者总结了两套渲染参数，大家按照这两套参数进行设置测试渲染或高精度渲染参数即可。注意：每次创作一幅作品之前都需要重新设置 VRay 渲染器及相应参数。

通过本章学习，我能做什么？

　　通过本章的学习，我们将学到 VRay 渲染器参数设置方法，能够在效果图的制作过程中正确地设置渲染参数，并进行测试渲染与最终效果的渲染。虽然渲染是 3ds Max 的最后步骤，但若是渲染器参数设置不合理，即使创建了灯光、材质，也不会渲染出真实的效果。所以将本章安排在了比较靠前的位置进行学习。

优秀作品欣赏

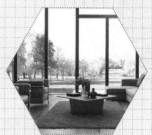

9.1 认识渲染器

本节将讲解渲染器的基本知识，包括渲染器概念、为什么使用渲染器、渲染器的类型、渲染器的设置步骤。

9.1.1 什么是渲染器

渲染器是指从 3D 场景呈现为最终效果的工具，这个过程就是渲染。

9.1.2 为什么要使用渲染器

3ds Max 和 Photoshop 软件在成像方面有很多的不同。Photoshop 在操作时，画布中显示的效果就是最终的作品效果，而 3ds Max 视图中的效果却不是最终的作品效果，而仅仅是模拟效果，并且这种模拟效果可能会与最终渲染效果相差很多，因此就需要使用渲染器将最终的场景进行渲染，从而得到更真实的作品。这个渲染的工具就称之为渲染器。如图 9-1 和图 9-2 所示为 3ds Max 中的视图效果和使用渲染器渲染完成的效果。

图 9-1

图 9-2

9.1.3 渲染器的类型有哪些

渲染器类型有很多，3ds Max 2020 默认自带的渲染器有 5 种，分别是 Quicksilver 硬件渲染器、ART 渲染器、扫描线渲染器、VUE 文件渲染器、Arnold。这 5 种渲染器各有利

弊，默认扫描线渲染器的渲染速度最快，但渲染功能较差、效果不真实。本书的重点是 VRay 渲染器，该渲染器不是 3ds Max 默认自带的，需要自行下载安装，VRay 渲染器需要关闭 3ds Max 并安装后才可使用。

【重点】9.1.4 渲染器的设置步骤

设置渲染器主要有两种方法。

方法 1：单击主工具栏中的 ![icon]（渲染设置）按钮，在弹出的【渲染设置】对话框中设置【渲染器】为 V-Ray Next，update 1.2，如图 9-3 所示。此时渲染器已经被设置为 V-Ray 了，如图 9-4 所示。（注意：本书使用的 V-Ray 版本为 V-Ray Next，update 1.2 版本，该版本又称之为 V-Ray Next 4.10.03。）

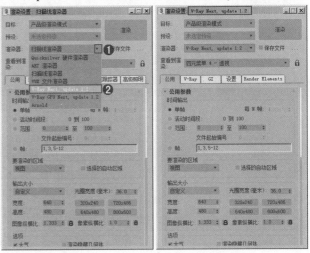

图 9-3   图 9-4

方法 2：单击主工具栏中的 ![icon]（渲染设置）按钮，在弹出的【渲染设置】对话框中选择【公用】选项卡，展开【指定渲染器】卷展栏，单击【产品级】后的 ![icon]（选择渲染器）按钮，在弹出的【选择渲染器】对话框中选择 V-Ray Next，update 1.2，最后单击【确定】按钮，如图 9-5 所示。此时渲染器已经被设置为 V-Ray 了，如图 9-6 所示。

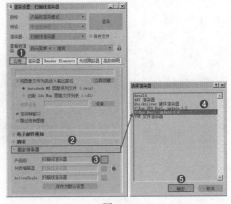

图 9-5

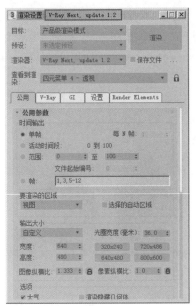

图 9-6

9.2 VRay 渲染器

VRay 渲染器是功能非常强大的渲染器，只有在安装 VRay 渲染器之后，很多功能才可以使用。其强大的反射、折射、半透明等效果非常适合用于制作效果图设计。除此之外，V-Ray 灯光能模拟真实的光照效果。VRay 渲染器参数主要包括【公用】【V-Ray】【GI】【设置】和【Render Elements（渲染元素）】5个选项卡，如图 9-7 所示。

扫一扫，看视频

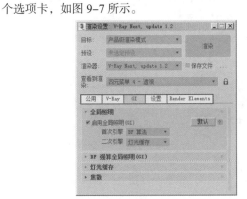

图 9-7

【重点】9.2.1 轻松动手学：设置测试渲染的参数

文件路径：Chapter 09 渲染器参数设置→轻松动手学：设置测试渲染的参数

测试渲染的特点是：渲染速度快、渲染质

扫一扫，看视频

量差。

步骤 01 在主工具栏中单击【渲染设置】按钮，在弹出的【渲染设置】对话框中单击【渲染器】后的 按钮，在打开的下拉列表框中选择 V-Ray Next，update 1.2，如图 9-8 所示。

步骤 02 选择【公用】选项卡，设置【宽度】为 640、【高度】为 480，如图 9-9 所示。

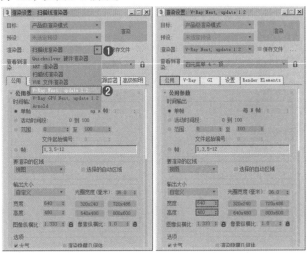

图 9-8　　　　　　　　图 9-9

步骤 03 选择 V-Ray 选项卡，展开【帧缓冲区】卷展栏，取消勾选【启用内置帧缓冲区】，展开【全局开关】卷展栏，设置类型为【全光求值】，如图 9-10 所示。

步骤 04 选择 V-Ray 选项卡，展开【图像采样器（抗锯齿）】卷展栏，设置【类型】为【渐进式】，设置【图像过滤器】为【区域】。展开【颜色贴图】卷展栏，设置【类型】为【指数】，如图 9-11 所示。

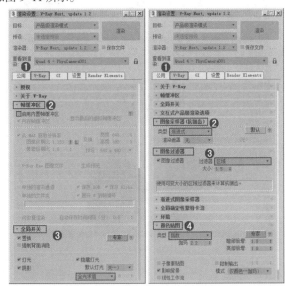

图 9-10　　　　　　　　图 9-11

步骤 05 选择 GI 选项卡,展开【全局照明】卷展栏,勾选【启用全局照明(GI)】,设置【首次引擎】为【发光贴图】【二次引擎】为【灯光缓存】。展开【发光贴图】卷展栏,设置【当前预设】为【非常低】,勾选【显示计算相位】和【显示直接光】,如图 9-12 所示。

步骤 06 选择 GI 选项卡,展开【灯光缓存】卷展栏,设置【细分】为 200,勾选【显示计算相位】,如图 9-13 所示。

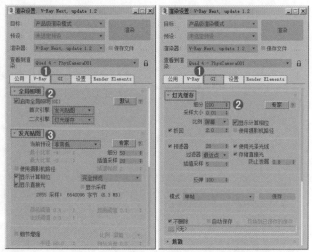

图 9-12　　　　　图 9-13

步骤 07 设置完成后,即可单击主工具栏中的（渲染产品）按钮开始渲染。在渲染过程中可以发现,渲染速度很快,很快就隐约可以看清当前渲染的大致效果（噪点较多）,等待时间越久渲染越清晰（噪点较少）,如图 9-14 和图 9-15 所示为对比效果。因此在测试渲染过程中,若发现灯光、材质、模型有任何问题,可以及时按 Esc 键暂停渲染。

图 9-14

图 9-15

【重点】9.2.2　轻松动手学：设置高精度渲染的参数

扫一扫,看视频

文件路径：Chapter 09　渲染器参数设置→轻松动手学：设置高精度渲染的参数

测试渲染的特点是：渲染速度慢、渲染质量好。

步骤 01 在主工具栏中单击【渲染设置】按钮,在弹出的【渲染设置】对话框中单击【渲染器】后的按钮,在打开的下拉列表框中选择 V-Ray Next,update 1.2,如图 9-16 所示。

步骤 02 选择【公用】选项卡,设置【宽度】为 3000,【高度】为 2250,如图 9-17 所示。

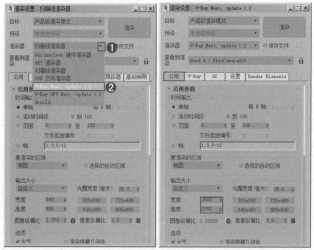

图 9-16　　　　　图 9-17

步骤 03 选择 V-Ray 选项卡,展开【帧缓冲区】卷展栏,取消勾选【启用内置帧缓冲区】。展开【全局开关】卷展栏,设置类型为【全光求值】，如图 9-18 所示。

步骤 04 选择 V-Ray 选项卡，展开【图像采样器（抗锯齿）】卷展栏，设置【类型】为【渲染块】，设置【图像过滤器】为 Mitchell-Netravali。展开【全局确定性蒙特卡洛】卷展栏，勾选【使用局部细分】，设置【细分倍增】为 2。展开【颜色贴图】卷展栏，设置【类型】为【指数】，勾选【子像素贴图】，勾选【钳制输出】，如图 9-19 所示。

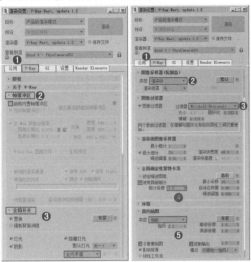

图 9-18   图 9-19

步骤 05 选择 GI 选项卡，展开【全局照明】卷展栏，勾选【启用全局照明（GI）】，设置【首次引擎】为【发光贴图】【二次引擎】为【灯光缓存】。展开【发光贴图】卷展栏，设置【当前预设】为【低】，勾选【显示计算相位】【显示直接光】，如图 9-20 所示。

步骤 06 选择 GI 选项卡，展开【灯光缓存】卷展栏，设置【细分】为 1500，勾选【显示计算相位】，如图 9-21 所示。

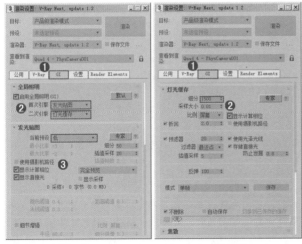

图 9-20   图 9-21

步骤 07 设置完成后，即可单击主工具栏中的 🖼️（渲染产品）按钮。等很久之后，渲染完毕可以看到渲染的作品非常清晰，

如图 9-22 所示。

图 9-22

需要注意的是，每次打开 3ds Max 软件制作作品时，都需要重新设置一次 V-Ray 渲染器及相关参数。

> 🤓 **提示：提高作品的渲染质量，减少噪点**
>
> 在渲染作品时，产生很多噪点会影响作品的效果。所以我们要解决噪点问题，尽量让噪点少一些，画面感觉干净一些。通常需要围绕以下三方面进行设置。
>
> （1）材质。通常最终渲染时要设置材质的细分数值为 20，如图 9-23 所示。
>
>
>
> 图 9-23
>
> （2）灯光。通常最终渲染时要设置灯光的细分数值为 20，如图 9-24~ 图 9-26 所示。
>
>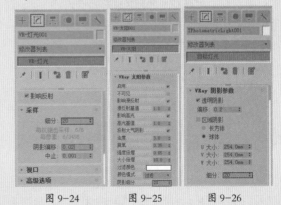
>
> 图 9-24   图 9-25   图 9-26
>
> （3）渲染。渲染设置是本章的重要内容，要想得到较好的渲染质量，需要设置高精度渲染的参数，具体参数设置可参考本章内容设置。

提示：如何在渲染时让作品精度更高？

如果已经提高了材质细分、灯光细分，而且渲染器参数也已经适当地调高了，但是渲染时还会出现很多噪点，不妨试一下以下方法。

在渲染设置中，选择V-Ray选项卡，展开【全局确定性蒙特卡洛】卷展栏，并设置【最小采样】为20，如图9-27所示。

图 9-27

提示：渲染细节较多的创建时，如何设置渲染器参数？

在渲染作品时，如果场景中的模型非常细致（例如工业产品零部件较多、欧式建筑花纹密集），而在渲染时这些细节没有被很好地渲染清晰。那么可以在渲染设置中选择GI选项卡，展开【发光图】卷展栏，并勾选【细节增强】选项，然后设置细节增强的相关参数，再次渲染即可得到更细致的渲染效果，但是渲染速度会比较慢，如图9-28所示。

图 9-28

提示：当无法修改灯光和材质的细分数值时，该怎么办？

在设置灯光和材质时，如果发现【细分】选项不能进行设置，可以单击【渲染设置】按钮打开【渲染设置】窗口，在V-Ray|【全局确定性蒙特卡洛】卷展栏下勾选【使用局部细分】选项，如图9-29所示。此时便可以返回对

细分数值进行设置。

图 9-29

提示：渐进式图像采样器、渲染块图像采样器哪种更好？

其实这两种方式都可以完成较高质量的渲染。渐进式图像采样器类型的原理是一起渲染整张图片，也就是说，整张图片随着渲染时间的增多越来越清晰。而渲染块图像采样器则是传统的"块"渲染模式，一块一块地渲染，直到图片的每一块都渲染完成，才完成最终渲染。这两种方式都可以选择，根据渲染的作品和渲染性质自行选择即可。例如想快速地渲染一个小的测试图，那么可以使用【渐进式图像采样器】，因为能快速看到整张图片的完整效果。如果想慢慢渲染高精度图像，那么两种方式均可使用。

提示：场景灯光较多时，渲染效果很奇怪，怎么办？

在制作室内效果图时，很可能遇到一个问题，就是由于场景中的灯光个数非常多，在渲染时效果感觉很奇怪，而且检查了灯光参数没有任何问题。这时要考虑检查一下渲染参数，打开【渲染设置】，选择V-Ray选项卡，展开【全局开关】卷展栏，设置方式为【专家】，并设置类型为【全光求值】。再次进行渲染时会发现渲染效果正确了，如图9-30所示。

图 9-30

那这是为什么呢？其实这是V-Ray的一个比较新的功能，它的原理是在场景中不超过8盏灯光的情况下，渲染是肯定没有问题的。而超过8盏灯光时，V-Ray会自动选择其中几盏灯光参与渲染，而其他的灯光不会参与渲染，所以就导致渲染时出现错误效果，建议设置方式为【全光求值】。

Chapter 10

第10章

灯光

本章学习要点：

· 熟练掌握标准灯光的使用方法
· 熟练掌握 VR 灯光、VR 太阳的使用方法
· 熟练掌握光度学灯光的使用方法

本章内容简介：

3ds Max 与真实世界非常相似，没有光，世界是黑的，一切物体都是无法呈现的。所以，在场景中添加灯光是非常有必要的。在 3ds Max 中有 3 个灯光类型：标准灯光、光度学灯光、V–Ray 灯光。而各类型中又有多个灯光可供选择。3ds Max 中的灯光与真实世界中的灯光是非常相似的，在 3ds Max 中创建灯光时，可以参考身边的光源布置方式。

通过本章学习，我能做什么？

通过对本章的学习，我们应该能够创建出不同时间段的灯光效果，如清晨、中午、黄昏、夜晚等；可以创建出不同用途的灯光效果，如工业场景灯光、室内设计灯光等；也可以发挥想象创建出不同情景的灯光效果，如柔和、自然、奇幻等氛围光照效果。

优秀作品欣赏

10.1 认识灯光

本节将学习灯光的基本概念、为什么要应用灯光、灯光的创建流程，为后面学习灯光技术做准备。

10.1.1 什么是灯光

灯光是极具魅力的设计元素，它照射于物体表面，还可在暗部产生投影，使其更立体。3ds Max 中的灯光不仅是为了照亮场景，更多的是为了表达作品的情感。不同的空间需要不同的灯光设置，或明亮、或暗淡、或闪烁、或奇幻，仿佛不同的灯光背后都有着人与环境的故事。灯光在设置时应充分考虑色彩、色温、照度，应更能符合人体工程学，让人更舒适。CG 作品中的灯光设计更多时候会突出个性化，夸张的灯光设计可凸显模型造型和画面氛围。如图 10-1 和图 10-2 所示为优秀的灯光作品。

图 10-1

图 10-2

10.1.2 为什么要应用灯光

现实生活中光是很重要的，它可以照亮黑暗。按照时间

的不同，灯光可以分为清晨阳光、中午阳光、黄昏阳光、夜晚夜光等。按照类型的不同，灯光可以分为自然光和人造光，如太阳光就是自然光，吊顶灯光则是人造光。按照灯光用途的不同，灯光可以分为吊顶、台灯、壁灯等。由此可见灯光的分类之多，地位之重要。

在 3ds Max 中，灯光除了可以照亮场景以外，它还起到渲染作品风格气氛、模拟不同时刻、视觉装饰感、增强立体感、增大空间感等作用。如图 10-3 所示为中午的阳光效果和傍晚的光线效果的对比。

正午阳光效果　　　　　　夜晚灯光效果

图 10-3

【重点】10.1.3 灯光的创建思路

扫一扫，看视频

灯光的创建流程应遵循先创建"现实中存在的"光，再创建"现实中不存在"的光；先创建室外灯光，再创建室内灯光。而室内灯光遵循先创建主光源，再创建辅助或点缀光源，若渲染得到的效果不理想，再创建现实中不存在的光。这样制作的灯光会层次分明，真实自然。

例如，创建完成模型后，需要为场景创建灯光。首先要仔细考虑一下要创建什么时间的灯光效果，如中午、夜晚。确定好之后（例如创建夜晚效果），就可以先分析在该场景中现实中存在的光有哪些，包括室外光、筒灯光、落地灯光这 3 类。而这 3 类光中的左侧窗口位置的室外光是室外灯光，因此可以先创建，而筒灯光、落地灯光属于室内灯光，需要之后创建。如图 10-4 所示为准备创建的现实中存在的光。

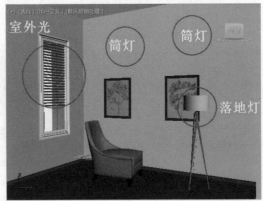

图 10-4

1. 创建现实中存在的光

步骤 01 想象一下，你置身于这间屋子里，先把室内灯光都关闭，此时只有微弱的夜色。在窗口外面创建一盏灯光，从外向内照射，颜色设置为深蓝色，如图10-5所示为灯光位置。图10-6所示为渲染得到的效果。若设置该灯光强度过大，则会得到非常亮的画面，但是要思考一下，当我们现实中在深夜关闭所有灯光的状态下确实是很暗的效果，因此，我们可以在创建灯光时不断想象现实中的灯光效果该是什么样，那么就尽量去做到逼真一些吧。

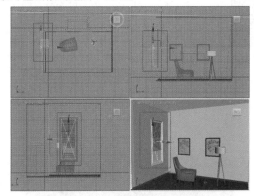

图 10-5

图 10-6

步骤 02 创建主光源。此时我们设想一下只打开了屋里墙壁上方的筒灯，对应地在3ds Max中也需要创建相应的目标灯光，位置如图10-7所示。此时渲染得到的效果如图10-8所示。

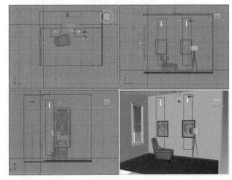

图 10-7

图 10-8

步骤 03 创建辅助光源。继续按照刚才的方法，想象一下打开落地灯，对应地在3ds Max中也需要创建落地灯灯罩内的灯光，位置如图10-9所示。此时渲染得到的效果如图10-10所示。

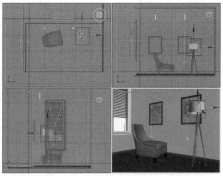

图 10-9

图 10-10

2. 创建现实中不存在的光

做到现在，发现刚才分析的3类现实中存在的光都已经创建完成了，并且是按照先创建室外后创建室内灯光的顺序。但是发现渲染的效果背景暗淡，准确地说是创建的背光处比较暗，这个时候就可以开始创建现实中不存在的光了。我们在场景模型的侧面创建一盏灯光，用于照射场景模型的暗部，但是要注意该灯光数值不宜过亮。该灯光位置如图10-11所示。此时渲染得到的效果如图 10-12 所示。

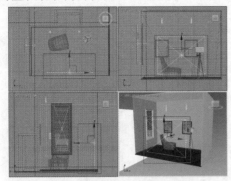

图 10-11

图 10-12

这就是比较便于为场景创建灯光的正确方法。除了按照这种方法创建灯光外，还需要注意始终保持灯光的"层次"（指的是明度对比），不要渲染灯光效果都特亮，这样会显得画面很"平"，没有"层次"。场景中该暗的位置要暗一些，该亮的位置应该亮一些，这样画面的层次对比就很好。

10.2 标准灯光

标准灯光是 3ds Max 中最简单的灯光类型，共包括 6 种类型。其中目标聚光灯、目标平行光、泛光较为常用。不同的灯光类型会产生不同的灯光效果，如图 10-13 所示为标准灯光类型。

图 10-13

- 目标聚光灯：模拟聚光灯效果，如射灯、手电筒光。
- 自由聚光灯：与目标聚光灯类似，掌握目标聚光灯即可。
- 目标平行光：模拟太阳光效果，比较常用。
- 自由平行光：与目标平行光类似，掌握目标平行光即可。
- 泛光：模拟点光源效果，如烛光、点光。
- 天光：模拟制作柔和的天光效果，不太常使用。

【重点】10.2.1 目标聚光灯

扫一扫，看视频

目标聚光灯是指灯光沿目标点方向发射的聚光光照效果。常用该灯光模拟舞台灯光、射灯光等，如图 10-14 和图 10-15 所示。其光照原理效果如图 10-16 所示。

图 10-14

图 10-15　　　　　图 10-16

参数设置如图 10-17 所示。

图 10-17

在【常规参数】卷展栏中可以设置是否启用灯光、是否启用阴影，还可以选择阴影类型，如图 10-18 所示。

中文版3ds Max 2020+VRay效果图制作从入门到精通（微课视频 全彩版）

图 10-18

• 灯光类型：设置灯光的类型，共有 3 种类型可供选择，分别是【聚光灯】【平行光】和【泛光灯】。

  • 启用：是否开启灯光。

  • 目标：启用该选项后，灯光将成为目标灯光，关闭则成为自由灯光。

• 阴影：控制是否开启灯光阴影以及设置阴影的相关参数。

  • 使用全局设置：启用该选项后可以使用灯光投射阴影的全局设置。

  • 阴影贴图：切换阴影的方式来得到不同的阴影效果，最常用的方式为【VRay 阴影】。

  • 排除... 按钮：可以将选定的对象排除于灯光效果之外。

在【强度 / 颜色 / 衰减】卷展栏中可以设置灯光基本参数，如倍增、颜色、衰减等，如图 10-19 所示。

图 10-19

• 倍增：控制灯光的强弱程度。

• 颜色：用来设置灯光的颜色。

• 衰退：该选项组中的参数用来设置灯光衰退的类型和起始距离。

  • 类型：指定灯光的衰退方式。【无】为不衰退；【倒数】为反向衰退；【平方反比】以平方反比的方式进行衰退。

  • 开始：设置灯光开始衰减的距离。

  • 显示：在视图中显示灯光衰减的效果。

• 近距衰减：该选项组用来设置灯光近距离衰退的参数。

  • 使用：启用灯光近距离衰减。

  • 显示：在视图中显示近距离衰减的范围。

  • 开始：设置灯光开始淡出的距离。

  • 结束：设置灯光达到衰减最远处的距离。

• 远距衰减：该选项组用来设置灯光远距离衰退的参数。

  • 使用：启用灯光远距离衰减。

  • 显示：在视图中显示远距离衰减的范围。

  • 开始：设置灯光开始淡出的距离。

  • 结束：设置灯光衰减为 0 时的距离。

在【聚光灯参数】卷展栏中可以设置灯光的照射衰减范围，如图 10-20 所示。

图 10-20

• 显示光锥：是否开启圆锥体显示效果。

• 泛光化：开启该选项时，灯光将在各个方向投射光线。

• 聚光区 / 光束：用来调整圆锥体灯光的角度。

• 衰减区 / 区域：设置灯光衰减区的角度。【衰减区 / 区域】与【聚光区 / 光束】的差值越大，灯光过渡越柔和，如图 10-21 所示。

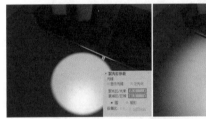

图 10-21

• 圆 / 矩形：指定聚光区和衰减区的形状。

• 纵横比：设置矩形光束的纵横比。

• 位图拟合 按钮：若灯光阴影的纵横比为矩形，可以用该按钮来设置纵横比，以匹配特定的位图。

在【高级效果】卷展栏中可以设置投影贴图，如图 10-22 所示。

图 10-22

• 对比度：调整曲面的漫反射区域和环境光区域之间的对比度。

• 柔化漫反射边：增加"柔化漫反射边"的值可以柔化曲

面的漫反射部分与环境光部分之间的边缘。

- 漫反射：启用此选项后，灯光将影响对象曲面的漫反射属性。
- 高光反射：启用此选项后，灯光将影响对象曲面的高光属性。
- 仅环境光：启用此选项后，灯光仅影响照明的环境光组件。
- 贴图：可以在通道上添加贴图（贴图中黑色表示光线被遮挡，白色表示光线可以透过），会根据贴图的黑白分布产生遮罩效果，常用该功能制作带有图案的灯光，如KTV灯光、舞台灯光等。如图10-23所示为没有勾选【贴图】的渲染效果。如图10-24所示为勾选【贴图】并添加一个黑白贴图，渲染效果如图10-25所示。

图 10-23　　　　　　　　图 10-24

图 10-25

在【阴影参数】卷展栏中可以设置阴影基本参数，如图10-26所示。

图 10-26

- 颜色：设置阴影的颜色，默认为黑色。
- 密度：设置阴影的密度。
- 贴图：为阴影指定贴图。
- 灯光影响阴影颜色：开启该选项后，灯光颜色将与阴影颜色混合在一起。

- 启用：启用该选项后，大气可以穿过灯光投射阴影。
- 不透明度：调节阴影的不透明度。
- 颜色量：调整颜色和阴影颜色的混合量。

当设置【阴影】方式为【VRay阴影】时，在【VRay阴影参数】卷展栏中可以设置阴影的柔和程度，如图10-27所示。

图 10-27

- 透明阴影：控制透明物体的阴影，必须使用VRay材质并选择材质中的【影响阴影】才能产生效果。
- 偏移：控制阴影与物体的偏移距离，一般可保持默认值。
- 区域阴影：勾选该选项时，阴影会变得柔和。如图10-28所示为取消和勾选【区域阴影】的对比效果。

（a）取消【区域阴影】　　（b）勾选【区域阴影】

图 10-28

- 长方体/球体：用来控制阴影的方式，一般默认设置为球体即可。
- U/V/W大小：数值越大，阴影越柔和。如图10-29所示为设置数值为10和60的对比效果。

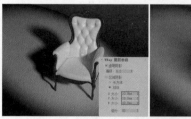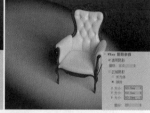

图 10-29

- 细分：该数值越大，阴影越细腻，噪点越少，渲染速度越慢。

 提示：当无法修改灯光和材质的细分数值时，该怎么办？

在设置灯光和材质时，如果发现【细分】选项不能进行设置，可以单击【渲染设置】 ![icon] 按钮打开【渲染设置】窗口，在V-Ray|【全局确定性蒙特卡洛】卷展栏下勾选【使用局部细分】选项，如图10-30所示。此时便可以返回对细分数值进行设置。

图 10-30

10.2.2 目标平行光

目标平行光可以产生一个圆柱状的平行照射区域，主要用于模拟阳光等效果，如图10-31所示。在制作室内外建筑效果图时，主要使用该灯光模拟室外阳光效果。其光照原理效果如图10-32所示。

扫一扫，看视频

图 10-31

图 10-32

参数设置如图10-33所示。

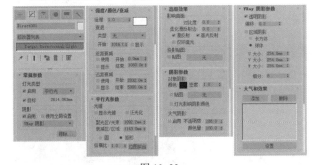

图 10-33

轻松动手学：使用目标平行光制作日光

文件路径：Chapter 10 灯光→轻松动手学：使用目标平行光制作日光

扫一扫，看视频

目标灯光可以快速模拟太阳光的效果，需要注意创建完成灯光后要勾选打开【阴影】，否则将没有阴影效果。图10-34所示为渲染效果。

图 10-34

步骤 01 打开本书场景文件，如图10-35所示。并按照本书【Chapter 09 渲染器参数设置】章中的【轻松动手学：设置测试渲染的参数】或【轻松动手学：设置高精度渲染的参数】步骤设置 VRay 渲染器参数。

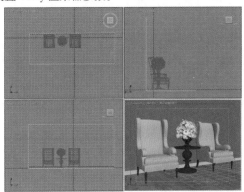

图 10-35

步骤 02 执行 ✚（创建）|●（灯光）| 标准 ▼ | 目标平行光 命令，如图10-36所示。

图 10-36

步骤 03 在场景中适当的位置创建一盏【目标平行光】，位置如图10-37所示。

步骤 04 单击【修改】按钮，勾选【阴影】下方的【启用】，设置方式为【VRay 阴影】，设置【倍增】为4，设置【聚光区/光束】为100cm、【衰减区/区域】为200cm，勾选【区域阴影】，设置【U/V/W 大小】为50cm，【细分】为40，如图10-38所示。

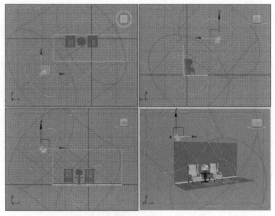

图 10-37

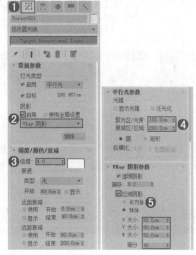

图 10-38

步骤 05 设置完成后按 Shift+Q 组合键将其渲染。最终渲染效果见实例最开始的展示效果。

10.2.3 泛光

扫一扫,看视频

泛光是一种由一个点向四周均匀发射光线的灯光。通常使用该灯光模拟制作烛光、壁灯、吊灯等效果,如图 10-39 ～图 10-41 所示。其光照原理效果如图 10-42 所示。

图 10-39

图 10-40

图 10-41　　　　　　　　图 10-42

参数设置如图 10-43 所示。

图 10-43

> **提示:泛光怎么设置灯光的照射范围?**
>
> 【泛光】灯光是通过设置【近距衰减】和【远距衰减】来调整灯光的衰减距离。例如,勾选【远距衰减】下的【使用】和【显示】,并设置【开始】和【结束】的数值,这两个数值就代表了该灯光的照射范围。【开始】数值的半径范围表示灯光最亮的区域,而【结束】数值的半径范围表示灯光最微弱的位置,再外则没有该灯光的效果。图 10-44 所示为不勾选【远距衰减】下的参数设置,泛光不会出现衰减效果,亮度均匀,如图 10-45 所示。

图 10-44　　　　　　　　图 10-45

如图 10-46 所示为勾选【远距衰减】下的【使用】和【显示】,并设置【开始】和【结束】的数值为 30 和 200,会渲染出明显的衰减效果,如图 10-47 所示。

中文版3ds Max 2020+VRay效果图制作从入门到精通(微课视频 全彩版)

图 10-46　　　　　图 10-47

实例：使用泛光制作蜡烛烛光

文件路径：Chapter 10　灯光→实例：使用泛光制作蜡烛烛光

扫一扫，看视频

本实例主要讲解使用两盏泛光灯制作烛光效果。除了烛光之外，还需要创建蜡烛周围的环境光效果。实例效果如图 10-48 所示。

图 10-48

Part 01　创建周围的环境灯光

步骤 01 打开本书场景文件，如图 10-49 所示。并按照本书【Chapter 09　渲染器参数设置】章中的【轻松动手学：设置测试渲染的参数】或【轻松动手学：设置高精度渲染的参数】步骤设置 VRay 渲染器参数。

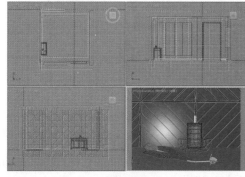

图 10-49

步骤 02 执行 ✚（创建）| ●（灯光）| VRay ▼ |（VR）灯光命令，如图 10-50 所示。在场景中窗户的位置处创建一盏（VR）灯光，如图 10-51 所示。

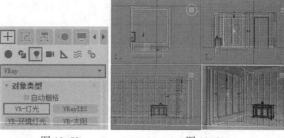

图 10-50　　　　　图 10-51

步骤 03 创建完成后单击【修改】按钮，展开【常规】卷展栏，设置【类型】为【平面】，【长度】为 2050mm，【宽度】为 2376mm，【倍增】为 13，【颜色】为蓝色，勾选【不可见】选项，取消勾选【影响反射】，设置【细分】为 40，如图 10-52 所示。

步骤 04 设置完成后按 Shift+Q 组合键将其渲染。其渲染的效果如图 10-53 所示。

图 10-52

图 10-53

步骤 05 再次创建一盏（VR）灯光，位置如图 10-54 所示。单击【修改】按钮 ，展开【常规】卷展栏，设置【类型】为【平面】，【长度】为 2050mm，【宽度】为 2376mm，【倍增】为 4，【颜色】为浅黄色。接着展开【选项】卷展栏，勾选【不可见】

选项,取消勾选【影响反射】。展开【采样】卷展栏,设置【细分】为40,如图10-55所示。

盏泛光灯,如图10-58所示。

图10-57

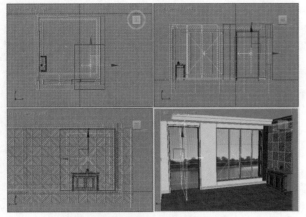

图10-54

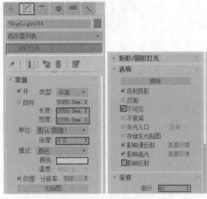

图10-55

步骤 06 设置完成后按 Shift+Q 组合键将其渲染。其渲染的效果如图10-56所示。

图10-56

Part 02　创建蜡烛烛光

步骤 01 执行 十（创建）|　（灯光）| 标准 ▼ | 泛光 命令,如图10-57所示。在场景中蜡烛上方位置处创建一

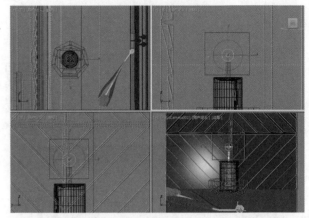

图10-58

步骤 02 创建完成后单击【修改】按钮，在【常规参数】卷展栏中设置【灯光类型】为【泛光】,展开【强度/颜色/衰减】卷展栏,设置【倍增】为1000,【颜色】为橘黄色,勾选【远距衰减】下方的【使用】和【显示】,并设置【开始】为20mm,【结束】为50mm。展开【VRay 阴影参数】卷展栏,选择【球体】选项,设置【U 大小】【V 大小】【W 大小】的数值分别为254mm,【细分】为8,如图10-59所示。

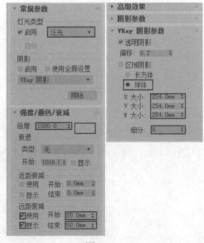

图10-59

步骤 03 设置完成后按 Shift+Q 组合键将其渲染,其渲染的效果如图10-60所示。

中文版3ds Max 2020+VRay效果图制作从入门到精通（微课视频 全彩版）

图 10-60

步骤 04 继续在场景中蜡烛上方位置处创建一盏泛光灯,如图 10-61 所示。创建完成后单击【修改】按钮 ,在【常规参数】卷展栏中设置【灯光类型】为【泛光】,展开【强度 / 颜色 / 衰减】卷展栏,设置【倍增】为 10,【颜色】为橘黄色,勾选【远距衰减】下方的【使用】和【显示】,并设置【开始】为 130mm,【结束】为 300mm。展开【VRay 阴影参数】卷展栏,选择【球体】选项,设置【U 大小】【V 大小】【W 大小】的数值分别为 254mm,【细分】为 8,如图 10-62 所示。

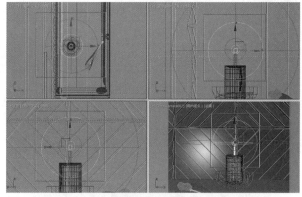

图 10-61

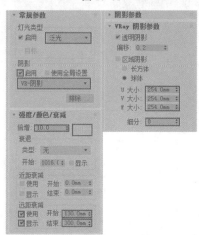

图 10-62

步骤 05 设置完成后按 Shift+Q 组合键将其渲染,最终渲染效果见实例最开始的展示效果。

10.2.4 天光

天光灯光可以将场景整体提亮,常使用该灯光模拟天空天光环境,如图 10-63 和图 10-64 所示。

图 10-63

图 10-64

如图 10-65 所示为【天光参数】面板。

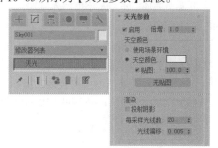

图 10-65

· 启用:控制是否开启天光。

· 倍增:控制灯光的强度。

· 使用场景环境:使用【环境与特效】对话框中设置的灯光颜色。

· 天空颜色:设置天光的颜色。

· 贴图:设置贴图来影响天光颜色。

·投射阴影：控制是否产生阴影。

10.3 VRay 灯光

VRay 灯光是室内设计中最常用的灯光类型，VRay 灯光的特点是效果非常逼真、参数比较简单。其中的（VR）灯光和（VR）太阳两种灯光是最重要的，是必须要熟练掌握的，如图 10-66 所示。

图 10-66

- （VR）灯光：常用于模拟室内外灯光，该灯光光线比较柔和，是最常用的灯光之一。
- （VR）光域网：该灯光类似于目标灯光，都可以加载 IES 灯光，可产生类似射灯的效果。
- （VR）环境灯光：可以模拟环境灯光效果。
- （VR）太阳：常用于模拟真实的太阳光，灯光的位置影响灯光的效果（正午、黄昏、夜晚），是最常用的灯光之一。

【重点】10.3.1 （VR）灯光

（VR）灯光是 3ds Max 最常用、最强大的灯光之一，是必须要熟练掌握的灯光类型。（VR）灯光产生的光照效果比较柔和，其中包括（VR）灯光"平面"、（VR）灯光"球体"、（VR）灯光"穹顶"、（VR）灯光"网格"，其中（VR）灯光"平面"、（VR）灯光"球体"是最常用的两类灯光。

扫一扫，看视频

1.（VR）灯光"平面"

（VR）灯光"平面"是由一个方形的灯光沿某一个方向或沿前后照射灯光，具有很强的方向性。常用来模拟较为柔和的光线效果，在室内效果图中应用较多，例如顶棚灯带、窗口光线、辅助灯光等，如图 10-67 和图 10-68 所示。

图 10-67

图 10-68

在视图中拖动可以创建（VR）灯光"平面"，如图 10-69 所示。其光照原理效果如图 10-70 所示。

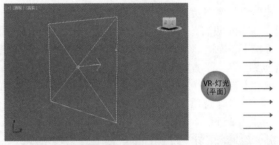

图 10-69　　　　　　　　图 10-70

参数设置如图 10-71 所示。

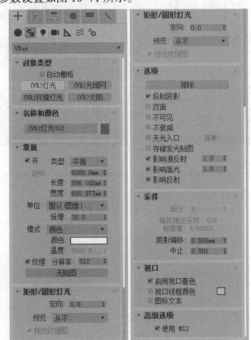

图 10-71

2.（VR）灯光"球体"

（VR）灯光"球体"是由一个圆形的灯光组成，由中心向四周均匀发散光线，并伴随距离的增大产生衰减效果。常用来模拟吊灯、壁灯、台灯等，如图 10-72 所示。

吊灯　　　　　壁灯　　　　　台灯

图 10-72

在视图中拖动可以创建（VR）灯光"球体"，如图 10-73 所示。其光照原理效果如图 10-74 所示。

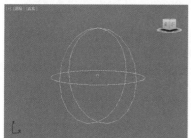

图 10-73　　　　　图 10-74

其参数设置如图 10-75 所示。

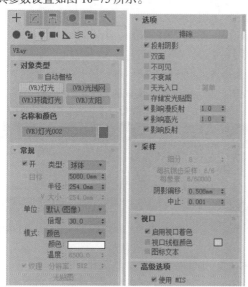

图 10-75

（1）常规

• 开：控制是否开启灯光。

• 类型：指定（VR）灯光的类型，包括【平面】【球体】【穹顶】【网格】和【圆形】。

　• 平面：灯光为平面形状的（VR）灯光，主要模拟由一平面向外照射的灯光效果，如图 10-76 和图 10-77 所示。

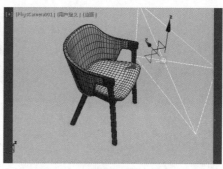

图 10-76

图 10-77

• 球体：灯光为球体形状的（VR）灯光，主要模拟由一点向四周发散的光线效果，如图 10-78 和图 10-79 所示。

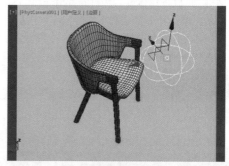

图 10-78

图 10-79

• 穹顶：可以产生类似天光灯光的均匀效果，如图 10-80 和图 10-81 所示。

图 10-80

图 10-81

- 网格：可以将物体设置为灯光发射光源，如图 10-82 所示。（操作方法为：设置【类型】为【网格】，并单击【拾取网格】，接着在场景中单击拾取一个模型，此时（VR）灯光将按照该模型的形状产生光线。）

图 10-82

- 圆形：可以创建圆形的灯光，如图 10-83 和图 10-84 所示。

图 10-83

图 10-84

- 目标：设置灯光的目标距离数值。
- 长度：设置灯光的长度。
- 宽度：设置灯光的宽度。
- 半径：设置类型为球体时，该选项控制灯光的半径尺寸。
- 单位：设置（VR）灯光的发光单位类型，如发光率、亮度。
- 倍增：设置灯光的强度，数值越大越亮。
- 模式：设置颜色或温度的模式。
- 颜色：设置灯光的颜色。
- 温度：当设置【模式】为【温度】时，控制温度数值。
- 纹理：控制是否使用纹理。
- 分辨率：设置纹理贴图的分辨率数值。

（2）选项

- 投射阴影：控制是否产生阴影。
- 双面：控制是否产生双面照射灯光的效果。图 10-85 所示为取消勾选【双面】和勾选【双面】选项的对比效果。

图 10-85

- 不可见：控制是否可以渲染出灯光本身。图 10-86 所示为勾选【不可见】和取消勾选【不可见】选项的对比效果。

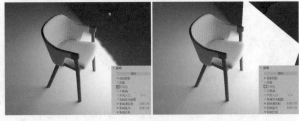

图 10-86

- 不衰减：默认取消时，可以产生真实的灯光强度衰减。勾选时，则不会产生衰减。

- 影响漫反射：控制是否影响物体材质属性的漫反射。
- 影响高光：控制是否影响物体材质属性的高光。
- 影响反射：控制是否影响物体材质属性的反射。勾选时，该灯光本身会出现在反射物体表面。取消时，该灯光不会出现在反射物体表面，如图10-87所示。

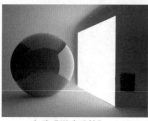 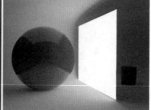

勾选【影响反射】　　　　　取消【影响反射】

图 10-87

（3）采样
- 细分：控制灯光的采样细分。数值越小，渲染杂点越多，渲染速度越快，如图10-88和图10-89所示为设置【细分】为3和30的对比效果。

图 10-88

图 10-89

- 阴影偏移：控制物体与阴影的偏移距离。
- 中止：控制灯光中止的数值。

实例：使用（VR）灯光制作吊灯

文件路径：Chapter 10 灯光→实例：使用（VR）灯光制作吊灯

扫一扫，看视频

本实例主要使用（VR）灯光"平面"模拟窗口的灯光，并创建（VR）灯光"球体"制作吊灯灯光。实例效果如图10-90所示。

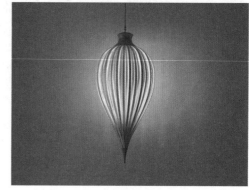

图 10-90

步骤 01 打开本书场景文件，如图10-91所示。并按照本书【Chapter 09 渲染器参数设置】章中的【轻松动手学：设置测试渲染的参数】或【轻松动手学：设置高精度渲染的参数】步骤设置VRay渲染器参数。

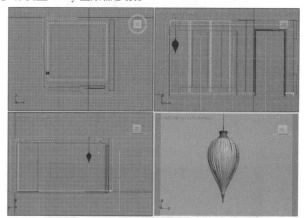

图 10-91

步骤 02 执行 ✛（创建）| 💡（灯光）| VRay ▼ | （VR）灯光命令，如图10-92所示。在场景中窗户外面的位置处创建一盏（VR）灯光，从外向内照射，如图10-93所示。

图 10-92

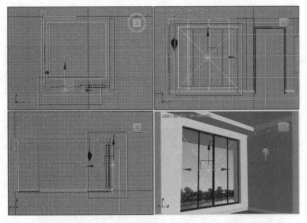

图 10-93

步骤 03 创建完成后单击【修改】按钮☑，展开【常规】卷展栏，设置【类型】为【平面】，【长度】为2600mm，【宽度】为2600mm，【倍增】为5，【颜色】为蓝色，勾选【不可见】选项，取消勾选【影响反射】，【细分】为30，如图10-94所示。

步骤 04 设置完成后按Shift+Q组合键将其渲染，其渲染的效果如图10-95所示。

图 10-94

图 10-95

步骤 05 在吊灯位置处创建一盏（VR）灯光，如图10-96所示。创建完成后单击【修改】按钮，展开【常规】卷展栏，设置【类型】为【球体】，【半径】为35mm，【倍增】为200，【颜色】为橘黄色，展开【选项】卷展栏，勾选【不可见】选项，

在【采样】卷展栏下设置【细分】为30，如图10-97所示。

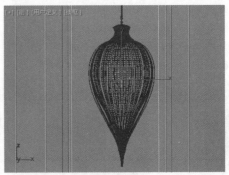

图 10-96

图 10-97

步骤 06 设置完成后按Shift+Q组合键将其渲染，最终渲染效果见实例最开始的展示效果。

实例：使用（VR）灯光制作落地灯

扫一扫，看视频

文件路径：Chapter 10 灯光→实例：使用（VR）灯光制作落地灯

本实例采用（VR）灯光制作窗口灯光、场景灯光和落地灯灯光效果。实例效果如图10-98所示。

图 10-98

步骤 01 打开本书场景文件，如图10-99所示。

中文版3ds Max 2020+VRay效果图制作从入门到精通（微课视频·全彩版）

步骤 02 执行 ➕（创建）| 💡（灯光）| VRay ▾ | （VR）灯光 命令，在场景中适当的位置窗户的外面位置处创建一盏（VR）灯光，从外向内照射，如图10-100所示。

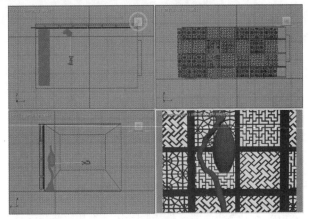

图 10-99

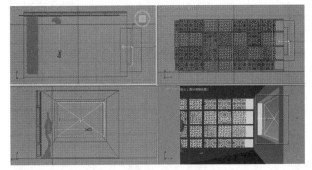

图 10-100

步骤 03 创建完成后单击【修改】按钮，展开【常规】卷展栏，设置【类型】为【平面】，【长度】为2000mm，【宽度】为1400mm，【倍增】为50，【颜色】为蓝色，勾选【不可见】选项，【细分】为30，如图10-101所示。

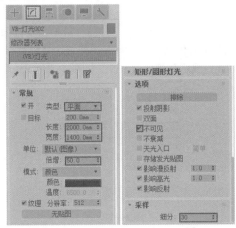

图 10-101

步骤 04 设置完成后按Shift+Q组合键将其渲染，其渲染的效果如图10-102所示。

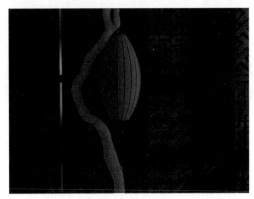

图 10-102

步骤 05 在左视图中创建一盏（VR）灯光，并适当旋转，位置如图10-103所示。单击【修改】按钮，展开【常规】卷展栏，设置【类型】为【平面】，【长度】为2000mm，【宽度】为1400mm，【倍增】为2，【颜色】为蓝色，勾选【不可见】选项，【细分】为30，如图10-104所示。

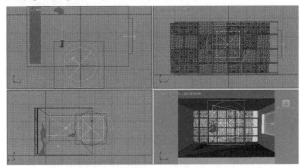

图 10-103

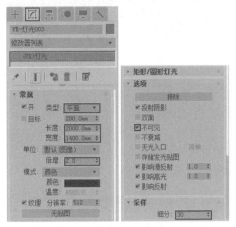

图 10-104

步骤 06 设置完成后按Shift+Q组合键将其渲染，其渲染的效果如图10-105所示。

步骤 07 再次创建一盏（VR）灯光，放置在灯罩内，如图10-106所示。单击【修改】按钮，展开【常规】卷展栏，设置【类型】为【球体】，【半径】为60mm，【倍增】为200，【颜色】为橙红色，如图10-107所示。

图 10-105

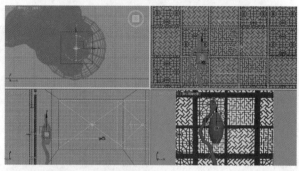

图 10-106

图 10-107

步骤 08 设置完成后按 Shift+Q 组合键将其渲染，最终渲染效果见实例最开始的展示效果。

实例：使用（VR）灯光制作灯带

文件路径：Chapter 10 灯光→实例：使用（VR）灯光制作灯带

（VR）灯光产生的光照效果较为柔和，本实例主要讲解使用（VR）灯光制作窗口灯光、灯带灯光和吊灯灯光的效果，需要注意的是窗口灯光和灯带灯光的灯光类型为平面，吊灯灯光的灯光类型为球体。实例效果如图 10-108 所示。

扫一扫，看视频

图 10-108

Part 01　创建窗口处灯光

步骤 01 打开本书场景文件，如图 10-109 所示。并按照本书【Chapter 09　渲染器参数设置】章中的【轻松动手学：设置测试渲染的参数】或【轻松动手学：设置高精度渲染的参数】步骤设置 VRay 渲染器参数。

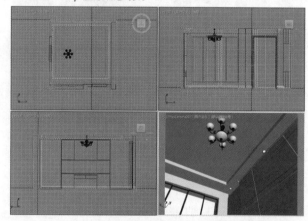

图 10-109

步骤 02 执行 ✚（创建）| ☀（灯光）| VRay ▼ | （VR）灯光命令，如图 10-110 所示。在场景中窗户的外面位置处创建一盏（VR）灯光，从外向内照射，如图 10-111 所示。

图 10-110

步骤 03 创建完成后单击【修改】按钮 ☑，展开【常规】卷展栏，设置【类型】为【平面】，【长度】为 2050mm，【宽度】为 2376mm，【倍增】为 8，【颜色】为白色，勾选【不可见】

选项,取消勾选【影响反射】,【细分】为 40,如图 10-112 所示。

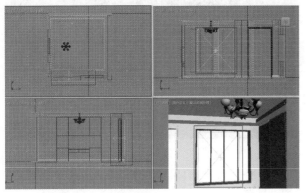

图 10-111

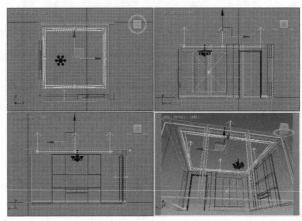

图 10-114

图 10-112

图 10-115

步骤 04 设置完成后按 Shift+Q 组合键将其渲染,其渲染的效果如图 10-113 所示。

图 10-113

步骤 02 设置完成后按 Shift+Q 组合键将其渲染,其渲染的效果如图 10-116 所示。

图 10-116

Part 02　创建顶棚灯带

步骤 01 在顶棚灯槽内部位置创建 4 盏 (VR) 灯光,如图 10-114 所示。单击【修改】按钮 ☑,展开【常规】卷展栏,设置【类型】为【平面】,【长度】为 160mm,【宽度】为 4600mm,【倍增】为 6,【颜色】为淡黄色,勾选【不可见】选项,取消勾选【影响反射】,【细分】为 40,如图 10-115 所示。

Part 03　创建吊灯灯光

步骤 01 在顶视图中吊灯位置处创建 6 盏 (VR) 灯光,如图 10-117 所示。创建完成后单击【修改】按钮 ☑,展开【常规】卷展栏,设置【类型】为【球体】,【半径】为 20mm,【倍增】为 100,【颜色】为橘黄色,勾选【不可见】选项,取消勾选【影响反射】,【细分】为 25,如图 10-118 所示。

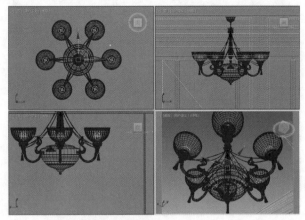

图 10-117

图 10-118

设置完成后按 Shift+Q 组合键将其渲染,最终渲染效果见实例最开始的展示效果。

【重点】10.3.2 (VR)太阳

(VR)太阳是一种模拟真实太阳效果的灯光,不仅可以模拟正午阳光,还可以模拟黄昏和夜晚,如图 10-119 ~ 图 10-121 所示。

扫一扫,看视频

图 10-119

图 10-120　　　　　　　　图 10-121

其光照原理效果如图 10-122 所示。其参数设置如图 10-123 所示。

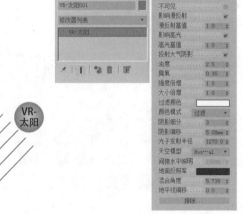

图 10-122　　　　　　　　图 10-123

- 启用:控制是否开启该灯光。
- 不可见:控制灯光本身是否可以被渲染出来。
- 影响漫反射:控制是否影响漫反射。
- 影响高光:控制是否影响高光。
- 投射大气阴影:控制是否投射大气阴影效果。
- 浊度:控制空气中的清洁度,数值越大,灯光效果越暖(正午为 3 左右、黄昏为 10 左右),如图 10-124 所示。

(a)设置【浊度】为3　　　　　　(b)设置【浊度】为10

图 10-124

- 臭氧:控制臭氧层的厚度,数值越大,颜色越浅。
- 强度倍增:控制灯光的强度,数值越大,灯光越亮。如图 10-125 所示为设置【强度倍增】为 0.02 和 0.05 的对比效果。

中文版3ds Max 2020+VRay效果图制作从入门到精通(微课视频 全彩版)

(a)设置【强度倍增】为0.02　　(b)设置【强度倍增】为0.05

图 10-125

- 大小倍增：控制阴影的柔和度，数值越大，产生的阴影越柔和。如图 10-126 所示为设置【大小倍增】为 2 和 20 的对比效果。

(a)设置【大小倍增】为2　　(b)设置【大小倍增】为20

图 10-126

- 过滤颜色：控制灯光的颜色。
- 颜色模式：设置颜色的模式类型，包括过滤、直接、覆盖。
- 阴影细分：控制阴影的细腻程度，数值越大，阴影噪点越少，渲染越慢（一般测试渲染设置为 8，最终渲染设置为 20）。
- 阴影偏移：控制阴影的偏移位置。
- 天空模型：设置天空的类型，包括 Preetham et al.、CIE 晴天、CIE 阴天、Hosek et al.。

【重点】（VR）太阳与水平面夹角的重要性

（VR）太阳灯光之所以很真实，是因为该灯光模拟了现实中太阳的原理，即太阳的几种位置状态。例如，正午阳光太阳高高在上；黄昏阳光太阳即将落山；夜晚夜光太阳早已落山。因此，（VR）太阳与水平面的夹角越接近于垂直那么越呈现正午效果。例如，场景一个地面、茶壶及一盏（VR）太阳，如图 10-127 所示。

扫一扫，看视频

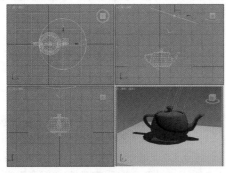

图 10-127

当灯光与水平线的夹角接近 90°时，渲染会得到正午阳光效果（光线强烈、阴影坚硬），如图 10-128 和图 10-129 所示。

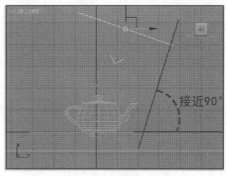

图 10-128

图 10-129

当灯光与水平线的夹角接近 0°时，渲染会得到黄昏阳光效果（光线更暖、阴影更长），如图 10-130 和图 10-131 所示。

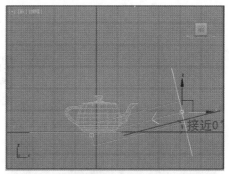

图 10-130

图 10-131

当灯光与水平线的夹角在水平线以下时，渲染会得到夜晚夜光效果（光线更冷、灯光更暗），如图 10-132 和图 10-133 所示。

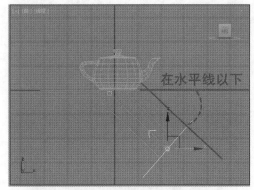

图 10-132

图 10-133

实例：使用（VR）太阳制作日光

文件路径：Chapter 10 灯光→实例：使用（VR）太阳制作日光

本实例通过在场景中创建（VR）太阳灯光来模拟日光效果，最终渲染效果如图 10-134 所示。

扫一扫，看视频

图 10-134

步骤 01 打开本书场景文件，如图 10-135 所示。

步骤 02 执行 ✛（创建）|● (灯光)| VRay ▼ |（VR）太阳 命令，如图 10-136 所示。

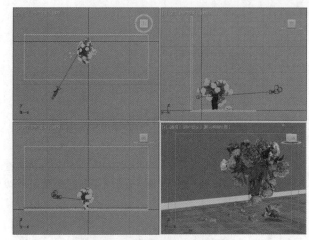

图 10-135

图 10-136

步骤 03 在场景中适当的位置创建一盏（VR）太阳灯光，如图 10-137 所示。创建完成后在弹出的【V-Ray 太阳】对话框中单击【确定】按钮，如图 10-138 所示。

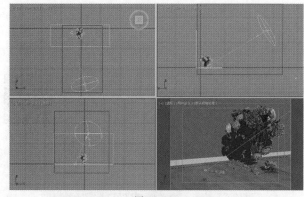

图 10-137

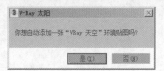

图 10-138

步骤 04 单击【修改】按钮，展开【VRay 太阳参数】卷展栏，设置【浊度】为 3，【强度倍增】为 0.06，【大小倍增】为 5，【阴影细分】为 20，【天空模型】为【Preetham et al.】，如图 10-139 所示。设置完成后按 Shift+Q 组合键将其渲染，最终渲染效果见实例最开始的展示效果。

图 10-139

实例：使用（VR）太阳制作黄昏灯光

文件路径：Chapter 10 灯光→实例：使用（VR）太阳制作黄昏灯光

本实案例将使用（VR）太阳模拟阳光效果，而为了产生黄昏特点，所以需要将该灯光与水平面的夹角设置得很小。最终渲染效果如图 10-140 所示。

扫一扫，看视频

图 10-140

步骤 01 打开本书场景文件，如图 10-141 所示。

步骤 02 执行 ✛（创建）| ●（灯光）| VRay ▼ | （VR）太阳

命令，如图 10-142 所示。

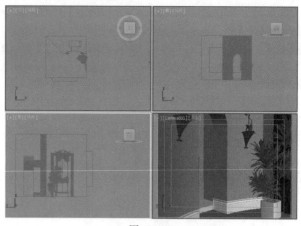

图 10-141

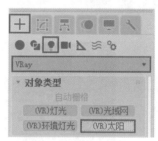

图 10-142

步骤 03 在前视图中拖曳并创建 1 盏（VR）太阳，并在各视图中调整灯光位置（VR）太阳的原理类似于真实的太阳，此处需要设置灯光与水平面夹角小一些，从而制作出太阳要落山之前的黄昏效果），如图 10-143 所示。在弹出的【V-Ray）太阳】对话框中单击【是】按钮，如图 10-144 所示。

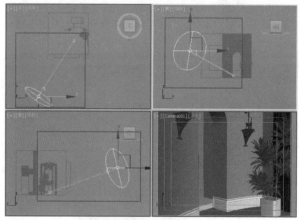

图 10-143

图 10-144

步骤 04 选择上一步创建的（VR）太阳，设置【浊度】为3，【强度倍增】为0.05，【大小倍增】为5，【阴影细分】为31，【天空模型】为【Preetham et al.】，如图10-145所示。

步骤 05 设置完成后按Shift+Q组合键将其渲染，其渲染的效果如图10-146所示，发现渲染效果非常暗淡，需要设置辅助光源。

图10-145   图10-146

步骤 06 在前视图中拖曳并创建1盏（VR）灯光，如图10-147所示。设置【类型】为【平面】，【长度】为3285.612mm，【宽度】为3066.572mm，设置【倍增】为6，在【选项】组下勾选【不可见】，在【采样】选项组下设置【细分】为20，如图10-148所示。

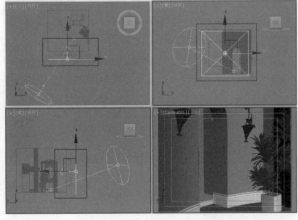

图10-147

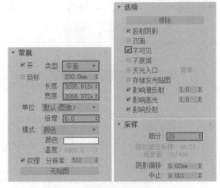

图10-148

步骤 07 设置完成后按Shift+Q组合键将其渲染，最终渲染效果见实例最开始的展示效果。

10.3.3 （VR）光域网

（VR）光域网是一种类似与目标灯光的灯光类型，图10-149所示为其参数面板。

图10-149

- 启用：控制是否开启该灯光。
- 目标：控制是否使用目标点。
- IES文件：单击可以加载IES文件。
- 使用灯光图形：勾选此选项，在IES光指定的光的形状将被考虑在计算阴影。
- 颜色模式：该选项可以控制颜色的模式，包括颜色和温度。
- 颜色：色彩模式设置为颜色这个参数决定了光的颜色。
- 色温：该参数决定了光的颜色温度。

10.3.4 （VR）环境灯光

（VR）环境灯光主要用于模拟制作环境天光效果，其参

中文版3ds Max 2020+VRay效果图制作从入门到精通（微课视频 全彩版）

数设置如图 10-150 所示。

图 10-150

- 启用：控制是否开启灯光。
- 模式：设置三种模式，包括【直接光＋全局照明】【直接光】【全局照明（GI）】。
- GI 最小距离：控制全局照明的最小距离。
- 颜色：指定哪些射线是由该灯光影响。
- 强度：设置灯光的强度。
- 灯光贴图：设置灯光的贴图。
- 启用灯光贴图：控制是否使用灯光贴图选项。
- 补偿曝光：（VR）环境灯光在和 VR- 物理摄影机一同使用时，此选项生效。

【重点】10.4 光度学灯光

光度学灯光可以允许我们导入照明制造商提供的特定光度学文件（.ies 文件），可以模拟出更真实的灯光效果，比如射灯等。光度学灯光包括【目标灯光】【自由灯光】【太阳定位器】3 种类型，如图 10-151 所示。

图 10-151

- 目标灯光：常用来模拟射灯、筒灯效果，是室内设计中最常用的灯光之一。
- 自由灯光：与目标灯光相比，只是缺少目标点。
- 太阳定位器：可以创建真实的太阳，并且可以调整日期及在地球上所在的经度纬度。

【重点】10.4.1 目标灯光

目标灯光由灯光和目标点组成，可以产生由灯光向外照射的弧形效果，通常用来模拟室内外效果图中的射灯、壁灯等效果，如图 10-152 和图 10-153 所示。其光照原理效果如图 10-154 所示。

扫一扫，看视频

图 10-152

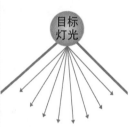

图 10-153　　　　　图 10-154

目标灯光的参数设置如图 10-155 所示。

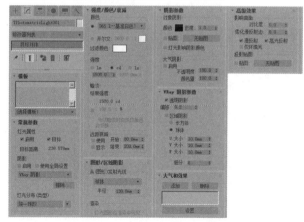

图 10-155

1. 常规参数

展开【常规参数】卷展栏，如图 10-156 所示。

231

图 10-156

（1）灯光属性

- **启用**：控制是否开启灯光。
- **目标**：控制是否应用目标点。

（2）阴影

- **启用**：控制是否打开阴影效果。
- **使用全局设置**：启用该选项，灯光产生的阴影将影响整个场景的阴影效果，默认勾选即可。
- **阴影类型**：选择使用的阴影类型，通常使用【VRay 阴影】方式更真实。

（3）灯光分布（类型）

设置灯光的分布类型，包含【光度学 Web】【聚光灯】【统一漫反射】和【统一球形】4 种类型。通常选择【光度学 Web】方式，可以添加 IES 文件，模拟真实射灯效果。

2. 强度／颜色／衰减

展开【强度／颜色／衰减】卷展栏，如图 10-157 所示。

图 10-157

- **类型**：设置灯光光谱类型，如白炽灯、荧光灯等。
- **开尔文**：热力学温标或称绝对温标，是国际单位制中的温度单位。
- **过滤颜色**：控制灯光产生的颜色，如图 10-158 所示为设置【过滤颜色】为白色和橙色的对比效果。

图 10-158

- **强度**：控制灯光的强度，图 10-159 所示为设置不同强度的渲染效果。

（a）设置【强度】为200000　　　（b）设置【强度】为900000

图 10-159

- **使用**：启用灯光的远距衰减。
- **显示**：在视口中显示远距衰减的范围设置。
- **开始／结束**：设置灯光开始淡出／灯光结束的距离。

3. 图形／区域阴影

展开【图形／区域阴影】卷展栏，如图 10-160 所示。

图 10-160

4. 阴影贴图参数

展开【阴影贴图参数】卷展栏，如图 10-161 所示。

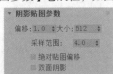

图 10-161

- **偏移**：设置阴影偏移的距离。
- **大小**：设置计算灯光的阴影贴图的大小。
- **采样范围**：设置阴影内平均有多少个区域。
- **双面阴影**：控制是否产生双面阴影。

5. 阴影参数

展开【阴影参数】卷展栏，如图 10-162 所示。

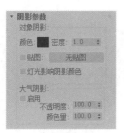

图 10-162

6. VRay 阴影参数

展开【VRay 阴影参数】卷展栏，如图 10-163 所示。

图 10-163

- 透明阴影：控制透明物体的阴影，当应用 VRay 材质并选择材质中的【影响阴影】才能产生效果。
- 偏移：设置阴影偏移的距离。
- 区域阴影：勾选该选项则会产生更柔和的阴影效果，但是渲染速度会变慢，如图 10-164 所示。

(a)取消【区域阴影】　　(b)勾选【区域阴影】

图 10-164

- 长方体 / 球体：用来控制阴影的方式，默认即可。
- U/V/W 大小：控制阴影的柔和程度，数值越大越柔和，如图 10-165 所示。

(a)【U/V/W大小】为200　　(b)【U/V/W大小】为2000

图 10-165

- 细分：数值越大噪点越少，渲染速度越慢。

📷 提示：光域网和目标灯光有什么关系？

目标灯光在使用时，需要加载光域网文件（.ies 文件）。那么什么是光域网呢？

光域网是室内灯光设计的专业名词，是灯光的一种物理性质，确定光在空气中发散的方式，不同的灯在空气中的发散方式是不一样的，产生的光束形状是不同的。之所以每个光域网文件（.ies 文件）的灯光渲染形状效果不同，是因为每个灯在出厂时，厂家对每个灯都指定了不同的光域网。如图 10-166 所示为很多光域网的渲染效果。

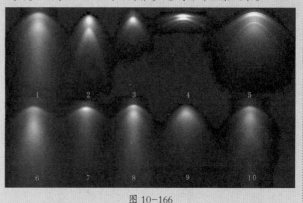
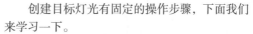

图 10-166

轻松动手学：创建一盏目标灯光

文件路径：Chapter 10　灯光→轻松动手学：创建一盏目标灯光

创建目标灯光有固定的操作步骤，下面我们来学习一下。

扫一扫，看视频

步骤 01 创建一个目标灯光，如图 10-167 所示。

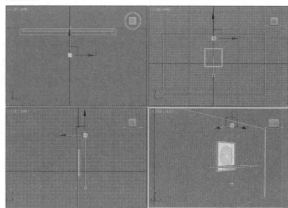

图 10-167

步骤 02 单击【修改】按钮，勾选【阴影】下的【启用】，设置方式为【VRay 阴影】，设置【灯光分布（类型）】为【光度学 Web】。

步骤 03 展开【分布（光度学 Web）】卷展栏，并添加光域网文件【01.ies】文件。

步骤 04 设置【过滤颜色】为浅黄色，设置【强度】数值。

步骤 05 勾选【区域阴影】，设置【细分】为30，如图10-168所示。

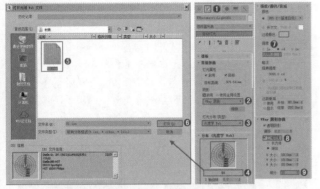

图 10-168

步骤 06 渲染效果如图10-169所示。

图 10-169

【重点】 目标灯光创建时的两个问题

注意1：目标灯光的位置

在创建目标灯光时，要注意位置不能与墙有穿插、离墙太远或离墙太近。只有离墙距离合适，才会得到舒服的灯光效果。

错误1：如图10-170和图10-171所示为目标灯光与墙穿插的渲染效果。

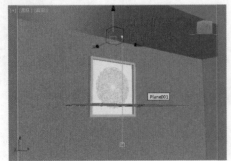

图 10-170

图 10-171

错误2：图10-172和图10-173所示为目标灯光离墙太近的渲染效果。

图 10-172

图 10-173

错误3：如图10-174和图10-175所示为目标灯光离墙太远的渲染效果。

图 10-174

图 10-175

正确方法：当目标灯光既不与墙产生穿插，又离墙距离刚好合适时，会渲染出较正常的效果，如图 10-176 和图 10-177 所示。

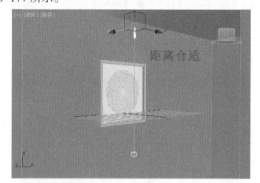

图 10-176

图 10-177

注意 2：目标灯光的强度

步骤 01 有时候为目标灯光添加了 .ies 文件后，渲染发现创建没有该灯光效果，如图 10-178 所示。

步骤 02 而此时经过检查发现目标灯光没有任何位置错误，那么很有可能是因为目标灯光的强度太小，因为添加了 .ies 文件后，该文件会自动显示出一个强度数值，有可能是该数值太小，如图 10-179 所示。

图 10-178   图 10-179

步骤 03 只需要把这个数值增大很多，如图 10-180 所示。再进行渲染，就能看到渲染出了该灯光效果，如图 10-181 所示。

图 10-180   图 10-181

实例：使用目标灯光制作射灯

文件路径：Chapter 10 灯光→实例：使用目标灯光制作射灯

扫一扫，看视频

目标灯光由灯光和目标点组成，能够产生由灯光向外照射的弧形效果。本实例主要讲解使用目标灯光制作墙壁上的两盏射灯。实例效果如图 10-182 所示。

图 10-182

Part 01　创建窗口处的夜色

步骤 01 打开本书场景文件，如图 10-183 所示。

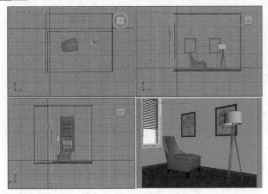

图 10-183

步骤 02 执行 ✚（创建）|💡（灯光）| VRay ▼ |（VR）灯光 命令，在场景中适当的位置窗户的位置处创建一盏（VR）灯光，如图 10-184 所示。

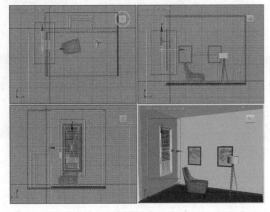

图 10-184

步骤 03 创建完成后单击【修改】按钮 ☑，设置【类型】为【平面】，【长度】为80mm，【宽度】为230mm，【倍增】为10，【颜色】为蓝色，勾选【不可见】选项，【细分】为30，如图 10-185 所示。

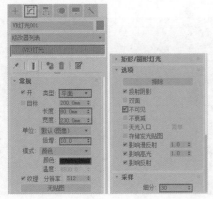

图 10-185

步骤 04 设置完成后按 Shift+Q 组合键将其渲染，其渲染的效果如图 10-186 所示。

图 10-186

Part 02　创建主光源——射灯

步骤 01 在场景中墙的附近位置创建 2 盏目标灯光，如图 10-187 所示。

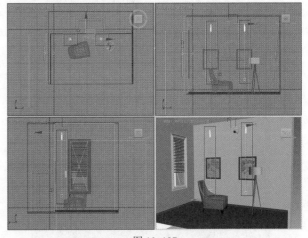

图 10-187

步骤 02 创建完成后单击【修改】按钮，展开【常规参数】卷展栏，勾选【阴影】下的【启用】，设置【阴影】为【VRay阴影】，【灯光分布（类型）】为【光度学 Web】。在【分布（光度学 Web）】卷展栏下方的通道上加载 01.ies。接着展开【强度 / 颜色 / 衰减】卷展栏，设置【过滤颜色】为橘黄色，设置数值为 3000。展开【VRay 阴影参数】卷展栏，勾选【区域阴影】选项，分别设置【U 大小】【V 大小】【W 大小】数值为 10mm，【细分】为 30，如图 10-188 所示。

步骤 03 设置完成后按 Shift+Q 组合键将其渲染，其渲染的效果如图 10-189 所示。

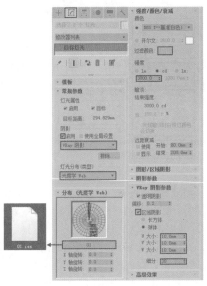

图 10-188

图 10-189

Part 03　创建辅助光源——落地灯

步骤 01 在落地灯的灯罩内部创建一盏（VR）灯光"球体"，如图 10-190 所示。

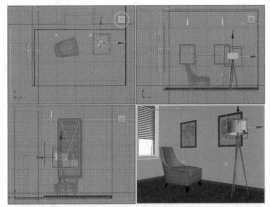

图 10-190

步骤 02 创建完成后单击【修改】按钮，展开【常规】卷展栏，

设置【类型】为【球体】，【半径】为 10mm，【倍增】为 30，【颜色】为浅黄色，勾选【不可见】选项，【细分】为 30，如图 10-191 所示。

图 10-191

步骤 03 设置完成后按 Shift+Q 组合键将其渲染，其渲染的效果如图 10-192 所示。

图 10-192

Part 04　创建辅助光源——照亮场景的暗部光

步骤 01 在场景模型的侧面创建一盏（VR）灯光用于照射场景模型的暗部。该灯光位置如图 10-193 所示。

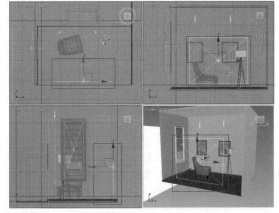

图 10-193

步骤 02 创建完成后单击【修改】按钮 ，设置【类型】为【平面】，【长度】为300mm，【宽度】为230mm，【倍增】为2，【颜色】为浅黄色，勾选【不可见】选项，【细分】为30，如图10-194所示。

图 10-194

步骤 03 设置完成后按 Shift+Q 组合键将其渲染，最终渲染效果见实例最开始的展示效果。

10.4.2 自由灯光

自由灯光和目标灯光的功能和使用方法是基本一致的，区别在于自由灯光没有目标点。建议大家熟练掌握目标灯光即可，自由灯光可以只做了解。图10-195所示为自由灯光参数面板。

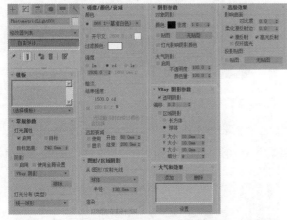

图 10-195

【重点】10.4.3 怎么确定该创建哪类灯光

在场景中创建灯光时需要遵循一定的顺序。若是胡乱创建，则在渲染时灯光的效果有可能会缺少层次、缺少气氛等。那么怎么确定该创建哪种灯光呢？

方法 1：按照真实灯光的形态

例如，在壁灯灯罩内创建一个灯光，根据灯泡的形状大

致为圆形，可以使用（VR）灯光"球体"、泛光。

方法 2：按照真实灯光的照射情况

例如，需要在创建的吊顶内创建一个灯光，那么真实情况下吊灯内灯泡的灯光照射情况是由灯泡向外均匀发散光线。因此根据这个特点，符合的灯光类型只有（VR）灯光"球体"和泛光。

例如，需要在水晶灯下方创建一个灯光，根据该灯光除了每个灯泡产生均匀发散光线外，还会产生向下照射餐桌的光照，那么就可以在水晶灯下方创建一个目标聚光灯或（VR）灯光。

例如，需要在窗口位置创建灯光，根据方形的窗户，沿一个方向照射，则选择 VR 灯光（平面），从室外向室内照射。

方法 3：按照渲染情况而定

例如，在渲染一个场景时发现创建的背光处非常暗，细节看不清，那么可以在创建中创建一个强度很弱的（VR）灯光作为辅助光源，用于照射创建的背光处。

综合实例：白天自然光卧室设计

扫一扫，看视频

文件路径：Chapter 10　灯光→综合实例：白天自然光卧室设计

在这个场景中使用目标灯光、VR 灯光制作空间的射灯效果，以此来烘托室内的环境，还可以突出室内的整体效果，场景的最终渲染效果如图10-196所示。

图 10-196

步骤 01 打开本书场景文件，如图10-197所示。

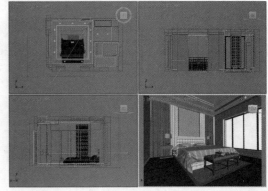

图 10-197

步骤 02 执行 ✚（创建）| 💡（灯光）| VRay ▾ | (VR)灯光 命令，如图 10-198 所示。

图 10-198

步骤 03 在场景外面的位置处创建一盏（VR）灯光，如图 10-199 所示。

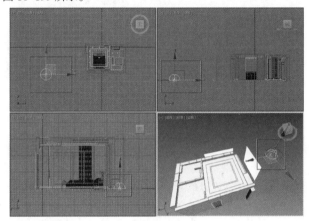

图 10-199

步骤 04 创建完成后单击【修改】按钮，在【常规】卷展栏内设置【类型】为【穹顶】，【倍增】为 5，如图 10-200 所示。

图 10-200

步骤 05 设置完成后按 Shift+Q 组合键将其渲染，最终渲染效果如图 10-196 所示。

综合实例：正午阳光卧室设计

文件路径：Chapter 10 灯光→综合实例：正午阳光卧室设计

扫一扫，看视频

在这个场景中，主要使用目标灯光、VR 灯光制作空间的射灯效果，以此来烘托室内的环境，还可以突出室内的整体效果，场景的最终渲染效果如图 10-201 所示。

图 10-201

Part 01 创建（VR）太阳主光源

步骤 01 打开本书场景文件，如图 10-202 所示。

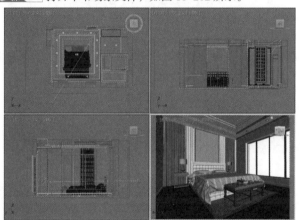

图 10-202

步骤 02 执行【创建】|【灯光】| VRay ▾ | (VR)太阳 命令，如图 10-203 所示。

图 10-203

步骤 03 在视图中合适的位置按住鼠标左键拖曳，创建一盏（VR）太阳灯光，如图 10-204 所示。释放鼠标，在弹出的 V-Ray

太阳窗口中单击【是】按钮，如图 10-205 所示。

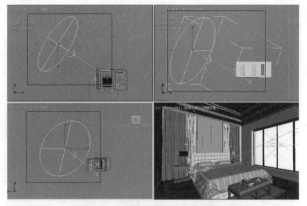

图 10-204

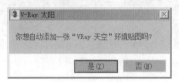

图 10-205

步骤 04 创建完成后单击【修改】按钮，在【VRay 太阳参数】卷展栏下设置【浊度】为 3，【强度倍增】为 0.06，【大小倍增】为 10，【阴影细分】为 20，【天空模型】为 Preetham et al.，如图 10-206 所示。

步骤 05 设置完成后按 Shift+Q 组合键将其渲染，其渲染的效果如图 10-207 所示，发现渲染效果非常暗淡，需要设置辅助光源。

图 10-206

图 10-207

Part 02   创建（VR）灯光辅助光源

步骤 01 执行 ✛（创建）| ⏻（灯光）| VRay ▾ | 命令，如图 10-208 所示。

步骤 02 在视图中适当的位置创建 2 盏（VR）灯光，如

图 10-209 所示。

图 10-208

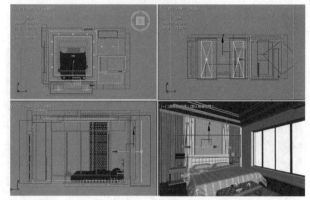

图 10-209

步骤 03 创建完成后单击【修改】按钮，在【常规】卷展栏下设置【类型】为【平面】，【长度】为 800mm，【宽度】为 2600mm，【倍增】为 5，【颜色】为白色，展开【选项】卷展栏，勾选【不可见】选项，接着在【采样】卷展栏下设置【细分】的数值为 20，如图 10-210 所示。

图 10-210

步骤 04 设置完成后按 Shift+Q 组合键将其渲染，其渲染的效果如图 10-211 所示。

步骤 05 在视图中窗外的位置创建一盏（VR）灯光，从外向内照射，如图 10-212 所示。创建完成后单击【修改】按钮，设置【类型】为【平面】，【长度】为 3000mm，【宽度】为 2400mm，【倍增】为 5，【颜色】为白色。展开【选项】卷展栏，勾选【不可见】选项，取消勾选【影响反射】。接着在【采样】卷展栏下设置【细分】的数值为 20，如图 10-213 所示。

图 10-211

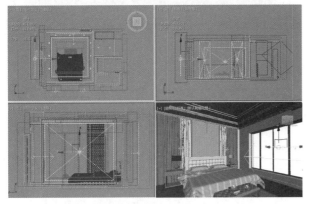

图 10-212

图 10-213

图 10-214

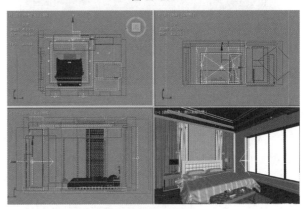

图 10-215

图 10-216

步骤 06 设置完成后按 Shift+Q 组合键将其渲染，其渲染的效果如图 10-214 所示。

步骤 07 在视图中适当的位置创建一盏（VR）灯光，如图 10-215 所示。创建完成后单击【修改】按钮，设置【类型】为【平面】，【长度】为 3000mm，【宽度】为 2000mm，【倍增】为 3，【颜色】为白色。展开【选项】卷展栏，勾选【不可见】选项，取消勾选【影响反射】。接着在【采样】卷展栏下设置【细分】的数值为 20，如图 10-216 所示。

步骤 08 设置完成后按 Shift+Q 组合键将其渲染，最终渲染效果见实例最开始的展示效果。

综合实例：夜晚卧室设计

文件路径：Chapter 10 灯光→综合实例：夜晚卧室设计

　　本实例是一个综合实例，场景中会使用到（VR）灯光"平面"、（VR）灯光"球体"、目标灯光、目标聚光灯灯光类型。制作难点在于模拟真实的夜晚室外和室内的光线、色彩效果。需注意本实例的制作思路流程，创建窗口处夜色光线效果→创建场景四周的射灯→创建顶棚中的灯带→创建用于照射床体的灯光→创建台灯。实例最终渲染效果如图 10-217 所示。

图 10-217

Part 01　创建窗口处夜色光线效果

步骤 01 打开本书场景文件，如图 10-218 所示。

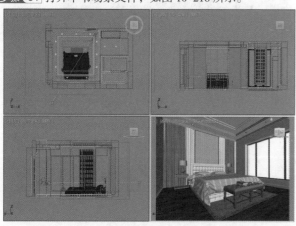

图 10-218

步骤 02 执行 ✛（创建）| ⚡（灯光）| VRay ▼ | (VR)灯光 命令，如图 10-219 所示。

图 10-219

步骤 03 在场景中窗户的外面创建一盏（VR）灯光，从外向内照射，如图 10-220 所示。创建完成后单击【修改】按

钮，设置【类型】为【平面】，【长度】为 3000mm，【宽度】为 2400mm，【倍增】为 3，【颜色】为深蓝色．在【选项】卷展栏下勾选【不可见】选项，取消勾选【影响反射】。接着在【采样】卷展栏下设置【细分】的数值为 20，如图 10-221 所示。

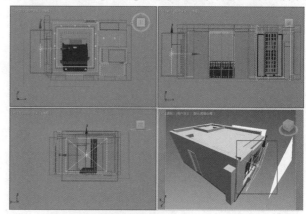

图 10-220

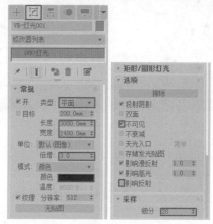

图 10-221

步骤 04 设置完成后按 Shift+Q 组合键将其渲染，其渲染的效果如图 10-222 所示。

图 10-222

步骤 05 继续在场景中另外一侧的窗户外面创建 2 盏（VR）

中文版3ds Max 2020+VRay效果图制作从入门到精通（微课视频 全彩版）

灯光,从外向内照射,如图 10-223 所示。创建完成后单击【修改】按钮,设置【类型】为【平面】,【长度】为 800mm,【宽度】为 2600mm,【倍增】为 3,【颜色】为深蓝色。在【选项】卷展栏下勾选【不可见】选项。接着在【采样】卷展栏下设置【细分】的数值为 20,如图 10-224 所示。

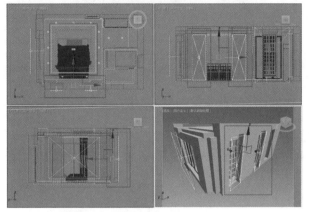

图 10-223

图 10-224

步骤 06 设置完成后按 Shift+Q 组合键将其渲染,其渲染的效果如图 10-225 所示。

图 10-225

Part 02　创建场景四周的射灯

步骤 01 执行【创建】|【灯光】| 光度学 ▼ | 目标灯光 命令,依次创建 11 盏目标灯光(或者创建一盏然后进行复制),摆放在射灯模型的下方,如图 10-226 所示。(注意:该灯光的位置很重要,不要把灯光的位置与模型有穿插在一起的情况)。

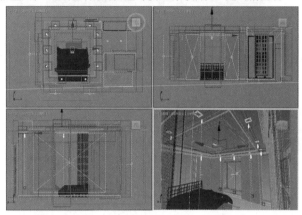

图 10-226

步骤 02 创建完成后单击【修改】按钮,接着勾选【阴影】下方的【启用】选项,并设置其类型为【VRay 阴影】,【灯光分布(类型)】为【光度学 Web】,展开【分布(光度学 Web)】卷展栏,为其加载【射灯 001.ies】文件。展开【强度/ 颜色 / 衰减】卷展栏,设置【过滤颜色】为浅黄色,并设置【强度】的数值为 8000。展开【VRay 阴影参数】卷展栏,勾选【区域阴影】,设置【U 大小】【V 大小】【W 大小】的数值均为 50mm,【细分】为 20,如图 10-227 所示。

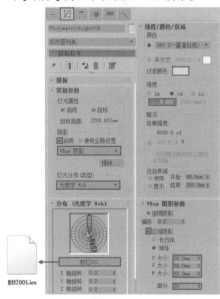

图 10-227

步骤 03 设置完成后按 Shift+Q 组合键将其渲染,其渲染的效果如图 10-228 所示。

图 10-228

Part 03　创建顶棚中的灯带

步骤 01 在场景中棚顶灯槽中的位置处创建 4 盏（VR）灯光，如图 10-229 所示。

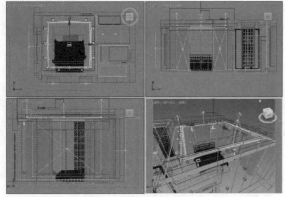

图 10-229

步骤 02 创建完成后单击【修改】按钮，设置【类型】为【平面】，【长度】为 136mm，【宽度】为 3200mm，【倍增】为 6，【颜色】为黄色。在【选项】卷展栏下勾选【不可见】选项，取消勾选【影响反射】。接着在【采样】卷展栏下设置【细分】的数值为 15，如图 10-230 所示。

图 10-230

步骤 03 设置完成后按 Shift+Q 组合键将其渲染，其渲染的效果如图 10-231 所示。

图 10-231

Part 04　创建用于照射床体的灯光

步骤 01 执行【创建】|【灯光】| 标准 | 目标聚光灯 命令，在场景中床的上方位置创建 1 盏目标聚光灯，如图 10-232 所示。

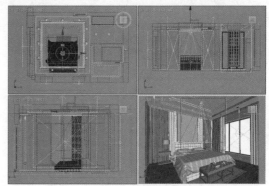

图 10-232

步骤 02 单击【修改】按钮，勾选【阴影】下方的【启用】选项，设置类型为【VRay 阴影】。设置【倍增】为 2，【颜色】为浅黄色。展开【聚光灯参数】卷展栏，设置【聚光区 / 光束】为 30，【衰减区 / 区域】为 55。接着展开【VRay 阴影参数】卷展栏，勾选【区域阴影】选项，设置【U 大小】【V 大小】【W 大小】的数值为 50mm，【细分】为 20，如图 10-233 所示。

图 10-233

中文版3ds Max 2020+VRay效果图制作从入门到精通（微课视频 全彩版）

步骤 03 设置完成后按 Shift+Q 组合键将其渲染，其渲染的
效果如图 10-234 所示。

图 10-234

Part 05 创建台灯

步骤 01 在场景中台灯的灯罩内部位置处创建 2 盏（VR）灯
光，如图 10-235 所示。

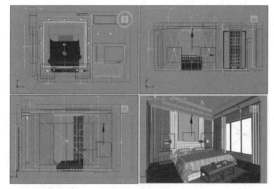

图 10-235

步骤 02 创建完成后单击【修改】按钮，设置【类型】为【球
体】,【半径】为 40mm,【倍增】为 80,【颜色】为黄色。在【选
项】卷展栏下勾选【不可见】选项。接着在【采样】卷展栏
下设置【细分】的数值为 20，如图 10-236 所示。

图 10-236

步骤 03 设置完成后按 Shift+Q 组合键将其渲染，最终渲染
效果见实例最开始的展示效果。

"质感神器"——材质

本章学习要点：

- 了解材质与贴图的概念
- 熟练掌握材质与贴图的区别
- 熟练掌握材质的常用技巧
- 数量掌握最常用的材质类型 VRay 材质的应用秘诀

本章内容简介：

在本章你将会学到 3ds Max 的材质和贴图应用技巧。材质和贴图在一幅作品的制作中有很重要的地位，质感如何变得更加真实、贴图如何设置得更加巧妙，都能在本章找到答案。本章章节安排更适合学习，首先让你了解材质编辑器的参数，然后重点对 VRayMtl 材质进行讲解，最后是对其他内容的介绍。

通过本章学习，我能做什么？

本章的章节安排、案例选择都是递进式的，先让你了解"原理"和"方法"，然后根据原理和方法教你做案例，接着"举一反三"，加深印象、加深理解。通过对本章的学习，希望大家能够养成举一反三的思维，这胜过做百个案例，即使书里没讲到的案例，也可以通过自己的发散思维创作出来。

优秀作品欣赏

11.1 了解材质

本节将讲解材质的基本概念和材质与贴图的区域，为后面小节的材质设置内容做铺垫。

11.1.1 材质的概念

材质，就是一个物体看起来是什么样的质地。比如，杯子看起来是玻璃的还是金属的，这就是材质。漫反射、粗糙度、反射、折射、折射率、半透明、自发光等都是材质的基本属性。应用材质可以使模型看起来更具质感，制作材质时可以依据现实中物体的真实属性去设置。如图 11-1 所示为玻璃茶壶的材质属性。

图 11-1

11.1.2 材质与贴图的区别

材质和贴图是不同的概念。贴图是指物体表面具有的贴图属性，例如一个金属锅表面有拉丝贴图质感、一个皮沙发表面有皮革凹凸质感、一个桌子表面有木纹贴图效果。

材质和贴图的制作流程不要混淆，通常要先确定好物体是什么材质，然后再确定是否需要添加贴图。例如一个茶壶，先确定好是光滑的材质，然后再考虑在这种质感的情况下是否有凹凸的纹理贴图。

如图 11-2 和图 11-3 所示为物体设置光滑材质之前和设置光滑材质之后的对比效果。

图 11-2

图 11-3

如图 11-4 和图 11-5 所示为物体只设置光滑材质和同时设置凹凸贴图的对比效果。

图 11-4

图 11-5

因此可以理解贴图就是纹理，它是附着在材质表面的。设置一个完整材质贴图的流程，应该是先确定好材质类型，最后添加贴图。如图 11-6 所示为材质制作流程。

(a)原始模型效果　　(b)设置材质效果　　(c)设置贴图效果

图 11-6

11.2 材质编辑器

本章的所有内容都将围绕材质编辑器展开讲解，本节将重点围绕其中的参数讲解。

11.2.1 材质编辑器概述

1. 什么是材质编辑器

3ds Max 要想设置材质及贴图，都需要在一个工具中完成，这个工具就是【材质编辑器】。在 3ds Max 的主工具栏中单击 ▦（材质编辑器）按钮（快捷键为 M），即可将其打开，如图 11-7 所示。

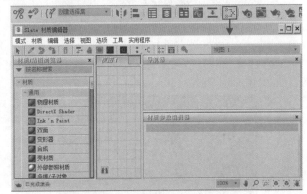

图 11-7

2. 材质编辑器用来干什么

使用【材质编辑器】可以制作不同的材质贴图、可以快速找到物体的材质、可以保存和调用材质等。

11.2.2 材质编辑器的两种切换方式

第一次打开【材质编辑器】时，可以看到编辑器叫【Slate 材质编辑器】。当然很多读者和我一样，可能不习惯这种方式，那么还可以切换为另外一种，只需要执行【模式】|【精简材质编辑器】命令即可，如图 11-8 所示。切换之后的【精简材质编辑器】如图 11-9 所示。

图 11-8

图 11-9

【重点】11.2.3　轻松动手学：为墙面设置一个材质

文件路径：Chapter 11 "质感神器"——材质
→轻松动手学：为墙面设置一个材质

扫一扫，看视频

步骤 01 打开场景文件，如图 11-10 所示，可以为墙面模型重新设置材质。

图 11-10

步骤 02 在 3ds Max 的主工具栏中单击 ▦（材质编辑器）按钮，即可打开材质编辑器。然后单击选中一个材质球，接着设置材质类型为【Standard（标准）】按钮，并修改材质名称，最后可以修改【漫反射】为浅黄色，如图 11-11 所示。

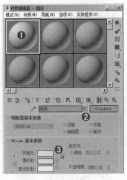

图 11-11

步骤 03 选择墙面模型，单击 ▦（将材质指定给选定对象）按钮，如图 11-12 所示。一定要记得这个步骤哦，否则材质设置完成了，效果依然是不对的。

中文版3ds Max 2020+vRay效果图制作从入门到精通（微课视频 全彩版）

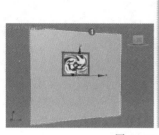

图 11-12

步骤 04 此时设置的材质就被赋予到了选中的物体上，如图 11-13 所示。

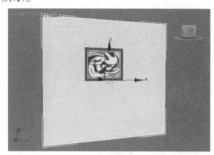

图 11-13

【重点】11.2.4 标准材质状态下的精简材质编辑器参数

3ds Max 默认的材质类型就是【Standard（标准）】材质，标准材质功能不算太强大，适合制作一些相对简单的材质效果。

（1）标准材质都适合做什么效果呢？比如室内设计中常用的乳胶漆材质、壁纸材质等。

扫一扫，看视频

（2）反射、折射等质感，标准材质不能做吗？这类材质标准材质可以做，但是效果不够真实，在后面我们会重点讲解使用 VRayMtl 材质制作逼真的材质质感。

【材质编辑器】主要划分为 4 部分,分别为【菜单栏】【材质球】【工具】【参数】。其中菜单栏中的很多选项和工具中的按钮重复，推荐使用工具按钮更便捷，如图 11-14 所示。

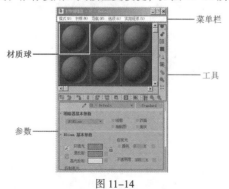

菜单栏

材质球

工具

参数

图 11-14

1. 菜单栏

菜单栏中包括【模式】【材质】【导航】【选项】【实用程序】的相关参数，菜单栏中有很多工具可以应用，比如获取材质、重置材质编辑器窗口、精简材质编辑器窗口等。如图 11-15 ～图 11-19 所示为参数。

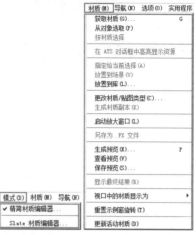

图 11-15   图 11-16

图 11-17   图 11-18   图 11-19

提示：材质球不够用了，怎么办

（1）当 24 个材质球都用过了（材质球的四周有角代表该材质已经使用过），那么只需要执行【实用程序】|【重置材质编辑器窗口】命令，如图 11-20 所示，即可快速将24 个材质球变成未使用过的，而且不会对场景中任何物体的材质造成影响，如图 11-21 所示。

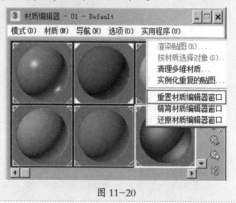

图 11-20

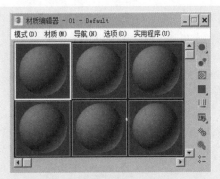

图 11-21

（2）此时虽然材质球够用了，但是之前设置的材质呢？会不会找不着呢？其实不会的。假如还想找回某个物体的材质，只需要选择一个材质球，然后单击 ![pen] （从对象拾取材质）按钮，如图 11-22 所示。接着在该物体上单击进行拾取，如图 11-23 所示。即可找到该材质，如图 11-24 所示。

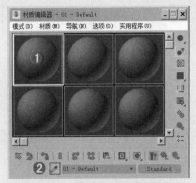

图 11-22

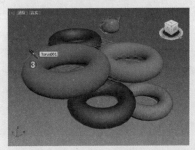

图 11-23

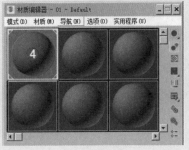

图 11-24

在制作材质时，总会遇到材质球使用比较杂乱，有设置好了但是没用过的材质（材质球四周没有角），也有用过的材质球（材质球四周有角）。假如需要只保留用过的材质，那么只需要执行【实用程序】|【精简材质编辑器窗口】，如图 11-25 所示。此时可以看到没用过的材质被自动清理掉了，如图 11-26 所示。

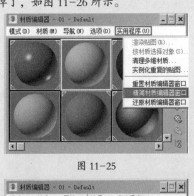

图 11-25

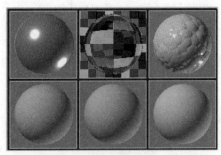

图 11-26

2. 材质球

材质球是用来显示材质效果的工具，它可以很直观地显示出材质的基本属性，如反光、折射、凹凸等，如图 11-27 所示。可以单击选择材质球，还可以按下鼠标中键拖动从而旋转材质球。

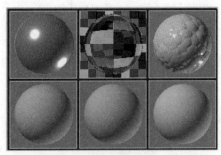

图 11-27

（1）设置材质球的显示大小

执行【选项】|【循环 3*2、5*3、6*4 示例窗】，即可切换材质球的显示大小，多次执行该操作可以切换 3*2、5*3、6*4 三种模式。但是无论如何切换，材质编辑器中只能找到 24 个材质球，如图 11-28 所示。

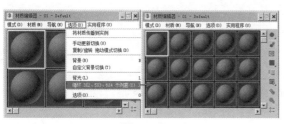

图 11-28

（2）双击材质球

双击一个材质球，如图 11-29 所示。即可弹出材质球的窗口，此时可以更清晰地观察材质，如图 11-30 所示。

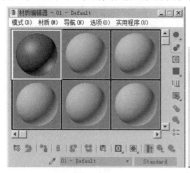 

图 11-29　　　　　　　　图 11-30

（3）复制材质球

有时候场景中需要制作的两种非常类似的材质效果，当制作完成其中一个材质后，可以使用复制材质球的方法制作另外一个，从而节省时间。

单击并拖动一个材质球到另外一个材质球上，即可完成材质的复制，如图 11-31 和图 11-32 所示。然后就可以对复制之后的材质进行参数的修改了。

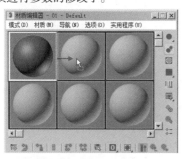

图 11-31

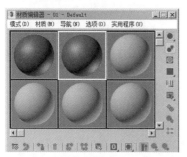

图 11-32

3. 工具

材质编辑器中包括了 21 个工具按钮，应用这些按钮可以快速处理相应的效果，例如获取材质、将材质放入场景等。下面讲解【材质编辑器】对话框中的两排材质工具按钮，如图 11-33 所示。

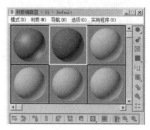

图 11-33

- 【获取材质】按钮 ：单击该按钮即可为选中的材质球更换材质类型。
- 【将材质放入场景】按钮 ：在编辑好材质后，单击该按钮可更新已应用于对象的材质。
- 【将材质指定给选定对象】按钮 ：材质设置完成后，选中模型然后单击该按钮，即可将材质赋予选定的模型，如图 11-34 所示。

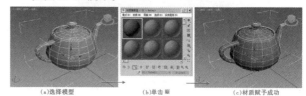

(a)选择模型　　　　(b)单击　　　　(c)材质赋予成功

图 11-34

- 【重置贴图/材质为默认设置】按钮 ：单击该按钮，即可将材质属性恢复到默认。
- 【生成材质副本】按钮 ：选中一个材质球，单击该按钮即可在该材质球位置复制一个同样的材质。
- 【使唯一】按钮 ：将实例化的材质设置为独立的材质。
- 【放入库】按钮 ：选中材质球，单击该按钮即可将当前材质放入临时库中。
- 【材质 ID 通道】按钮 ：为不同的材质设置不同的 ID，在多维/子对象材质中经常使用。
- 【在视口中显示明暗处理材质】按钮 ：单击该按钮即可在模型上显示出贴图效果，如图 11-35 所示。

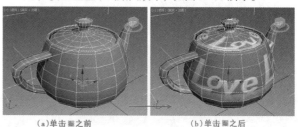

(a)单击　之前　　　　　　(b)单击　之后

图 11-35

- 【显示最终结果】按钮：单击该按钮即可切换贴图的最终显示方式。如图 11-36 所示为激活和未激活该按钮的对比效果。

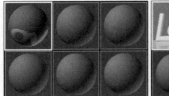

（a）激活该按钮效果　　（b）未激活该按钮效果

图 11-36

- 【转到父对象】按钮：将当前材质上移一级。
- 【转到下一个同级项】按钮：选定同一层级的下一贴图或材质。
- 【采样类型】按钮：控制示例窗显示的对象类型，默认为球体类型，还有圆柱体和立方体类型。
- 【背光】按钮：打开或关闭选定示例窗中的背景灯光，如图 11-37 所示。

（a）打开【背光】（b）关闭【背光】

图 11-37

- 【背景】按钮：针对透明类材质，开启该按钮质感可以显示得更清楚，如图 11-38 所示。

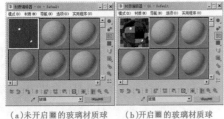

（a）未开启的玻璃材质球　（b）开启的玻璃材质球

图 11-38

- 【采样 UV 平铺】按钮：为示例窗中的贴图设置 UV 平铺显示。
- 【视频颜色检查】按钮：检查当前材质中 NTSC 和 PAL 制式不支持的颜色。
- 【生成预览】按钮：用于产生、浏览和保存材质预览渲染。
- 【选项】按钮：单击该按钮，其中包含抗锯齿、逐步优化等参数。
- 【按材质选择】按钮：选定使用当前材质的所有对象。
- 【材质/贴图导航器】按钮：单击该按钮可打开【材质/贴图导航器】对话框，可显示当前材质的所有层级。

4. 参数

（1）明暗器基本参数

明暗器是一种材质的计算方法，用于控制材质对灯光做出响应的方式。展开【明暗器基本参数】卷展栏，共有 8 种明暗器类型可以选择，还可以设置【线框】【双面】【面贴图】和【面状】等参数，如图 11-39 所示。

图 11-39

- 明暗器列表：明暗器包含 8 种类型。
  - （A）各向异性：用于产生磨砂金属或头发的效果。
  - （B）Blinn：这种明暗器以光滑的方式渲染物体表面。
  - （M）金属：这种明暗器适用于金属表面，它能提供金属所需的强烈反光。
  - （ML）多层：（ML）多层可以控制两个高亮区，因此（ML）多层明暗器拥有对材质更多的控制。
  - （O）Oren-Nayar-Blinn：该明暗器适用于无光表面（如纤维或陶土）。
  - （P）Phong：该明暗器可以平滑面与面之间的边缘，适用于强度很高的表面和具有圆形高光的表面。
  - （S）Strauss：这种明暗器适用于金属和非金属表面，与【（M）金属】明暗器相似。
  - （T）半透明明暗器：能够设置半透明效果，使光线能够穿透这些半透明的物体。
- 线框：以线框模式渲染材质，用户可以在扩展参数上设置线框的大小。
- 双面：将材质应用到选定的面，使材质成为双面。
- 面贴图：将材质应用到几何体的各个面。
- 面状：使对象产生不光滑的明暗效果，例如钻石、宝石或任何带有硬边的材质。

（2）Blinn 基本参数

标准材质状态下，默认为 Blinn 方式。展开【Blinn 基本参数】卷展栏，包括【环境光】【漫反射】【高光反射】【自发光】【不透明度】【高光级别】【光泽度】和【柔化】等属性，如图 11-40 所示。

图 11-40

- 环境光：环境光用于模拟间接光，比如室外场景的大气光线，也可以用来模拟光能传递。
- 漫反射：漫反射就是固有色，就是物体给人第一感觉的颜色。

- 高光反射：物体发光表面高亮显示部分的颜色。
- 自发光：类似发光发亮的效果。
- 不透明度：控制材质的不透明度。
- 高光级别：控制反射高光的强度。数值越大，反射强度越高。
- 光泽度：控制高亮区域的大小，数值越大，反光区域越小。
- 柔化：影响反光区和不反光区衔接的柔和度。

（3）贴图

贴图是本书【贴图】章节的重点内容，任何的贴图效果都可以在【贴图】卷展栏中设置。可以在任意通道上单击并添加贴图，可以产生相应的效果。参数面板如图11-41所示。

图 11-41

实例：利用标准材质制作蓝色乳胶漆

文件路径：Chapter 11 "质感神器"——材质
→实例：利用标准材质制作蓝色乳胶漆

本实例通过基本的 VRayMtl 材质将漫反射的颜色设置为蓝色来制作蓝色乳胶漆材质效果。实例最终渲染效果如图11-42所示。

扫一扫，看视频

图 11-42

步骤 01 打开本书场景文件，如图11-43所示。

步骤 02 按M键，打开【材质编辑器】窗口，接着在该窗口内选择第一个材质球，单击 Standard （标准）按钮，在弹出的【材质/贴图浏览器】对话框中选择 VRayMtl，如图11-44所示。

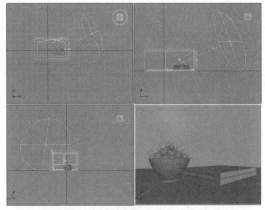

图 11-43

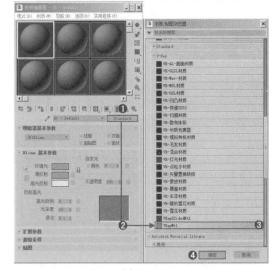

图 11-44

步骤 03 将其命名为【乳胶漆墙面】，设置【漫反射】颜色为蓝色，如图11-45所示。

图 11-45

步骤 04 双击材质球，效果如图11-46所示。

图 11-46

步骤 05 选择墙面模型，单击 （将材质指定给选定对象）

按钮，将制作完毕的乳胶漆墙面材质赋给场景中相应的模型，如图11-47所示。制作完成剩余的材质，最终渲染效果如图11-42所示实例最开始。

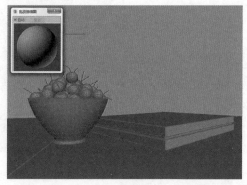
图 11-47

重点 11.3 VRayMtl 材质

为什么我们将 VRayMtl 材质放到第一位来讲呢？那是因为 VRayMtl 材质是最重要的，根据多年创作经验，该材质可以模拟大概80%的质感，因此我们想快速学习材质，那么只学会该材质，其实也能制作出很绚丽、超真实的材质质感。除此之外，其他材质并不是不重要，只是使用的频率没那么高，可以在学习完 VRayMtl 材质之后再进行学习。

11.3.1 VRayMtl 材质适合制作什么质感

VRayMtl 材质可以制作很多逼真的材质质感，尤其是在室内设计中应用最为广泛，尤其擅长表现具有反射、折射等属性的材质。想象一下具有反射和折射的物体是不是很多呢？可见该材质的重要性。如图11-48和图11-49所示为未设置材质和设置了 VRayMtl 材质的对比渲染效果。

图 11-48

图 11-49

【重点】11.3.2 使用 VRayMtl 材质之前一定先设置渲染器

由于我们要应用的 VRayMtl 材质是 V-Ray 插件旗下的工具，因此不安装或不设置 VRay 渲染器都无法应用

VRayMtl 材质。在确定已经安装好了 V-Ray 插件的情况下，单击主工具栏中的 （渲染设置）按钮，在弹出的【渲染设置】面板中设置【渲染器】为【V-Ray Next, update 1.2】，如图11-50所示。此时渲染器已经被设置为 V-Ray 了，如图11-51所示。（注意：本书使用的 V-Ray 版本为 V-Ray Next, update 1.2 版本，该版本又称之为 V-Ray Next 4.10.03）。

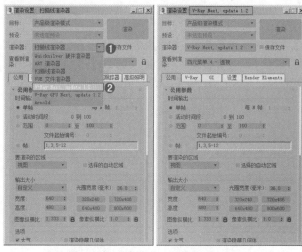
图 11-50　　　　　　图 11-51

11.3.3 VRayMtl材质三大属性——漫反射、反射、折射

把现实中或身边能想象到的物体材质都想象一遍，归纳发现材质的属性虽多，但主要有三大类属性，分别是漫反射、反射、折射。设置材质的过程其实就是分析材质真实属性的过程。

打开 VRayMtl 材质看一下具体参数，如图11-52所示。

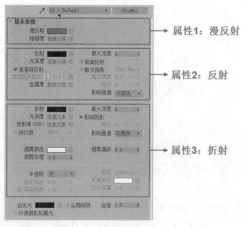
图 11-52

VRayMtl 材质中主要包括漫反射、反射、折射三大属性，那么我们在设置任何一种材质的参数时，就可以先认真想一想该材质的漫反射是什么颜色的？或是什么贴图效果的？有

没有反射？反射强度大不大？有没有折射透明感？按照这个思路去设置材质，就会很轻松地掌握 VRayMtl 材质的设置方法了。

【重点】11.3.4　漫反射

漫反射可理解为固有色（模拟一般物体的真实颜色，物理上的漫反射即一般物体表面放大后，因为有凸凹不平造成光线从不同方向反射到人眼中形成的反射），可理解为这个材质是什么颜色的外观。参数如图 11-53 所示。

扫一扫，看视频

图 11-53

- 漫反射：漫反射颜色控制固有色的颜色，比如颜色设置为蓝色，那么材质就是蓝色的外观。图 11-54 和图 11-55 所示为设置漫反射为蓝色和绿色的对比效果。

图 11-54

图 11-55

- 粗糙度：该参数越大，粗糙效果越明显。

普通质感材质主要是无反射、无折射的材质，材质设置很简单，可以使用漫反射制作乳胶漆、白纸等材质。在下面将以表格的形式为大家讲解如何按照材质的真实特点设置

VRayMtl 相应的参数。（注意：通常 VRayMtl 材质需要取消勾选【菲涅耳反射】选项。）

【重点】11.3.5　反射

通过设置【反射】属性，可以制作反光类材质，根据反射的强弱（即反射颜色的深浅，反射越浅反射强度越大）从而产生不同的质感。例如镜子反射最强、金属反射比较强、大理石反射一般、塑料反射较弱、壁纸几乎无反射。

扫一扫，看视频

在【反射】选项卡中可以设置材质的反射、光泽度等属性，使材质产生反射属性。参数如图 11-56 所示。

图 11-56

为了让大家加深印象，我们选取了几种常见的物体来分析其材质属性。我们按照其反射强度排列一下，应该是镜子＞不锈钢金属＞玻璃＞塑料＞纸张，需要注意的是玻璃的反射强度其实并不是非常大，可以想象一下你看玻璃能很清晰地看到自己吗？所以就按照这种思路先做到心中有数，那么就可以开始设置【反射】颜色啦！

- 反射：反射的颜色代表反射的强度，默认为黑色，是没有反射的。颜色越浅，反射越强。如图 11-57 ～图 11-60 所示为取消【菲涅耳发射】，并分别设置反射颜色为黑色、深灰色、浅灰色、白色的对比效果。

图 11-57

中文版3ds Max 2020+VRay效果图制作从入门到精通（微课视频 全彩版）

图 11-58

图 11-61

图 11-59

图 11-62

图 11-60

图 11-63

- 光泽度：该数值控制反射区域的模糊度。如图 11-61～图 11-63 所示为设置【光泽度】为 1、0.7、0.4 的对比效果。通常通过修改该数值来制作金属的磨砂质感，数值越小，磨砂效果越强。

- 细分：控制反射的细致程度，数值越大，噪点越少，渲染越慢。一般测试渲染设置为 8，最终渲染设置为 30。如图 11-64 和图 11-65 所示为设置【细分】为 8 和 30 的对比效果。

图 11-64

图 11-65

提示：当无法修改灯光和材质的细分数值时，该怎么办？

在设置灯光和材质时，如果发现【细分】选项不能进行设置，可以单击【渲染设置】 按钮打开【渲染设置】窗口，在 V-Ray|【全局确定性蒙特卡洛】卷展栏下勾选【使用局部细分】选项，如图 11-66 所示。此时便可以返回对细分数值进行设置。

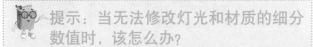

图 11-66

• 菲涅耳反射：当勾选了这个选项后反射的强度会减弱很多，并且材质会变得更光滑。如图 11-67 和图 11-68 所示为勾选和取消勾选【菲涅耳反射】的对比效果。

图 11-67

图 11-68

• 菲涅耳折射率：该选项可控制菲涅耳现象的强弱衰减程度。如图 11-69 和图 11-70 所示为取消【菲涅耳折射率】和激活【菲涅耳折射率】并设置数值为 3 的对比效果。

图 11-69

图 11-70

丰富。

- **金属度**：该数值为 0 时，材质效果更像绝缘体；而该数值为 1 时，材质效果则更像是金属。如图 11-71 和图 11-72 所示为设置金属度为 0 和 1 的对比效果。

图 11-71

图 11-72

- **最大深度**：控制反射的次数，数值越大，反射的内容越

- **暗淡距离**：设置反射从强到消失的距离。如图 11-73 和图 11-74 所示为取消勾选【暗淡距离】和勾选【暗淡距离】并设置数值为 20 的对比效果。

图 11-73

图 11-74

【重点】轻松动手学：不锈钢金属材质

文件路径：Chapter 11 "质感神器"——材质
→轻松动手学：不锈钢金属材质
扫一扫，看视频

不锈钢金属材质	参数设置方法
颜色为灰色	漫反射为灰色
反射很强	反射为浅灰色
极微弱的反射模糊	光泽度数值接近

步骤 01 打开场景文件，如图 11-75 所示。可以为椅子模型重新设置材质。

步骤 02 设置材质类型为 VRayMtl 材质，设置【漫反射】为灰色，【反射】为浅灰色，【光泽度】为 0.96，取消勾选【菲涅耳反射】，设置【细分】为 20，如图 11-76 所示。渲染效果如图 11-77 所示。

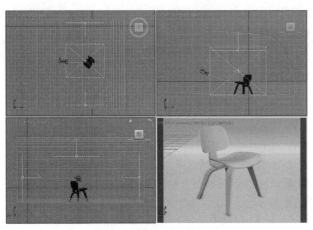

图 11-75

图 11-76

图 11-77

举一反三：磨砂金属材质

扫一扫，看视频

文件路径：Chapter 11 "质感神器"——材质
→举一反三：磨砂金属材质

磨砂金属材质特点	参数设置方法
颜色为灰色	漫反射为灰色
反射很强	反射为浅灰色
有一些反射模糊	需设置光泽度

步骤 01 按照刚才【不锈钢金属】材质的参数进行设置。

步骤 02 在【不锈钢金属材质】参数设置基础上，只需要设置【光泽度】为 0.8 左右，如图 11-78 所示。渲染效果如图 11-79 所示。

图 11-78

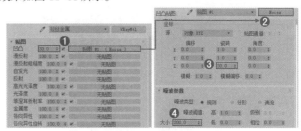

图 11-79

举一反三：拉丝金属材质

文件路径：Chapter 11 "质感神器"——材质
→举一反三：拉丝金属材质

扫一扫，看视频

拉丝金属材质特点	参数设置方法
颜色为灰色	设置漫反射为灰色
反射很强	设置反射为浅灰色
拉丝凹凸	在凹凸通道上添加贴图

步骤 01 按照刚才【不锈钢金属】材质的参数进行设置。

步骤 02 展开【贴图】卷展栏，并设置【凹凸】为 30，在后面的通道上单击加载【Noise（噪波）】程序贴图，然后设置【瓷砖】的 Z 为 30，【大小】为 200，如图 11-80 所示。渲染效果如图 11-81 所示。

图 11-80

图 11-81

　　需要注意，此处应用到了贴图知识，因此建议大家先看一下本书【贴图】章节的内容，再回来接着学习，可能会理解得更透彻。材质和贴图不是孤立存在了，很多时候设置完成材质后，还需要在需要的通道上加载贴图，例如在凹凸通道上加载噪波程序贴图，则会产生凹凸的纹理。并且设置【瓷砖】的 Y 为 50，目的是让贴图产生纵向拉伸的效果，以便在渲染时产生拉丝凹凸质感。像此处应用贴图的情况在后面内容中还会出现。

举一反三：光滑塑料材质

文件路径：Chapter 11　"质感神器"——材质
→举一反三：光滑塑料材质

扫一扫，看视频

　　考虑一下光滑塑料材质和不锈钢金属材质是不是有一些类似呢？两者的区别在于颜色不同、反射强度不同，其他都是相同的。

光滑塑料材质特点	参数设置方法
颜色为蓝色	设置漫反射为蓝色
反射相对微弱	设置反射为深灰色

步骤〔01〕设置材质类型为 VRayMtl 材质，命名为【光滑塑料】。
步骤〔02〕设置【漫反射】为蓝色，设置【反射】为深灰色（金属的反射比塑料要强，所以在金属材质的基础上，需要把反射颜色设置得更深一些），取消勾选【菲涅耳反射】，设置【细分】为 20，如图 11-82 所示。渲染效果如图 11-83 所示。

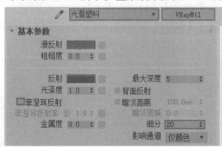

图 11-82

图 11-83

举一反三：光滑陶瓷材质

文件路径：Chapter 11　"质感神器"——材质
→举一反三：光滑陶瓷材质

扫一扫，看视频

　　考虑一下光滑塑料材质和光滑陶瓷材质是不是有一些类似呢？在这里我们将提供一种新的设置光滑质感材质的方法。

光滑陶瓷材质特点	参数设置方法
颜色为青色	设置漫反射为青色
反射相对微弱，材质非常光滑	设置反射为白色，勾选菲涅耳反射

步骤〔01〕设置材质类型为 VRayMtl 材质，命名为【光滑陶瓷】。
步骤〔02〕设置【漫反射】为青色，设置【反射】为白色，勾选【菲涅耳反射】，设置【细分】为 20，如图 11-84 所示。渲染效果如图 11-85 所示。

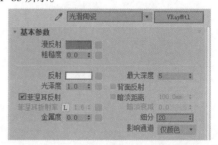

图 11-84

图 11-85

　　有一些材质的反射的形状比较有特点，比如反射不是圆形，而是非常细长。这是由【双向反射分布函数】卷展栏中的参数决定的。默认情况下该卷展栏中的方式为【微面 GTR（GGX）】，渲染出的反射效果是最常见的，如图 11-86 所示。若设置方式为【反射】，并设置【各向异性】和【旋转】为合适数值，则会出现比较有特点的反射效果，如图 11-87 所示。

中文版3ds Max 2020+VRay效果图制作从入门到精通（微课视频 全彩版）

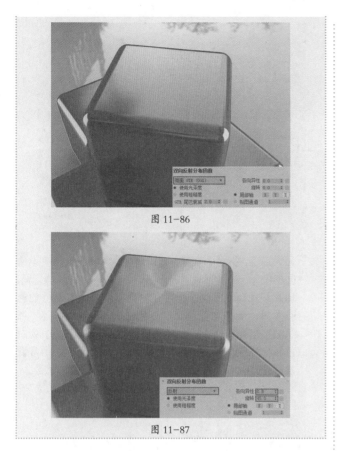

图 11-86

图 11-87

• 折射：该颜色控制折射透光的程度，颜色越深越不透光，越浅越透光。如图 11-89 ～图 11-91 所示为设置折射颜色为黑色、灰色、白色的对比效果。

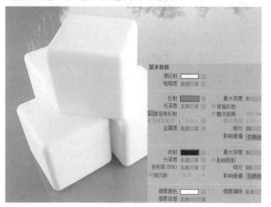

图 11-89

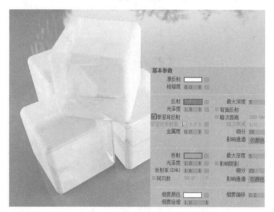

图 11-90

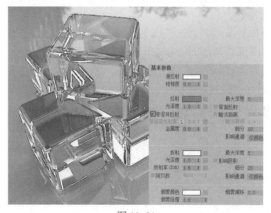

图 11-91

• 光泽度：该数值控制折射的模糊程度，与反射模糊的作用类似。图 11-92 和图 11-93 所示为分别设置【光泽度】为 1 和 0.7 的对比效果，也就是普通玻璃和磨砂玻璃的对比效果。

【重点】11.3.6 折射

透明类材质根据折射的强弱（即折射颜色的深浅）从而产生不同的质感。例如水和玻璃的折射超强、塑料瓶的折射比较强、灯罩的折射一般、树叶的折射比较弱、地面无折射。

扫一扫，看视频

透明类材质需要特别注意一点，反射颜色要比折射颜色深，也就是说通常需要设置反射为深灰色，折射为白色或浅灰色，这样渲染才会出现玻璃质感。假如反射设置为白色或浅灰色，无论折射颜色是否设置为白色，渲染都会呈现类似镜子的效果。

折射的选项卡中可以设置折射、光泽度等属性，可以在这里设置材质的透明效果。参数如图 11-88 所示。

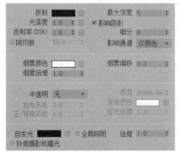

图 11-88

第11章 "质感神器"——材质

261

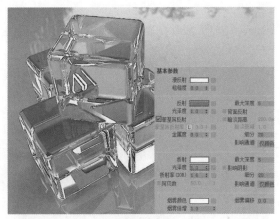

图 11-92

图 11-95

- **最大深度**：折射的次数，数值越大越真实，但是渲染速度越慢。
- **烟雾颜色**：设置该颜色可在渲染时产生带有颜色的透明效果，例如制作红酒、有色玻璃、有色液体等。如图 11-96 和图 11-97 所示为分别设置【烟雾颜色】为白色和浅黄色的对比效果。需要注意的是，该颜色通常设置得浅一些，若设置颜色很深，渲染则可能会比较黑。

图 11-93

- **细分**：控制折射的细致程度，数值越大，折射的噪点越少，渲染越慢。一般测试渲染设置为 8，最终渲染设置为 20。
- **折射率**：材料的折射率越高，射入光线产生折射的能力越强。如图 11-94 和图 11-95 所示为设置折射率为 1.6 和 2.4 的对比效果。

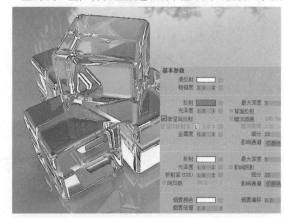

图 11-96

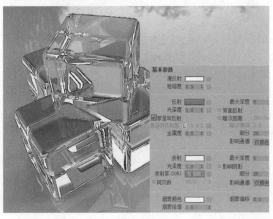

图 11-94

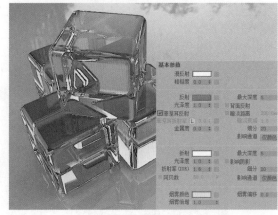

图 11-97

中文版3ds Max 2020+VRay效果图制作从入门到精通（微课视频 全彩版）

- 烟雾倍增：该数值控制烟雾颜色的浓度，数值越小，颜色越浅。如图 11-98 和图 11-99 所示为设置【烟雾倍增】为 1 和 3 的对比效果。

图 11-98

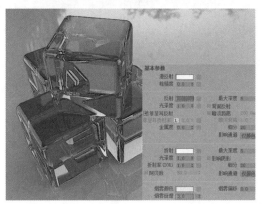

图 11-99

除此之外，还有其他属性，但是不是特别常用，我们只需要作为了解，如图 11-100 所示。

图 11-100

- 半透明：【硬（腊）模型】可制作比如蜡烛材质；【软（水）模型】可制作比如海水；还有一种是【混合模型】。
- 背面颜色：用来控制半透明效果的颜色。
- 厚度：控制光线的最大穿透能力。较大的值会让整个物体都被光线穿透。
- 散布系数：物体内部的散射总量。0 表示光线在所有方向被物体内部散射；1 表示光线在一个方向被物体内部散射，而不考虑物体内部的曲面。
- 正/背面系数：控制光线在物体内的散射方向。0 为光线沿灯光发射的方向向前散；1 为光线沿灯光发射的方向向后散。
- 灯光倍增：设置光线穿透能力的倍增值。值越大，散射效果越强。

【重点】轻松动手学：透明玻璃材质

文件路径：Chapter 11 "质感神器"——材质
→轻松动手学：透明玻璃材质

扫一扫，看视频

透明玻璃材质特点	参数设置方法
反射较弱	设置反射为深灰色
折射超强	折射为白色

步骤 01 打开场景文件，如图 11-101 所示。可以为椅子模型重新设置材质。

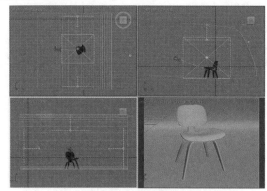

图 11-101

步骤 02 设置材质类型为【VRayMtl】材质，设置【反射】为深灰色，取消勾选【菲涅耳反射】，设置【细分】为 20。设置【折射】为白色，【细分】为 20，如图 11-102 所示。渲染效果如图 11-103 所示。

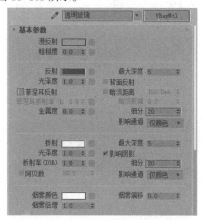

图 11-102

图 11-103

举一反三：磨砂玻璃

文件路径：Chapter 11 "质感神器"——材质
→举一反三：磨砂玻璃

扫一扫，看视频

可以在刚才制作的【普通玻璃】材质的基础上，只更改【光泽度】参数即可模拟磨砂玻璃质感。

磨砂玻璃材质特点	参数设置方法
反射较弱	设置反射为深灰色
折射超强	折射为白色
玻璃磨砂质感明显	设置较小的折射光泽度

步骤 01 按照刚才【普通玻璃】材质的参数进行设置。

步骤 02 在【普通玻璃】的参数设置基础上，只需要设置折射的【光泽度】为0.6，如图11-104所示。渲染效果如图11-105所示。

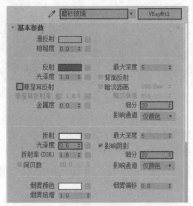

图 11-104

图 11-105

举一反三：有色玻璃

文件路径：Chapter 11 "质感神器"——材质
→举一反三：有色玻璃

扫一扫，看视频

可以在刚才制作的【普通玻璃】材质的基础上，只更改【烟雾颜色】即可模拟有色玻璃质感。

有色玻璃材质特点	参数设置方法
反射较弱	设置反射为深灰色
折射超强	折射为白色
玻璃是蓝色	设置烟雾颜色为蓝色

步骤 01 按照刚才【普通玻璃】材质的参数进行设置。

步骤 02 在【普通玻璃】的参数设置基础上，只需要设置【烟雾颜色】为深蓝色，并设置合适的烟雾倍增数值，如图11-106所示。渲染效果如图11-107所示。

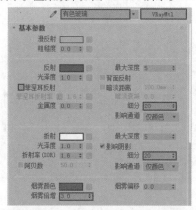

图 11-106

图 11-107

11.4 VRayMtl 材质的应用实例

实例：使用VRayMtl材质制作镜子

文件路径：Chapter 11 "质感神器"——材质
→实例：使用 VRayMtl 材质制作镜子

扫一扫，看视频

本实例将讲解使用 VRayMtl 材质制作镜子材质效果，通过设置【反射】颜色为白色，并取消勾选【菲涅耳反射】选项，使得材质的反射最强，达到镜面的完全反射质感。最终渲染如图11-108所示。

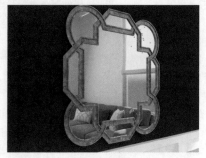

图 11-108

1. 镜子材质

步骤 01 打开本书场景文件，如图 11-109 所示。

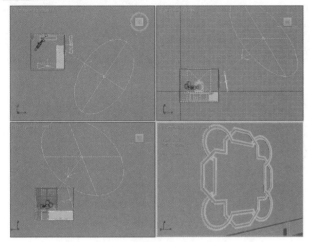

图 11-109

步骤 02 按 M 键，打开【材质编辑器】窗口，接着在该窗口内选择第一个材质球，单击 Standard （标准）按钮，在弹出的【材质/贴图浏览器】对话框中选择 VRayMtl，如图 11-110 所示。

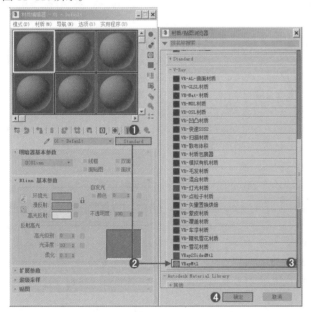

图 11-110

步骤 03 将其命名为【镜子】，设置【漫反射】的颜色为黑色。在反射选项组下设置【反射】的颜色为白色，取消勾选【菲涅耳反射】，设置【细分】的数值为 30，如图 11-111 所示。

步骤 04 双击材质球，效果如图 11-112 所示。

步骤 05 选择模型，单击 （将材质指定给选定对象）按钮，将制作完毕的墙面材质赋给场景中相应的模型，如图 11-113 所示。

图 11-111

 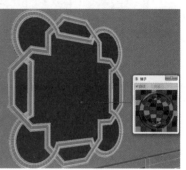

图 11-112　　　　　　图 11-113

2. 镜子金属边框材质

步骤 01 单击一个材质球，设置材质类型为 VRayMtl 材质，命名为【镜子金属边框】。设置【漫反射】的颜色为黑色。在【反射】后面的通道上加载【53833.jpg】贴图文件，设置【光泽度】的数值为 0.68，取消勾选【菲涅耳反射】，并设置【细分】的数值为 50，如图 11-114 所示。

图 11-114

步骤 02 展开【双向反射分布函数】卷展栏，并选择【沃德】选项，如图 11-115 所示。

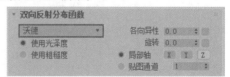

图 11-115

步骤 03 双击材质球，效果如图 11-116 所示。

步骤 04 选择模型，单击 （将材质指定给选定对象）按钮，将制作完毕的镜子金属边框材质赋给场景中相应的模型，如图 11-117 所示。并制作完成剩余的材质，最终渲染效果见本实例最开始。

图 11-116　　　　图 11-117

实例：使用VRayMtl材质制作陶瓷

文件路径：Chapter 11 "质感神器"——材质
→实例：使用 VRayMtl 材质制作陶瓷

扫一扫，看视频

陶瓷材质具有较为强烈的反射效果，并且比较光滑，本实例主要通过 VRayMtl 材质制作白色陶瓷材质和黑色陶瓷材质。实例最终渲染效果如图 11-118 所示。

图 11-118

1. 陶瓷-白

步骤 01 打开本书场景文件，如图 11-119 所示。

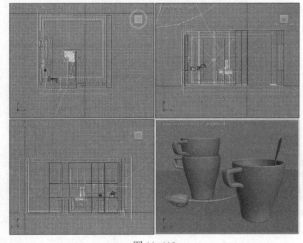

图 11-119

步骤 02 按 M 键，打开【材质编辑器】窗口，接着在该窗口内选择第一个材质球，单击 Standard （标准）按钮，在弹出的【材质/贴图浏览器】对话框中选择 VRayMtl，如图 11-120 所示。

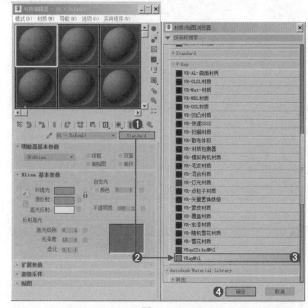

图 11-120

步骤 03 将其命名为【陶瓷-白】，设置【漫反射】的颜色为浅灰色，【反射】的颜色为白色，【光泽度】为 0.9，勾选【菲涅耳反射】选项，设置【细分】为 30，如图 11-121 所示。

图 11-121

步骤 04 单击【双向反射分布函数】前方的 ▶ 按钮，打开【双向反射分布函数】卷展栏，并选择【反射】选项，如图 11-122 所示。

图 11-122

步骤 05 双击材质球，效果如图 11-123 所示。

步骤 06 选择模型，单击 ⁺₁ （将材质指定给选定对象）按钮，将制作完毕的陶瓷-白材质赋给场景中相应的模型，如

图 11-124 所示。

图 11-123　　　　图 11-124

2. 陶瓷 - 黑

步骤 01 单击一个材质球，设置材质类型为 VRayMtl 材质，命名为【陶瓷 - 黑】。设置【漫反射】的颜色为黑色，【反射】的颜色为白色，设置【光泽度】为 0.9，勾选【菲涅耳反射】选项，设置【细分】的数值为 30，如图 11-125 所示。

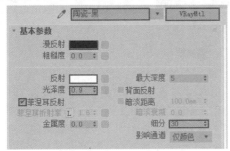

图 11-125

步骤 02 单击【双向反射分布函数】前方的 ▶ 按钮，打开【双向反射分布函数】卷展栏，并选择【反射】选项，如图 11-126 所示。

图 11-126

步骤 03 双击材质球，效果如图 11-127 所示。

图 11-127

步骤 04 选择模型，单击 （将材质指定给选定对象）按钮，将制作完毕的陶瓷 - 黑材质赋给场景中相应的模型，如图 11-128 所示。并制作完成剩余的材质，最终渲染效果见本实例最开始。

图 11-128

实例：使用 VRayMtl 材质制作金属

文件路径：Chapter 11　"质感神器"——材质
→实例：使用 VRayMtl 材质制作金属

扫一扫，看视频

　　金属是一种具有强烈光泽感的材质，对可见光有强烈的反射效果，本实例就来讲解两种不同金属质感的制作。实例最终渲染效果如图 11-129 所示。

图 11-129

1. 水龙头金属

步骤 01 打开本书场景文件，如图 11-130 所示。

步骤 02 按 M 键，打开【材质编辑器】窗口，接着在该窗口内选择第一个材质球，单击 Standard （标准）按钮，在弹出的【材质 / 贴图浏览器】对话框中选择 VRayMtl，如图 11-131 所示。

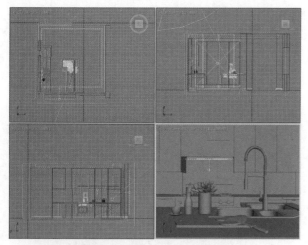

图 11-130

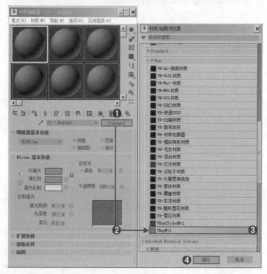

图 11-131

步骤 03 将其命名为【水龙头金属】，设置【漫反射】颜色为深灰色，设置【反射】颜色为灰色，设置【光泽度】为 0.85，勾选【菲涅耳反射】选项，接着单击【菲涅耳折射率】后面的 L 按钮，设置其数值为 10，【细分】为 30，如图 11-132 所示。

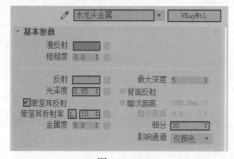

图 11-132

步骤 04 展开【双向反射分布函数】卷展栏，并选择【多面】选项，如图 11-133 所示。

图 11-133

步骤 05 双击材质球，效果如图 11-134 所示。

步骤 06 选择模型，单击 （将材质指定给选定对象）按钮，将制作完毕的水龙头金属材质赋给场景中相应的模型，如图 11-135 所示。

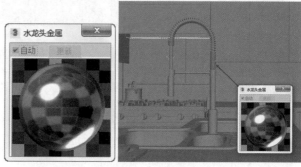

图 11-134　　　　　　　　图 11-135

2. 刀金属材质

步骤 01 单击一个材质球，设置材质类型为 VRayMtl 材质，命名为【刀金属】。设置【漫反射】颜色为黑色，设置【反射】颜色为白色，设置【光泽度】为 0.9，勾选【菲涅耳反射】选项，接着单击【菲涅耳折射率】后面的 L 按钮，设置其数值为 16，【细分】为 30，如图 11-136 所示。

图 11-136

步骤 02 展开【双向反射分布函数】卷展栏，并选择【反射】选项，设置【各向异性】为 0.8，如图 11-137 所示。

图 11-137

步骤 03 双击材质球，效果如图 11-138 所示。

步骤 04 选择模型，单击 （将材质指定给选定对象）按钮，将制作完毕的刀金属材质赋给场景中相应的模型，如

图 11-139 所示。

图 11-138　　　　　　　图 11-139

3. 理石墙面

步骤 01 单击一个材质球，设置材质类型为 VRayMtl 材质，命名为【理石墙面】。在【漫反射】后面的通道上加载【理石.jpg】贴图文件。在【反射】选项组下设置其颜色为深灰色，勾选【菲涅耳反射】选项，接着设置【细分】为 20，【最大深度】为 3，如图 11-140 所示。

图 11-140

步骤 02 双击材质球，效果如图 11-141 所示。

步骤 03 选择模型，单击 （将材质指定给选定对象）按钮，将制作完毕的理石墙面材质赋给场景中相应的模型，如图 11-142 所示。并制作完成剩余的材质，最终渲染效果见本实例最开始。

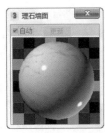

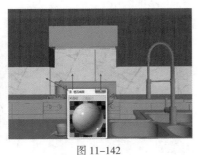

图 11-141　　　　　　　图 11-142

实例：大理石拼花

文件路径：Chapter 11　"质感神器"——材质
→实例：大理石拼花

本实例主要讲解大理石拼花材质和地砖材质的制作。实例最终渲染效果如图 11-143 所示。

扫一扫，看视频

图 11-143

1. 大理石拼花

步骤 01 打开本书场景文件，如图 11-144 所示。

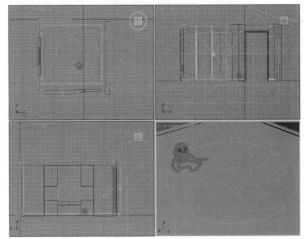

图 11-144

步骤 02 按 M 键，打开【材质编辑器】窗口，接着在该窗口内选择第一个材质球，单击 Standard （标准）按钮，在弹出的【材质/贴图浏览器】对话框中选择 VRayMtl，如图 11-145 所示。

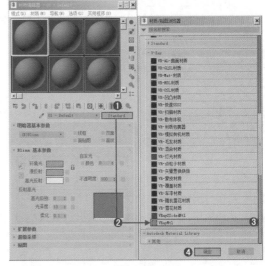

图 11-145

步骤 03 将其命名为【大理石拼花】，在【漫反射】后面的通道上加载【地拼.jpg】贴图文件。在【反射】后方的通道上加载【衰减】程序贴图，分别设置颜色为黑色和灰色，【衰减类型】为Fresnel，接着取消勾选【菲涅耳反射】，设置【细分】为20，【最大深度】为2，如图11-146所示。

图 11-146

步骤 04 双击材质球，效果如图11-147所示。

步骤 05 选择模型，单击 （将材质指定给选定对象）按钮，将制作完毕的大理石拼花材质赋给场景中相应的模型，如图11-148所示。

图 11-147　　　　　图 11-148

2. 地砖材质

步骤 01 单击一个材质球，设置材质类型为VRayMtl材质，命名为【地砖】。在【漫反射】后面的通道上加载【203097.jpg】贴图文件。在【反射】后面的通道上加载【衰减】程序贴图，分别设置颜色为黑色和灰色，【衰减类型】为Fresnel。接着取消勾选【菲涅耳反射】，设置【细分】为20，【最大深度】为2，如图11-149所示。

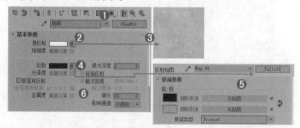

图 11-149

步骤 02 双击材质球，效果如图11-150所示。

步骤 03 选择模型，单击 （将材质指定给选定对象）按钮，将制作完毕的地砖材质赋给场景中相应的模型，如图11-151所示。并制作完成剩余的材质，最终渲染效果见本案例最开始。

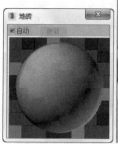 

图 11-150　　　　　　　　　图 11-151

实例：使用VRayMtl材质制作木地板

扫一扫，看视频

文件路径：Chapter 11　"质感神器"——材质→实例：使用VRayMtl材质制作木地板

　　本实例主要讲解木地板材质和健身房镜子材质的制作，其中木地板材质是带有木纹样式的纹理贴图，具有稍弱的反射效果，无折射效果，镜子材质则具有强烈的反射效果。实例最终渲染效果如图11-152所示。

图 11-152

1. 木地板材质

步骤 01 打开本书场景文件，如图11-153所示。

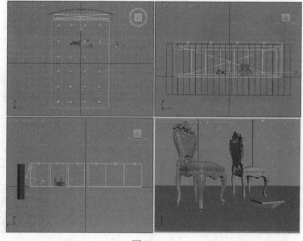

图 11-153

步骤 02 按 M 键，打开【材质编辑器】窗口，接着在该窗口内选择第一个材质球，单击 Standard （标准）按钮，在弹出的【材质／贴图浏览器】对话框中选择 VRayMtl，如图 11-154 所示。

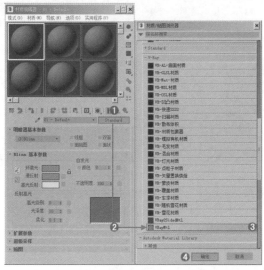

图 11-154

步骤 03 将其命名为【木地板】，在【漫反射】后面的通道上加载【木地板.jpg】，设置【瓷砖】下方 U 的数值为 5，V 的数值为 10。在【反射】选项组下设置其颜色为深灰色，设置【光泽度】为 0.82，接着取消勾选【菲涅耳反射】，并设置【细分】的数值为 20，如图 11-155 所示。

图 11-155

步骤 04 展开【贴图】卷展栏，将【漫反射】后面的通道拖曳到【凹凸】的后面，释放鼠标，在弹出的【复制（实例）贴图】窗口中设置【方法】为【复制】，接着设置【凹凸】后面的数值为 50，如图 11-156 所示。

图 11-156

步骤 05 双击材质球，效果如图 11-157 所示。

步骤 06 选择模型，单击（将材质指定给选定对象）按钮，将制作完毕的木地板材质赋给场景中相应的模型，如图 11-158 所示。

图 11-157　　　　　图 11-158

2. 健身房镜子材质

步骤 01 单击一个材质球，设置材质类型为 VRayMtl 材质，命名为【健身房镜子】。设置【漫反射】颜色为深灰色。在【反射】选项组下设置其颜色为白色，取消勾选【菲涅耳反射】，设置【细分】的数值为 20，如图 11-159 所示。

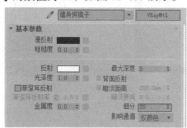

图 11-159

步骤 02 双击材质球，效果如图 11-160 所示。

步骤 03 选择模型，单击（将材质指定给选定对象）按钮，将制作完毕的健身房镜子材质赋给场景中相应的模型，如图 11-161 所示。

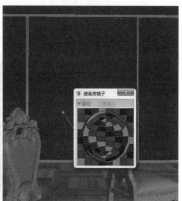

图 11-160　　　　　图 11-161

3. 环境背景材质

步骤 01 单击一个材质球，设置材质类型为 VRay 灯光材质，命名为【环境背景】，设置强度为 3，并在后面的通道上加载【123.jpg】贴图文件，如图 11-162 所示。

图 11-162

步骤 02 双击材质球，效果如图 11-163 所示。

步骤 03 选择模型，单击 （将材质指定给选定对象）按钮，将制作完毕的环境背景材质赋给场景中相应的模型，如图 11-164 所示。并制作完成剩余的材质，最终渲染效果见本实例最开始。

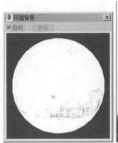
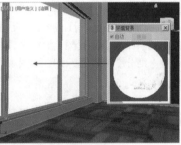

图 11-163　　　　图 11-164

实例：使用 VRayMtl 材质制作木纹

文件路径：Chapter 11　"质感神器"——材质→实例：使用 VRayMtl 材质制作木纹

木纹材质的特点是带有木纹样式的纹理贴图具有较弱的反射效果，无折射效果，最后需要添加凹凸纹理。最终渲染效果如图 11-165 所示。

扫一扫，看视频

图 11-165

步骤 01 打开本书场景文件，如图 11-166 所示。

图 11-166

步骤 02 按 M 键，打开【材质编辑器】窗口，接着在该窗口内选择第一个材质球，单击 Standard （标准）按钮，在弹出的【材质/贴图浏览器】对话框中选择 VRayMtl，如图 11-167 所示。

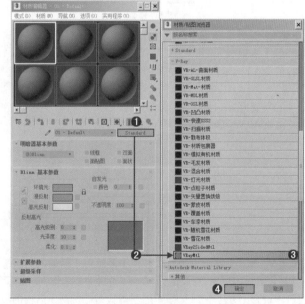

图 11-167

步骤 03 单击一个材质球，设置材质类型为 VRayMtl 材质，命名为【木纹】。在【漫反射】后面的通道上加载【ArchInteriors_12_01_mian_wood.jpg】贴图文件，设置【模糊】的数值为 0.9。在【反射】选项组下设置其颜色为深灰色，【光泽度】的数值为 0.85，取消勾选【菲涅耳反射】，接着设置【细分】的数值为 30，【最大深度】为 3，如图 11-168 所示。

步骤 04 单击【双向反射分布函数】前面的 按钮，打开【双向反射分布函数】卷展栏，并选择【反射】选项，如图 11-169 所示。

中文版3ds Max 2020+VRay效果图制作从入门到精通（微课视频 全彩版）

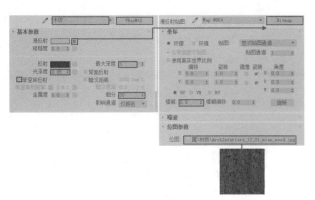

图 11-168

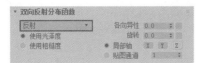

图 11-169

步骤 05 展开【贴图】卷展栏,选择【漫反射】后面的通道,将其拖拽到【凹凸】的后方,释放鼠标,在弹出的【复制(实例)贴图】窗口中设置【方法】为【复制】,最后设置【凹凸】后面的数值为 3,如图 11-170 所示。

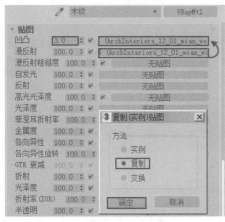

图 11-170

步骤 06 双击材质球,效果如图 11-171 所示。

步骤 07 选择模型,单击 （将材质指定给选定对象）按钮,将制作完毕的木纹材质赋给场景中相应的模型,如图 11-172 所示。

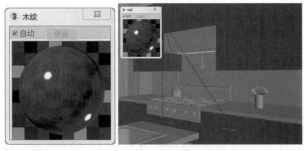

图 11-171　　　　　图 11-172

步骤 08 继续制作场景中的其他材质并赋予相应的模型。实例最终效果如图 11-173 所示。

图 11-173

实例:使用VRayMtl材质制作沙发皮革

文件路径:Chapter 11 "质感神器" ——材质 →实例:使用 VRayMtl 材质制作沙发皮革

扫一扫,看视频

　　本实例主要讲解皮革材质的制作,主要应用到 VRayMtl 材质和颜色校正程序贴图,在制作的过程当中要注意制作出皮革真实的反射效果、凹凸效果。实例最终渲染效果如图 11-174 所示。

图 11-174

步骤 01 打开本书场景文件,如图 11-175 所示。

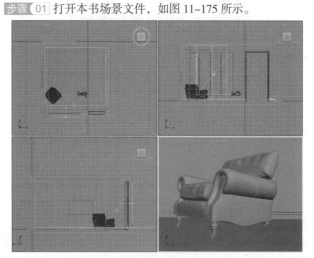

图 11-175

步骤 02 按 M 键，打开【材质编辑器】窗口，接着在该窗口内选择第一个材质球，单击 Standard（标准）按钮，在弹出的【材质/贴图浏览器】对话框中选择 VRayMtl，如图 11-176 所示。

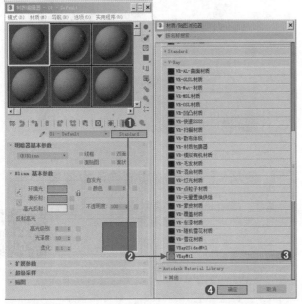

图 11-176

步骤 03 将其命名为【皮革】，在【漫反射】后面的通道上加载【Home_Concept_Balmoral_1_Seater_Antique-Tobacco-D.jpg】贴图文件，设置【瓷砖】下方 U 和 V 的数值为 12，【角度】下方 W 的数值为 60，如图 11-177 所示。

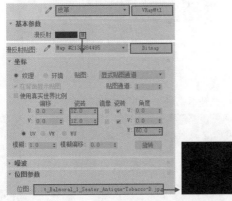

图 11-177

步骤 04 在【反射】后面的通道上加载【Color Correction 颜色校正】程序贴图，接着在【贴图】后面的通道上加载【Home_Concept_Balmoral_1_Seater_Antique-R.jpg】贴图文件，设置【瓷砖】下方 U 和 V 的数值均为 12，【角度】下方 W 的数值为 60，接着设置【亮度】的数值为 13.621，如图 11-178 所示。

步骤 05 设置【光泽度】后面的数值为 0.57，并在其后面的通道上加载【颜色校正】程序贴图，在【贴图】后面的通道上加载【Home_Concept_Balmoral_1_Seater_Antique-R.jpg】

贴图文件，设置【瓷砖】下方 U 和 V 的数值均为 12，【角度】下方 W 的数值为 60，接着设置【亮度】为 13.621，如图 11-179 所示。

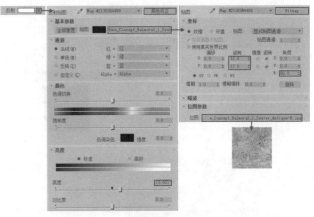

图 11-178

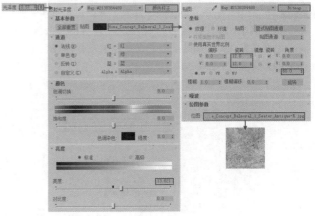

图 11-179

步骤 06 在【反射】选项组下勾选【菲涅耳反射】选项，接着设置【细分】的数值为 32，如图 11-180 所示。

图 11-180

步骤 07 单击【双向反射分布函数】前面的 ▶ 按钮，打开【双向反射分布函数】卷展栏，并选择【反射】选项，如图 11-181 所示。

图 11-181

步骤 08 展开【贴图】卷展栏，设置【反射】后面的数值为 70，【光泽度】后面的数值为 20，设置【凹凸】后面的数值为80，接着在【凹凸】后面的通道上加载【Home_Concept_Balmoral_1_Seater_Balmoral_1_Seater_B.jpg】贴图文件，如图11-182所示。

图11-182

步骤 09 双击材质球，效果如图11-183所示。

步骤 10 选择模型，单击 （将材质指定给选定对象）按钮，将制作完毕的皮革材质赋给场景中相应的模型，如图11-184所示。并制作完成剩余的材质，最终渲染效果见本实例最开始。

图11-183

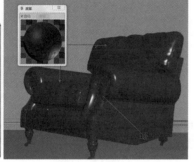

图11-184

实例：VRayMtl材质制作玻璃

文件路径：Chapter 11 "质感神器"——材质→实例：VRayMtl材质制作玻璃

本实例将讲解VRayMtl材质制作透明的玻璃材质及绿色的橄榄油液体材质，制作难度在于要理解具有颜色的液体其【烟雾颜色】参数控制液体的颜色。最终渲染如图11-185所示。

扫一扫，看视频

图11-185

1. 玻璃杯

步骤 01 打开本书场景文件，如图11-186所示。

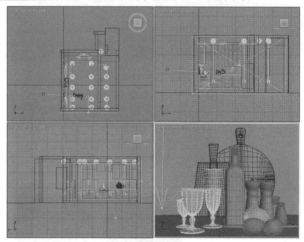

图11-186

步骤 02 按M键，打开【材质编辑器】窗口，接着在该窗口内选择第一个材质球，单击 Standard （标准）按钮，在弹出的【材质/贴图浏览器】对话框中选择VRayMtl，如图11-187所示。

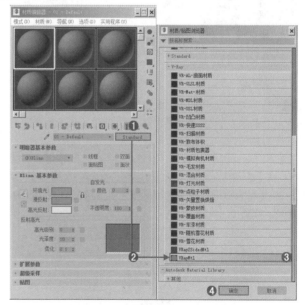

图11-187

步骤 03 将其命名为【玻璃杯】，设置【漫反射】的颜色为白色。在【反射】选项组下设置其颜色为深灰色，取消勾选【菲涅耳反射】，接着设置【细分】为20。在【折射】选项组下设置其颜色为白色，【细分】为20，如图11-188所示。

步骤 04 双击材质球，效果如图11-189所示。

步骤 05 选择模型，单击 （将材质指定给选定对象）按钮，将制作完毕的玻璃杯材质赋给场景中相应的模型，如图11-190所示。

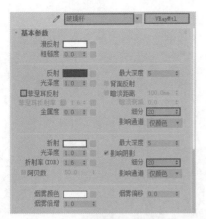

图 11-188

图 11-189

图 11-190

2. 橄榄油

步骤 01 单击一个材质球,设置材质类型为 VRayMtl 材质,命名为【橄榄油】。在【基本参数】卷展栏下设置【漫反射】的颜色为橄榄绿。在【反射】选项组下设置其颜色为白色,勾选【菲涅耳反射】选项,接着设置【细分】为 20,【最大深度】为 8。在【折射】选项组下设置其颜色为白色,【细分】的数值为 20,【最大深度】为 8,【烟雾颜色】为黄色,【烟雾倍增】为 0.01,如图 11-191 所示。

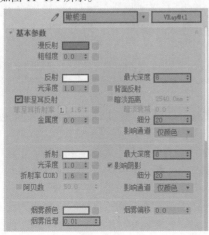

图 11-191

步骤 02 单击【双向反射分布函数】前面的 ▶ 按钮,打开【双向反射分布函数】卷展栏,并选择【反射】选项,如图 11-192 所示。

图 11-192

步骤 03 双击材质球,效果如图 11-193 所示。

步骤 04 选择模型,单击 ▒ (将材质指定给选定对象)按钮,将制作完毕的橄榄油材质赋给场景中相应的模型,如图 11-194 所示。并制作完成剩余的材质,最终渲染效果见本案例最开始。

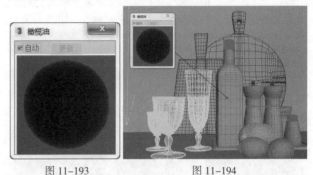

图 11-193   图 11-194

11.5 其他常用材质类型

扫一扫,看视频

3ds Max 包括很多材质,除了前面学到的 VRayMtl 材质外,还有几十种材质类型。虽然这些材质没有 VRayMtl 材质重要,但是还是需要对几种材质有所了解。如图 11-195 所示为 3ds Max 中的所有材质类型。

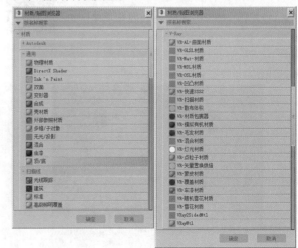

图 11-195

- **DirectX Shader**：该材质可以保存为 fx 文件，并且在启用了 DirectX3D 显示驱动程序后才可用。
- **Ink'n Paint**：通常用于制作卡通效果。
- **变形**：配合【变形器】修改器一起使用，能产生材质融合的变形动画效果。
- **多维 / 子对象**：将多个子材质应用到单个对象的子对象。
- **标准**：3ds Max 默认的材质。
- **虫漆**：用来控制两种材质混合的数量比例。
- **顶 / 底**：使物体产生顶端和底端不同的质感。
- **高级照明覆盖**：配合光能传递使用的一种材质，能很好地控制光能传递和物体之间的反射比。
- **VR- 灯光材质**：可以制作发光物体的材质效果。
- **VR- 快速 SSS2**：可以制作半透明的 SSS 物体材质效果，如皮肤。
- **VR- 矢量置换烘焙**：可以制作矢量的材质效果。
- **光线跟踪**：可以创建真实的反射和折射效果，并且支持雾、颜色浓度、半透明和荧光等效果。
- **合成**：将多个不同的材质叠加在一起，通过添加排除和混合能够创造出复杂多样的物体材质，常用来制作动物和人体皮肤、生锈的金属以及复杂的岩石等物体。
- **混合**：将两个不同的材质融合在一起，根据融合度的不同来控制两种材质的显示程度。
- **建筑**：主要用于表现建筑外观的材质。
- **壳材质**：配合【渲染到贴图】命令一起使用，其作用是将【渲染到贴图】命令产生的贴图再贴回物体造型中。
- **双面**：可以为物体内外或正反表面分别指定两种不同的材质，如纸牌和杯子等。
- **外部参照材质**：参考外部对象或参考场景相关运用资料。
- **无光 / 投影**：物体被赋予该材质后，在渲染时该模型不会被渲染出来，但是可以产生投影。
- **VR- 模拟有机材质**：该材质可以呈现出 V-Ray 程序的 DarkTree 着色器效果。
- **VR- 材质包裹器**：该材质可以有效地避免色溢现象。
- **VR- 车漆材质**：用来模拟金属汽车漆的材质。
- **VR- 覆盖材质**：该材质可以让用户更广泛地去控制场景的色彩融合、反射、折射等。
- **VR- 混合材质**：常用来制作两种材质混合在一起的效果，比如带有花纹的玻璃。
- **VR- 毛发材质**：该材质可以设置出毛发材质效果。
- **VR- 雪花材质**：该材质可以设置出雪花材质效果。

> **提示**：当材质类型缺少混合材质等类型时，怎么办？
>
> 当发现可用材质比较少时，例如找不到【混合】【虫漆】等所需要的材质，可以单击【材质 / 贴图浏览器】窗

口下的 ▼ 按钮，在弹出的【材质 / 贴图浏览器选项】面板中选择【显示不兼容】，即可将其余的材质显示出来，如图 11-196 所示。

图 11-196

【重点】11.5.1　混合材质

混合材质比较复杂，简单来说该材质是一个材质包含了两个子材质，两个子材质通过一张贴图来控制每个子材质的分布情况。该材质可用于制作如欧式花纹窗帘、潮湿的地面、生锈的金属等复杂的材质质感。

例如要制作一个红色、黄色混合的材质，并根据一个黑白的花纹进行混合。下面为其原理图，通过设置材质 1 和材质 2，并应用一张黑白的贴图，最终制作出混合的效果。并且很明显的是黑白贴图中，黑色显示的是材质 1 的效果，白色则是显示材质 2 的效果，如图 11-197 所示。其参数设置如图 11-198 所示。

图 11-197

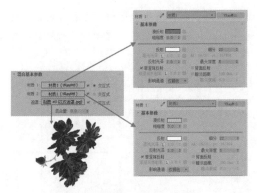

图 11-198

图 11-199 所示为混合材质的参数面板。

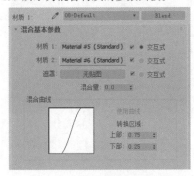

图 11-199

- 材质 1/ 材质 2：可在后面的通道中设置材质。
- 遮罩：可以添加一张贴图作为遮罩，该贴图的黑白灰信息会控制材质 1 和材质 2 的混合。
- 混合量：设置两种材质的混合百分比。
- 混合曲线：对遮罩贴图中的黑白色过渡区进行调节。
- 使用曲线：设置是否使用【混合曲线】来调节混合效果。
- 上部 / 下部：设置【混合曲线】的上部 / 下部。

实例：使用混合材质制作丝绸

文件路径：Chapter 11 "质感神器" ——材质
→实例：使用混合材质制作丝绸

扫一扫，看视频

丝绸是一种纺织品，用蚕丝或合成纤维、人造纤维的长丝织成；用蚕丝或人造丝纯织或交织而成的织品的总称；也特指桑蚕丝所织造的纺织品。图 11-200 所示为分析并参考丝绸材质的效果。渲染效果如图 11-201 所示。

图 11-200

图 11-201

步骤 01 打开本书场景文件，如图 11-202 所示。

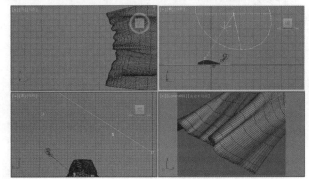

图 11-202

步骤 02 按快捷键 M 打开【材质编辑器】。单击一个材质球，并设置材质类型为 Blend（混合）材质。设置【材质 1】为 VRayMtl 材质，设置【材质 2】为 VRayMtl 材质，如图 11-203 所示。

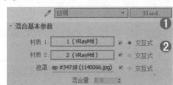

图 11-203

提示：混合材质的运用

【混合】材质是一个较为复杂的材质，包括【材质1】【材质2】【遮罩】3 个部分，可以在该材质中使用两种材质，并使用一种贴图进行控制两种材质的分布情况。

步骤 03 单击进入【材质 1】后面的通道中，设置【漫反射】颜色为浅灰色，设置【反射】颜色为浅灰色，设置【光泽度】为 0.8，取消勾选【菲涅耳反射】，【细分】设置为 15，如图 11-204 所示。

步骤 04 单击进入【材质 2】后面的通道中，然后在【漫反射】后面的通道中加载【衰减】程序贴图，展开【衰减参数】卷展栏，设置【颜色 1】【颜色 2】分别为白色，设置【衰减类型】为 Fresnel，如图 11-205 所示。

中文版3ds Max 2020+VRay效果图制作从入门到精通（微课视频 全彩版）

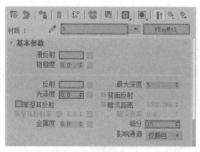

图 11-204

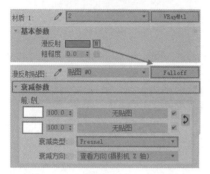

图 11-205

步骤 05 展开【贴图】卷展栏，在【不透明度】后面的通道中加载【混合】程序贴图，展开【混合参数】卷展栏，设置【颜色1】颜色为白色，【颜色2】颜色为浅灰色，在【混合量】后面的通道中加载【布纹1.jpg】贴图文件，如图11-206所示。

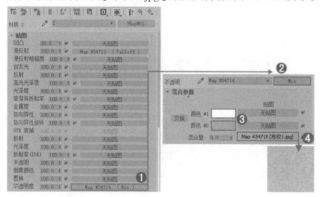

图 11-206

步骤 06 返回【混合基本参数】卷展栏，在【遮罩】后面的通道中加载【1140066.jpg】贴图文件，如图11-207所示。

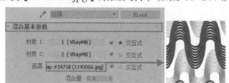

图 11-207

步骤 07 将制作完成的丝绸材质赋予场景中的布料模型，并将其他材质制作完成，如图11-208所示。制作完成剩余的材质后，最终渲染效果见本实例开始。

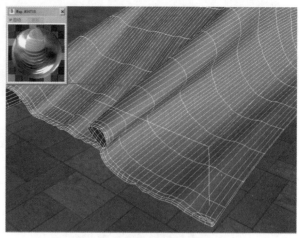

图 11-208

【重点】11.5.2　多维/子对象材质

多维/子对象材质主要应用于一个模型中包含多个材质的情况，例如汽车材质、楼房材质等。通过设置不同的ID，控制模型不同的ID部分产生不同的材质质感。如图11-209所示为其参数面板。

图 11-209

轻松动手学：把茶壶模型设置为【多维/子对象】材质

文件路径：Chapter 11　"质感神器"——材质
→轻松动手学：把茶壶模型设置为【多维/子对象】材质

以 3ds Max 中的茶壶模型为例，我们来试一下如何将其正确地设置为【多维/子对象】材质。茶壶分为【壶体】【壶把】【壶嘴】【壶盖】4个部分，如图11-210所示。最终需要设置的效果如图11-211所示。

扫一扫，看视频

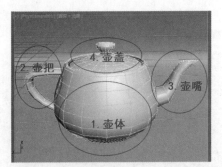

图 11-210

图 11-211

步骤 01 设置材质为【多维/子对象】材质,并设置【材质数量】为4,如图11-212所示。

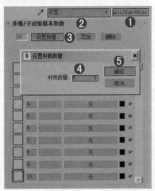

图 11-212

步骤 02 选择茶壶,单击右键,将其转换为可编辑多边形,如图11-213所示。

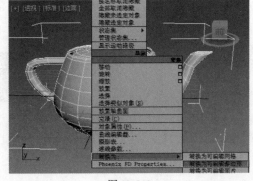

图 11-213

步骤 03 单击进入 (元素),并选择壶体,【设置ID】为1,如图11-214所示。

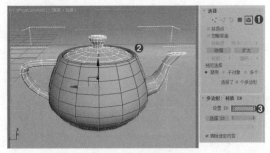

图 11-214

步骤 04 单击进入 (元素),并选择壶把,【设置ID】为2,如图11-215所示。

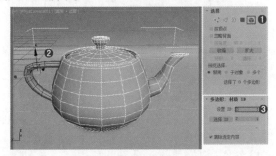

图 11-215

步骤 05 单击进入 (元素),并选择壶嘴,【设置ID】为3,如图11-216所示。

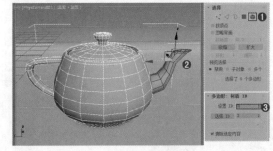

图 11-216

步骤 06 单击进入 (元素),并选择壶盖,【设置ID】为4,如图11-217所示。

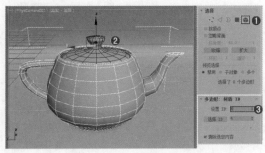

图 11-217

步骤 07 此时分别设置 ID1、ID2、ID3、ID4 的材质，如图 11-218 所示。

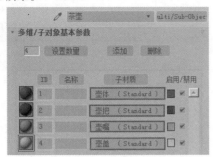

图 11-218

步骤 08 选中茶壶模型，并单击 ![指定按钮]（将材质指定给选定对象），此时多维/子对象材质已经赋予茶壶模型，并且茶壶的 4 个部分都已经按照对应的 ID 设置了不同的质感，如图 11-219 所示。

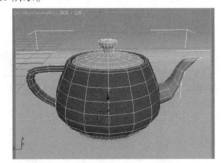

图 11-219

11.5.3 顶/底材质

顶/底材质是由两个子材质组成的，包括顶材质和底材质。两个子材质分别控制材质顶部的质感和底部的质感，并且通过设置混合和位置的数值来控制两个子材质的过渡效果和分布比例。

通过顶/底材质可以模拟上下质感不同的材质，例如大雪覆盖的树枝（顶材质是雪，底材质是枝干）、双层蛋糕（顶材质是奶油，底材质是巧克力），如图 11-220 和图 11-221 所示。

图 11-220

图 11-221

如图 11-222 所示为其参数面板。该材质原理如图 11-223 所示。

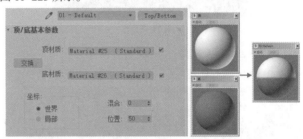

图 11-222　　　　　图 11-223

- 顶材质/底材质：设置顶与底的材质。
- 交换：互换【顶材质】与【底材质】的位置。
- 混合：控制顶材质和底材质中间的混合效果。
- 位置：控制两种材质的分布位置。

11.5.4 VR-灯光材质

VR-灯光材质常用来制作发光物体，例如霓虹灯、灯带等，也可作为场景的背景材质使用。如图 11-224 所示为其参数面板。

图 11-224

- 颜色：设置自发光的颜色，后面的数值代表自发光强度。
- 不透明度：可以在后面的通道中加载贴图。
- 背面发光：启用该选项后，物体会双面发光。

实例：使用 VR-灯光材质制作霓虹灯

文件路径：Chapter 11 "质感神器" ——材质→
实例：使用 VR-灯光材质制作霓虹灯

本实例将讲解使用 VR-灯光材质制作发光

扫一扫，看视频

的霓虹灯材质效果，因此该材质在某些时候可以代替一些灯光，如可以使用该材质制作霓虹灯效果、灯带效果等。最终渲染如图 11-225 所示。

图 11-225

1. 发光艺术灯 1 材质

步骤 01 打开本书场景文件，如图 11-226 所示。

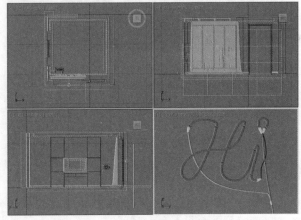

图 11-226

步骤 02 按 M 键，打开【材质编辑器】窗口，接着在该窗口内选择第一个材质球，单击 Standard （标准）按钮，在弹出的【材质/贴图浏览器】对话框中选择【VR- 灯光材质】，如图 11-227 所示。

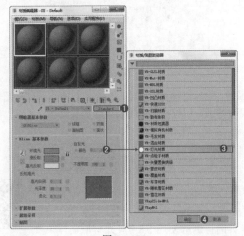

图 11-277

步骤 03 将其命名为【发光艺术灯 1】，在【参数】卷展栏下设置【颜色】为红色，并设置其后方的数值为 10，如图 11-228 所示。

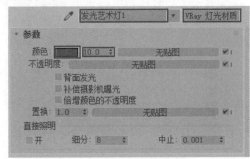

图 11-228

步骤 04 双击材质球，效果如图 11-229 所示。

步骤 05 选择模型，单击 （将材质指定给选定对象）按钮，将制作完毕的发光艺术灯 1 材质赋给场景中相应的模型，如图 11-230 所示。

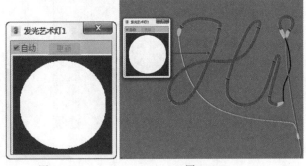

图 11-229   图 11-230

2. 发光艺术灯 2 材质

步骤 01 单击一个材质球，设置材质类型为【VRay 灯光材质】，命名为【发光艺术灯 2】。在【参数】卷展栏下设置【颜色】为蓝色，接着设置其后面的数值为 15，如图 11-231 所示。

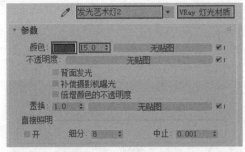

图 11-231

步骤 02 双击材质球，效果如图 11-232 所示。

步骤 03 选择模型，单击 （将材质指定给选定对象）按钮，将制作完毕的发光艺术灯 2 材质赋给场景中相应的模型，如图 11-233 所示。

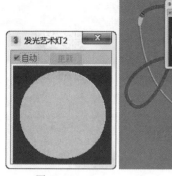

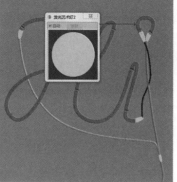

图 11-232   图 11-233

3. 壁纸材质

步骤 01 单击一个材质球，设置材质类型为 VRayMtl，命名为【壁纸】。在【漫反射】后面的通道中加载【壁纸.jpg】贴图文件，如图 11-234 所示。

图 11-234

步骤 02 双击材质球，效果如图 11-235 所示。

步骤 03 选择模型，单击 （将材质指定给选定对象）按钮，将制作完毕的壁纸材质赋给场景中相应的模型，如图 11-236所示。制作完成剩余的材质后，最终渲染效果见本实例最开始。

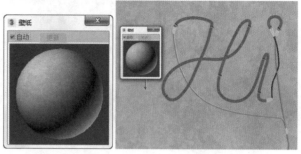

图 11-235   图 11-236

Chapter
12

第12章

扫一扫，看视频

添加贴图

本章学习要点：

· 掌握贴图通道的原理
· 熟练掌握位图贴图的使用方法
· 熟练掌握在不同通道上添加贴图制作各种质感的方法

本章内容简介：

贴图是指材质表面的纹理样式，在不同属性上（如漫反射、反射、折射、凹凸等）加载贴图会产生不同的质感，如墙面上的壁纸纹理样式、波涛汹涌水面的凹凸纹理样式、破旧金属的不规则反射样式。贴图是与材质紧密联系的功能，通常都会在设置对象材质的某个属性时为其添加贴图。

通过本章学习，我能做什么？

通过对本章的学习，我们将学会位图、渐变、平铺等多种贴图的应用，并且学会使用各种通道添加贴图的应用效果。利用贴图功能可以制作对象表面的贴图纹理、凹凸纹理，例如木桌表面的木纹贴图、凹凸感和微弱的反射效果等。

优秀作品欣赏

12.1 了解贴图

本节将讲解贴图的基本知识，包括贴图概念、为什么要使用贴图、如何添加贴图等。如图 12-1 和图 12-2 所示为设置贴图之前和之后的对比渲染效果。

图 12-1　　　　　图 12-2

【重点】12.1.1　什么是贴图

贴图是指材质表面的纹理样式，在不同属性上（如漫反射、反射、折射、凹凸等）加载贴图会产生不同的质感。如墙面上的壁纸纹理样式、波涛汹涌的水面的凹凸纹理样式、破旧金属的不规则反射样式，如图 12-3 所示。

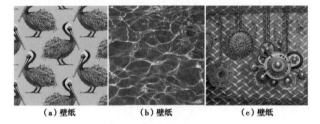

（a）壁纸　　**（b）壁纸**　　**（c）壁纸**

图 12-3

在通道上单击鼠标左键，即可弹出【材质/贴图浏览器】窗口，在这里就可以选择需要的贴图类型，如图 12-4 所示。贴图包括位图贴图和程序贴图两种类型，如图 12-5 所示。

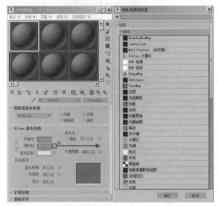

图 12-4

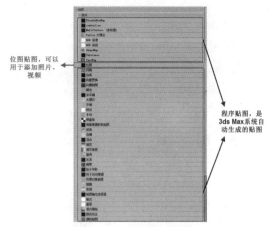

图 12-5

1. 位图贴图

在位图贴图中不仅可以添加照片素材，而且还可以添加用于动画制作的视频素材。

（1）添加照片。图 12-6 所示为在位图贴图中添加图片素材。

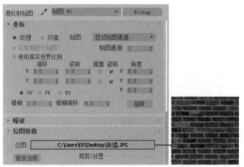

图 12-6

（2）添加视频。

① 如图 12-7 所示为在位图贴图中添加视频素材。

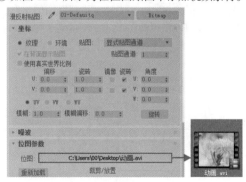

图 12-7

② 拖动 3ds Max 界面下方的时间线 ⬚ 0 / 100，可看到为模型设置的视频素材可以实时预览，如图 12-8 ～图 12-10 所示。

图 12-8

图 12-9

图 12-10

2. 程序贴图

程序贴图是指在 3ds Max 中通过设置贴图的参数,由数学算法生成的贴图效果。如图 12-11 所示为 3 种不同的程序贴图制作的多种效果。

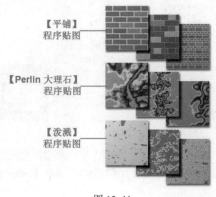

【平铺】
程序贴图

【Perlin 大理石】
程序贴图

【泼溅】
程序贴图

图 12-11

比如在【漫反射】通道中添加【烟雾】程序贴图,并设置相关参数,如图 12-12 所示。即可制作类似于天空蓝天白云的贴图效果,如图 12-13 所示。

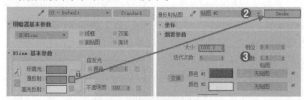

图 12-12

图 12-13

比如在【漫反射】通道中添加【烟雾】程序贴图,并设置相关参数,如图 12-14 所示。即可制作类似烟雾的贴图效果,如图 12-15 所示。

图 12-14

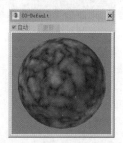

图 12-15

【重点】12.1.2　轻松动手学:为材质添加贴图

扫一扫,看视频

文件路径:Chapter 12　添加贴图→轻松动手学:为材质添加贴图

步骤 01 单击一个空白材质球,修改材质名称,单击 Standard 按钮,此时切换材质类型,选择 VRayMtl 材质,单击【确定】按钮,如图 12-16 所示。

步骤 02 单击【漫反射】后面的通道按钮█,在弹出的【材

质 / 贴图浏览器】对话框中选择【位图】，单击【确定】按钮，
如图 12-17 所示。

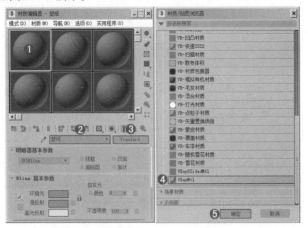

图 12-16

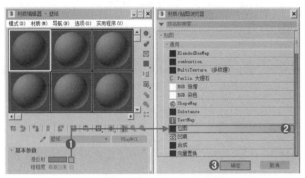

图 12-17

步骤 03 在弹出的对话框中选择需要使用的贴图，并单击【打开】按钮，如图 12-18 所示。

图 12-18

步骤 04 此时贴图添加完成，双击材质球，效果如图 12-19 所示。

图 12-19

【重点】12.2 认识贴图通道

贴图通道是指可以单击并添加贴图的位置。通常有两种方式可以添加贴图，可在参数后面的通道上加载贴图，也可在贴图卷展栏中添加贴图。

扫一扫，看视频

12.2.1 什么是贴图通道

3ds Max 有很多贴图通道，每一种通道用于控制不同的材质属性效果，例如漫反射通道用于显示贴图颜色或图案，反射通道用于设置反射的强度或反射的区域，高光通道用于控制高光效果，凹凸通道用于控制产生凹凸起伏质感等。

12.2.2 为什么使用贴图通道

不同的通道上添加贴图会产生不同的作用，例如在【漫反射】通道上添加贴图会产生固有色的变化，在【反射】通道上添加贴图会出现反射根据贴图产生变化，在【凹凸】通道上添加贴图会出现凹凸纹理的变化。因此需要先设置材质，后设置贴图。有很多材质属性很复杂，包括了纹理、反射、凹凸等，因此就需要在相应的通道上设置贴图。

12.2.3 在参数后面的通道上添加贴图

可在参数后面的通道上单击加载贴图。例如，在【漫反射】通道上加载【棋盘格】程序贴图，如图 12-20 所示。

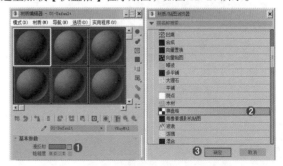

图 12-20

12.2.4 在【贴图】卷展栏中的通道上添加贴图

还可在【贴图】卷展栏中相应的通道上加载贴图。例如，在【漫反射】通道上加载【棋盘格】程序贴图，如图 12-21 所示。

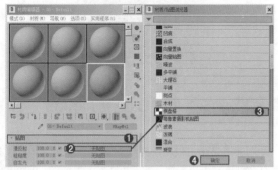

图 12-21

其实，该方法与"在参数后面的通道上添加贴图"的方法都可以正确地添加贴图，但是在【贴图】卷展栏中的通道类型更全一些，所以建议使用"在【贴图】卷展栏中的通道上添加贴图"的方法。

【重点】12.2.5 漫反射和凹凸通道添加贴图有何区别

比如我们要制作一个砖墙材质，尝试制作 3 种效果，分别是没有凹凸的红色砖墙、带有凹凸的白色砖墙、带有凹凸的红色砖墙。

1. 制作没有凹凸的红色砖墙

步骤 01 设置材质类型为 VRayMtl 材质，然后在【漫反射】通道上添加一张砖墙贴图，如图 12-22 所示。

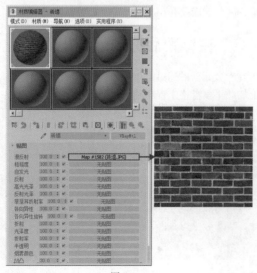

图 12-22

步骤 02 双击材质球，如图 12-23 所示。

步骤 03 渲染效果，可以看到由于只在【漫反射】通道加载了贴图，因此只能出现红色砖墙的纹理效果，没有凹凸等其他特点，如图 12-24 所示。

图 12-23 　　　　　　 图 12-24

2. 制作带有凹凸的白色砖墙

步骤 01 设置材质类型为 VRayMtl 材质，然后设置【漫反射】为白色，如图 12-25 所示。

图 12-25

步骤 02 设置【凹凸】为 −150，并在其通道上添加一张砖墙贴图，如图 12-26 所示。

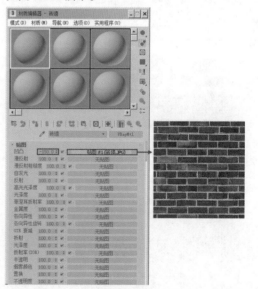

图 12-26

步骤 03 双击材质球，如图 12-27 所示。

步骤 04 渲染效果，可以看到由于设置【漫反射】为白色，因此外观为白色。由于在【凹凸】通道上加载了砖的贴图，因此会产生凹凸起伏感，如图 12-28 所示。

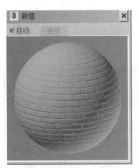

图 12-27　　　　　　　图 12-28

3. 制作带有凹凸的红色砖墙

步骤 01 设置材质类型为 VRayMtl 材质，然后在【漫反射】通道上添加一张砖墙贴图，然后单击并拖动该通道到【凹凸】通道上，选择【方法】为【实例】，最后设置【凹凸】为 –150，如图 12-29 所示。

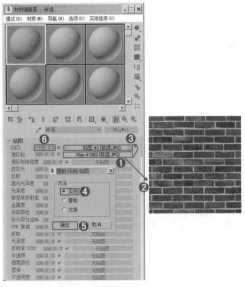

图 12-29

步骤 02 双击材质球，如图 12-30 所示。

步骤 03 渲染效果，可以看到由于在【漫反射】和【凹凸】通道加载了贴图，因此不仅能出现红色砖墙的纹理效果，而且具有凹凸起伏感，如图 12-31 所示。

图 12-30　　　　　　　图 12-31

因此，在不同通道上添加贴图会产生不同的效果。

实例：使用凹凸通道和置换通道贴图制作柠檬

文件路径：Chapter 12　添加贴图→实例：使用凹凸通道和置换通道贴图制作柠檬

扫一扫，看视频

　　本实例主要讲解柠檬材质的制作，首先选择一个材质球并设置其材质类型为 VRayMtl 材质，接着在漫反射、反射、凹凸和置换后面的通道上加载相应的贴图文件。实例最终渲染效果如图 12-32 所示。

图 12-32

步骤 01 打开本书场景文件，如图 12-33 所示。

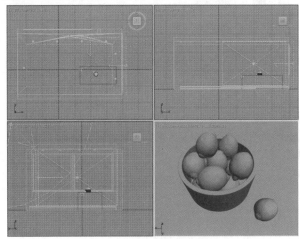

图 12-33

步骤 02 按 M 键，打开【材质编辑器】窗口，接着在该窗口内选择第一个材质球，单击 Standard （标准）按钮，在弹出的【材质/贴图浏览器】对话框中选择 VRayMtl，如图 12-34 所示。

步骤 03 将其命名为【柠檬】，在【漫反射】后面的通道上加载【1.jpg】贴图文件，并设置【模糊】的数值为 0.6。在【反射】后面的通道上加载【2.jpg】贴图文件，设置【光泽度】为 0.65，勾选【菲涅耳反射】选项，单击【菲涅耳折射率】后面的 L

按钮，并设置后面的数值为8，接着设置【细分】为32，如图12-35所示。

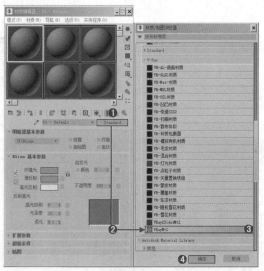

图12-34

图12-35

步骤 04 展开【贴图】卷展栏，设置【凹凸】后面的数值为60，并在其后面的通道上加载【3.jpg】贴图文件。设置【置换】后面的数值为6，并在其后面的通道上加载【4.jpg】贴图文件，如图12-36所示。

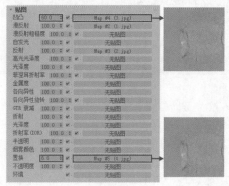

图12-36

步骤 05 双击材质球，效果如图12-37所示。

步骤 06 选择模型，单击 ✿ （将材质指定给选定对象）按钮，

将制作完毕的柠檬材质赋给场景中相应的模型，如图12-38所示。制作完成剩余的材质后，最终渲染效果见本实例最开始。

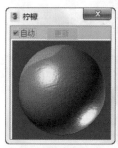
图12-37

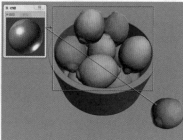
图12-38

12.3 常用贴图类型

　　3ds Max 中包括几十种贴图类型，不同的贴图类型可以模拟出不同的贴图纹理。在任意的贴图通道上单击，都可以添加贴图，为不同的通道添加贴图效果是不同的，例如在【漫反射】通道添加贴图会渲染出带有贴图样式的效果，而在【凹凸】通道添加贴图则会渲染出凹凸的质感。其中【位图】贴图是最常用的类型。如图12-39所示为贴图类型。

图12-39

- Prelim 大理石：通过两种颜色混合，产生类似于珍珠岩纹理的效果。
- RGB 倍增：通常用作凹凸贴图，在此可能要组合两个贴图，以获得正确的效果。
- RGB 染色：通过3个颜色通道来调整贴图的色调。
- Substance：应用为导出到游戏引擎而优化的 Substance 参数化纹理。
- TextMap：使用文本创建纹理。
- 位图：位图贴图可以添加图片素材，是最常用的贴图之一。
- 光线跟踪：可模拟真实的完全反射与折射效果。
- 凹痕：可以作为凹凸贴图，产生一种风化和腐蚀的效果。

- 合成：可以将两个或两个以上的子材质叠加在一起。
- 向量置换：使用向量（而不是沿法线）置换网格。
- 向量贴图：应用基于向量的图形（包括动画）作为对象的纹理。
- 噪波：产生黑白波动的效果，常加载到凹凸通道中制作凹凸。
- 多平铺：通过【多平铺】贴图可同时将多个纹理平铺加载到 UV 编辑器。
- 大理石：制作大理石贴图效果。
- 斑点：用于制作两色杂斑纹理效果。
- 木材：用于制作木纹贴图效果。
- 棋盘格：产生黑白交错的棋盘格图案。
- 每像素摄影机贴图：将渲染后的图像作为物体的纹理贴图，以当前摄影机的方向贴在物体上，可以进行快速渲染。
- 法线凹凸：可以改变曲面上的细节和外观。
- 波浪：可创建波状的类似于水纹的贴图效果。
- 泼溅：类似于油彩飞溅的效果。
- 混合：将两种贴图按照一定的方式进行混合。
- 渐变：使用 3 种颜色创建渐变图像。
- 渐变坡度：可以产生多色渐变效果。
- 旋涡：可以创建两种颜色的旋涡图案。
- 灰泥：用于制作腐蚀生锈的金属和物体破败的效果。
- 烟雾：产生丝状、雾状或絮状等无序的纹理效果。
- 粒子年龄：专用于粒子系统，通常用来制作彩色粒子流动的效果。
- 粒子运动模糊：根据粒子速度产生模糊效果。
- 细胞：可以模拟细胞形状的图案。
- 衰减：产生两色过渡效果。
- 输出：专门用来弥补某些无输出设置的贴图类型。
- 遮罩：使用一张贴图作为遮罩。
- 顶点颜色：根据材质或原始顶点颜色来调整 RGB 或 RGBA 纹理。
- 颜色校正：可以调节材质的色调、饱和度、亮度和对比度。
- VR 贴图：在使用 3ds Max 标准材质时的反射和折射就用【VR 贴图】贴图来代替。
- VR 边纹理：可以渲染出模型具有边线的效果。
- VR 颜色：可以用来设定任何颜色。
- VRayHDRI：用于设置环境背景，模拟真实的背景环境，真实的反射、折射属性。

【重点】12.3.1 【位图】贴图必须掌握

【位图】贴图是最常用的贴图之一，可以使用相机拍摄照片作为位图贴图使用，也可以从网络上下载图片作为位图使用。如图 12-40 所示为【位图】贴图参数。

扫一扫，看视频

图 12-40

- 偏移：设置贴图的位置偏移效果。如图 12-41 和图 12-42 所示为设置【偏移】的 U 为 0.0 和 0.5 时的对比效果。

图 12-41

图 12-42

- 瓷砖：设置贴图在 X 轴和 Y 轴平铺重复的程度。如图 12-43 和图 12-44 所示为设置【瓷砖】的 U 为 1.0 和 5.0 时的对比效果。

图 12-43

图 12-44

- 角度：设置贴图在 X、Y、Z 轴的旋转角度。图 12-45 和图 12-46 所示为设置【角度】的 W 为 0.0 和 45.0 时的对比效果。

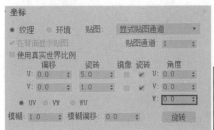

图 12-45

图 12-46

- 模糊：设置贴图的清晰度，数值越小越清晰，渲染越慢。如图 12-47 和图 12-48 所示为设置【模糊】为 5.0 和 0.01 的对比效果。

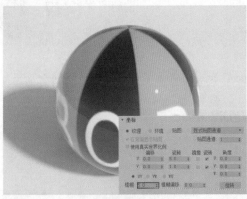

图 12-47

图 12-48

- 裁剪 / 放置：勾选【应用】选项，并单击后面的【查看图像】按钮，然后可以使用红色框框选一部分区域，这部分区域就是应用的贴图部分，区域外的部分不会被渲染出来，如图 12-49 和图 12-50 所示（此方法可以去除贴图的瑕疵，如贴图上的 Logo 等）。

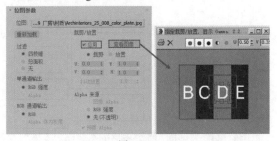

图 12-49

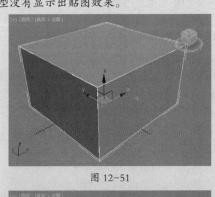

图 12-50

提示：模型上的贴图怎么不显示呢？

选中模型，如图 12-51 所示。单击材质编辑器中的 （将材质指定给选定对象）按钮，如图 12-52 所示，发现模型没有显示出贴图效果。

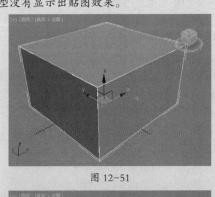

图 12-51

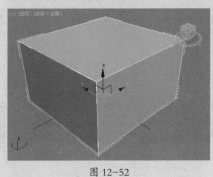

图 12-52

此时只需要单击 （视口中显示明暗处理材质）按钮，即可看到贴图显示正确了，如图 12-53 所示。

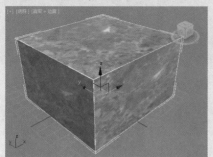
图 12-53

> **提示：平面物体上的贴图怎么显示为黑色？**
>
> 有时在为平面类模型设置材质时，发现平面在视图中出现了黑色效果，如图 12-54 所示。

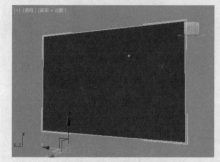
图 12-54

此时只需要为模型添加【壳】修改器，如图 12-55 所示，使平面模型产生厚度，模型上就能正确显示出贴图效果了，如图 12-56 所示。

图 12-55　　　　图 12-56

【重点】12.3.2　贴图出现拉伸错误时试试【UVW 贴图】修改器

扫一扫，看视频

在为模型设置好位图贴图之后，单击 （视口中显示明暗处理材质）按钮即可在模型上显示

贴图效果。有时候会发现贴图显示正确，有时候模型会出现拉伸等错误现象。如图 12-57 ～图 12-60 所示为正确的贴图效果和错误的贴图效果。

正确的贴图效果 ✓
图 12-57

错误的贴图效果 ✗
图 12-58

正确的贴图效果 ✓
图 12-59

错误的贴图效果 ✗
图 12-60

一旦模型出现了类似上图中的错误效果，那么我们要第一时间想到需要为模型添加【UVW 贴图】修改器，如图 12-61 所示，可以选择模型并单击修改为【UVW 贴图】修改器。

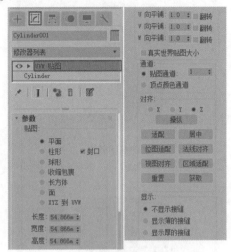

图 12-61

- 贴图类型：确定所使用的贴图坐标的类型，不同的类型设置会产生不同的贴图显示效果，如图 12-62 ～图 12-70 所示。

未使用【UVW贴图】修改器

图 12-62

【平面】方式

图 12-63

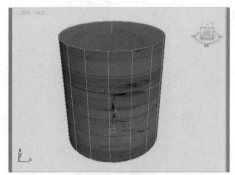

【柱形】方式

图 12-64

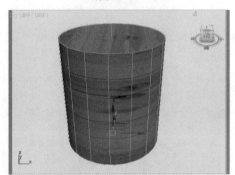

【柱形】方式，勾选【封口】

图 12-65

【球形】方式

图 12-66

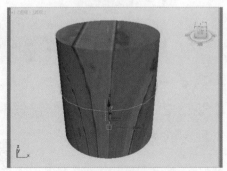

【收缩包裹】方式

图 12-67

中文版3ds Max 2020+VRay效果图制作从入门到精通（微课视频 全彩版）

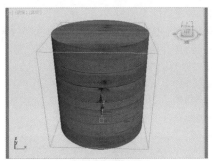

【长方体】方式

图 12-68

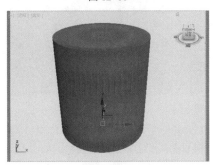

【面】方式

图 12-69

【XYZ到UVW】方式

图 12-70

· 长度/宽度/高度：通过附着在模型表面的黄色框（gizmo）大小控制贴图的显示，如图 12-71 和图 12-72 所示。

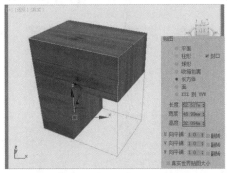

图 12-71

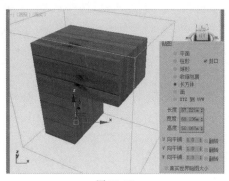

图 12-72

· U/V/W 向平铺：设置 U/V/W 轴向贴图的平铺次数。
· 翻转：反转图像。
· 对齐 X/Y/Z：设置贴图显示的轴向。
· 操纵：启用时，gizmo 出现在可以改变视口中的参数的对象上。
· 适配：单击该按钮，gizmo 自动变为与模型等大的效果。

【重点】轻松动手学：设置模型正确的贴图效果

文件路径：Chapter 12　添加贴图→轻松动手学：设置模型正确的贴图效果

扫一扫，看视频

可以为模型添加【UVW 贴图】修改器，以校正错误的贴图显示效果，但是如何快速地判断怎么设置需要更改的参数呢。

诀窍 1：根据模型的形状，设置参数

步骤 01 创建一个圆柱体、一个茶壶模型，如图 12-73 所示。

图 12-73

步骤 02 将制作好的木地板贴图赋予两个模型，并单击 ▣（视口中显示明暗处理材质）按钮，可以看到贴图显示在模型上有一定问题，如图 12-74 和图 12-75 所示。

步骤 03 根据这两个模型的大致形态，可以认为左侧的接近柱形外观、右侧的大致接近长方体外观。因此依次为两个模型添加【UVW 贴图】修改器，然后设置圆柱体的【贴图】方式为【柱形】，并勾选【封口】，如图 12-76 所示。效果如图 12-77 所示。

图 12-74

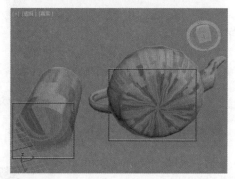

图 12-75

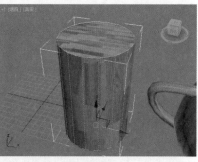

图 12-76　　　　　图 12-77

步骤 04 设置圆柱体的【贴图】方式为【长方体】,并勾选【封口】,如图 12-78 所示。效果如图 12-79 所示。

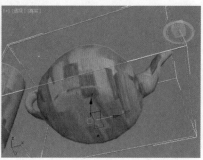

图 12-78　　　　　图 12-79

诀窍 2: 快速适配大小

步骤 01 可以设置不同的【对齐】方式,如图 12-80 所示。此时模型外面的框可能比模型本身要大,因此贴图显示可能不是很准确,如图 12-81 所示。

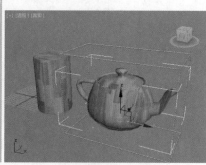

图 12-80　　　　　　　图 12-81

步骤 02 可以单击【适配】按钮,如图 12-82 所示。

步骤 03 此时自动匹配了最适合的效果,如图 12-83 所示。

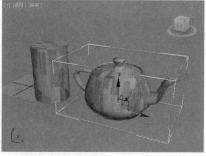

图 12-82　　　　　　　图 12-83

实例：通过位图贴图制作壁纸

扫一扫,看视频

文件路径:Chapter 12 添加贴图→实例：通过位图贴图制作壁纸

　　本实例主要讲解通过位图贴图制作壁纸效果。实例最终渲染效果如图 12-84 所示。

图 12-84

步骤 01 打开本书场景文件,如图 12-85 所示。

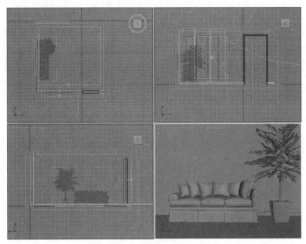

图 12-85

步骤 02 按 M 键，打开【材质编辑器】窗口，在该窗口内选择第一个材质球，将其命名为【壁纸】，展开【Blinn 基本参数】卷展栏，在【漫反射】后面的通道上加载【壁纸 .jpg】贴图文件，接着设置【瓷砖】下方 U 的数值为 5，【模糊】为 0.1，如图 12-86 所示。

图 12-86

步骤 03 双击材质球，效果如图 12-87 所示。

步骤 04 选择模型，单击 （将材质指定给选定对象）按钮，将制作完毕的壁纸材质赋给场景中相应的模型，如图 12-88 所示。制作完成剩余的材质后，最终渲染效果见本实例最开始。

图 12-87 　　　　　图 12-88

【重点】12.3.3 【衰减】程序贴图

【衰减】程序贴图是指两种颜色混合产生的衰减过渡效果。在漫反射通道上加载衰减贴图通

扫一扫，看视频

常可以模拟绒布等质感（如绒布沙发），在反射通道上加载衰减贴图通常可以模拟柔和的反射过渡（如汽车车漆反射、珍珠反射），如图 12-89 所示。

（a）沙发　　　　（b）汽车车漆　　　（c）珍珠

图 12-89

其参数面板如图 12-90 所示。

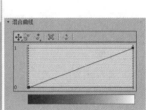

图 12-90

- 前侧：设置【衰减】贴图的【前】通道和【侧】通道的参数。
- 衰减类型：设置衰减的方式，其中，【垂直 / 平行】方式过渡较强烈、Fresnel 方式过渡较柔和。
- 衰减方向：设置衰减的方向。

在如图 12-91 所示中设置绿色和黄色两种颜色，则会产生如图 12-92 所示的衰减效果。

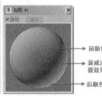

图 12-91　　　　　　　图 12-92

实例：采用【衰减】程序贴图制作椅子绒布

文件路径：Chapter 12 添加贴图→实例：采用【衰减】程序贴图制作椅子绒布

扫一扫，看视频

本实例主要讲解采用混合程序贴图、衰减程序贴图制作椅子绒布的效果，其中混合程序贴图是将两个不同的材质融合在一起，并根据融合度的不同来控制两种材质的显示程度。本实例制作难点在于模拟绒布质感的特殊反射效果，需要修改双向反射分布函数。实例最终渲染效果如图 12-93 所示。

图 12-93

步骤 01 打开本书场景文件，如图 12-94 所示。

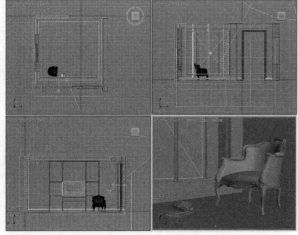

图 12-94

步骤 02 按下 M 键，打开【材质编辑器】窗口，接着在该窗口内选择第一个材质球，单击 Standard （标准）按钮，在弹出的【材质／贴图浏览器】对话框中选择 VRayMtl，如图 12-95 所示。

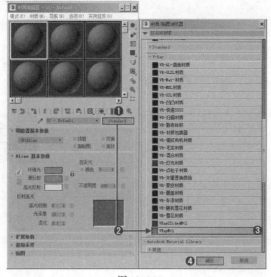

图 12-95

步骤 03 在【漫反射】后面的通道上加载【混合】程序贴图，在【颜色 #1】后方的通道上加载【混合】程序贴图，设置【颜色 #1】为灰黑色，【颜色 #2】为深棕色，接着在【混合量】后面的通道上加载【he04_01.jpg】贴图文件，设置【瓷砖】下 U 的数值为 1，V 的数值为 0.5，如图 12-96 所示。

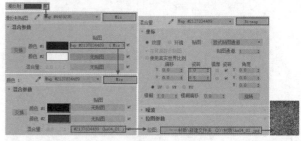

图 12-96

步骤 04 在【颜色 #2】后面的通道上加载【混合】程序贴图，设置【颜色 #1】为淡橘黄色，【颜色 #2】为深棕色，接着在【混合量】后面的通道上加载【he04_01.jpg】贴图文件，设置【瓷砖】下方 U 的数值为 1，V 的数值为 0.5，【模糊】的数值为 0.05，如图 12-97 所示。

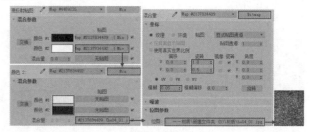

图 12-97

步骤 05 在【混合量】后面的通道上加载【衰减】程序贴图，在下面的通道上加载【velvet_mix_01.jpg】贴图文件，并设置前面的数值为 80，如图 12-98 所示。

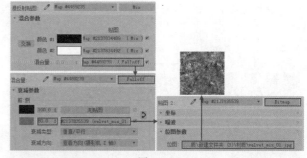

图 12-98

步骤 06 回到最初的【基本参数】卷展栏，在【反射】后面的通道上加载【衰减】程序贴图，接着设置下面的颜色分别为黑色和深灰色，如图 12-99 所示。

步骤 07 设置【光泽度】为 0.65，并在其后面的通道上加载【velvet_mix_01.jpg】贴图文件，取消勾选【菲涅耳反射】，设置【细分】为 30，如图 12-100 所示。

图 12-99

图 12-100

步骤 08 单击【双向反射分布函数】前面的 ▶ 按钮,打开【双向反射分布函数】卷展栏,并选择【沃德】选项,设置【各向异性】为 0.7。展开【贴图】卷展栏,设置【光泽度】数值为 50,如图 12-101 所示。

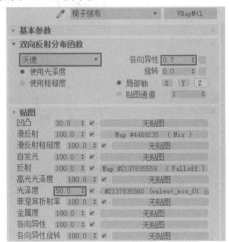

图 12-101

步骤 09 双击材质球,效果如图 12-102 所示。

步骤 10 选择模型,单击 ❋❘ (将材质指定给选定对象)按钮,将制作完毕的椅子绒布材质赋给场景中相应的模型,如图 12-103 所示。制作完成剩余的材质后,最终渲染效果见本实例最开始。

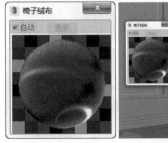

图 12-102

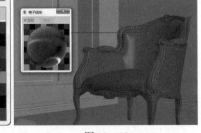

图 12-103

【重点】12.3.4 【噪波】程序贴图

【噪波】贴图是一种由两种颜色组成的随机波纹效果,常用来模拟具有凹凸质感的物体,如草地、水波纹、毛巾等,如图 12-104 所示。

(a) 草地　　　　(b) 水波纹　　　　(c) 毛巾

图 12-104

【噪波】贴图的参数面板如图 12-105 所示。

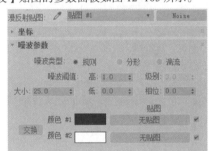

图 12-105

· 噪波类型:包括【规则】【分形】和【湍流】3 种类型。

· 大小:设置噪波波长的距离。

· 噪波阈值:控制噪波中黑色和白色的显示效果。图 12-106 和图 12-107 所示为分别设置【高】为 1 和 0.5 的对比效果。

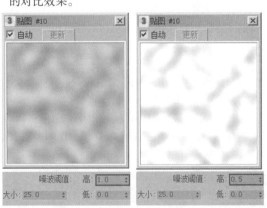

图 12-106　　　　　　图 12-107

· 级别:设置【分形】和【湍流】方式时产生噪波的量。

· 相位:设置噪波的动画速度。

· 交换:互换两个颜色的位置。

· 颜色 #1/ 颜色 #2:可以设置两个颜色作为噪波的颜色,也可以在后面通道上添加贴图。

12.3.5 【渐变】和【渐变坡度】程序贴图

【渐变】程序贴图可以模拟由 3 种颜色组成的渐变效果。常用来模拟具有渐变颜色的物体，如花瓣、美甲、天空，如图 12-108 所示。

（a）花瓣　　　　　（b）美甲　　　　　（c）天空

图 12-108

【渐变】程序贴图的参数面板如图 12-109 所示。

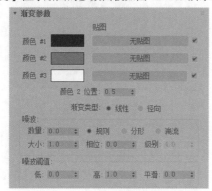

图 12-109

- 颜色 #1/ 颜色 #2/ 颜色 #3：设置渐变的 3 个颜色。
- 颜色 2 位置：通过设置颜色 2 的位置，从而可以控制 3 个颜色的位置分布。
- 渐变类型：可以选择线性或径向的渐变方式。
- 高：设置高阈值。
- 低：设置低阈值。
- 平滑：用以生成从阈值到噪波值较为平滑的变换。数值越大，平滑效果越好。

【渐变坡度】程序贴图可以模拟由多种颜色组成的渐变效果。常用来模拟具有渐变颜色的物体，比如多色玻璃球、雨伞、窑变釉瓶，如图 12-110 所示。

（a）玻璃球　　　　（b）雨伞　　　　　（c）瓷瓶

图 12-110

【渐变坡度】程序贴图的参数面板如图 12-111 所示。

图 12-111

- 渐变栏：在该栏中编辑颜色。双击滑块即可更换颜色，如图 12-112 所示。单击空白区域即可添加一个颜色，单击拖动滑块即可移动颜色位置，如图 12-113 所示。

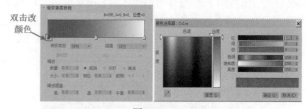

图 12-112

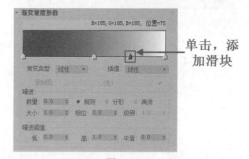

单击，添加滑块

图 12-113

- 渐变类型：选择渐变的类型。
- 插值：选择插值的类型。

实例：利用【渐变坡度】程序贴图制作炫彩花瓶

文件路径：Chapter 12 添加贴图→实例：利用【渐变坡度】程序贴图制作炫彩花瓶

扫一扫，看视频

　　本实例主要讲解炫彩花瓶的效果，在漫反射的通道上加载渐变坡度程序贴图，并编辑适当的渐变颜色，打造具有颜色变化的花瓶效果。实例最终渲染效果如图 12-114 所示。

步骤 01 打开本书场景文件，如图 12-115 所示。

步骤 02 按 M 键，打开【材质编辑器】窗口，接着在该窗口内选择第一个材质球，单击 Standard （标准）按钮，在弹出的【材质 / 贴图浏览器】对话框中选择 VRayMtl，如图 12-116 所示。

图 12-114

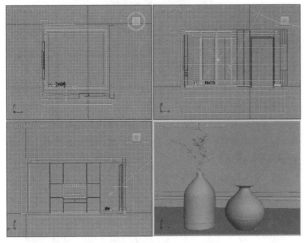

图 12-115

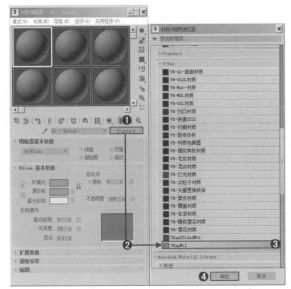

图 12-116

步骤 03 将其命名为【炫彩花瓶】，在【漫反射】后面的通道上加载【渐变坡度】程序贴图，展开【渐变坡度参数】卷展栏，双击 按钮，调节颜色，编辑一个深红色 – 蓝色 – 粉色的渐变效果，接着设置【渐变类型】为【对角线】，【插值】

为【实体】。在【反射】选项组下设置其颜色为白色，【光泽度】为 0.9，勾选【菲涅耳反射】选项，单击【菲涅耳折射率】后面的 L 按钮，设置其数值为 1.5，【细分】为 20，如图 12-117 所示。

图 12-117

步骤 04 展开【双向反射分布函数】卷展栏，并选择【反射】选项，设置【各向异性】为 0.5，【旋转】为 45，如图 12-118 所示。

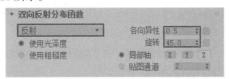

图 12-118

步骤 05 双击材质球，效果如图 12-119 所示。

步骤 06 选择模型，单击 （将材质指定给选定对象）按钮，将制作完毕的炫彩花瓶材质赋给场景中相应的模型，如图 12-120 所示。制作完成剩余的材质后，最终渲染效果见本实例最开始。

图 12-119

图 12-120

12.3.6 【棋盘格】程序贴图

【棋盘格】程序贴图是由两种颜色交叉出现产生的类似棋盘效果。常用该贴图制作棋盘、黑白地砖、马赛克等，如图 12-121 所示。

（a）棋盘

（b）黑白地砖

（c）马赛克

图 12-121

【棋盘格】程序贴图的参数面板如图 12-122 所示。

图 12-122

・柔化：设置两个颜色的柔和效果。

实例：利用【棋盘格】程序贴图制作卫生间地面砖

文件路径：Chapter 12　添加贴图→实例：利用【棋盘格】程序贴图制作卫生间地面砖

扫一扫，看视频

本实例主要讲解卫生间地面砖材质的制作，在制作的过程当中应用到棋盘格程序贴图，在漫反射后面的通道上加载该程序贴图，并分别添加位图素材，打造黑白纹理相间的地面砖效果。实例最终渲染效果如图 12-123 所示。

图 12-123

步骤 01 打开本书场景文件，如图 12-124 所示。

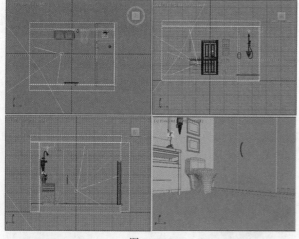

图 12-124

步骤 02 按 M 键，打开【材质编辑器】窗口，接着在该窗口内选择第一个材质球，单击 Standard （标准）按钮，在

弹出的【材质 / 贴图浏览器】对话框中选择 VRayMtl，如图 12-125 所示。

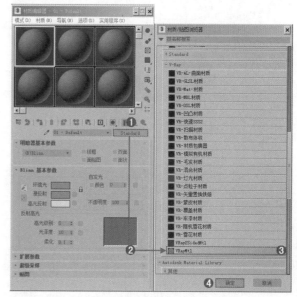

图 12-125

步骤 03 将其命名为【地面砖】，在【漫反射】后面的通道上加载【棋盘格】程序贴图，展开【坐标】卷展栏，设置【瓷砖】下方 U 的数值为 3，V 的数值为 5，展开【棋盘格参数】卷展栏，在【颜色 #1】后面的通道上加载【01.jpg】贴图文件，在【颜色 #2】后面的通道上加载【02.jpg】贴图文件。接着在【反射】选项组下设置其颜色为浅灰色，【光泽度】为 0.91，勾选【菲涅耳反射】选项，设置【细分】为 30，如图 12-126 所示。

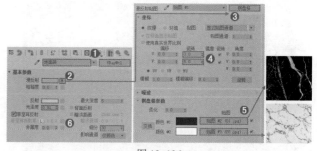

图 12-126

步骤 04 展开【双向反射分布函数】卷展栏，并选择【反射】选项，如图 12-127 所示。

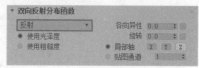

图 12-127

步骤 05 双击材质球，效果如图 12-128 所示。

步骤 06 选择模型，单击 （将材质指定给选定对象）按钮，将制作完毕的地面砖材质赋给场景中相应的模型，如图 12-129 所示。制作完成剩余的材质后，最终渲染效果见本实例最开始。

图 12-128

图 12-129

12.3.7 【平铺】程序贴图

【平铺】程序贴图可以创建砖、彩色瓷砖或材质贴图，而且可以模拟真实的砖缝效果。常用该贴图制作木地板、地砖等，如图 12-130 所示。

（a）木地板

（b）地砖

图 12-130

【平铺】程序贴图的参数面板如图 12-131 所示。

图 12-131

- 预设类型：可以选择不同的平铺图案。如图 12-132 所示为【堆栈砌合】【连续砌合】【英式砌合】3 种方式。

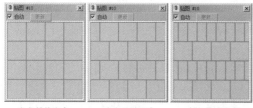
（a）堆栈砌合　　　（b）连续砌合　　　（c）英式砌合

图 12-132

- 显示纹理样例：更新并显示贴图指定给【瓷砖】或【砖缝】的纹理。
- 平铺设置：该选项组控制平铺的参数设置。
  - 纹理：设置瓷砖的纹理颜色或贴图，如图 12-133 所示为设置【纹理】为浅黄色时的贴图效果，如图 12-134 所示为在【纹理】通道上添加大理石贴图时的贴图效果。

（a）设置颜色为浅黄色　　　（b）贴图效果

图 12-133

（a）在通道上加载贴图　　　（b）贴图效果

图 12-134

  - 水平数 / 垂直数：控制瓷砖在水平方向 / 垂直方向的重复次数（例如地面上有多少块瓷砖），如图 12-135 所示。

（a）水平数4、垂直数4　（b）水平数8、垂直数8

图 12-135

  - 颜色变化：设置瓷砖的颜色变化效果，若设置大于 0 的数值则瓷砖将会产生微妙的颜色区别。
  - 淡出变化：控制瓷砖的淡出变化。
- 砖缝设置：该选项组控制砖缝的参数设置。
  - 纹理：设置瓷砖缝隙的颜色或贴图（例如瓷砖缝隙的颜色）。
  - 水平间距 / 垂直间距：设置瓷砖缝隙的长宽数值，如

图 12-136 所示。

（a）水平间距0.5、　　（b）水平间距2、
　　垂直间距0.5　　　　　　垂直间距2

图 12-136

- ✦ % 孔：设置由丢失的瓷砖所形成的孔占瓷砖表面的百分比。
- ✦ 粗糙度：控制砖缝边缘的粗糙度。
- 杂项：该选项组控制随机种子和交换纹理条目的参数。
  - ✦ 随机种子：对瓷砖应用颜色变化的随机图案。不用进行其他设置就能创建完全不同的图案。
  - ✦ 交换纹理条目：在瓷砖间和砖缝间交换纹理贴图或颜色。
- 堆垛布局：该选项控制线性移动和随机移动的参数。
  - ✦ 线性移动：每隔两行将瓷砖移动一个单位。
  - ✦ 随机移动：将瓷砖的所有行随机移动一个单位。
- 行 / 列修改：启用此选项后，将根据每行 / 列的值和改变值为行创建一个自定义的图案。

实例：利用【平铺】程序贴图制作墙砖

文件路径：Chapter 12 添加贴图→实例：利用【平铺】程序贴图制作墙砖

　　本实例主要讲解利用平铺程序贴图制作砖墙效果，平铺程序贴图主要用于地板、墙面等规则性的重复并且有接缝的贴图。实例最终渲染效果如图 12-137 所示。

扫一扫，看视频

图 12-137

步骤 01 打开本书场景文件，如图 12-138 所示。

步骤 02 按 M 键，打开【材质编辑器】窗口，接着在该窗

口内选择第一个材质球，单击 Standard （标准）按钮，在弹出的【材质 / 贴图浏览器】对话框中选择 VRayMtl，如图 12-139 所示。

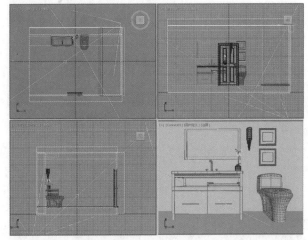

图 12-138

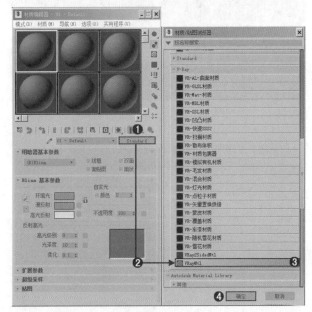

图 12-139

步骤 03 将其命名为【墙砖】，在【漫反射】后面的通道上加载【平铺】程序贴图，在【坐标】卷展栏下设置【瓷砖】下方的 U 和 V 的数值均为 3，展开【标准控制】卷展栏，设置【预设类型】为【连续砌合】，展开【高级控制】卷展栏，在【平铺设置】下面的【纹理】通道上加载【203108.jpg】贴图文件，设置【瓷砖】下方 U 和 V 的数值均为 3。接着设置【砖缝设置】下方的【水平间距】和【垂直间距】为 0.2，【随机种子】为 76。最后在【反射】选项组下设置其颜色为白色，【光泽度】为 0.92，勾选【菲涅耳反射】选项，设置【细分】为 20，如图 12-140 所示。

中文版3ds Max 2020+VRay效果图制作从入门到精通（微课视频　全彩版）

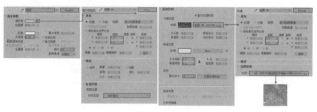

图 12-140

步骤 04 展开【双向反射分布函数】卷展栏，并选择【反射】选项，如图 12-141 所示。

图 12-141

步骤 05 展开【贴图】卷展栏，选中【漫反射】后面的通道按住鼠标左键，将其拖曳到【凹凸】的后面，释放鼠标后在弹出的【复制（实例）贴图】窗口中设置【方法】为【复制】，如图 12-142 所示。

图 12-142

步骤 06 双击材质球，效果如图 12-143 所示。

步骤 07 选择模型，单击（将材质指定给选定对象）按钮，将制作完毕的墙砖材质赋给场景中相应的模型，如图 12-144 所示。制作完成剩余的材质后，最终渲染效果见本实例最开始。

图 12-143

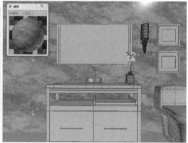

图 12-144

12.3.8 【混合】程序贴图

【混合】程序贴图是指两种颜色或贴图通过一张贴图控制其分布比例，从而产生混合的效果。常用该贴图制作花纹床品、墙绘、花纹杯子等，如图 12-145 所示。

（a）花纹床品　　　（b）墙绘　　　（c）花纹杯子

图 12-145

例如，要制作一个红黄花纹的效果，需要设置红、黄两个颜色，并在【混合量】通道上添加一张黑白贴图（黑色区域显示颜色 #1、白色区域显示颜色 #2），如图 12-146 所示。双击材质球，如图 12-147 所示。

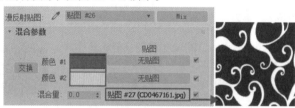

图 12-146

【混合】程序贴图的参数面板如图 12-148 所示。

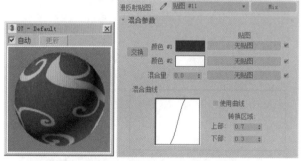

图 12-147　　　　　　　　图 12-148

- 颜色 #1/ 颜色 #2：设置混合的两种颜色或贴图。
- 交换：互换两种颜色或贴图的位置。
- 混合量：设置颜色# 1 和颜色# 2 的混合比例。
- 混合曲线：可以通过设置曲线控制混合的效果。

【重点】12.3.9 【VRay 天空】程序贴图

【VRay 天空】贴图是模拟真实天空颜色的贴图效果，通常添加于【环境和效果】对话框中，以模拟真实的环境背景。【VRay 天空】贴图经常与【VR- 太阳】灯光搭配使用。【VRay 天空】贴图参数如图 12-149 所示。

- 指定太阳节点：若场景中有 VR- 太阳，那么取消该选项，则参数会自动与 VRay 太阳相关；若勾选该选项，则可不受 VRay 太阳影响，而只受该参数数值影响。

- **太阳光**：单击后面的按钮，可以选择太阳光源或其他光源。

图 12-149

轻松动手学：为背景设置【VRay 天空】程序贴图

文件路径：Chapter 12　添加贴图→轻松动手学：
为背景设置【VRay 天空】程序贴图

步骤01 在场景中创建一盏【VR-太阳】灯光，如图 12-150 所示。在弹出的对话框中单击【是】按钮，如图 12-151 所示。

扫一扫，看视频

步骤02 单击修改，设置灯光参数，如图 12-152 所示。

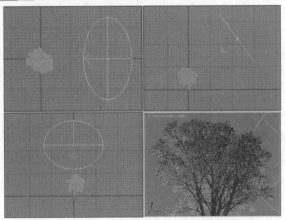

图 12-150

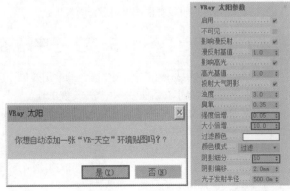

图 12-151　　　　图 12-152

步骤03 此时按快捷键 8，打开【环境和效果】对话框，会看到已经在【环境贴图】通道中自动添加了【VRay 天空】，如图 12-153 所示。

图 12-153

步骤04 此时渲染效果如图 12-154 所示。可以看到产生了浅蓝色的天空背景。

图 12-154

步骤05 如果创建【VR-太阳】灯光时，在弹出的对话框中单击【否】按钮，如图 12-155 所示。此时按快捷键 8，打开【环境和效果】对话框，会看【环境贴图】通道中未被添加贴图，如图 12-156 所示。

图 12-155

图 12-156

中文版3ds Max 2020+VRay效果图制作从入门到精通（微课视频 全彩版）

步骤 06 此时渲染效果如图 12-157 所示，可以看到背景是黑色的。

图 12-157

步骤 07 因此在使用【VR-太阳】灯光时，通常建议在弹出的对话框中单击【是】按钮。当然，在场景中没有使用【VR-太阳】灯光时，如果需要让背景更接近蓝天、黄昏、夜晚效果，那么也可以使用【VRay 天空】贴图。按快捷键 8，打开【环境和效果】对话框，在【环境】选项卡中单击【环境贴图】下面的贴图，并加载【VRay 天空】，如图 12-158 所示。

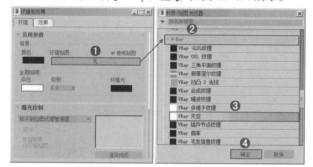

图 12-158

步骤 08 加载完成后，同时打开材质编辑器，然后单击并将【环境贴图】通道中的【VRay 天空】拖动到空白材质球上，最后选择【实例】，如图 12-159 所示（这一步骤的目的是，可以在材质编辑器中重新设置该贴图的参数）。

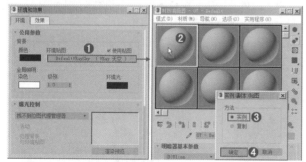

图 12-159

步骤 09 勾选【指定太阳节点】，设置【太阳强度倍增】数值（该数值控制天空的亮点，值越大越亮，值越小越暗），如图 12-160 所示。

步骤 10 如图 12-161 和图 12-162 所示为 0.05（白天天空效果）和 0.01（夜晚天空效果）的对比效果。

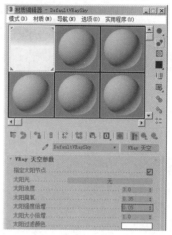

图 12-160

图 12-161　　　　　图 12-162

实例：利用【泼溅】程序贴图制作陶瓷花瓶

文件路径：Chapter 12 添加贴图→实例：利用【泼溅】程序贴图制作陶瓷花瓶

扫一扫，看视频

在这个场景中，主要讲解利用泼溅贴图制作瓷砖材质。通过对数值和迭代次数的调节，制作出泼墨的效果。最终渲染效果如图 12-163 所示。

图 12-163

步骤 01 打开本书场景文件，如图 12-164 所示。

步骤 02 按 M 键，打开【材质编辑器】对话框，选择第一个材质球，单击 Standard 按钮，在弹出的【材质 / 贴图浏览器】对话框中选择 VRayMtl 材质，如图 12-165 所示。

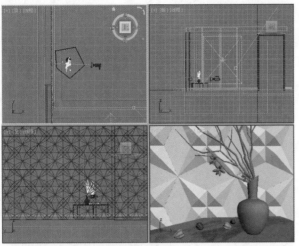

图 12-164

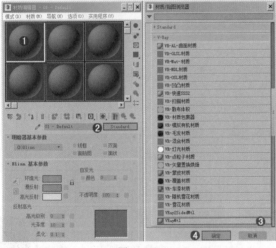

图 12-165

步骤 03 为材质命名为【泼溅贴图制作陶瓷花瓶】，在【漫反射】后面的通道上加载【泼溅】程序贴图，设置【瓷砖】的 X/Y 分别为 0.6、0.5；展开【泼溅参数】卷展栏，设置【大小】为 100，【迭代次数】为 8，【颜色 # 1】为黄色，【颜色 # 2】为白色，如图 12-166 所示。

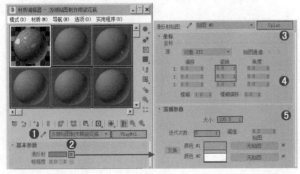

图 12-166

步骤 04 在【反射】后面的通道上加载【衰减】程序贴图，设置【颜色 1】为灰色，【颜色 2】为白色，勾选【菲涅耳反射】，设置【菲涅耳折射率】为 1.6，【最大深度】为 4，【细分】为 25，如图 12-167 所示。

图 12-167

步骤 05 将制作完毕的瓷砖材质赋给场景中的地面模型，如图 12-168 所示。制作完成剩余的材质后，最终渲染效果见本实例最开始。

图 12-168

【重点】12.3.10 【不透明度】贴图的应用

在【不透明度】通道上添加一张黑白贴图，可以遵循"黑色透明、白色不透明、灰色半透明"的原理，从而模型产生透明的效果。通常使用该方法制作树叶、花瓣、草等效果。例如，一片树叶贴图（背景为白色）添加到漫反射通道上，一片树叶黑白贴图（内部为白色、外部为黑色），最终能得到一个背景为透明的树叶效果，因此可以把该材质赋予一个平面模型上，如图 12-169 所示。

图 12-169

中文版3ds Max 2020+VRay效果图制作从入门到精通（微课视频 全彩版）

【重点】12.3.11 【凹凸】贴图的应用

在【凹凸】通道上加载贴图可以使模型产生凹凸的起伏质感。

步骤 01 制作地面材质时，不在【凹凸】通道上添加任何贴图时，如图 12-170 所示。渲染效果看不到有凹凸，如图 12-171 所示。

图 12-170

图 12-171

步骤 02 若在【凹凸】通道上加载贴图，如图 12-172 所示。在渲染时，会看到产生了凹凸起伏，如图 12-173 所示。

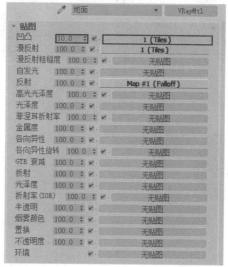

图 12-172

图 12-173

Chapter 13
第13章

创建摄影机和设置环境

本章学习要点：

- 认识摄影机
- 熟练掌握创建 VRay 物理摄影机的方法

本章内容简介：

本章将会学到摄影机技巧，摄影机在 3ds Max 中可以固定画面视角，还可以设置特效、控制渲染效果等。合理的摄影机视角会对作品的效果起到积极的作用。本章主要内容包括摄影机知识、标准摄影机、VRay 摄影机，还会学到如何设置环境背景。

通过本章学习，我能做什么？

通过本章的学习，我们可以为布置好的 3D 场景创建摄影机，以确定渲染的视角。而且可以创建多个摄影机，以不同角度渲染更好的展示设计方案。除此之外，还可以借助摄影机参数设置，制作出景深效果、运动模糊效果、散景效果等特殊的画面效果。也可以为场景更换背景颜色和背景贴图。

优秀作品欣赏

13.1 认识摄影机

在本节将会学习摄影机概念、为什么使用摄影机、如何创建摄影机。

13.1.1 认识摄影机

扫一扫，看视频

在创建完成摄影机后，可以按快捷键 C 切换至【摄影机】视图。在【摄影机】视图中可以调整摄影机，就好像正在通过其镜头进行观看。多个摄影机可以提供相同场景的不同视图，只需按 C 键进行选择即可。除此以外，摄影机还可以制作运动模糊摄影机效果、透视摄影机效果、景深摄影机效果等。

13.1.2 为什么要使用摄影机

3ds Max 中的摄影机功能很多，具体介绍如下。

（1）固定作品角度，每次可以快速切换回来。在透视图中创建一个摄影机，然后按快捷键 C 即可切换至固定的视角并渲染的效果。

（2）增大空间感。摄影机视图中可以增强透视感，使其产生更大的空间感受。

（3）添加摄影机特效或影响渲染效果，例如运动模糊特效、景深特效。

【重点】13.1.3 轻松动手学：手动创建和自动创建一台摄影机

文件路径：Chapter 13　创建摄影机和设置环境
→轻松动手学：手动创建和自动创建一台摄影机

在 3ds Max 中可以自动创建【物理摄影机】，也可以手动创建任意一种摄影机。

扫一扫，看视频

1. 自动创建一台摄影机

打开【场景文件 .max】，激活透视图，并旋转至合适视角，如图 13-1 所示。按快捷键 Ctrl+C，即可将当前视角变为摄影机视图视角，并且可以看到各个视图中已经自动新建了一台摄影机，并且右下角的摄影机视图中的左上角也显示出了"PhysCamera001（物理摄影机 001）"的字样，表示目前右下角的视图为摄影机视图，如图 13-2 所示。

图 13-1

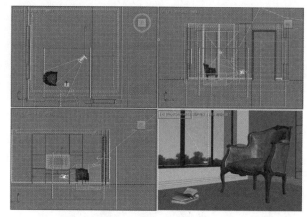

图 13-2

2. 手动创建一台摄影机

执行【创建】➕｜【摄影机】📷｜标准▼｜目标
命令，如图 13-3 所示，在顶视图中拖动创建一个目标摄影机，如图 13-4 所示。

图 13-3

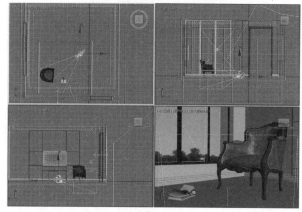

图 13-4

按快捷键 C 切换到摄影机视图，此时的视角很不舒服，如图 13-5 所示。

单击界面右下角的🖳（平移摄影机）按钮，在该摄影机视图中，此时出现🖑图标，按下鼠标左键并向下拖动，直至视图比较合理，如图 13-6 和图 13-7 所示。

图 13-5

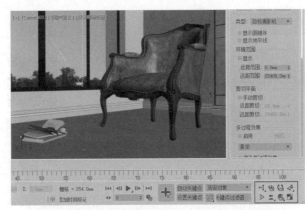

图 13-8

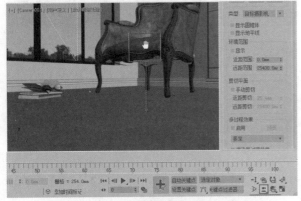

图 13-6

图 13-9

步骤 03 单击右下角的 🎞 （平移摄影机）按钮，按住鼠标左键并向右侧拖动，此时可将视图对准书的位置，但是发现视角距离书太远，看不清细节部分，如图 13-10 所示。

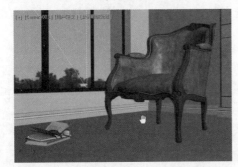

图 13-7

在透视图中创建完成摄影机后，可以按快捷键 C 切换到摄影机视图。在摄影机视图中，可以按快捷键 P 切换到透视图。

【重点】13.1.4　轻松动手学：调整摄影机视图的视角

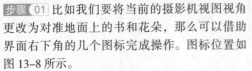

图 13-10

文件路径：Chapter 13　创建摄影机和设置环境→轻松动手学：调整摄影机视图的视角

步骤 01 比如我们要将当前的摄影机视图视角更改为对准地面上的书和花朵，那么可以借助界面右下角的几个图标完成操作。图标位置如图 13-8 所示。

扫一扫，看视频

步骤 02 单击右下角的 🎥 （环游摄影机）按钮，按住鼠标左键并拖动，此时可以将摄影机视角进行转动，如图 13-9 所示。

步骤 04 单击右下角的 ·🛈 （推拉摄影机）按钮，按住鼠标左键并向前拖动，此时可以将视角放大到书的位置，但是发现视角稍微有一些偏，不在中心位置，如图 13-11 所示。

步骤 05 再次单击右下角的 🎞 （平移摄影机）按钮，按住鼠标左键并向右上方拖动，即可将摄影机视角设置为对准书的局部，书在视图中心位置，如图 13-12 所示。

中文版3ds Max 2020+VRay效果图制作从入门到精通（微课视频　全彩版）

图 13-11

图 13-12

13.2 【标准】摄影机

　　【标准】摄影机包括 3 种类型,分别为【物理】摄影机、【目标】摄影机、【自由】摄影机,如图 13-13 所示。

图 13-13

13.2.1 【目标】摄影机

　　【目标】摄影机是 3ds Max 中最常用的摄影机类型之一,它包括摄影机和目标点两个部分,如图 13-14 所示。其参数面板如图 13-15 所示。

　　【参数】卷展栏主要用来设置镜头、焦距、环境范围等。

扫一扫,看视频

- 镜头:以 mm 为单位来设置摄影机的焦距,如图 13-16 所示为设置镜头为 35 和 43 的对比效果。

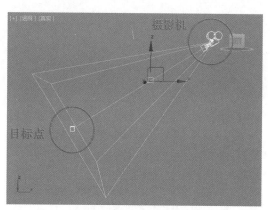

图 13-14

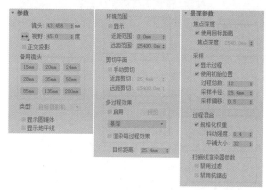

图 13-15

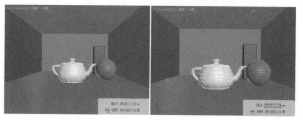

图 13-16

- 视野:设置摄影机查看区域的宽度视野,如图 13-17 所示为设置视野为 45 和 30 的对比效果。

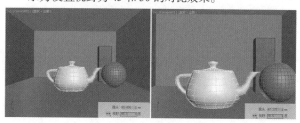

图 13-17

- 正交投影:勾选该选项后,摄影机视图为用户视图;取消勾选该选项,摄影机视图为标准的透视图,如图 13-18 所示。
- 备用镜头:预置 15mm、20mm、24mm 等 9 种镜头参数,可以单击选择需要的参数。
- 类型:可以设置【目标】摄影机和【自由】摄影机两种类型。

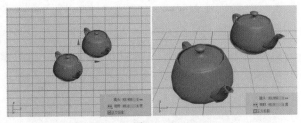

图 13-18

图 13-20

- 显示圆锥体：控制是否显示圆锥体。
- 显示地平线：控制是否显示地平线。
- 显示：显示摄影机锥形光线内的矩形，通常在使用环境和效果时使用，比如模拟大雾效果。
- 近距/远距范围：设置大气效果的近距范围和远距范围。
- 手动剪切：勾选该选项，才可以设置近距剪切和远距剪切参数。
- 近距/远距剪切：设置近距剪切和远距剪切的距离，两个参数之前的区域是可以显示的区域。
- 多过程效果：该选项组中的参数主要用来设置摄影机的景深和运动模糊效果。
  - 启用：勾选后，可以预览渲染效果。
  - 多过程效果类型：包括【景深】和【运动模糊】2个选项。
  - 渲染每过程效果：勾选后，会将渲染效果应用于多重过滤效果的每个过程（景深或运动模糊）。
- 目标距离：设置摄影机与其目标之间的距离。

【重点】轻松动手学：剪切平面的应用

文件路径：Chapter 13 创建摄影机和设置环境
→轻松动手学：剪切平面的应用

步骤 01 有时候场景空间很小，而且创建的摄影机在模型以外，如图 13-19 所示。

扫一扫，看视频

步骤 02 这个时候想在摄影机角度看到室内效果是不可能的，如图 13-20 所示，可以按快捷键 C 切换到摄影机视图。

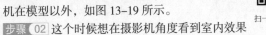

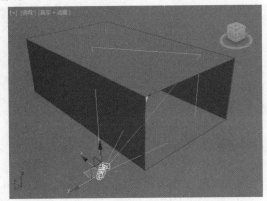

图 13-19

步骤 03 借助剪切平面就可以解决这个问题，如图 13-21 所示为勾选【手动剪切】，并设置【近距剪切】为 2200、【远距剪切】为 10000 的效果。

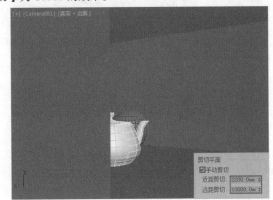

图 13-21

步骤 04 如图 13-22 所示为勾选【手动剪切】，并设置【近距剪切】为 3000、【远距剪切】为 10000 的效果。

图 13-22

步骤 05 看一下近距剪切和远距剪切的位置。远距剪切都在模型以外，则场景最远处都可以看得见。而近距剪切和墙面有一半交集时，只能看到一部分近处的场景，另一半被墙体遮挡，如图 13-23 所示。而近距剪切完全在墙面内时，则完全能看到近处的场景，如图 13-24 所示。

中文版3ds Max 2020+VRay效果图制作从入门到精通（微课视频 全彩版）

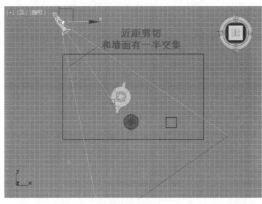

图 13-23

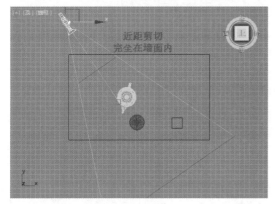

图 13-24

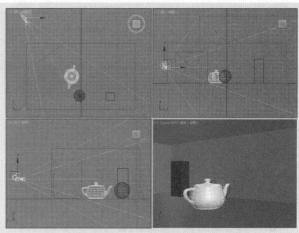

图 13-26

2. 打开安全框

不仅在 3ds Max 中存在安全框，在 After Effects、Premiere 等软件中也普遍存在。安全框是为制作人员设计字幕或特技位置提供参照，避免因过扫描的存在而使观众看到的电视画面不完整。

（1）3ds Max 默认是不显示安全框的，如图 13-27 所示是宽度为 800、高度为 480 的渲染比例。

图 13-27

（2）在摄影机视图中，执行快捷键 Shift+F，即可打开安全框，如图 13-28 所示。

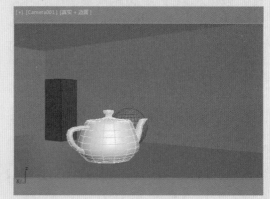

图 13-28

提示：【目标】摄影机的 3 个常见技巧

1. 隐藏 / 显示摄影机

场景中对象较多时，可以快速隐藏全部摄影机，使场景看起来更简洁。只需要执行快捷键 Shift+C 即可进行隐藏和显示全部摄影机。图 13-25 和图 13-26 所示为隐藏摄影机和显示摄影机。

图 13-25

（3）通过渲染可以看到，只渲染出了安全框以内的区域。因此可以得出结论，安全框以内的部分是最终可渲染的部分，如图13-29所示。

图 13-29

3. 快速校正摄影机角度

（1）有时候在制作效果图时，创建的摄影机角度会有略微的倾斜角度，作品显得有些瑕疵，如图13-30所示。

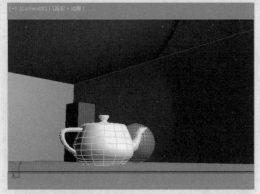

图 13-30

（2）只需要选择摄影机，然后单击右键，在弹出的快捷菜单中选择【应用摄影机校正修改器】，如图13-31所示。

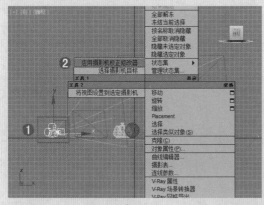

图 13-31

（3）此时可以看到，摄影机角度变得非常舒服，非常笔直、水平，如图13-32所示。

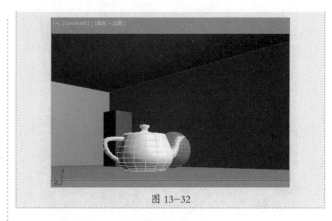

图 13-32

13.2.2 【自由】摄影机

【自由】摄影机和【目标】摄影机的区别在于【自由】摄影机缺少目标点，这与【目标聚光灯】和【自由聚光灯】的区别一样。因此，【自由】摄影机我们就不做过多讲解了，这两种摄影机建议使用【目标】摄影机，因为【目标】摄影机调节位置更方便一些，如图13-33和图13-34所示为创建一台【自由】摄影机。

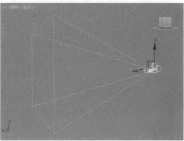

图 13-33   图 13-34

13.2.3 【物理】摄影机

【物理】摄影机是一个比较新的摄影机类型，功能更强大一些。它与真实的摄影机原理有些类似，可以设置快门、曝光等效果。如图13-35所示为创建一台物理摄影机，其参数如图13-36所示。

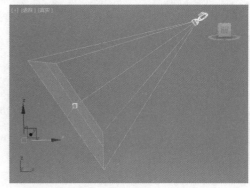

图 13-35

图 13-36

> 💡 提示：增大空间感的操作步骤

　　在摄影机视图中，单击 3ds Max 界面右下角的 ▷（视野）按钮，然后向后拖动鼠标左键，可使空间看起来更大一些。这个技巧在室内外效果图制作中非常常用，如图 13-37 所示。

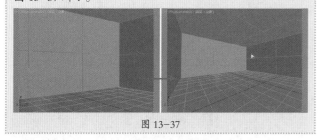

图 13-37

13.3 VRay 摄影机

　　VRay 摄影机是在安装 VRay 渲染器之后，才会出现的摄影机类型。VRay 摄影机比起【标准】摄影机的功能更强大一些。VRay 摄影机包括【（VR）穹顶摄影机】和【（VR）物理摄影机】两种类型，其中【（VR）物理摄影机】类型使用较多，本节仅对该类型进行详细讲解，如图 13-38 所示。

图 13-38

（VR）物理摄影机

　　【（VR）物理摄影机】的功能与现实中的相

扫一扫，看视频

机功能相似，都有光圈、快门、曝光、ISO 等调节功能，用户通过【（VR）物理摄影机】能制作出更真实的效果图，其参数面板如图 13-39 所示。

图 13-39

　　【基本参数】卷展栏包括了该摄影机的基本参数，如类型、光圈数、曝光、光晕等。

- **类型**：包括照相机、摄影机(电影)、摄像机(DV)3 种类型。
- **目标**：勾选该选项，可以手动调整目标点。取消该选项，则需要通过设置目标距离参数进行设置。
- **胶片规格 (mm)**：设置摄影机所看到的景色范围。值越大，看到的景越多。
- **焦距 (mm)**：设置摄影机的焦长数值。
- **视野**：该参数控制视野的数值。
- **缩放因子**：设置摄影机视图的缩放。数值越大，摄影机视图拉得越近。图 13-40 所示为设置【缩放因子】为 1 和 2.5 的对比效果。

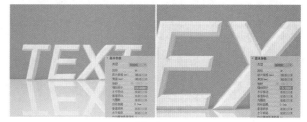

图 13-40

- **水平 / 垂直移动**：该选项控制摄影机产生横向 / 纵向的偏移效果。
- **光圈数**：设置摄影机的光圈大小，主要用来控制最终渲染的亮度。数值越大，图像越暗。如图 13-41 所示为设置【光圈数】为 8 和 0.8 的对比效果。

图 13-41

- **目标距离**：取消摄影机的【目标】选项时，可以使用【目标距离】来控制摄影机的目标点的距离。
- **垂直 / 水平倾斜**：控制摄影机的扭曲变形系数。

- 指定焦点：开启这个选项后，可以手动控制焦点。
- 焦点距离：控制焦距的大小。
- 曝光：勾选该选项，利用【光圈数】【快门速度】和【胶片速度】设置才会起作用。
- 光晕：勾选该选项，在渲染时图形四周产生深色的黑晕。如图 13-42 所示为取消【光晕】和勾选【光晕】并设置数值为 5 的对比效果。

图 13-42

- 白平衡：控制图像的色偏。
- 自定义平衡：该选项控制自定义摄影机的白平衡颜色。
- 温度：该选项只有在设置白平衡为温度方式时才可以使用，控制温度的数值。
- 快门速度（s^-1）：设置进光的时间，数值越小图像就越亮。如图 13-43 所示为设置【快门速度】为 200 和 80 的对比效果。

图 13-43

- 快门角度（度）：当摄影机选择【摄影机（电影）】时，该选项可用，用来控制图像的亮暗。
- 快门偏移（度）：当摄影机选择【摄影机（电影）】时，该选项可用，用来控制快门角度的偏移。
- 延迟（秒）：当摄影机选择【摄像机（DV）】时，该选项可用，用来控制图像亮暗，数值越大越亮。
- 胶片速度（ISO）：该选项控制摄影机 ISO 感光度的数值，数值越大越亮。如图 13-44 所示为设置【胶片速度】为 10 和 100 的对比效果。

图 13-44

【重点】实例：通过（VR）物理摄影机视图渲染不同色调图像

文件路径：Chapter 13　创建摄影机和设置环境 →实例：通过（VR）物理摄影机视图渲染不同色调图像

扫一扫，看视频

创建（VR）物理摄影机，可以通过修改【光圈数】【白平衡】等参数改变在该摄影机视图下渲染的色调效果。最终渲染效果如图 13-45 所示。

图 13-45

步骤 01 打开本书场景文件，如图 13-46 所示。

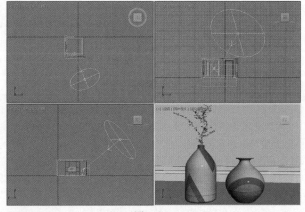

图 13-46

步骤 02 执行【创建】＋|【摄影机】 ■| VRay ▼ |（VR）物理摄影机命令，在视图创建一台（VR）物理摄影机，如图 13-47 所示。

步骤 03 在透视图中按快捷键 C 切换至摄影机视图，并按快捷键 Shift+F 打开安全框，如图 13-48 所示。

步骤 04 此时按 Shift+Q 组合键将其渲染，其渲染的效果如图 13-49 所示。之所以渲染出来的效果特别黑，是因为在（VR）物理摄影机视图中渲染时，（VR）物理摄影机的参数会影响渲染的亮度、曝光等效果。选择该摄影机，【光圈数】参数会影响渲染的亮度，默认该参数数值为 8，如图 13-50 所示。

物理摄影机视图中渲染）。

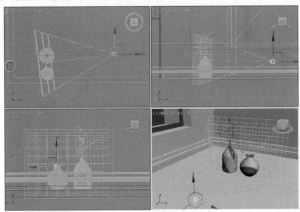

图 13-47

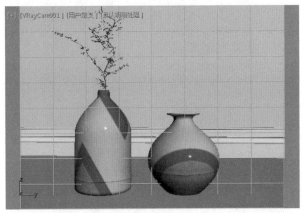

图 13-48

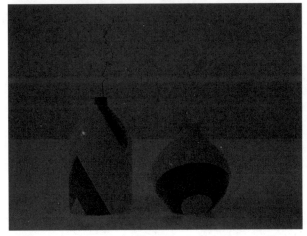

图 13-49

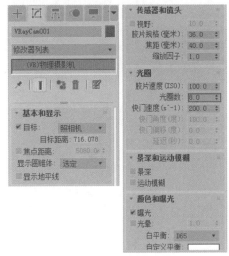

图 13-50

图 13-51

步骤 05 因此可以选择此时创建的（VR）物理摄影机，开始修改参数，设置【光圈数】为 2，如图 13-51 所示。渲染效果可以看到图像变亮了，如图 13-52 所示。

步骤 06 设置【光圈数】为 1.3，如图 13-53 所示。渲染效果可以看到图像变得更亮了，如图 13-54 所示。因此，可以得到【光圈数】数值越小，渲染越亮（前提条件是在该（VR）

图 13-52

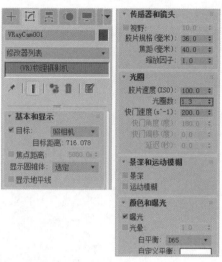

图 13-53

图 13-54

步骤 07 除了【光圈数】数值可以影响渲染效果以外，还有很多参数也会影响到渲染效果，例如【白平衡】类型可以影响渲染的色调。设置【光圈数】为 1.5，【白平衡】为【日光】，如图 13-55 所示。渲染效果可以看到偏向日光的暖色调，如图 13-56 所示。

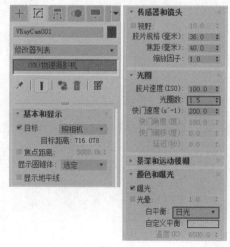

图 13-55

图 13-56

步骤 08 设置【光圈数】为 1.5，【白平衡】为【D65】，如图 13-57 所示。渲染效果如图 13-58 所示。

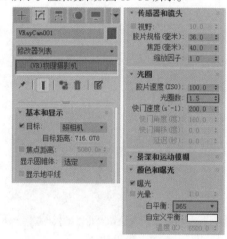

图 13-57

图 13-58

13.4 环境

13.4.1 什么是环境

扫一扫，看视频

环境是指在 3ds Max 中应用于场景的背景设置、曝光控制设置、大气设置。如图 13-59 和图 13-60 所示为使用环境制作的优秀作品效果。

图 13-59

图 13-60

13.4.2　为什么要使用环境

　　一幅作品，没有背景是不完整的。一幅绚丽的作品是不能缺少效果的。由此可见环境和效果对于作品的重要性。如图 13-61 所示为未更改环境和添加环境背景的对比效果，背景为黑色时效果比较"假"，背景合理时效果更逼真。

　　(a)未设置背景　　　　　　　(b)设置合适的背景

图 13-61

13.4.3　如何为场景添加一张背景贴图

步骤 `01` 在菜单栏中执行【渲染】|【环境】（快捷键为 8）命令，如图 13-62 所示。

步骤 `02` 可以打开【环境和效果】对话框，如图 13-63 所示。

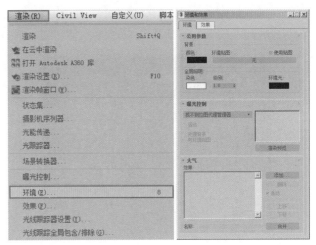

图 13-62　　　　　　　　图 13-63

步骤 `03` 单击【环境贴图】下的按钮，并添加一张贴图，如图 13-64 所示。渲染效果如图 13-65 所示。

图 13-64

图 13-65

 提示：背景贴图后，渲染效果不正确

　　若是渲染时看到贴图显示不完整，如图 13-66 所示。

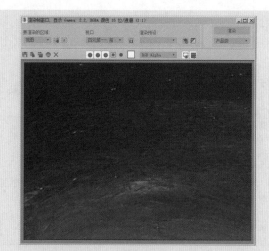

图 13-66

此时可以打开【环境和效果】对话框，并拖动【环境贴图】通道到材质编辑器一个材质球上，设置【方法】为【实例】，最后设置【贴图】为【屏幕】即可，如图 13-67 所示。

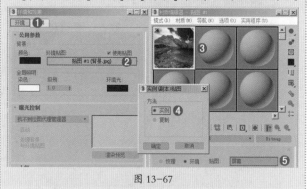

图 13-67

再次渲染，可以看到已经正确了，如图 13-68 所示。

图 13-68

13.4.4　背景参数

在【背景】参数中可以为背景修改颜色、为背景添加贴

图等。参数如图 13-69 所示。

图 13-69

- 颜色：设置环境的背景颜色。如图 13-70 和图 13-71 所示为设置【颜色】为黑色和浅蓝色的对比渲染效果。

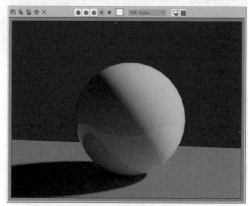

图 13-70

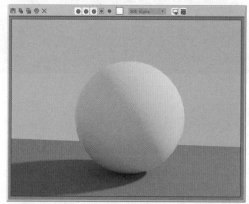

图 13-71

- 环境贴图：单击可以添加贴图作为背景。如图 13-72 和图 13-73 所示为设置【颜色】为浅蓝色和在【环境贴图】通道上添加贴图的对比渲染效果。

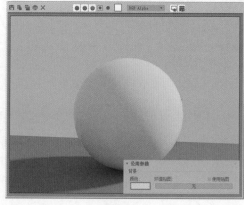

图 13-72

中文版3ds Max 2020+VRay效果图制作从入门到精通（微课视频 全彩版）

图 13-73

【重点】实例：为场景添加背景

文件路径：Chapter 13　创建摄影机和设置环境
→实例：为场景添加背景

本实例为环境添加背景可以让环境效果更加真实，让环境更有通透感。最终渲染效果如图 13-74 所示。

扫一扫，看视频

图 13-74

步骤 01 打开本书场景文件，如图 13-75 所示。

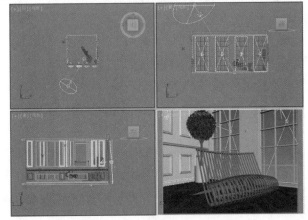

图 13-75

步骤 02 按快捷键 8，打开【环境和效果】对话框，单击【环境贴图】下的【无】按钮，接着在打开的【材质 / 贴图浏览器】面板中单击【位图】，最后单击【确定】按钮，如图 13-76 所示。

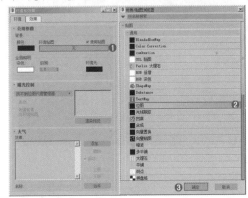

图 13-76

步骤 03 在【选择位图图像文件】对话框中选择加载本例的贴图【背景 .jpg】，然后单击【打开】按钮，如图 13-77 所示。此时【环境和效果】面板中【环境贴图】通道上显示了加载的图像名称，如图 13-78 所示。

图 13-77

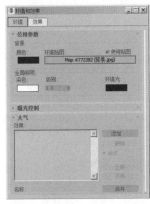

图 13-78

第 13 章　创建摄影机和设置环境

323

步骤 04 按下 F9 键渲染当前场景，渲染效果如图 13-79 所示。

图 13-79

 提示：在环境和效果中添加背景与在模型上添加背景的区别？

在制作作品时，可以使用两种方法为场景设置背景。

方法 1：在环境和效果中添加背景。

（1）按快捷键 8 打开【环境和效果】对话框，然后在【环境贴图】通道上添加背景贴图，如图 13-80 所示。

图 13-80

（2）渲染后可以看到模型上也产生了微弱的半透明效果，显得不够真实，如图 13-81 所示。

图 13-81

方法 2：在模型上添加背景。

（1）打开材质编辑器，单击一个材质球，将其设置为【VR- 灯光材质】，设置强度数值，并在通道上添加背

景贴图，如图 13-82 所示。

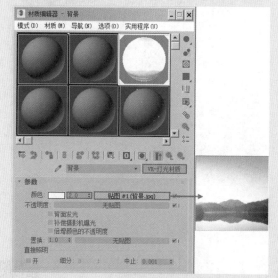

图 13-82

（2）创建一个平面模型，放到视角的远处作为背景模型，并将制作完成的材质赋予平面，如图 13-83 所示。

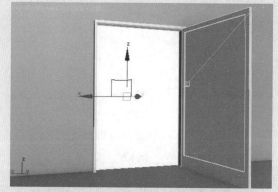

图 13-83

（3）渲染后可以看到产生了真实的背景效果，如图 13-84 所示。

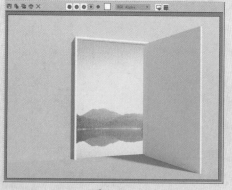

图 13-84

（4）通过修改刚才材质中的强度数值，还可以设置更亮或更暗的背景效果。如图 13-85 和图 13-86 所示为设

置强度为 5 和 0.1 的对比效果。

图 13-85

图 13-86

通过两种方法的对比效果来看，推荐大家使用方法 2，即【平面模型】+【VR-灯光材质】的方法制作背景更真实。

 提示：场景中已经删除了 VR- 太阳，渲染场景还是特别亮

若场景中使用过 VR- 太阳，后来将其删除了，此时即使场景中已经不存在 VR- 太阳了，而在【环境和效果】对话框中【环境贴图】下的【VR- 天空】依然存在，因此在渲染时场景可能非常亮。

当场景中已经删除过 VR- 太阳，渲染场景还是特别亮，那么可以在【环境和效果】对话框中的【环境贴图】上单击右键，在弹出的快捷菜单中选择【清除】命令，如图 13-87 所示。

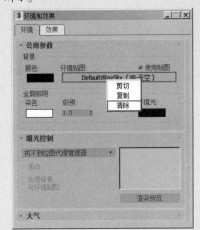

图 13-87

Chapter
14
第14章

现代简约风格小户型客厅设计

本章学习要点：

- 项目创作的完整流程

本章内容简介：

本章是现代简约风格小户型客厅设计，客厅设计是效果图制作中最常见的空间类型之一。其制作的难点在于风格的把控和灯光的布置，风格受模型家具类型、材质贴图的影响较大，而灯光则讲究层次分明。

通过本章学习，我能做什么？

通过对本章的学习，我们可以结合之前章节中制作的模型并组合为完整的场景，并创建灯光、材质、摄影机，最后进行渲染。

优秀作品欣赏

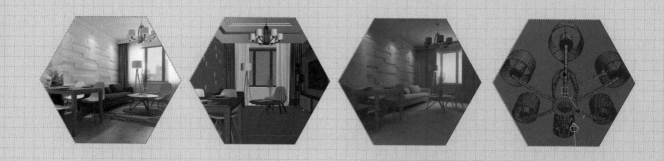

文件路径：Chapter 14 现代简约风格小户型客厅设计

实例介绍

本实例与"Chapter 08 多边形建模"章节中的"实例：多边形建模制作电视背景墙"有直接关系，在第8章中我们已经学会如何建立墙体框架模型、吊顶模型、窗口模型、电视背景墙，并且在实例最后将家具等模型也合并到了该场景中，最终组合出完整的室内空间模型。该空间的模型就是本实例中要使用到的模型，因此第8章相应的实例与本章中该实例组合成了一个完整的大型项目的制作流程。从基础框架模型的建立→合并模型组合创建完整模型→渲染设置→灯光→材质→摄影机→渲染。场景最终的渲染效果如图14-1所示。

图 14-1

操作步骤

14.1 检查模型

步骤01 在本书"Chapter 08 多边形建模"章节中的"实例：多边形建模制作电视背景墙"实例中已经将本实例的模型部分制作完成了。模型效果如图14-2所示。

图 14-2

步骤02 只需要仔细检查一下模型的各个位置是否对齐，如家具是否与地面对齐、无大缝隙，墙面、顶棚、地面之间是否存在缝隙等。或将不满意的家具或模型进行更换。解决好这些细节问题后，就可以进行下一步操作了。也可以直接打开该实例的【场景文件 .max】准备开始制作，如图14-3所示。

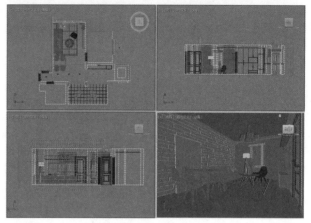

图 14-3

14.2 设置用于测试渲染的 VRay 渲染器参数

步骤01 在主工具栏中单击【渲染设置】按钮，在弹出的【渲染设置】面板中单击【渲染器】后的 按钮，并设置方式为 V-Ray Next，update 1.2，如图14-4所示。

扫一扫，看视频

步骤02 选择【公用】选项卡，设置【宽度】为640、【高度】为480，如图14-5所示。

图 14-4　　　　　　　　图 14-5

步骤03 选择 V-Ray 选项卡，展开【帧缓冲区】卷展栏，取消勾选【启用内置帧缓冲区】。展开【全局开关】卷展栏，设置类型为【全光求值】，如图14-6所示。

步骤04 选择 V-Ray 选项卡，展开【图像采样器（抗锯齿）】

卷展栏,设置【类型】为【渐进式】,设置【过滤器】为【区域】。展开【颜色贴图】,设置【类型】为【指数】,如图14-7所示。

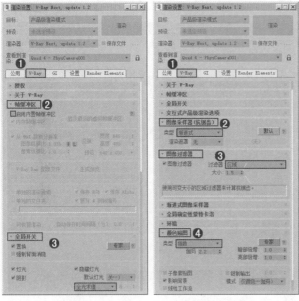

图14-6   图14-7

步骤 05 选择GI选项卡,展开【全局照明】卷展栏,勾选【启用全局照明（GI）】,设置【首次引擎】为【发光贴图】【二次引擎】为【灯光缓存】。展开【发光贴图】卷展栏,设置【当前预设】为【非常低】,勾选【显示计算相位】【显示直接光】,如图14-8所示。

步骤 06 选择GI选项卡,展开【灯光缓存】卷展栏,设置【细分】为200,勾选【显示计算相位】,如图14-9所示。

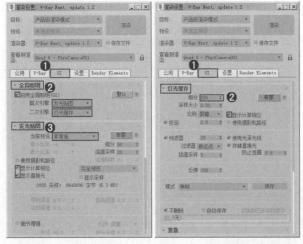

图14-8   图14-9

14.3 灯光的制作

本实例灯光制作渲染变化流程图如图14-10所示。

扫一扫,看视频

图14-10

1. 创建窗口位置灯光

步骤 01 执行 ✚（创建）| 💡（灯光）| VRay ▼ |【（VR）灯光】命令,如图14-11所示。

图14-11

步骤 02 在视图中窗口的位置创建1盏（VR）灯光,从外向内照射,如图14-12所示。

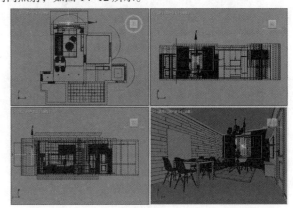

图14-12

步骤 03 创建完成后单击【修改】按钮,在【常规】卷展栏下设置【类型】为【平面】,【长度】为2000mm,【宽度】为2000mm,【倍增】为30,【颜色】为浅蓝色。展开【选项】卷展栏,勾选【不可见】选项,接着在【采样】卷展栏下设置【细分】为30,如图14-13所示。

图14-13

中文版3ds Max 2020+VRay效果图制作从入门到精通（微课视频 全彩版）

步骤 04 设置完成后按 Shift+Q 组合键将其渲染。其渲染的效果如图 14-14 所示。

图 14-14

> **提示：建议遵循"设置渲染器参数"→"设置灯光"→"设置材质"的步骤**
>
> 建议在使用 3ds Max 制作作品时，大致遵循"设置渲染器参数"→"设置灯光"→"设置材质"的步骤。若先设置灯光，后设置渲染参数，那么一旦设置好渲染参数，进行渲染时，则会发现与之前设置灯光的渲染效果是一样的。为了更好地节省创作时间，最佳的步骤为"设置渲染器参数"→"设置灯光"→"设置材质"，但是也不是一定的，比如场景的窗户等透明部分需要先设置材质，否则光线照射不到屋内。

2. 创建目标灯光

步骤 01 执行 ✛（创建）💡（灯光）| 光度学 ▾ | 目标灯光命令，如图 14-15 所示。在场景的四周射灯位置依次创建 8 盏目标灯光，如图 14-16 所示。

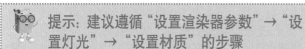

图 14-15

步骤 02 创建完成后单击【修改】按钮，接着在【常规参数】卷展栏中勾选【阴影】下方的【启用】选项，并设置类型为【VRay 阴影】，设置【灯光分布（类型）】为【光度学 Web】。接着展开【分布（光度学 Web）】卷展栏，并在通道上加载【5.ies】文件。展开【强度/颜色/衰减】卷展栏，设置【颜色】为浅黄色，选择【cd】选项，设置【强度】为 5000。展开【VRay 阴影参数】卷展栏，设置【U 大小】【V 大小】【W 大小】为 50mm，设置【细分】的数值为 30，如图 14-17 所示。

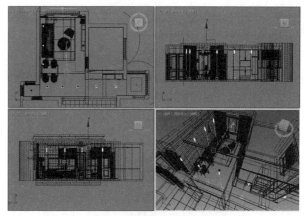

图 14-16

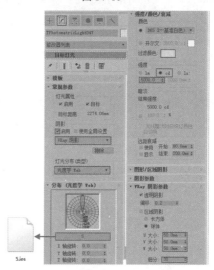

图 14-17

步骤 03 设置完成后按 Shift+Q 组合键将其渲染，其渲染的效果如图 14-18 所示。

图 14-18

3. 聚光灯

步骤 01 执行【创建】|【灯光】| 标准 ▾ |【目标聚光灯】命令，如图 14-19 所示。

步骤 02 在客厅茶几上方和餐厅上方各自创建一盏目标聚光灯，如图 14-20 所示。

图 14-19

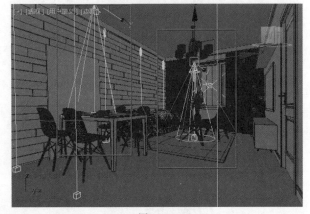

图 14-20

步骤 03 设置完成后单击【修改】按钮,展开【常规参数】卷展栏,勾选【阴影】下方的【启用】选项,并设置类型为【VRay 阴影】。设置【倍增】为2,【颜色】为浅黄色。展开【聚光灯参数】卷展栏,设置【聚光区/光束】为30、【衰减区/区域】为60。展开【VRay 阴影参数】卷展栏,勾选【区域阴影】选项,设置【U 大小】【V 大小】【W 大小】为100mm,【细分】为30,如图 14-21 所示。

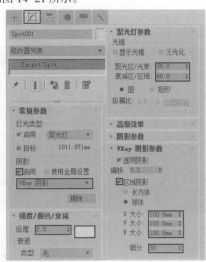

图 14-21

步骤 04 设置完成后按 Shift+Q 组合键将其渲染,其渲染的效果如图 14-22 所示。

图 14-22

4. 吊灯

步骤 01 在吊灯的每一个灯罩位置分别创建 1 盏(VR)灯光,共6个,如图 14-23 所示。

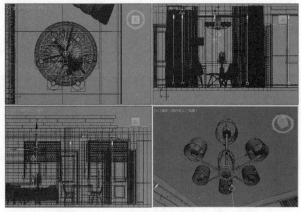

图 14-23

步骤 02 创建完成后单击【修改】按钮,在【常规】卷展栏下设置【类型】为【球体】,【半径】为20mm,【倍增】为50,【颜色】为浅黄色。展开【选项】卷展栏,勾选【不可见】选项,接着在【采样】卷展栏下设置【细分】为30,如图 14-24 所示。

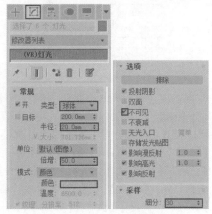

图 14-24

步骤 03 设置完成后按 Shift+Q 组合键将其渲染,其渲染的效果如图 14-25 所示。

图 14-25

14.4 材质的制作

1. 地板材质

步骤 01 按 M 键，打开【材质编辑器】窗口，接着在该窗口内选择第一个材质球，单击 Standard （标准）按钮，在弹出的【材质/贴图浏览器】对话框中选择 VRayMtl，如图 14-26 所示。

扫一扫，看视频

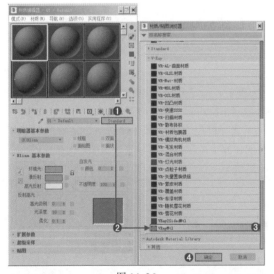

图 14-26

步骤 02 将其命名为【木地板】，在【漫反射】后面的通道上加载【地板.jpg】贴图文件，并设置【模糊】为 0.1。在【反射】后面的通道上加载【衰减】程序贴图，并调整下方的曲线形状。接着设置【光泽度】为 0.8，取消勾选【菲涅耳反射】选项，设置【细分】为 30，如图 14-27 所示。

步骤 03 单击【双向反射分布函数】前面的▶按钮，打开【双向反射分布函数】卷展栏，并选择【反射】选项，如图 14-28 所示。

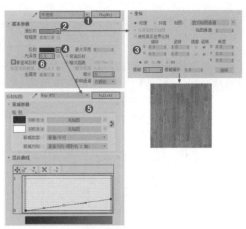

图 14-27

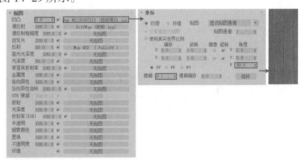

图 14-28

步骤 04 展开【贴图】卷展栏，设置【凹凸】的数值为 5，并在其后面加载【地板黑白.jpg】贴图文件，并设置【角度】下方【W】的数值为 90，【模糊】的数值为 0.1，如图 14-29 所示。

图 14-29

步骤 05 双击材质球，效果如图 14-30 所示。

步骤 06 选择模型，单击 （将材质指定给选定对象）按钮，将制作完毕的木地板材质赋予场景中相应的模型，如图 14-31 所示。

图 14-30 　　　　图 14-31

提示：当赋予模型材质后，发现贴图出现过大、过小、显示错误等问题，怎么办？

当赋予模型材质后，发现贴图出现过大、过小、显示错误等问题，这时要首先为模型添加【UVW贴图】修改器，并设置合适的参数，如图14-32所示。

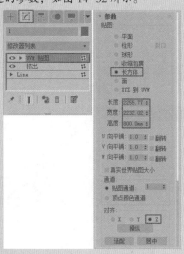

图14-32

2. 木门材质

步骤 01 单击一个材质球，设置材质类型为VRayMtl材质，命名为【木门】。展开【基本参数】卷展栏，在【漫反射】后面加载【6350-001.jpg】贴图文件，设置【角度】下方W的数值为90。在【反射】后面的通道上加载【衰减】程序贴图，设置上方的颜色为深灰色，并设置【衰减类型】为Fresnel。接着设置【光泽度】的数值为0.88，取消勾选【菲涅耳反射】选项，设置【细分】为20，如图14-33所示。

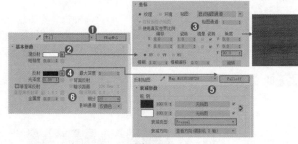

图14-33

步骤 02 展开【双向反射分布函数】卷展栏，并选择【反射】选项，如图14-34所示。

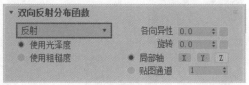

图14-34

步骤 03 双击材质球，效果如图14-35所示。

步骤 04 选择模型，单击 （将材质指定给选定对象）按钮，将制作完毕的木门材质赋予给场景中相应的模型，如图14-36所示。

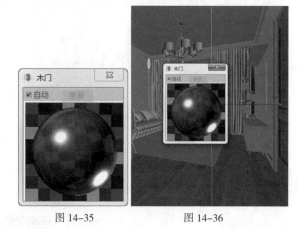

图14-35　　　　　　　　图14-36

3. 黑色沙发材质

步骤 01 单击一个材质球，设置材质类型为VRayMtl材质，命名为【黑色沙发】，接着在【漫反射】后面的通道上加载【衰减】程序贴图，设置颜色为深灰色和深灰色，如图14-37所示。

图14-37

步骤 02 双击材质球，效果如图14-38所示。

步骤 03 选择模型，单击 （将材质指定给选定对象）按钮，将制作完毕的黑色沙发材质赋予场景中相应的模型，如图14-39所示。

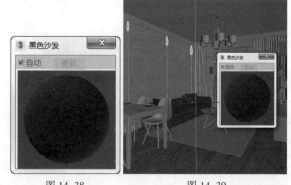

图14-38　　　　　　　　图14-39

4. 黄色布沙发材质

步骤 01 单击一个材质球，设置材质类型为VRayMtl材质，命名为【黄色布沙发】，在【漫反射】后面的通道上加载【554-1-9.jpg】贴图文件，在【瓷砖】下方设置 U 和 V 的数值均为 3，【模糊】为 0.8。在【反射】后面的通道上加载【554-2-9.jpg】贴图文件，在【瓷砖】下方设置 U 和 V 的数值均为 3，【模糊】为 0.8。勾选【菲涅耳反射】选项，并单击【菲涅耳折射率】后面的 L 按钮，设置其数值为 1.4，【细分】为 24，如图 14-40 所示。

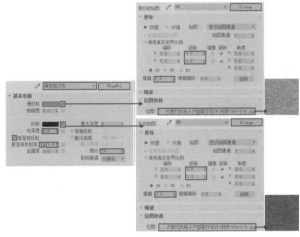

图 14-40

步骤 02 单击【双向反射分布函数】前面的 ▶ 按钮，打开【双向反射分布函数】卷展栏，并选择【沃德】选项，如图 14-41 所示。

图 14-41

步骤 03 展开【贴图】卷展栏，设置【凹凸】后面的数值为150，接着在其后面加载【混合】程序贴图，在【混合参数】卷展栏中【颜色 #1】后面的通道上加载【554-3-9.jpg】贴图文件，展开【坐标】卷展栏，设置【瓷砖】下面 U 和 V 的数值均为 3，【模糊】为 0.6，在【颜色 #2】后面的通道上加载【554-4-9.jpg】贴图文件，设置【瓷砖】下面 U 的数值为4，V 的数值均为 3。接着设置【混合量】的数值为 50，如图 14-42 所示。

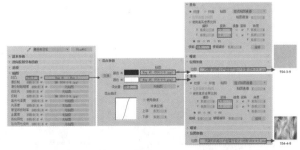

图 14-42

步骤 04 双击材质球，效果如图 14-43 所示。

步骤 05 选择模型，单击 ⁂ （将材质指定给选定对象）按钮，将制作完毕的黄色布沙发材质赋予场景中相应的模型，如图 14-44 所示。

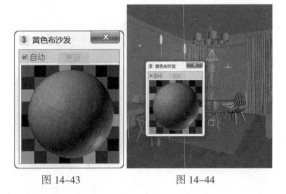

图 14-43　　　　　图 14-44

5. 地毯材质

步骤 01 单击一个材质球，设置材质类型为 VRayMtl 材质，命名为【地毯】。在【漫反射】后面的通道上加载【dtl.jpg】贴图文件，勾选【应用】，并单击【查看图像】按钮，最后框选部分区域，如图 14-45 所示。

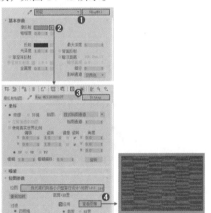

图 14-45

步骤 02 展开【贴图】卷展栏，设置【凹凸】后面的数值为20，设置【置换】后面的数值为 1.4，并在【凹凸】和【置换】后面的通道上分别加载【dtl.jpg】贴图文件，勾选【应用】，并单击【查看图像】按钮，最后框选部分区域，如图 14-46 所示。

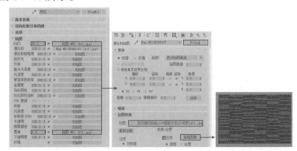

图 14-46

步骤 03 双击材质球，效果如图 14-47 所示。

步骤 04 选择模型，单击 （将材质指定给选定对象）按钮，将制作完毕的地毯材质赋予场景中相应的模型，如图 14-48 所示。

图 14-47　　　　　图 14-48

6. 丝绸窗帘材质

步骤 01 单击一个材质球，设置材质类型为【多维/子对象】材质，命名为【丝绸窗帘】。展开【多维/子对象基本参数】卷展栏，单击【设置数量】按钮，在弹出的【设置材质数量】窗口中设置【材质数量】为 3，如图 14-49 所示。

图 14-49

步骤 02 在【ID1】后面加载 VRayMtl 材质，并将其命名为【丝绸1】，并设置【漫反射】为深蓝色，【反射】为蓝灰色，【光泽度】为 0.57，取消勾选【菲涅耳反射】选项，如图 14-50 所示。

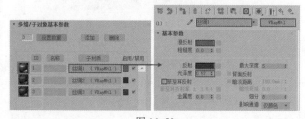

图 14-50

步骤 03 展开【双向反射分布函数】卷展栏，并选择【沃德】选项，设置【各向异性】为 0.5，如图 14-51 所示。

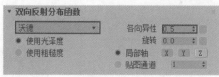

图 14-51

 提示：丝绸类材质，需要修改各向异性参数

仔细观察丝绸类材质，表面有非常特殊的反射形状及效果，通过修改【双向反射分布函数】卷展栏中的【各向异性】参数，该数值可以产生细长的反射效果，而不是圆点形状的反射，因此质感更接近丝绸。

步骤 04 展开【贴图】卷展栏，设置【凹凸】后面的数值为 25，接着在其后面的通道上加载【735754.jpg】贴图文件，并设置【模糊】的数值为 0.8，如图 14-52 所示。

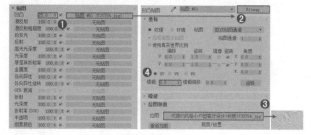

图 14-52

步骤 05 单击 （转到父对象）按钮，在【ID2】的后面加载 VRayMtl 材质，并将其命名为【丝绸2】，在【漫反射】后面的通道上加载【VR-污垢】程序贴图，设置【半径】为 60mm，【非阻光颜色】为蓝灰色，【分布】为 0.7，【衰减】为 0.5，【细分】为 20。接着在【反射】选项组下设置【反射】的颜色为蓝灰色，【光泽度】为 0.5，取消勾选【菲涅耳反射】选项，如图 14-53 所示。

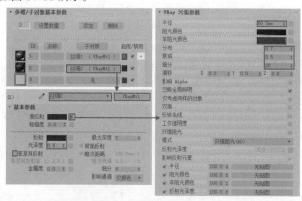

图 14-53

步骤 06 单击【双向反射分布函数】前面的 ▶ 按钮，打开【双向反射分布函数】卷展栏，并选择【沃德】选项，接着设置【各向异性】的数值为 0.5，如图 14-54 所示。

图 14-54

步骤[07] 展开【贴图】卷展栏，设置【凹凸】后面的数值为20，接着在其后面的通道上加载【735754.jpg】贴图文件，设置【模糊】的数值为 0.8，如图 14-55 所示。

图 14-55

步骤[08] 单击 （转到父对象）按钮，在【ID3】后面加载 VRayMtl 材质，并将其命名为【丝绸3】，在【漫反射】后面的通道上加载【VR- 污垢】程序贴图，设置【半径】为60mm，【阻光颜色】为黑色，【非阻光颜色】为蓝灰色，【分布】为 0.7，【衰减】为 0.5，【细分】为 20。接着在【反射】选项组下设置【反射】的颜色为蓝灰色，【光泽度】为 0.5，取消勾选【菲涅耳反射】选项，如图 14-56 所示。

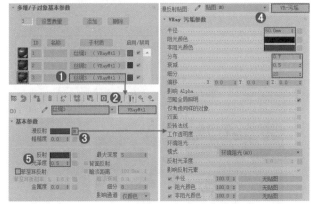

图 14-56

步骤[09] 单击【双向反射分布函数】前面的 ▶按钮，打开【双向反射分布函数】卷展栏，并选择【沃德】选项，设置【各向异性】的数值为 0.5，如图 14-57 所示。

图 14-57

步骤[10] 双击材质球，效果如图 14-58 所示。

步骤[11] 选择模型，单击 （将材质指定给选定对对象）按钮，将制作完毕的丝绸窗帘材质赋予场景中相应的模型，如图 14-59 所示。

图 14-58　　　　　　　图 14-59

7. 纱帘材质

步骤[01] 单击一个材质球，设置材质类型为 VRayMtl 材质，命名为【纱帘】。设置【漫反射】的颜色为白色，在【折射】后面的通道上加载【衰减】程序贴图，展开【衰减参数】卷展栏，分别设置【颜色】为深灰色和黑色。设置【光泽度】为 0.75，【折射率】为 1.5，【细分】为 20，如图 14-60 所示。

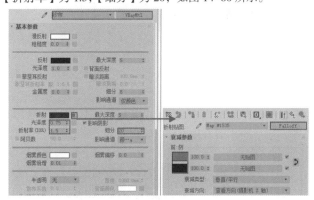

图 14-60

步骤[02] 双击材质球，效果如图 14-61 所示。

步骤[03] 选择模型，单击 （将材质指定给选定对象）按钮，将制作完毕的纱帘材质赋予场景中相应的模型，如图 14-62 所示。

图 14-61　　　　　　　图 14-62

8. 亚格力凳子材质

步骤01 单击一个材质球，设置材质类型为 VRayMtl 材质，命名为【亚格力凳子】。设置【漫反射】的颜色为橘黄色，设置【反射】颜色为深灰色，【光泽度】为 0.85，勾选【菲涅耳反射】选项，如图 14-63 所示。

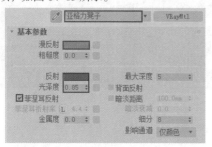

图 14-63

步骤02 单击【双向反射分布函数】前面的▶按钮，打开【双向反射分布函数】卷展栏，并选择【反射】选项，如图 14-64 所示。

图 14-64

步骤03 双击材质球，效果如图 14-65 所示。

步骤04 选择模型，单击（将材质指定给选定对象）按钮，将制作完毕的亚格力凳子材质赋予场景中相应的模型，如图 14-66 所示。

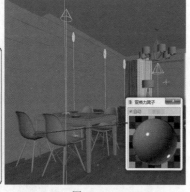

图 14-65　　　　图 14-66

9. 电视屏幕材质

步骤01 单击一个材质球，设置材质类型为 VRayMtl 材质，命名为【电视屏幕】。设置【漫反射】的颜色为黑色，在【反射】后面的通道上加载【衰减】程序贴图，并设置【衰减类型】为 Fresnel，取消勾选【菲涅耳反射】选项，如图 14-67 所示。

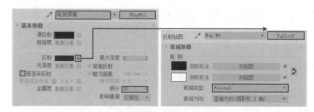

图 14-67

步骤02 单击【双向反射分布函数】前面的▶按钮，打开【双向反射分布函数】卷展栏，并选择【反射】选项，如图 14-68 所示。

图 14-68

步骤03 双击材质球，效果如图 14-69 所示。

步骤04 选择模型，单击（将材质指定给选定对象）按钮，将制作完毕的电视屏幕材质赋予场景中相应的模型，如图 14-70 所示。

图 14-69　　　　图 14-70

步骤05 将剩余的材质制作完成，并依次赋予相应的模型，如图 14-71 所示。

图 14-71

中文版3ds Max 2020+VRay效果图制作从入门到精通（微课视频 全彩版）

14.5 创建摄影机

步骤 01 执行【创建】|【摄影机】|标准 ▾ | 目标 命令，如图 14-72 所示。在视图中合适的位置创建摄影机，如图 14-73 所示。

扫一扫，看视频

图 14-72

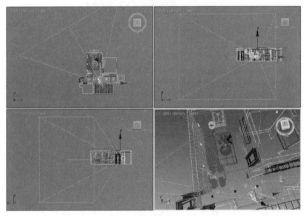

图 14-73

步骤 02 创建完成后单击【修改】按钮，接着在【参数】卷展栏下设置【镜头】为 20，【视野】为 83.9，【目标距离】为 12967mm，如图 14-74 所示。

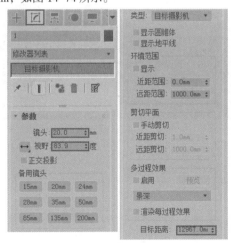

图 14-74

步骤 03 此时在透视图中按快捷键 C，并按快捷键 Shift+F（打开安全框），此时视图变为了摄影机视图，如图 14-75 所示。

图 14-75

14.6 设置用于最终渲染的 VRay 渲染器参数

步骤 01 按 F10 键，在打开的【渲染设置】对话框中选择【公用】选项卡，设置输出的尺寸为 1200×900，如图 14-76 所示。

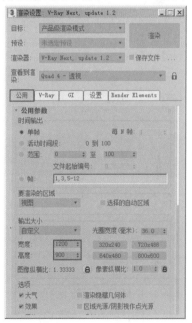

图 14-76

步骤 02 选择 V-Ray 选项卡，展开【帧缓冲区】卷展栏，取消勾选【启用内置缓冲区】。展开【全局开关】卷展栏，设置方式为【全光求值】，如图 14-77 所示。

步骤 03 展开【图形采样器（抗锯齿）】卷展栏，设置【类型】为【渲染块】。展开【图像过滤器】卷展栏，勾选【图像过滤器】选项，设置【过滤器】为 VRayLanczosFilter；展开【全局确定性蒙特卡洛】卷展栏，勾选【使用局部细分】，设置【自适应数量】为 0.8；展开【颜色贴图】卷展栏，设置【类型】为【指数】，勾选【子像素贴图】和【钳制输出】选项，如图 14-78 所示。

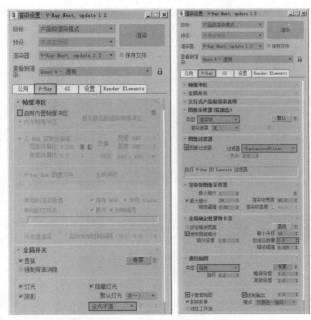

图 14-77　　　　　　　　　图 14-78

步骤04 选择 GI 选项卡，设置【首次引擎】为【发光贴图】，【二次引擎】为【灯光缓存】。展开【发光贴图】卷展栏，设置【当前预设】为【中】，勾选【显示直接光】，如图 14-79 所示。

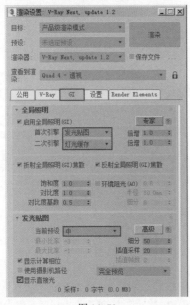

图 14-79

步骤05 选择【设置】选项卡，展开【系统】卷展栏，设置【日志窗口】为【从不】，如图 14-80 所示。

图 14-80

步骤06 设置完成后按 Shift+Q 组合键将其渲染，其渲染的效果如图 14-81 所示。

图 14-81

中文版3ds Max 2020+VRay效果图制作从入门到精通（微课视频 全彩版）

Chapter
15
第15章

美式风格玄关设计

本章学习要点：

· 多种灯光类型的综合应用

本章内容简介：

本章是美式风格玄关设计，本章内容包括设置用于测试渲染的 VRay 渲染器参数、灯光的制作、材质的制作、摄影机、设置用于最终渲染的 VRay 渲染器参数。

通过本章学习，我能做什么？

通过对本章的学习，我们可以掌握玄关空间的灯光、材质、渲染技法，并学习到如何通过材质色彩、灯光色彩把控设计风格。

优秀作品欣赏

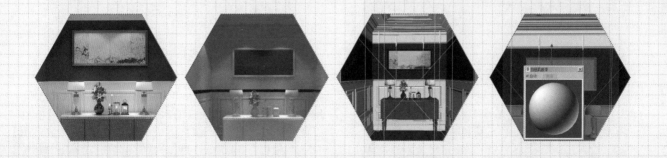

实例介绍

本实例是一个美式风格的玄关空间设计，主要使用（VR）灯光和目标灯光模拟场景的灯光部分。场景中材质主要包括粉红色乳胶漆材质、白色乳胶漆材质、桌子材质、地板材质、画框材质、画面材质、灯罩材质、花瓶材质、花朵材质和蜡烛材质。制作难度在于空间的灯光层次氛围的模拟，以及美式风格的把握。最终渲染效果如图 15-1 所示。

图 15-1

操作步骤

15.1 设置用于测试渲染的 VRay 渲染器参数

扫一扫，看视频

步骤 01 打开本实例的场景文件，如图 15-2 所示。

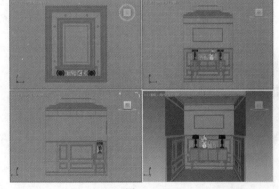

图 15-2

步骤 02 在主工具栏中单击【渲染设置】按钮，在【渲染设置】对话框中单击【渲染器】后的按钮，并设置方式为

【V-Ray Next，update 1.2】，如图 15-3 所示。

步骤 03 选择【公用】选项卡，设置【宽度】为 300，【高度】为 320，如图 15-4 所示。

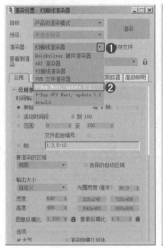

图 15-3　　　　　　图 15-4

步骤 04 选择 V-Ray 选项卡，展开【帧缓冲区】卷展栏，取消【启用内置帧缓冲区】。展开【全局开关】卷展栏，设置类型为【全光求值】，如图 15-5 所示。

步骤 05 选择 V-Ray 选项卡，展开【图像采样器（抗锯齿）】卷展栏，设置【类型】为【渐进式】，设置【过滤器】为【区域】。展开【颜色贴图】，设置【类型】为【指数】，如图 15-6 所示。

图 15-5　　　　　　图 15-6

步骤 06 选择 GI 选项卡，展开【全局照明】卷展栏，勾选【启用全局照明（GI）】，设置【首次引擎】为【发光贴图】【二次引擎】为【灯光缓存】，设置【饱和度】为 0.7。展开【发光贴图】卷展栏，设置【当前预设】为【非常低】，勾选【显示计算相位】和【显示直接光】，如图 15-7 所示。

步骤 07 选择 GI 选项卡，展开【灯光缓存】卷展栏，设置【细分】为 200，勾选【显示计算相位】，如图 15-8 所示。

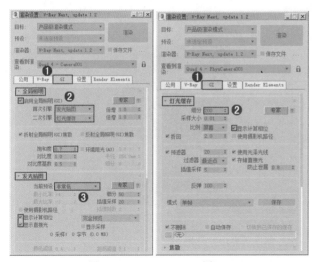

图 15-7　　　　　　　　　　图 15-8

> **提示：本实例为什么要修改【饱和度】参数？**
>
> 　　本实例中有颜色非常鲜艳的红色墙面，在渲染时红色墙面可能会影响到其他模型的颜色，例如可能会导致白色墙面也产生微弱的红色效果，这可能会显得白色墙不太干净。而渲染设置中的【饱和度】参数可以修改这种情况，该参数数值越小，空间中各种颜色之间的影响也越小。

15.2　灯光的制作

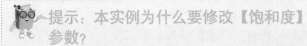

扫一扫，看视频

本实例灯光制作渲染变化流程图如图 15-9 所示。

图 15-9

1. 创建场景中的射灯

场景四周可以创建几盏用于照射墙体四周的目标灯光。

步骤 01 执行【创建】|【灯光】| 光度学 ▼ |【目标灯光】命令，在适当的位置创建 1 盏目标灯光，如图 15-10 所示。

步骤 02 创建完成后单击【修改】按钮，在【常规参数】卷展栏中【阴影】的下方勾选【启用】选项，选择【VRay 阴影】，设置【灯光分布（类型）】为【光度学 Web】；展开【分布（光度学 Web）】卷展栏，加载【2.IES】；展开【强度 / 颜色 / 衰减】卷展栏，设置【过滤颜色】为黄色，设置数值为 50000；展开【VRay 阴影参数】卷展栏，勾选【区域阴影】，设置【U 大小】【V 大小】【W 大小】均为 254mm，【细分】为 30，如图 15-11 所示。

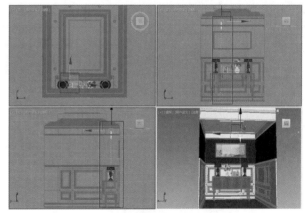

图 15-10

图 15-11

步骤 03 将刚才的目标灯光复制 7 份，放置到场景四周（注意该灯光的位置不要与墙穿插在一起），此时场景中一共有 8 盏目标灯光，如图 15-12 所示。

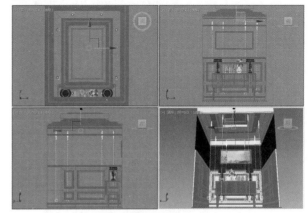

图 15-12

步骤 04 设置完成后按 Shift+Q 组合键将其渲染，其渲染的效果如图 15-13 所示。

图 15-13

2. 创建场景的环境光

通过刚才的渲染，虽然射灯使场景灯光层次丰富，但是发现场景整体非常暗淡，因此可以创建【（VR）灯光】用于辅助照射创建，目的是让场景变得更亮。

步骤 01 执行【创建】|【灯光】| VRay | （VR)灯光 命令，在适当的位置创建 1 盏（VR）灯光，如图 15-14 所示。

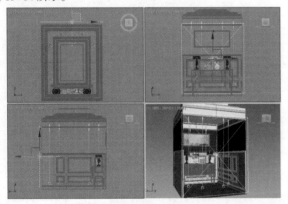

图 15-14

步骤 02 创建完成后单击【修改】按钮，设置【长度】为 2200mm，【宽度】为 2400mm，【倍增】为 2，【颜色】为蓝色，在【选项】选项组下勾选【不可见】选项，设置【细分】为 40，如图 15-15 所示。

图 15-15

步骤 03 设置完成后按 Shift+Q 组合键将其渲染，其渲染的效果如图 15-16 所示。

图 15-16

3. 创建顶棚中的灯带

步骤 01 执行【创建】|【灯光】| VRay | （VR)灯光 命令，在适当的位置创建 2 盏（VR）灯光，方向向上照射，将这 2 盏灯光放置在灯槽内（注意位置不要与墙体模型穿插），如图 15-17 所示。

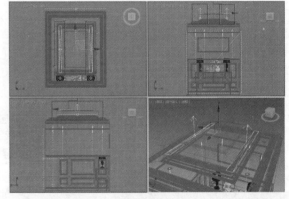

图 15-17

步骤 02 创建完成后单击【修改】按钮，设置【长度】为 100mm，【宽度】为 1600mm，【倍增】为 8，【颜色】为橙色，在【选项】选项组下勾选【不可见】选项，设置【细分】为 30，如图 15-18 所示。

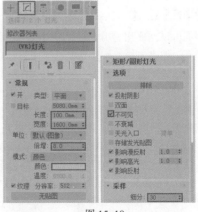

图 15-18

中文版3ds Max 2020+VRay效果图制作从入门到精通（微课视频 全彩版）

步骤 03 继续在适当的位置创建 2 盏（VR）灯光，方向向上照射，将这 2 盏灯光放置在灯槽内（注意位置不要与墙体模型穿插），如图 15-19 所示。

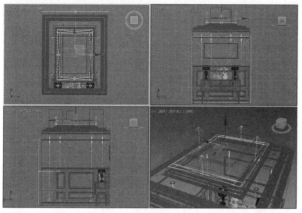

图 15-19

步骤 04 创建完成后单击【修改】按钮，设置【长度】为100mm，【宽度】为1160mm，【倍增】为8，【颜色】为橙色，在【选项】选项组下勾选【不可见】选项，设置【细分】为30，如图 15-20 所示。

图 15-20

步骤 05 设置完成后按 Shift+Q 组合键将其渲染，其渲染的效果如图 15-21 所示。

图 15-21

4. 创建台灯

步骤 01 执行【创建】|【灯光】| VRay | (VR)灯光 命令，在台灯灯罩内创建 2 盏（VR）灯光"球体"，如图 15-22 所示。

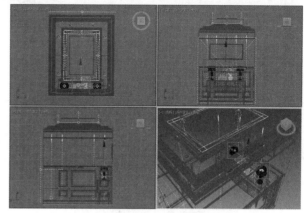

图 15-22

步骤 02 创建完成后单击【修改】按钮，设置【类型】为【球体】，【半径】为50mm，设置【倍增】为8，【颜色】为橙色，在【选项】选项组下勾选【不可见】选项，设置【细分】为20，如图 15-23 所示。

图 15-23

步骤 03 设置完成后按 Shift+Q 组合键将其渲染，其渲染的效果如图 15-24 所示。

图 15-24

15.3 材质的制作

下面就来讲述场景中的主要材质的调节方法,包括乳胶漆材质、玄关柜木纹材质、地板材质、画框金属材质、油画材质、灯罩材质、花瓶材质、花朵材质、蜡烛材质等,如图 15-25 所示。

扫一扫,看视频

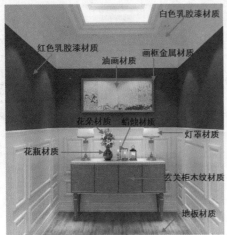

图 15-25

1. 红色乳胶漆材质

步骤 01 按 M 键,打开【材质编辑器】窗口,接着在该窗口内选择第一个材质球,单击 Standard (标准)按钮,在弹出的【材质/贴图浏览器】对话框中选择 VRayMtl,如图 15-26 所示。

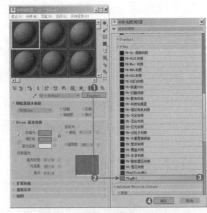

图 15-26

步骤 02 将其命名为【红色乳胶漆】,在【基本参数】卷展栏下设置【漫反射】为深红色,如图 15-27 所示。

图 15-27

步骤 03 双击材质球,效果如图 15-28 所示。

步骤 04 选择模型,单击 (将材质指定给选定对象)按钮,将制作完毕的红色乳胶漆材质赋予场景中相应的墙体模型,如图 15-29 所示。

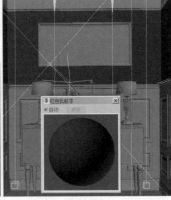

图 15-28　　　　　　图 15-29

2. 白色乳胶漆材质

步骤 01 单击一个材质球,设置材质类型为 VRayMtl 材质,命名为【白色乳胶漆】。在【基本参数】卷展栏下设置【漫反射】为白色,如图 15-30 所示。

图 15-30

步骤 02 双击材质球,效果如图 15-31 所示。

步骤 03 选择模型,单击 (将材质指定给选定对象)按钮,将制作完毕的白色乳胶漆材质赋给场景中相应的模型,如图 15-32 所示。

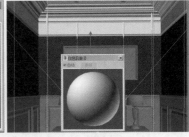

图 15-31　　　　　　图 15-32

3. 玄关柜木纹材质

步骤 01 单击一个材质球,设置材质类型为 VRayMtl 材质,命名为【玄关柜木纹】。在【漫反射】后面的通道上加载【22.jpg】贴图文件,设置【模糊】的数值为 0.01。接着在【反射】后面的通道上加载【衰减】程序贴图,并设置【衰减类型】为 Fresnel。设置【光泽度】为 0.8,取消勾选【菲涅耳反射】选项,设置【细分】为 20,【最大深度】为 3,如图 15-33 所示。

中文版3ds Max 2020+VRay效果图制作从入门到精通(微课视频 全彩版)

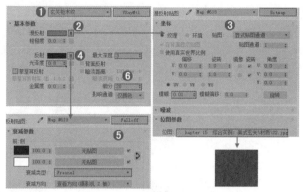

图 15-33

步骤 02 展开【贴图】卷展栏，将【漫反射】后面的通道拖曳到【凹凸】的后面，在弹出的【复制（实例）贴图】窗口中设置【方法】为【复制】，设置完成后单击【确定】按钮，接着设置【凹凸】后面的数值为15，如图15-34所示。

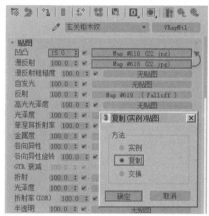

图 15-34

步骤 03 双击材质球，效果如图15-35所示。

步骤 04 选择模型，单击 （将材质指定给选定对象）按钮，将制作完毕的玄关柜木纹材质赋给场景中相应的模型，如图15-36所示。

图 15-35

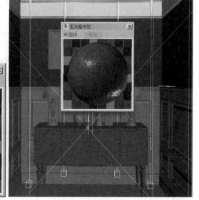

图 15-36

4. 地板材质

步骤 01 单击一个材质球，设置材质类型为 VRayMtl 材质，命名为【地板】。在【漫反射】后面的通道上加载【深色地板 .jpg】贴图文件，设置【瓷砖】下 U 为 5，V 为 3。在【反射】选项组下设置其颜色为深灰色，接着设置【光泽度】为 0.85，取消勾选【菲涅耳反射】选项，设置【细分】为 20，如图 15-37 所示。

图 15-37

步骤 02 单击【双向反射分布函数】前面的 ▶ 按钮，打开【双向反射分布函数】卷展栏，并选择【反射】选项，如图 15-38 所示。

图 15-38

步骤 03 双击材质球，效果如图 15-39 所示。

步骤 04 选择模型，单击 （将材质指定给选定对象）按钮，将制作完毕的地板材质赋给场景中相应的模型，如图 15-40 所示。

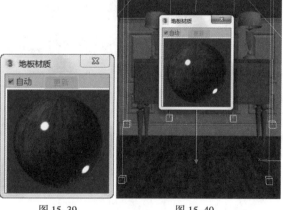

图 15-39　　　　　　图 15-40

5. 画框金属材质

步骤 01 单击一个材质球，设置材质类型为 VRayMtl 材质，命名为【画框金属】。设置【漫反射】颜色为黑色，【反射】颜色为金色，【光泽度】为 0.8，取消勾选【菲涅耳反射】选项，设置【细分】的数值为 20，【最大深度】为 3，如图 15-41 所示。

图 15-41

步骤 02 单击【双向反射分布函数】前面的 ▶ 按钮，打开【双向反射分布函数】卷展栏，并选择【反射】选项，如图 15-42 所示。

图 15-42

步骤 03 双击材质球，效果如图 15-43 所示。

步骤 04 选择模型，单击 ✱▮（将材质指定给选定对象）按钮，将制作完毕的画框金属材质赋给场景中相应的模型，如图 15-44 所示。

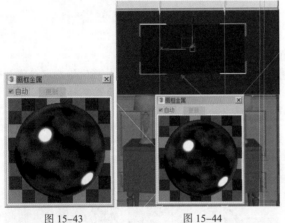

图 15-43   图 15-44

6. 油画材质

步骤 01 单击一个材质球，设置材质类型为 VRayMtl 材质，命名为【画面材质】。在【漫反射】后面的通道上加载【油画 .jpg】贴图文件，如图 15-45 所示。

图 15-45

步骤 02 双击材质球，效果如图 15-46 所示。

步骤 03 选择模型，单击 ✱▮（将材质指定给选定对象）按钮，将制作完毕的油画材质赋给场景中相应的模型，如图 15-47 所示。

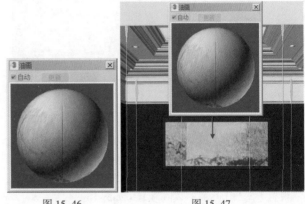

图 15-46   图 15-47

7. 灯罩材质

步骤 01 单击一个材质球，设置材质类型为 VRay2SidedMtl，命名为【灯罩】。在【正面材质】后面为其加载 VRayMtl 材质，设置【漫反射】颜色为浅黄色，如图 15-48 所示。

图 15-48

步骤 02 双击材质球，效果如图 15-49 所示。

步骤 03 选择模型，单击 ✱▮（将材质指定给选定对象）按钮，将制作完毕的灯罩材质赋给场景中相应的模型，如图 15-50 所示。

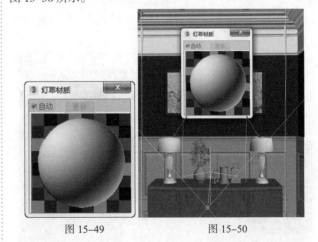

图 15-49   图 15-50

8. 花瓶材质

步骤 01 单击一个材质球，设置材质类型为 VRayMtl 材质，命名为【花瓶】。设置【漫反射】颜色为深灰色,【反射】为深灰色,【光泽度】为0.9,取消勾选【菲涅耳反射】选项,设置【细分】为32,如图15-51所示。

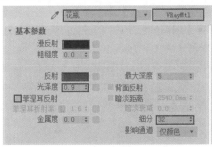

图 15-51

步骤 02 双击材质球,效果如图15-52所示。

步骤 03 选择模型,单击 （将材质指定给选定对象）按钮,将制作完毕的花瓶材质赋给场景中相应的模型,如图15-53所示。

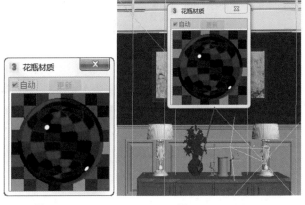

图 15-52   图 15-53

9. 花朵材质

步骤 01 单击一个材质球,设置材质类型为 VRayMtl 材质,命名为【花朵】。在【漫反射】后面的通道上加载【1.jpg】贴图文件,接着在【反射】后面的通道上加载【2.jpg】贴图文件,设置【光泽度】为0.7,取消勾选【菲涅耳反射】选项,接着设置【细分】的数值为16,如图15-54所示。

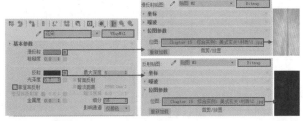

图 15-54

步骤 02 双击材质球,效果如图15-55所示。

步骤 03 选择模型,单击 （将材质指定给选定对象）按钮,将制作完毕的花朵材质赋给场景中相应的模型,如图15-56所示。

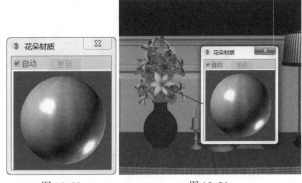

图 15-55   图 15-56

10. 蜡烛材质

步骤 01 单击一个材质球,设置材质类型为【多维/子对象】材质,命名为【蜡烛】。单击 设置数量 按钮,接着在弹出的对话框中设置【材质数量】为2,如图15-57所示。

图 15-57

步骤 02 单击 ID1 后面的通道并加载【虫漆（Shellac）】材质,接着在【基础材质】通道加载 VRayMtl 材质,材质命名为1;在【虫漆材质】通道加载 VRayMtl 材质,材质命名为2,如图15-58所示。

图 15-58

> **提示:为何我没找到【虫漆（Shellac）】材质呢?**
>
> 　　材质编辑器中的材质类型有时候会感觉缺少几个,例如缺少【虫漆（Shellac）】材质,这是因为被隐藏了。如图15-59所示为设置材质类型时,发现缺少【虫漆（Shellac）】材质。
>
> 　　单击【材质/贴图浏览器】左上角的 按钮,勾选【显示不兼容】选项,如图15-60所示。此时可以看到新出现了很多材质类型,其中包括【虫漆（Shellac）】材质,如

图 15-61 所示。

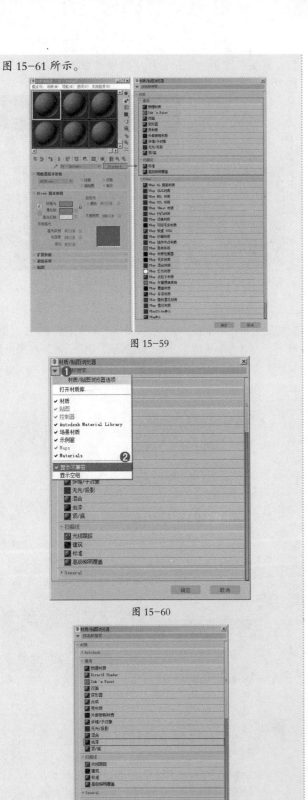

图 15-59

图 15-60

图 15-61

步骤 03 单击进入【基础材质】后面的【1（VRayMtl）】，设置【漫反射】为深黄色，【反射】为深灰色，【光泽度】为 0.65，勾选【菲涅耳反射】选项，并设置【细分】的数值为 16。设置【折射】为深灰色，【光泽度】为 0.3，【细分】的数值为 16。设置【烟雾颜色】为浅黄色，【半透明】为【硬（蜡）模型】，【厚度】为 1.181mm，如图 15-62 所示。

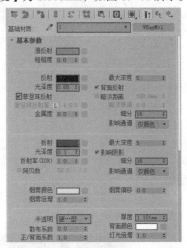

图 15-62

步骤 04 单击进入【虫漆材质】后面的【2（VRayMtl）】，设置【漫反射】为深灰色，【反射】为深灰色，【光泽度】为 0.75，取消勾选【菲涅耳反射】选项，并设置【细分】的数值为 16。展开【贴图】卷展栏，设置【凹凸】为 8，并在其后面通道上加载【噪波】程序贴图，设置【瓷砖】下 X、Y、Z 均为 25.4，【大小】为 0.04，如图 15-63 所示。

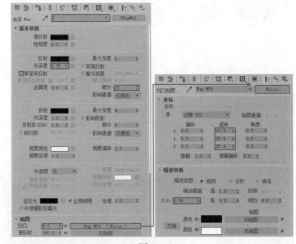

图 15-63

步骤 05 返回【多维/子对象】卷展栏中，在通道 2 后面加载 VRayMtl 材质，然后设置【漫反射】的颜色为黑色，如图 15-64 所示。

步骤 06 双击材质球，效果如图 15-65 所示。

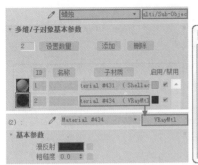

图 15-64　　　　　　　图 15-65

步骤07 选择模型，单击 ⁑₁（将材质指定给选定对象）按钮，将制作完毕的蜡烛材质赋给场景中相应的模型，如图 15-66 所示。

步骤 08 继续将剩余的材质制作完成，并依次赋予相应的模型，如图 15-67 所示。

图 15-66　　　　　　　图 15-67

15.4 创建摄影机

步骤 01 执行 ➕【创建】｜ 📷【摄影机】｜ 标准 ▾｜【目标】命令，如图 15-68 所示。在视图中合适的位置创建摄影机，如图 15-69 所示。

扫一扫，看视频

图 15-68

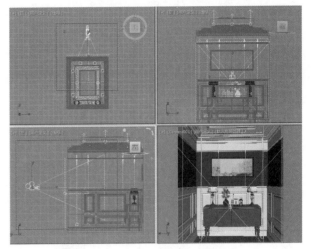

图 15-69

步骤 02 创建完成后单击【修改】按钮，接着在【参数】卷展栏下设置【镜头】为 43.456mm,【视野】为 45,【目标距离】为 2474.234mm，如图 15-70 所示。

图 15-70

步骤 03 此时在透视图中按快捷键 C，并按快捷键 Shift+F（打开安全框），此时视图变为了摄影机视图，如图 15-71 所示。

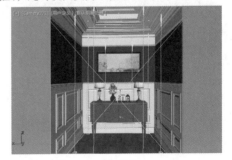

图 15-71

15.5 设置用于最终渲染的 VRay 渲染器参数

步骤 01 按 F10 键，在打开的【渲染设置】对话框中，选择【公用】选项卡，设置输出的尺寸为 1200×1278，如图 15-72 所示。

步骤 02 选择 V-Ray 选项卡，展开【帧缓冲区】卷展栏，取消勾选【启用内置缓冲区】，展开【全局开关】卷展栏，设置方式为【全光求值】，如图 15-73 所示。

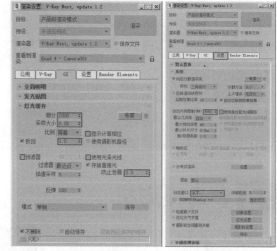

图 15-72　　　　　　　　图 15-73

步骤 03 选择 V-Ray 选项卡，展开【图形采样器（抗锯齿）卷展栏】，设置【类型】为【渲染块】。展开【图像过滤器】卷展栏，勾选【图像过滤器】选项，设置【过滤器】为 Mitchell-Netravali。展开【渲染块图像采样器】卷展栏，设置【最大细分】为 4，【噪波阈值】为 0.001。展开【全局确定性蒙特卡洛】卷展栏，勾选【使用局部细分】，设置【细分倍增】为 5，【自适应数量】为 0.7。展开【颜色贴图】卷展栏，设置【类型】为【指数】，勾选【子像素贴图】和【钳制输出】选项，如图 15-74 所示。

步骤 04 选择 GI 选项卡，勾选【启用全局照明（GI）】，设置【首次引擎】为【发光贴图】，【二次引擎】为【灯光缓存】，设置【饱和度】为 0.7。展开【发光贴图】卷展栏，设置【当前预设】为【非常高】，【细分】为 60，启用【显示计算相位】和【显示直接光】选项，如图 15-75 所示。

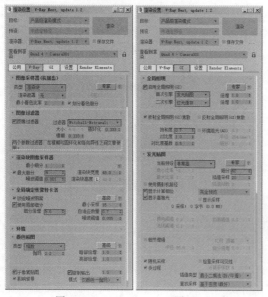

图 15-74　　　　　　　　图 15-75

 提示：渲染设置中的【细分倍增】参数怎么使用？

当渲染时，若发现渲染效果的噪点很多，那么可能是场景中灯光的细分参数、材质的细分参数、渲染器参数过低导致的。

而【细分倍增】数值可以理解为可以快速整体增加场景中全部细分（如灯光细分、材质细分、渲染器细分），【细分倍增】数值越大，场景整体细分效果越好，噪点越少，但是渲染速度会比较慢。

步骤 05 展开【灯光缓存】卷展栏，设置【细分】为 2000，【采样大小】为 0.02，【折回】为 1，取消勾选【显示计算相位】，取消勾选【预滤器】，取消勾选【使用光泽光线】，设置【防止泄漏】为 0，如图 15-76 所示。

步骤 06 选择【设置】选项卡，展开【系统】卷展栏，设置【动态内存限制】为 4000，取消【使用高性能光线跟踪】，最后设置【日志窗口】为【从不】，如图 15-77 所示。

图 15-76　　　　　　　　图 15-77

步骤 07 设置完成后按 Shift+Q 组合键将其渲染，其渲染的效果如图 15-78 所示。

图 15-78

Chapter 16

第16章

现代风格厨房设计

本章学习要点:

- 现代风格厨房的色彩搭配
- 厨房空间的灯光搭建方法

本章内容简介:

本章将学习制作干净清爽的现代风格厨房设计,在色彩方面选取了蓝色、白色作为主色,搭配在一起更显干净。在灯光方面运用多种灯光类型,模拟出射灯、吊灯、灯带等多层次的光感。

通过本章学习,我能做什么?

通过对本章的学习,我们将学习到厨房空间的灯光、材质、渲染方法。并且学会本章后,我们可以尝试设计并创作一幅厨房效果图设计作品。

优秀作品欣赏

实例介绍

　　本实例是一个现代风格的厨房场景，空间大量应用极简的白色作为主色，为了打破空间给人的单调感，加入了蓝色墙面、蓝色凳子作为点缀，白色与蓝色的搭配显得空间更干净，这也符合厨房空间应该给人的感受。该场景主要使用（VR）灯光、目标灯光，材质制作包括地板材质、大理石台面材质、白色橱柜材质、蓝色乳胶漆材质、蓝色塑料椅子材质、玻璃花瓶材质、椅子木纹材质、柠檬材质。最终渲染效果如图 16-1 所示。

图 16-1

操作步骤

扫一扫，看视频

16.1 设置用于测试渲染的 VRay 渲染器参数

步骤 01 打开本实例的场景文件，如图 16-2 所示。

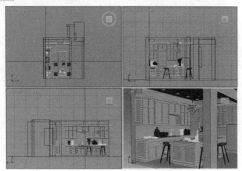

图 16-2

步骤 02 在主工具栏中单击【渲染设置】按钮，在【渲染设置】对话框中单击【渲染器】后的 ▼ 按钮，并设置方式为【V-Ray Next，update 1.2】，如图 16-3 所示。

步骤 03 选择【公用】选项卡，设置【宽度】为 300，【高度】为 300，如图 16-4 所示。

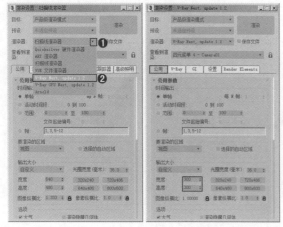

图 16-3　　　　图 16-4

步骤 04 选择 V-Ray 选项卡，展开【帧缓冲区】卷展栏，取消【启用内置帧缓冲区】，展开【全局开关】卷展栏，设置类型为【全光求值】，如图 16-5 所示。

步骤 05 选择 V-Ray 选项卡，展开【图像采样器（抗锯齿）】卷展栏，设置【类型】为【渐进式】，设置【图像过滤器】为【区域】，展开【颜色贴图】，设置【类型】为【指数】，如图 16-6 所示。

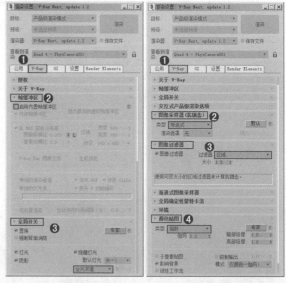

图 16-5　　　　　　图 16-6

步骤 06 选择 GI 选项卡，展开【全局照明】卷展栏，勾选【启用全局照明（GI）】，设置【首次引擎】为【发光贴图】，【二次引擎】为【灯光缓存】。展开【发光贴图】卷展栏，设置【当前预设】为【非常低】，勾选【显示计算相位】和【显示直接光】，如图 16-7 所示。

步骤 07 选择 GI 选项卡，展开【灯光缓存】卷展栏，设置【细分】为200，勾选【显示计算相位】，如图16-8所示。

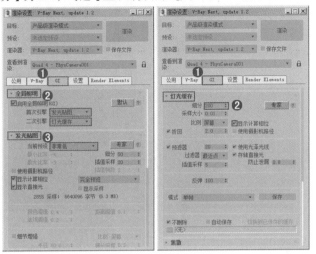

图 16-7　　　　　　　图 16-8

16.2 灯光的制作

1. 创建场景中的主光源——射灯

步骤 01 执行【创建】|【灯光】|【光度学 ▼】|【目标灯光】命令，在适当的位置依次创建16盏目标灯光（建议创建一盏，修改完成参数后再复制15盏），如图16-9所示。

扫一扫，看视频

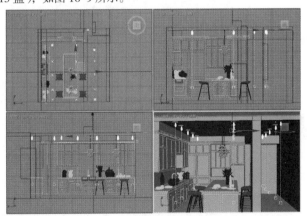

图 16-9

步骤 02 创建完成后单击【修改】按钮，在【常规参数】卷展栏中【阴影】的下方勾选【启用】选项，选择【VRay阴影】，设置【灯光分布（类型）】为【光度学 Web】；展开【分布（光度学 Web）】卷展栏，加载【SD006.IES】；展开【强度/颜色/衰减】卷展栏，设置【过滤颜色】为浅黄色，设置数值为9000；展开【VRay 阴影参数】卷展栏，勾选【区域阴影】，设置【U 大小】【V 大小】【W 大小】均为100mm，【细分】为30，如图16-10所示。

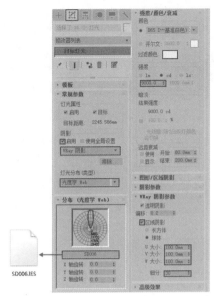

图 16-10

步骤 03 设置完成后按 Shift+Q 组合键将其渲染，其渲染的效果如图16-11所示。

图 16-11

2. 创建用于照射场景暗部的辅助光源

通过刚才的渲染，虽然射灯使场景灯光层次丰富，但是发现场景的背光处非常暗淡，因此可以创建（VR）灯光用于辅助照射创建，目的是让场景背光处变得更亮，但注意该灯光的目的是辅助照射，因此倍增数值不宜太大。

步骤 01 执行【创建】|【灯光】| VRay ▼ | (VR)灯光 命令，在适当的位置创建1盏（VR）灯光，如图16-12所示。

步骤 02 创建完成后单击【修改】按钮，设置【长度】为5066.665mm，【宽度】为3022.726mm，【倍增】为0.5，【颜色】为浅黄色，在【选项】选项组下勾选【不可见】选项，设置【细分】为30，如图16-13所示。

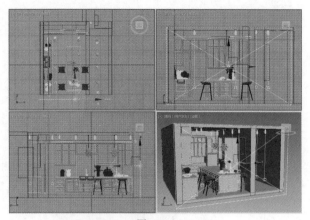

图 16-12

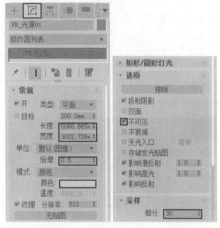

图 16-13

步骤 03 设置完成后按 Shift+Q 组合键将其渲染,其渲染的效果如图 16-14 所示。

图 16-14

3. 创建灯带

该场景中有 3 处需要制作灯带,2 处位于场景左侧的橱柜下方,1 处位于场景远处柜子的下方。

步骤 01 执 行【 创 建 】|【 灯 光 】| VRay | (VR)灯光 命令,在左侧第 1 组柜子下方的位置创建 1 盏

(VR)灯光,方向向下照射,如图 16-15 所示。

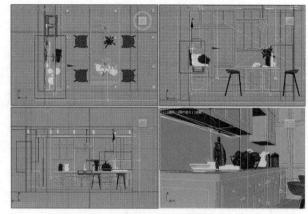

图 16-15

步骤 02 创建完成后单击【修改】按钮,设置【长度】为 1700mm,【宽度】为 190mm,【倍增】为 8,【颜色】为浅蓝色,在【选项】选项组下勾选【不可见】选项,设置【细分】为 20,如图 16-16 所示。

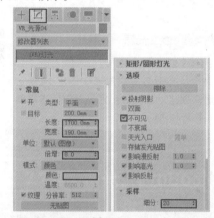

图 16-16

步骤 03 继续在左侧第 2 组柜子下方的位置创建 1 盏(VR)灯光,方向向下照射,如图 16-17 所示。

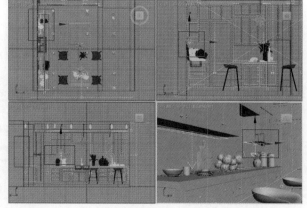

图 16-17

步骤 04 创建完成后单击【修改】按钮,设置【长度】为

980mm，【宽度】为180mm，【倍增】为8，【颜色】为浅蓝色，在【选项】卷展栏下勾选【不可见】选项，设置【细分】为20，如图16-18所示。

图 16-18

步骤 05 继续在远处柜子下方的位置创建一盏（VR）灯光，方向向下照射，如图16-19所示。

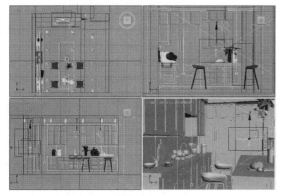

图 16-19

步骤 06 创建完成后单击【修改】按钮，设置【长度】为960mm，【宽度】为230mm，【倍增】为8，【颜色】为浅蓝色，在【选项】卷展栏下勾选【不可见】选项，设置【细分】为20，如图16-20所示。

图 16-20

步骤 07 设置完成后按 Shift+Q 组合键将其渲染，其渲染的效果如图16-21所示。

图 16-21

4. 创建桌子上方的吊灯灯光

步骤 01 执行【创建】|【灯光】| 光度学 ▼ |【目标灯光】命令，在场景中间2组吊灯的下方创建2盏目标灯光，如图16-22所示。

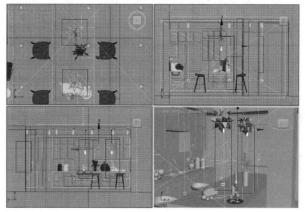

图 16-22

步骤 02 创建完成后单击【修改】按钮，在【常规参数】卷展栏中【阴影】的下方勾选【启用】选项，选择【VRay 阴影】，设置【灯光分布（类型）】为【光度学 Web】；展开【分布（光度学 Web）】卷展栏，加载【SD006.IES】；展开【强度/颜色/衰减】卷展栏，设置【过滤颜色】为浅黄色，设置数值为6000；展开【VRay 阴影参数】卷展栏，设置【U 大小】【V 大小】【W 大小】均为10mm，【细分】为30，如图16-23所示。

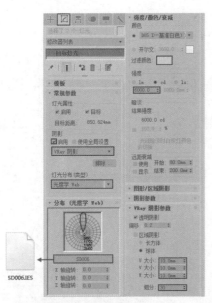

图 16-23

步骤 03 设置完成后按 Shift+Q 组合键将其渲染，其渲染的效果如图 16-24 所示。

图 16-24

16.3 材质的制作

1. 地板材质

扫一扫，看视频

步骤 01 按 M 键，打开【材质编辑器】窗口，接着在该窗口内选择第一个材质球，单击 Standard（标准）按钮，在弹出的【材质 / 贴图浏览器】对话框中选择 VRayMtl，如图 16-25 所示。

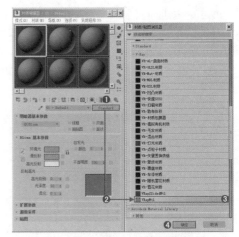

图 16-25

步骤 02 将其命名为【地板】，在【漫反射】后面的通道上加载【2b2a.jpg】贴图文件，设置【瓷砖】下方的 U 的数值为 2，V 的数值为 0.7，【角度】下方的 W 的数值为 90。接着设置【反射】的颜色为灰色，【光泽度】为 0.85，勾选【菲涅耳反射】选项，设置【细分】为 30，如图 16-26 所示。

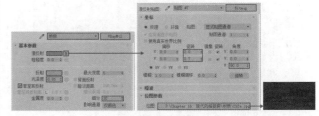

图 16-26

步骤 03 进入【贴图】卷展栏，然后按住鼠标左键将【漫反射】通道后面的贴图拖曳到【凹凸】的后面，释放鼠标后，在弹出的【复制（实例）贴图】窗口中设置【方法】为【复制】，接着设置【凹凸】后面的数值为 20，如图 16-27 所示。

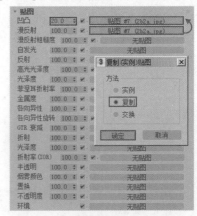

图 16-27

步骤 04 双击材质球，效果如图 16-28 所示。

步骤 05 选择模型，单击 （将材质指定给选定对象）按钮，将制作完毕的地板材质赋给场景中的底部的壁板模型，如

图 16-29 所示。

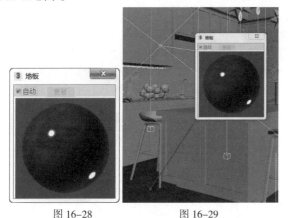

图 16-28　　　　　　图 16-29

2. 大理石台面

步骤 01 单击一个材质球，设置材质类型为 VRayMtl 材质，命名为【大理石台面】。在【漫反射】后面的通道上加载大理石材质【001.jpg】贴图文件，设置【瓷砖】下方的 U 的数值为 0.2，V 的数值为 1。设置【反射】颜色为浅灰色，【光泽度】为 0.85，勾选【菲涅耳反射】选项，设置【细分】的数值为30，如图 16-30 所示。

图 16-30

步骤 02 双击材质球，效果如图 16-31 所示。

步骤 03 选择模型，单击 (将材质指定给选定对象) 按钮，将制作完毕的大理石台面材质赋给场景中相应的模型，如图 16-32 所示。

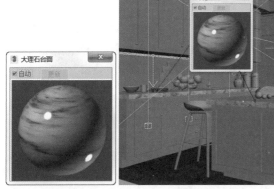

图 16-31　　　　　　图 16-32

3. 白色橱柜

步骤 01 单击一个材质球，设置材质类型为 VRayMtl 材质，命名为【白色橱柜】。设置【漫反射】颜色为白色，设置【反射】颜色为浅灰色，【光泽度】为 0.95，勾选【菲涅耳反射】选项，【细分】的数值为30，【最大深度】为 3，如图 16-33 所示。

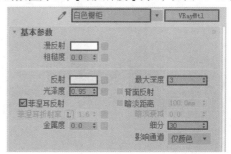

图 16-33

步骤 02 双击材质球，效果如图 16-34 所示。

步骤 03 选择模型，单击 (将材质指定给选定对象) 按钮，将制作完毕的白色橱柜材质赋给场景中相应的模型，如图 16-35 所示。

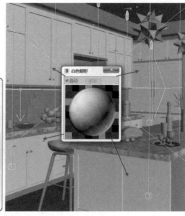

图 16-34　　　　　　图 16-35

4. 蓝色乳胶漆

步骤 01 选择一个空白的材质球，并将其命名为【蓝色乳胶漆】，设置【漫反射】颜色为深蓝色，如图 16-36 所示。

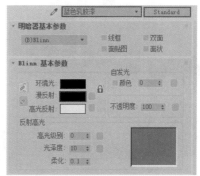

图 16-36

步骤 02 双击材质球，效果如图 16-37 所示。

步骤 03 选择模型，单击 ![] （将材质指定给选定对象）按钮，将制作完毕的蓝色乳胶漆材质赋给场景中相应的模型，如图 16-38 所示。

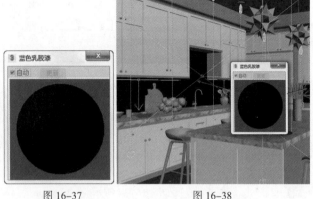

图 16-37　　　　　　图 16-38

5. 蓝色塑料椅子

步骤 01 单击一个材质球，设置材质类型为 VRayMtl 材质，命名为【蓝色塑料椅子】。设置【漫反射】颜色为深蓝色，在【反射】后面的通道上加载【衰减】程序贴图，设置【光泽度】的数值为 0.93，勾选【菲涅耳反射】选项，设置【细分】为 32，如图 16-39 所示。

图 16-39

步骤 02 双击材质球，效果如图 16-40 所示。

步骤 03 选择模型，单击 ![] （将材质指定给选定对象）按钮，将制作完毕的蓝色塑料椅子材质赋给场景中相应的模型，如图 16-41 所示。

图 16-40　　　　　　图 16-41

6. 玻璃花瓶

步骤 01 单击一个材质球，设置材质类型为 VRayMtl 材质，命名为【玻璃花瓶】。设置【漫反射】颜色为黑色，【反射】颜色为白色，【光泽度】为 0.98，勾选【菲涅耳反射】选项，设置【细分】的数值为 24，【最大深度】为 12。设置【折射】颜色为白色，【折射率】为 1.517，【细分】为 40，【最大深度】为 12，如图 16-42 所示。

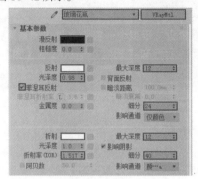

图 16-42

步骤 02 双击材质球，效果如图 16-43 所示。

步骤 03 选择模型，单击 ![] （将材质指定给选定对象）按钮，将制作完毕的玻璃花瓶材质赋给场景中相应的模型，如图 16-44 所示。

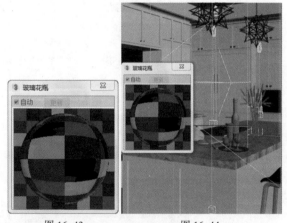

图 16-43　　　　　　图 16-44

7. 椅子木纹

步骤 01 单击一个材质球，设置材质类型为 VRayMtl 材质，命名为【椅子木纹】。在【漫反射】后面的通道上加载【4-96. jpg】贴图文件，设置【模糊】的数值为 0.01，如图 16-45 所示。

步骤 02 在【反射】后面的通道上加载【Color Correction（颜色校正）】程序贴图，在【贴图】后面的通道上加载【5-96. jpg】贴图文件，设置【模糊】的数值为 0.01。接着在【亮度】选项组下设置模式为【高级】，设置 RGB 的【对比度】的数值为 2.2，如图 16-46 所示。

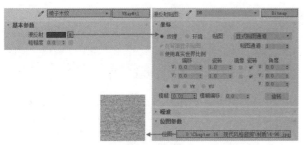

图 16-45

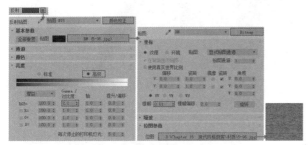

图 16-46

步骤 03 在【光泽度】后面的通道上加载【颜色校正】程序贴图,接着在【贴图】后面的通道上加载【7-96.jpg】贴图文件,设置【模糊】的数值为 0.01。接着在【亮度】选项组下设置模式为【高级】,设置 RGB 的【对比度】为 2.2,【轴】为 0.58,【提升/偏移】为 0.12。接着勾选【菲涅耳反射】选项,单击【菲涅耳折射率】后面的 L 按钮,设置其数值为 2.25,【细分】的数值为 64,如图 16-47 所示。

图 16-47

步骤 04 展开【贴图】卷展栏,在【凹凸】后面的通道上加载【颜色校正】程序贴图,在贴图后面的通道上加载【6-96.jpg】贴图文件,设置【模糊】的数值为 0.01。接着在【亮度】选项组下设置模式为【高级】,设置 RGB 的【对比度】的数值为 2.2。接着返回【贴图】卷展栏,设置【凹凸】后面的数值为 3,如图 16-48 所示。

图 16-48

步骤 05 双击材质球,效果如图 16-49 所示。
步骤 06 选择模型,单击 ❋¹ (将材质指定给选定对象)按钮,将制作完毕的椅子木纹材质赋给场景中相应的模型,如

图 16-50 所示。

图 16-49   图 16-50

8. 柠檬

步骤 01 单击一个材质球,设置材质类型为 VRayMtl 材质,命名为【柠檬】。在【漫反射】后面的通道上加载【Lemon_01_DIFF.jpg】贴图文件,接着在【反射】后面的通道上加载【Lemon_01_SPEC.jpg】贴图文件,设置【光泽度】为 0.7,勾选【菲涅耳反射】选项,如图 16-51 所示。

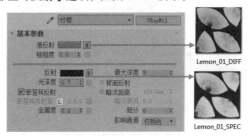

图 16-51

步骤 02 展开【贴图】卷展栏,在【凹凸】的后面加载【Lemon_01_BUMP.jpg】贴图文件。接着设置【凹凸】后面的数值为 -80,如图 16-52 所示。

图 16-52

步骤 03 双击材质球,效果如图 16-53 所示。
步骤 04 选择模型,单击 ❋¹ (将材质指定给选定对象)按钮,将制作完毕的柠檬材质赋给场景中相应的模型,如图 16-54 所示。

图 16-53　　　　　　　图 16-54

步骤 05 继续将剩余的材质制作完成，并依次赋予相应的模型，如图 16-55 所示。

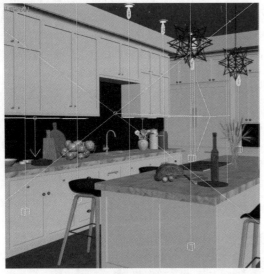

图 16-55

16.4 创建摄影机

步骤 01 执行【创建】|【摄影机】| 标准 ▼ |【目标】命令，如图 16-56 所示。在视图中合适的位置创建摄影机，如图 16-57 所示。

扫一扫，看视频

图 16-56

步骤 02 创建完成后单击【修改】按钮，接着在【参数】卷展栏下设置【镜头】为 50.815mm，【视野】为 39.011，【目标

距离】为 5492.174mm，如图 16-58 所示。

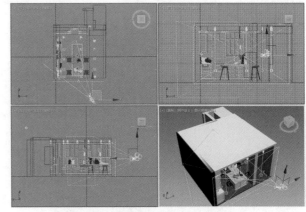

图 16-57

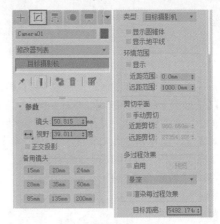

图 16-58

步骤 03 在透视图中按快捷键 C，并按快捷键 Shift+F（打开安全框），此时视图变为了摄影机视图，如图 16-59 所示，但是发现该摄影机视角稍微有一些倾斜。

图 16-59

步骤 04 在前视图中选择摄影机，并单击右键，执行【应用摄影机校正修改器】命令，如图 16-60 所示。

步骤 05 此时摄影机视角变得更舒适了，没有了倾斜的效果，如图 16-61 所示。

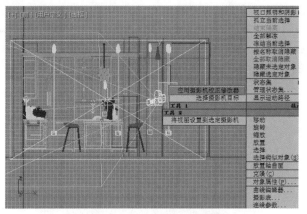

图 16-60

图 16-61

16.5 设置用于最终渲染的 VRay 渲染器参数

步骤 01 按 F10 键,在打开的【渲染设置】对话框中选择【公用】选项卡,设置输出的尺寸为 1500×1500,如图 16-62 所示。

图 16-62

步骤 02 选择 V-Ray 选项卡,展开【帧缓冲区】卷展栏,取消勾选【启用内置帧缓冲区】,展开【全局开关】卷展栏,设

置方式为【全光求值】,如图 16-63 所示。

图 16-63

步骤 03 选择 V-Ray 选项卡,展开【图形采样器(抗锯齿)卷展栏】,设置【类型】为【渲染块】。展开【图像过滤器】卷展栏,勾选【图像过滤器】选项,设置【过滤器】为 Catmull-Rom。展开【渲染块图像采样器】卷展栏,设置【最大细分】为 4,【渲染块宽度】为 64。展开【全局确定性蒙特卡洛】卷展栏,勾选【锁定噪波图案】和【使用局部细分】,设置【细分倍增】为 2,【自适应数量】为 0.8。展开【颜色贴图】卷展栏,设置【类型】为【指数】,勾选【子像素贴图】和【钳制输出】选项,如图 16-64 所示。

图 16-64

步骤 04 选择 GI 选项卡，设置【首次引擎】为【发光贴图】，【二次引擎】为【灯光缓存】。展开【发光贴图】卷展栏，设置【当前预设】为【中】，启用【显示计算相位】和【显示直接光】选项，勾选【细节增强】，如图 16-65 所示。

图 16-65

步骤 05 展开【灯光缓存】卷展栏，设置【采样大小】为 0.02，取消勾选【折回】，取消勾选【预滤器】，取消勾选【使用光泽光线】，设置【插值采样】为 10，设置【防止泄漏】为 0，如图 16-66 所示。

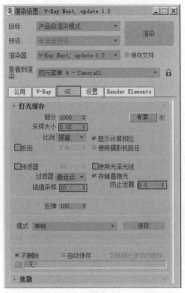

图 16-66

步骤 06 选择【设置】选项卡，展开【系统】卷展栏，设置【动态内存限制】为 4000，取消【使用高性能光线跟踪】，最后设置【日志窗口】为【从不】，如图 16-67 所示。

图 16-67

步骤 07 设置完成后按 Shift+Q 组合键将其渲染，效果如图 16-68 所示。

图 16-68

美式风格餐厅设计

本章学习要点：

- 美式风格餐厅设计的日光效果创建方法
- 多种材质的综合应用搭配

本章内容简介：

本章是美式风格餐厅设计，在模型选择方面要把握好美式风格的特点。灯光方面模拟日光效果，材质方面重点选择了几种邻近色的绿色，和谐统一。

通过本章学习，我能做什么？

通过对本章的学习，我们学习到了美式风格餐厅的设计方法。我们可以尝试修改作品的色彩倾向，让作品产生美式风格的其他感觉。从而开阔大家的思路，提高动手搭配、感悟设计美感的能力。

优秀作品欣赏

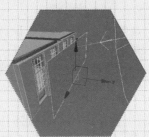

实例介绍

本实例是一个美式风格餐厅设计，该场景为了突显自然、田园的感觉，色彩方面大量使用了不同色相的绿色，这其中包括墙面、椅子、地毯，也设置了吊灯、油画、壁炉等经典的元素，使得空间更具美式风格的味道。本实例主要使用（VR）太阳、（VR）灯光、目标聚光灯，材质主要包括木地板材质、绿色乳胶漆材质、背景环境材质、桌子材质、绒布材质、玻璃高脚杯材质、地毯材质、装饰花材质。最终渲染效果如图 17-1 所示。

图 17-1

操作步骤

17.1　设置用于测试渲染的 VRay 渲染器参数

扫一扫，看视频

步骤 01 打开本实例的场景文件，如图 17-2 所示。

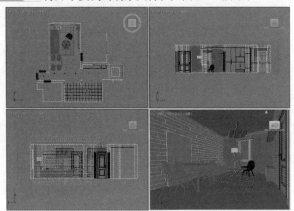

图 17-2

步骤 02 在主工具栏中单击【渲染设置】按钮，在【渲染设置】对话框中单击【渲染器】后的▼按钮，并设置方式为【V-Ray Next，update 1.2】，如图 17-3 所示。

步骤 03 选择【公用】选项卡，设置【宽度】为 381，【高度】为 300，如图 17-4 所示。

步骤 04 选择 V-Ray 选项卡，展开【帧缓冲区】卷展栏，取消勾选【启用内置帧缓冲区】。展开【全局开关】卷展栏，设置类型为【全光求值】，如图 17-5 所示。

步骤 05 选择 V-Ray 选项卡，展开【图像采样器（抗锯齿）】卷展栏，设置【类型】为【渐进式】，设置【过滤器】为【区域】。展开【颜色贴图】，设置【类型】为【指数】，如图 17-6 所示。

步骤 06 选择 GI 选项卡，展开【全局照明】卷展栏，勾选【启用全局照明（GI）】，设置【首次引擎】为【发光贴图】，【二次引擎】为【灯光缓存】。展开【发光贴图】卷展栏，设置【当前预设】为【非常低】，勾选【显示计算相位】和【显示直接光】，如图 17-7 所示。

步骤 07 选择 GI 选项卡，展开【灯光缓存】卷展栏，设置【细分】为 200，勾选【显示计算相位】，如图 17-8 所示。

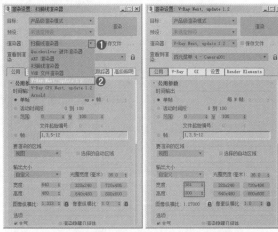

图 17-3　　　　　　　　图 17-4

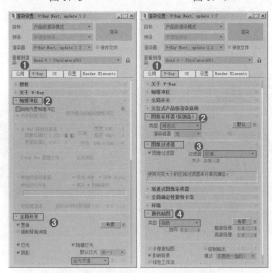

图 17-5　　　　　　　　图 17-6

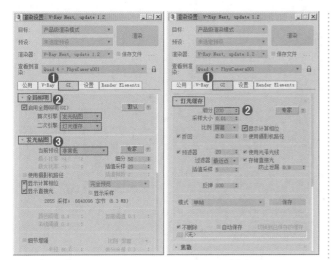

图 17-7   图 17-8

17.2 灯光的制作

1. 创建太阳光

首先创建一盏（VR）太阳灯光作为场景中的太阳光效果，是该场景的主光源。

步骤 01 执行 ✛【创建】|💡【灯光】| VRay ▾ |（VR）太阳 命令，如图 17-9 所示。

扫一扫，看视频

图 17-9

步骤 02 在视图中拖动创建一盏（VR）太阳灯光，在弹出的对话框中单击【是】按钮，最后调整该灯光的照射角度和位置，从室外倾斜照向室内，如图 17-10 所示。

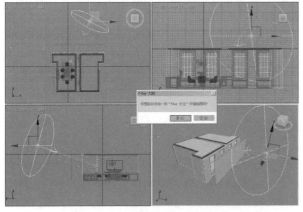

图 17-10

步骤 03 创建完成后单击【修改】按钮，设置【浊度】为 3，【强度倍增】为 0.1，【大小倍增】为 10，【阴影细分】为 30，【天空模型】为 Preetham et al.，如图 17-11 所示。

步骤 04 设置完成后按 Shift+Q 组合键将其渲染，其渲染的效果如图 17-12 所示。

图 17-11   图 17-12

💡 **提示：为何有时候创建 VR- 太阳光照射不到屋内？**

正常状态下灯光被物体遮挡了，是无法照射到室内的。如图 17-13 所示为【（VR）太阳】灯光向屋内照射，但是屋外创建一个【平面】模型作为背景，因此这个【平面】模型会将【（VR）太阳】灯光的效果完全遮挡，从而照不进屋内，渲染效果如图 17-14 所示。

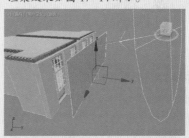

图 17-13

图 17-14

可以通过选择被遮挡物体【平面】模型，并单击右键，执行【对象属性】命令，如图 17-15 所示，在弹出的对话框中取消勾选【接收投影】和取消勾选【投射阴影】选项，如图 17-16 所示。

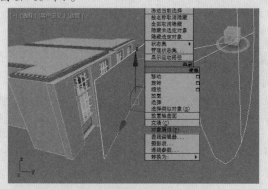

图 17-15

图 17-16

再次渲染效果，可以看到【（VR）太阳】灯光穿透刚才的【平面】模型而照射到屋内，如图 17-17 所示。

图 17-17

2. 创建窗口位置的光

步骤 01 在创建的 4 个窗口位置共创建 4 盏（VR）灯光，方向为从外向内照射，如图 17-18 所示。

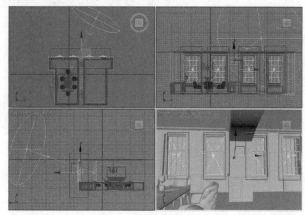

图 17-18

步骤 02 创建完成后单击【修改】按钮，设置【长度】为 70mm，【宽度】为 140mm，【倍增】为 10，【颜色】为白色，在【选项】选项组下勾选【不可见】选项，设置【细分】为 30，如图 17-19 所示。

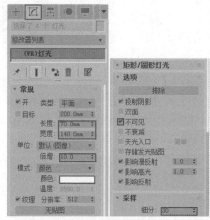

图 17-19

步骤 03 设置完成后按 Shift+Q 组合键将其渲染，其渲染的效果如图 17-20 所示。

图 17-20

3. 创建餐桌上方的吊灯灯光

步骤 01 执行【创建】|【灯光】| 标准 ▼
| 目标聚光灯 命令，在餐桌上方的吊灯下方创建一盏目标聚光灯，方向为从上向下照射，如图 17-21 所示。

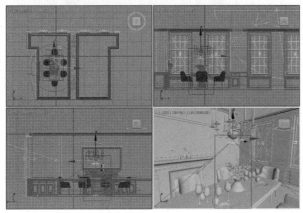

图 17-21

步骤 02 创建完成后单击【修改】按钮，勾选【阴影】下的【启用】，设置方式为【VRay 阴影】，设置【倍增】为 2。在【聚光灯参数】选项组下设置【聚光区/光束】为 43，【衰减区/区域】为 116。在【VRay 阴影参数】选项组下勾选【区域阴影】，设置【U 大小】【V 大小】【W 大小】均为 10mm，【细分】为 20，如图 17-22 所示。

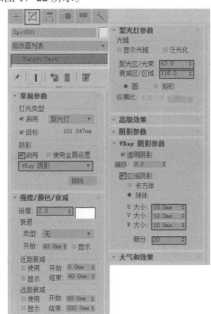

图 17-22

步骤 03 设置完成后按 Shift+Q 组合键将其渲染，其渲染的效果如图 17-23 所示，可以看到餐桌变得更亮了。

图 17-23

4. 创建室内辅助光源

从当前的效果来看，场景中离窗口较远的部分区域过于暗淡，因此可以创建 1 盏（VR）灯光用于辅助照射背光处。

步骤 01 在离窗口很远的位置创建 1 盏（VR）灯光向窗口的方向照射，如图 17-24 所示。

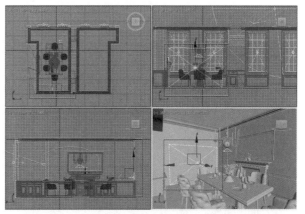

图 17-24

步骤 02 创建完成后单击【修改】按钮，设置【长度】为 200mm，【宽度】为 140mm，【倍增】为 2，在【选项】选项组下勾选【不可见】选项，设置【细分】为 30，如图 17-25 所示。

图 17-25

步骤 03 设置完成后按 Shift+Q 组合键将其渲染，其渲染的效果如图 17-26 所示，可以看到创建的背光处变亮了，可以看到更多细节。但是一定要注意该灯光数值不宜过大，背光处可以稍微亮，但不应该特别亮。

图 17-26

5. 创建壁炉上方的烛光

步骤 01 在壁炉上方的蜡烛附近的位置创建 7 盏（VR）灯光，如图 17-27 所示。

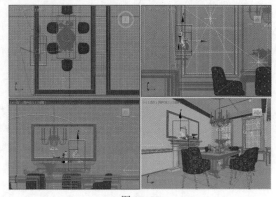

图 17-27

步骤 02 创建完成后单击【修改】按钮，设置【类型】为球体，【半径】为 0.3mm，【倍增】为 500，【颜色】为橙色，在【选项】选项组下勾选【不可见】选项，设置【细分】为 22，如图 17-28 所示。

图 17-28

步骤 03 设置完成后按 Shift+Q 组合键将其渲染，其渲染的效果如图 17-29 所示。

图 17-29

材质的制作

1. 木地板材质

步骤 01 按 M 键，打开【材质编辑器】窗口，接着在该窗口内选择第一个材质球，单击 Standard（标准）按钮，在弹出的【材质 / 贴图浏览器】对话框中选择 VRayMtl，如图 17-30 所示。

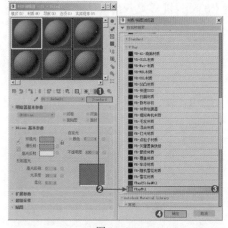

图 17-30

步骤 02 将其命名为【木地板】，在【漫反射】后面的通道上加载【木地板 A.jpg】贴图文件，在【坐标】卷展栏下设置【瓷砖】下方的 U 为 1.4、V 为 6，【角度】下方的 W 为 90。接着设置【反射】颜色为灰色，【光泽度】为 0.76，勾选【菲涅耳反射】选项，设置【细分】为 30，如图 17-31 所示。

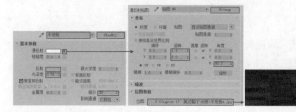

图 17-31

步骤 03 双击材质球，效果如图 17-32 所示。

步骤 04 选择模型，单击 ⚙（将材质指定给选定对象）按钮，将制作完毕的材质赋给场景中相应的地板模型，如图 17-33 所示。

图 17-32　　　　　　图 17-33

2. 绿色乳胶漆材质

步骤 01 单击一个材质球，设置材质类型为 VRayMtl 材质，命名为【绿色乳胶漆】，设置【漫反射】为深绿色，如图 17-34 所示。

图 17-34

步骤 02 双击材质球，效果如图 17-35 所示。

步骤 03 选择模型，单击 ⚙（将材质指定给选定对象）按钮，将制作完毕的材质赋给场景中相应的墙壁模型，如图 17-36 所示。

图 17-35　　　　　　图 17-36

3. 背景环境材质

步骤 01 单击一个材质球，设置材质类型为【VRay 灯光材质】材质，命名为【背景环境】。设置【颜色】后面的数值为 2，接着在后面的通道上加载【背景 .jpg】贴图文件，并勾选【背面发光】选项，如图 17-37 所示。

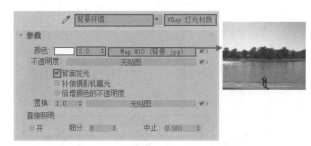

图 17-37

步骤 02 双击材质球，效果如图 17-38 所示。

步骤 03 选择模型，单击 ⚙（将材质指定给选定对象）按钮，将制作完毕的材质赋给场景中相应的模型，如图 17-39 所示。

图 17-38　　　　　　图 17-39

4. 桌子材质

步骤 01 单击一个材质球，设置材质类型为 VRayMtl 材质，命名为【桌子】。在【漫反射】后面的通道上加载【衰减】程序贴图，在上方的通道上加载【Abca756fda.jpg】贴图文件，在下方的通道上加载【Abca756fda1.jpg】贴图文件。在【反射】后面的通道上加载【衰减】程序贴图，设置【衰减类型】为 Fresnel。最后设置【光泽度】为 0.85，取消勾选【菲涅耳反射】选项，设置【细分】的数值为 30，如图 17-40 所示。

图 17-40

步骤 02 双击材质球，效果如图 17-41 所示。

步骤 03 选择模型，单击 ⚙（将材质指定给选定对象）按钮，将制作完毕的材质赋给场景中相应的模型，如图 17-42 所示。

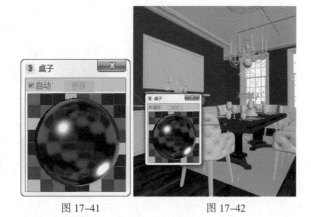

图 17-41   图 17-42

5. 绒布椅子

步骤 01 单击一个材质球,设置材质类型为 VRayMtl 材质,命名为【绒布椅子】。在【漫反射】后面的通道上加载【混合】程序贴图,展开【混合参数】卷展栏,在【颜色 #1】后面的通道上加载【衰减】程序贴图,分别设置颜色为深绿色和浅绿色。在【颜色 #2】后面的通道上加载【衰减】程序贴图,分别设置颜色为深绿色和浅绿色,并设置【混合曲线】的形状。最后在【混合量】后面的通道上加载【4-53.jpg】贴图文件,设置【模糊】的数值为 0.1,如图 17-43 所示。

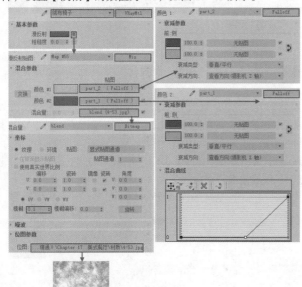

图 17-43

步骤 02 展开【贴图】卷展栏,在【凹凸】后面设置其数值为 50,接着在后面的通道上加载【合成】程序贴图,然后单击 按钮添加【层 2】,设置模式为【变亮】。在【层 2】后面的通道上加载【5-53.jpg】贴图文件,并设置【模糊】的数值为 2。在【层 1】后面的通道上加载【混合】程序贴图,接着在【颜色 #1】后方的通道上加载【噪波】程序贴图,在【噪

波参数】卷展栏下设置【大小】为 0.5,【高】为 0.6,【低】为 0.5,设置【颜色 #2】为白色。在【混合量】后面的通道上加载【4-53.jpg】贴图文件,设置【模糊】的数值为 0.1,如图 17-44 所示。

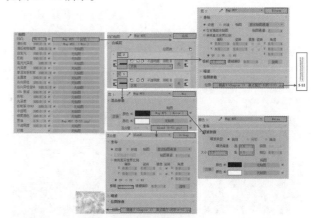

图 17-44

步骤 03 在【置换】后面设置其数值为 1.5,接着在后面的通道上加载【5-53.jpg】贴图文件,并设置【模糊】的数值为 2,如图 17-45 所示。

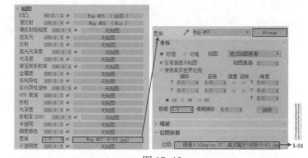

图 17-45

步骤 04 双击材质球,效果如图 17-46 所示。

步骤 05 选择模型,单击 （将材质指定给选定对象）按钮,将制作完毕的材质赋给场景中相应的椅子模型,如图 17-47 所示（注意:若模型被组在一起,可以先执行菜单栏中的【组】|【解组】命令,然后再赋予材质）。

图 17-46   图 17-47

6. 玻璃高脚杯

步骤 01 单击一个材质球,设置材质类型为 VRayMtl 材质,命名为【玻璃高脚杯】。设置【漫反射】的颜色为白色,在【反射】后面的通道上加载【衰减】程序贴图,设置【衰减类型】为 Fresnel。取消勾选【菲涅耳反射】选项。接着在【折射】后面的通道上加载【衰减】程序贴图,分别设置颜色为白色和浅灰色,并设置【混合曲线】的形状,如图 17-48 所示。

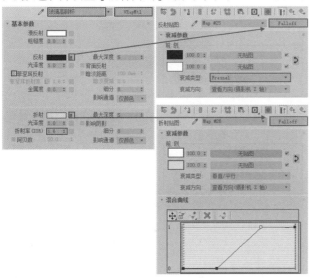

图 17-48

步骤 02 双击材质球,效果如图 17-49 所示。

步骤 03 选择模型,单击 (将材质指定给选定对象)按钮,将制作完毕的材质赋给场景中相应的模型,如图 17-50 所示。

图 17-49

图 17-50

7. 地毯

步骤 01 单击一个材质球,设置材质类型为 VRayMtl 材质,命名为【地毯】,展开【基本参数】卷展栏,在【漫反射】后面的通道上加载【1-98.jpg】贴图文件,如图 17-51 所示。

步骤 02 展开【贴图】卷展栏,在【置换】后面设置其数值为 2,接着在其后面加载【2-98.jpg】,如图 17-52 所示。

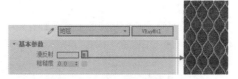

图 17-51

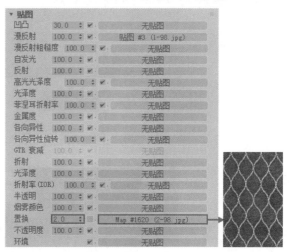

图 17-52

步骤 03 双击材质球,效果如图 17-53 所示。

步骤 04 选择模型,单击 (将材质指定给选定对象)按钮,将制作完毕的材质赋给场景中相应的模型,如图 17-54 所示。

图 17-53   图 17-54

8. 装饰花

步骤 01 单击一个材质球,设置材质类型为 VRayMtl 材质,命名为【装饰花】。在【漫反射】后方的通道上加载【arch24_leaf-01-yellow2a.jpg】贴图文件,在【坐标】卷展栏中设置【瓷砖】下方的 U 和 V 的数值均为 5。在【反射】后面的通道上加载【衰减】程序贴图,设置【衰减类型】为 Fresnel。最后设置【光泽度】为 0.6,并取消勾选【菲涅耳反射】选项,如图 17-55 所示。

步骤 02 双击材质球,效果如图 17-56 所示。

步骤 03 选择模型，单击 （将材质指定给选定对象）按钮，将制作完毕的材质赋给场景中相应的模型，如图 17-57 所示。

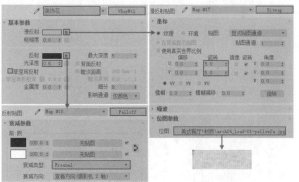

图 17-55

图 17-56

图 17-57

步骤 04 继续将剩余的材质制作完成，并依次赋予相应的模型，如图 17-58 所示。

图 17-58

17.4 创建摄影机

扫一扫，看视频

步骤 01 执行【创建】|【摄影机】|【标准 ▼】|【目标】命令，如图 17-59 所示。在视图中合适的位置创建摄影机，如图 17-60 所示。

图 17-59

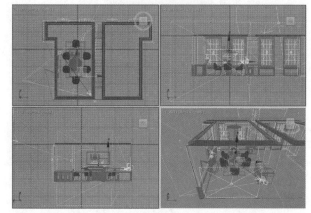

图 17-60

步骤 02 创建完成后单击【修改】按钮，接着在【参数】卷展栏下设置【镜头】为 21.339mm，【视野】为 80.296，【目标距离】为 324.633mm，如图 17-61 所示。

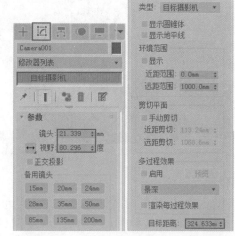

图 17-61

步骤 03 此时在透视图中按快捷键 C，并按快捷键 Shift+F（打开安全框），此时视图变为了摄影机视图，如图 17-62 所示。

图 17-62

17.5 设置用于最终渲染的 VRay 渲染器参数

步骤 01 按 F10 键,在打开的【渲染设置】对话框中选择【公用】选项卡,设置输出的尺寸为 1270×1000,如图 17-63 所示。

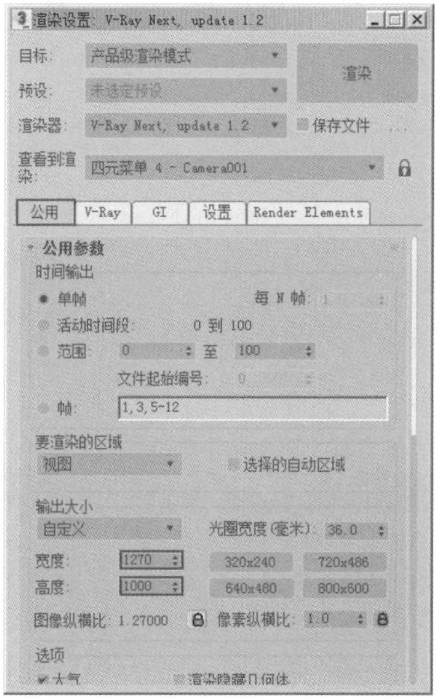

图 17-63

步骤 02 选择 V-Ray 选项卡,展开【帧缓冲区】卷展栏,取消勾选【启用内置帧缓冲区】。展开【全局开关】卷展栏,设置方式为【全光求值】,如图 17-64 所示。

步骤 03 选择 V-Ray 选项卡,展开【图形采样器(抗锯齿)】卷展栏,设置【类型】为【渲染块】。展开【图像过滤器】卷展栏,设置【过滤器】为 Mitchell-Netravali。展开【渲染块图像采样器】卷展栏,设置【最大细分】为 4,【噪波阈值】为 0.005。展开【全局确定性蒙特卡洛】卷展栏,勾选【使用局部细分】,设置【细分倍增】为 3,【自适应数量】为 0.7。

展开【颜色贴图】卷展栏,设置【类型】为【指数】,勾选【子像素贴图】和【钳制输出】选项,如图 17-65 所示。

图 17-64

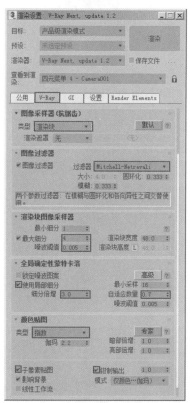

图 17-65

选择 GI 选项卡,设置【首次引擎】为【发光贴图】,【二次引擎】为【灯光缓存】。展开【发光贴图】卷展栏,设置【当前预设】为【中】,勾选【显示直接光】选项,如图 17-66 所示。

步骤 05 设置完成后按 Shift+Q 组合键将其渲染,其效果如图 17-67 所示。

图 17-67

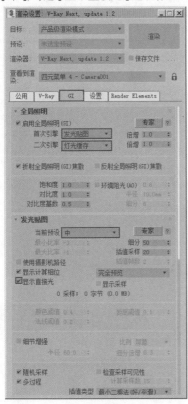

图 17-66

Chapter
18

第18章

夜晚儿童房设计

本章学习要点：

· 儿童房的设计思路
· 夜晚空间的灯光布置方法
· 可爱儿童房材质的模拟思路

本章内容简介：

　　本章学习夜晚儿童房设计，如何打造一个宁静的、童趣的儿童房空间，在材质方面针对儿童的特点进行选择，在灯光方面把握夜晚室内外的特点。

通过本章学习，我能做什么？

　　通过对本章的学习，我们可以学会制作夜晚的空间的灯光布置方法，还可以掌握不同主题的空间设计思路。学完本章后，我们可以自己创作一些主题作品，如海洋主题的儿童房设计、汽车主题的空间设计等。

优秀作品欣赏

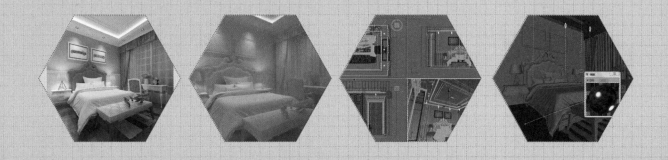

实例介绍

本实例为夜晚儿童房的场景设置，在进行模型选择时应突出儿童房可爱的特点，因此建议加入一些儿童使用的玩具、彩虹地毯、趣味挂画等，以突显儿童的喜好，也可设置一面墙为浅蓝色，让房间更生动、更充满活力。本实例的灯光设置主要包括目标灯光和（VR）灯光，在制作材质时需要区分

不同的材质具有不同的反射、折射、凹凸等属性。最终的渲染效果如图 18-1 所示。

图 18-1

扫一扫，看视频

操作步骤

18.1　设置用于测试渲染的 VRay 渲染器参数

步骤 01 打开本实例的场景文件，如图 18-2 所示。

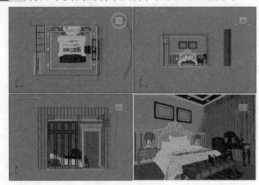

图 18-2

步骤 02 在主工具栏中单击【渲染设置】按钮，在【渲染设置】对话框中单击【渲染器】后的按钮，并设置方式为【V-Ray Next，update 1.2】，如图 18-3 所示。

步骤 03 选择【公用】选项卡，设置【宽度】为 300，【高度】为 364，如图 18-4 所示。

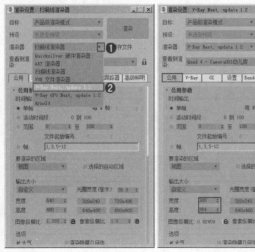

图 18-3　　　　　图 18-4

步骤 04 选择 V-Ray 选项卡，展开【帧缓冲区】卷展栏，取消勾选【启用内置帧缓冲区】。展开【全局开关】卷展栏，设置类型为【全光求值】，如图 18-5 所示。

步骤 05 选择 V-Ray 选项卡，展开【图像采样器（抗锯齿）】卷展栏，设置【类型】为【渐进式】，设置【过滤器】为【区域】。展开【颜色贴图】，设置【类型】为【指数】，如图 18-6 所示。

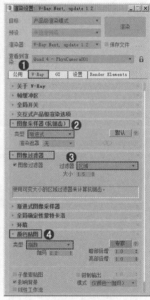

图 18-5　　　　　　图 18-6

步骤 06 选择 GI 选项卡，展开【全局照明】卷展栏，勾选【启用全局照明（GI）】，设置【首次引擎】为【发光贴图】，【二次引擎】为【灯光缓存】。展开【发光贴图】卷展栏，设置【当前预设】为【非常低】，勾选【显示计算相位】和【显示直接光】，如图 18-7 所示。

步骤 07 选择 GI 选项卡，展开【灯光缓存】卷展栏，设置【细分】为 200，勾选【显示计算相位】，如图 18-8 所示。

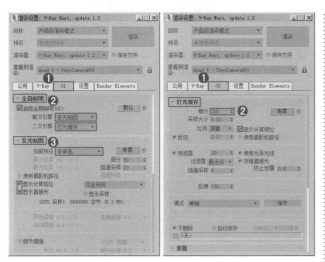

图 18-7　　　　　　图 18-8

18.2 灯光的制作

扫一扫，看视频

本实例制作灯光渲染变化流程图如图 18-9 所示。

图 18-9

1. 创建目标灯光

步骤 01 执行 十（创建）| ♥（灯光）| 光度学 ▼ | 目标灯光 命令，如图 18-10 所示。在棚顶的位置创建 8 盏目标灯光，如图 18-11 所示。

图 18-10

步骤 02 创建完成后单击【修改】按钮，接着在【常规参数】卷展栏中勾选【阴影】下方的【启用】选项，并设置类型为【VRay 阴影】，设置【灯光分布（类型）】为【光度学 Web】。接着展开【分布（光度学 Web）】卷展栏，并在通道上加载【30.ies】文件。展开【强度 / 颜色 / 衰减】卷展栏，设置【过滤颜色】为黄色，【强度】为 5000。展开【VRay 阴影参数】卷展栏，勾选【区域阴影】，设置【U 大小】【V 大小】【W 大小】均为 30mm，【细分】为 20，如图 18-12 所示。

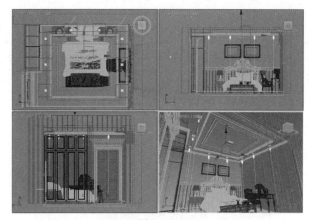

图 18-11

图 18-12

步骤 03 设置完成后按 Shift+Q 组合键将其渲染，其渲染的效果如图 18-13 所示。

图 18-13

2. 创建灯带

步骤 01 执行➕（创建）| 💡（灯光）| VRay ▼ | (VR)灯光 命令，顶棚灯带处创建2盏（VR）灯光，从下向上照射，如图18-14所示。

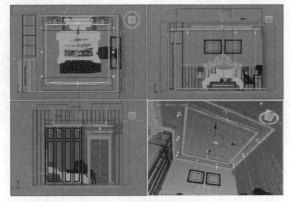

图 18-14

步骤 02 创建完成后单击【修改】按钮，设置【长度】为140mm，【宽度】为2800mm，【倍增】为7，【颜色】为橙色，接着在【选项】卷展栏中勾选【不可见】选项，取消勾选【影响反射】，【细分】为15，如图18-15所示。

图 18-15

步骤 03 继续在顶棚灯带处创建2盏（VR）灯光，从下向上照射，如图18-16所示。

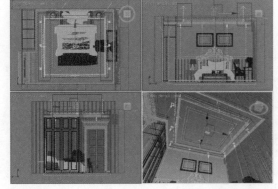

图 18-16

步骤 04 创建完成后单击【修改】按钮，设置【长度】为140mm，【宽度】为2740mm，【倍增】为7，【颜色】为橙色，接着在【选项】卷展栏中勾选【不可见】选项，取消勾选【影响反射】，如图18-17所示。

图 18-17

步骤 05 设置完成后按Shift+Q组合键将其渲染，其渲染的效果如图18-18所示。

图 18-18

3. 创建床上方的吊灯灯光

步骤 01 执行➕（创建）| 💡（灯光）| 标准 ▼ |【目标聚光灯】命令，在床的上方创建一盏目标聚光灯，如图18-19所示。

步骤 02 创建完成后单击【修改】按钮，勾选【阴影】下方的【启用】选项，设置其类型为【VRay阴影】。展开【强度/颜色/衰减】卷展栏，设置【倍增】为1，【颜色】为黄色。展开【聚光灯参数】卷展栏，设置【聚光区/光束】为30，【衰减区/区域】为60。展开【VRay阴影参数】卷展栏，勾选【区域阴影】选项，设置【U大小】【V大小】【W大小】的数值均为50mm，【细分】为20，如图18-20所示。

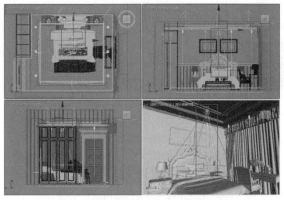

图 18-19

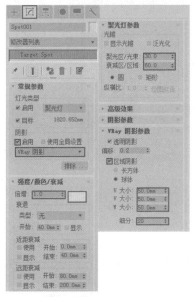

图 18-20

步骤 03 设置完成后按 Shift+Q 组合键将其渲染,其渲染的效果如图 18-21 所示。

图 18-21

4. 创建台灯

步骤 01 执行【创建】|【灯光】| VRay | (VR)灯光 命令,在台灯灯罩内创建 2 盏(VR)灯光"球体",如图 18-22 所示。

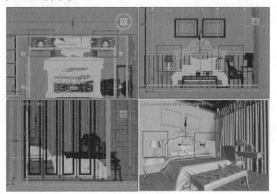

图 18-22

步骤 02 创建完成后单击【修改】按钮,设置【类型】为【球体】,【半径】为 44mm,设置【倍增】为 200,【颜色】为橙色,设置【细分】为 20,如图 18-23 所示。

步骤 03 设置完成后按 Shift+Q 组合键将其渲染,其渲染的效果如图 18-24 所示。

图 18-23

图 18-24

5. 创建窗口处的光

步骤 01 执行【创建】|【灯光】| VRay | (VR)灯光 命令,在窗口外面的位置创建 1 盏(VR)灯光,从外向内照射,如图 18-25 所示。

步骤 02 创建完成后单击【修改】按钮,设置【长度】为 1836.548mm,【宽度】为 2629.692mm,【倍增】为 5,【颜色】

为深蓝色,在【选项】卷展栏下勾选【不可见】选项,设置【细分】为 15, 如图 18-26 所示。

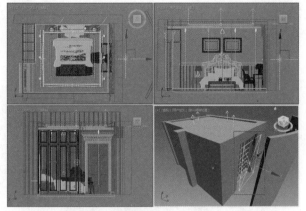

图 18-25

图 18-26

步骤 03 设置完成后按 Shift+Q 组合键将其渲染,其渲染的效果如图 18-27 所示。

图 18-27

18.3 材质的制作

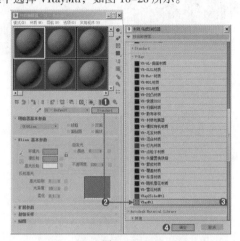
扫一扫,看视频

1. 地板材质

步骤 01 按 M 键,打开【材质编辑器】窗口,接着在该窗口内选择第一个材质球,单击 Standard （标准）按钮,在弹出的【材质/贴图浏览器】对话框中选择 VRayMtl, 如图 18-28 所示。

图 18-28

步骤 02 将其命名为【地板】,在【漫反射】后面的通道上加载【木地板 .jpg】贴图文件,展开【坐标】卷展栏,设置【角度】下方的 W 的数值为 90。在【反射】后面的通道上加载【衰减】程序贴图,分别设置颜色为黑色和蓝色,【衰减类型】为 Fresnel。最后设置【光泽度】为 0.85, 取消勾选【菲涅耳反射】选项,设置【细分】为 15, 如图 18-29 所示。

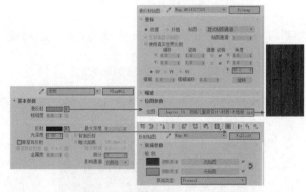

图 18-29

步骤 03 进入【贴图】卷展栏,然后按住鼠标左键将【漫反射】通道后方的贴图拖曳到【凹凸】的后面,释放鼠标后,在弹出的【复制（实例）贴图】窗口中设置【方法】为【复制】,接着设置【凹凸】后面的数值为 8, 如图 18-30 所示。

步骤 04 双击材质球,效果如图 18-31 所示。

步骤 05 选择模型,单击 （将材质指定给选定对象）按

中文版3ds Max 2020+VRay效果图制作从入门到精通（微课视频 全彩版）

钮，将制作完毕的地板材质赋给场景中相应的模型，如图 18-32 所示。

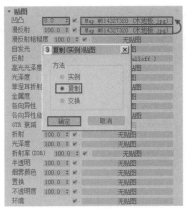

图 18-30

图 18-31

图 18-32

2. 蓝色乳胶漆材质

步骤 01 单击一个材质球，设置材质类型为 VRayMtl 材质，命名为【蓝色乳胶漆】，设置【漫反射】为蓝色，如图 18-33 所示。

图 18-33

步骤 02 双击材质球，效果如图 18-34 所示。

步骤 03 选择模型，单击 （将材质指定给选定对象）按钮，将制作完毕的蓝色乳胶漆材质赋给场景中相应的模型，如图 18-35 所示。

图 18-34　　　　　　　　图 18-35

3. 遮光窗帘材质

步骤 01 单击一个材质球，设置材质类型为【VRay 材质包裹器】材质，命名为【遮光窗帘】。展开【VRay 材质包裹器参数】卷展栏，设置【生成全局照明】后面的数值为 0.8，在【基本材质】后面的通道上加载 VRayMtl 材质，并命名为【蓝色窗帘】，接着在【漫反射】后面的通道上加载【窗帘的材质 111 本 .jpg】贴图文件。设置【反射】为深灰色，【光泽度】为 0.55，取消勾选【菲涅耳反射】选项，设置【细分】为 15，如图 18-36 所示。

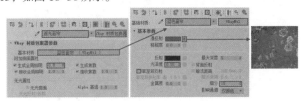

图 18-36

步骤 02 展开【贴图】卷展栏，在【凹凸】后面的通道上加载【Arch30_towelbump5.jpg】贴图文件，并设置【凹凸】后面的数值为 15，如图 18-37 所示。

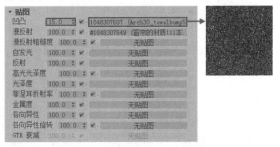

图 18-37

步骤 03 双击材质球，效果如图 18-38 所示。

步骤 04 选择模型，单击 （将材质指定给选定对象）按钮，将制作完毕的遮光窗帘材质赋给场景中相应的模型，如图 18-39 所示。

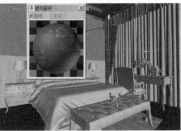

图 18-38　　　　　　　　图 18-39

4. 纱帘材质

步骤 01 单击一个材质球，设置材质类型为 VRayMtl 材质，命名为【纱帘】。在【漫反射】后面的通道上加载【衰减】程序贴图，分别设置颜色为白色和灰色，并设置【混合曲线】的形状。在【折射】后面的通道上加载【衰减】程序贴图，在【衰减参数】卷展栏中分别设置颜色为浅灰色和黑色，【衰减类型】为 Fresnel。最后设置折射的【光泽度】为 0.9，【折射率】为 1.6，设置【细分】为 15，如图 18-40 所示。

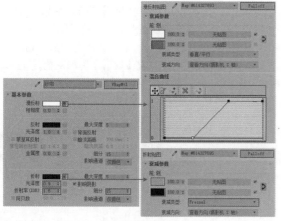

图 18-40

步骤 02 双击材质球，效果如图 18-41 所示。

步骤 03 选择模型，单击 （将材质指定给选定对象）按钮，将制作完毕的纱窗材质赋给场景中相应的模型，如图 18-42 所示。

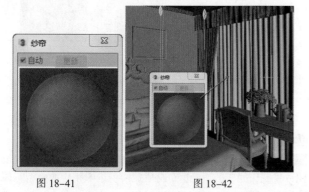

图 18-41　　　　　　　图 18-42

5. 绒布软包材质

步骤 01 选择一个空白的材质球，设置其材质类型为【混合】，并命名为【绒布软包】。展开【混合基本参数】卷展栏，在【材质 1】后面的通道上加载【VRayMtl】材质，接着设置【漫反射】为蓝灰色，如图 18-43 所示。

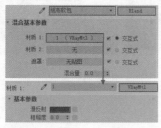

图 18-43

步骤 02 展开【凹凸】卷展栏，在【凹凸】后面的通道上加载【mat02b.jpg】贴图文件，设置【瓷砖】下方的 U 和

V 的数值都为 2，接着设置【凹凸】后面的数值为 30，如图 18-44 所示。

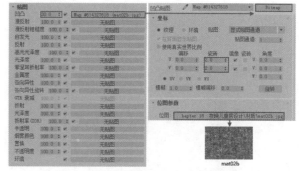

图 18-44

步骤 03 在【混合基本参数】卷展栏中，单击【材质 2】后面的通道，进入【明暗器基本参数】卷展栏，选择类型为【(O) Oren-Nayar-Blinn】，接着展开【Oren-Nayar-Blinn 基本参数】卷展栏，设置【漫反射】为蓝灰色，勾选【自反光】下方的【颜色】选项，在黑色后面的通道上加载【遮罩】程序贴图。展开【遮罩参数】卷展栏，在【贴图】后面加载【衰减】程序贴图，设置【衰减类型】为 Fresnel，在【遮罩】后面加载【衰减】程序贴图，设置【衰减类型】为【阴影 / 灯光】，如图 18-45 所示。

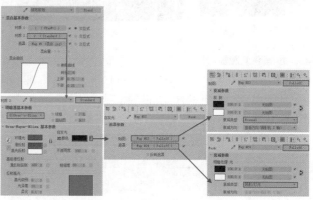

图 18-45

步骤 04 展开【贴图】卷展栏，设置【自发光】后面的数值为 50。勾选【凹凸】选项，在【凹凸】后面的通道上加载【mat02b.jpg】贴图文件。设置【瓷砖】下方的 U 和 V 的数值均为 2，接着设置【凹凸】后面的数值为 60，如图 18-46 所示。

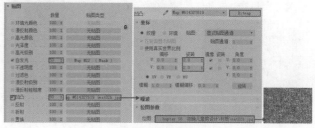

图 18-46

步骤 05 在【混合基本参数】卷展栏中右【遮罩】后面的通道上加载【混合 .jpg】贴图文件，如图 18-47 所示。

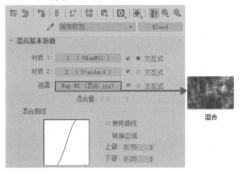

图 18-47

步骤 06 双击材质球，效果如图 18-48 所示。

步骤 07 选择模型，单击 ^{图标}（将材质指定给选定对象）按钮，将制作完毕的绒布软包材质赋给场景中相应的模型，如图 18-49 所示。

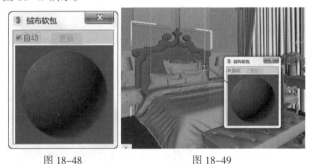

图 18-48　　　　图 18-49

6. 彩虹地毯材质

步骤 01 选择一个空白的材质球，设置其材质类型为 VRay-Mtl，并命名为【彩虹地毯】。在【漫反射】后面的通道上加载【6-1-37.jpg】贴图文件。在【反射】后面的通道上加载【86-2-37.jpg】贴图文件，在【坐标】卷展栏下设置【瓷砖】下方的 U 和 V 的数值均为 10。接着设置【光泽度】的数值为 0.65，勾选【菲涅耳反射】选项，【细分】为 20，如图 18-50 所示。

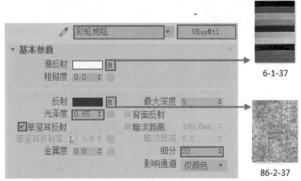

图 18-50

步骤 02 展开【贴图】卷展栏，设置【反射】后面的数值为

6、在【凹凸】后面的通道上加载【86-2-37.jpg】贴图文件，设置【瓷砖】后面 U 和 V 的数值均为 10，接着设置【凹凸】后面的数值为 90，如图 18-51 所示。

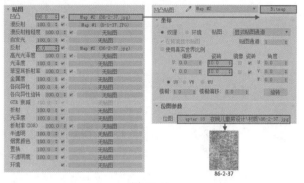

图 18-51

步骤 03 双击材质球，效果如图 18-52 所示。

步骤 04 选择模型，单击 ^{图标}（将材质指定给选定对象）按钮，将制作完毕的彩虹地毯材质赋给场景中相应的模型，如图 18-53 所示。

图 18-52　　　　图 18-53

7. 白色床头柜材质

步骤 01 选择一个空白的材质球，设置其材质类型为 VRay-Mtl，并命名为【白色床头柜】。设置【漫反射】为白色，设置【反射】为深灰色，设置【光泽度】的数值为 0.95，取消勾选【菲涅耳反射】选项，【细分】的数值为 15，【最大深度】为 3，如图 18-54 所示。

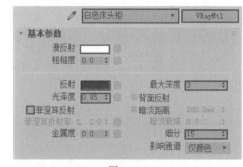

图 18-54

步骤 02 双击材质球，效果如图18-55所示。

步骤 03 选择模型，单击 （将材质指定给选定对象）按钮，将制作完毕的白色床头柜材质赋给场景中相应的模型，如图18-56所示。

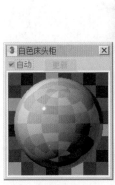
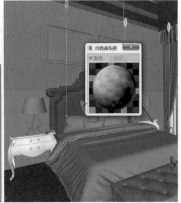

图 18-55　　　　　图 18-56

8. 白色被子材质

步骤 01 选择一个空白的材质球，设置其材质类型为VRay-Mtl，并命名为【白色被子】，设置【漫反射】为浅灰色，如图18-57所示。

图 18-57

步骤 02 双击材质球，效果如图18-58所示。

步骤 03 选择模型，单击 （将材质指定给选定对象）按钮，将制作完毕的白色被子材质赋给场景中相应的模型，如图18-59所示。

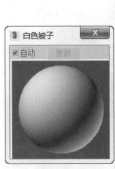

图 18-58　　　　　图 18-59

9. 台灯灯罩材质

步骤 01 选择一个空白的材质球，设置其材质类型为VRayMtl，并命名为【台灯灯罩】。在【漫反射】后面的通道上加载【衰减】程序贴图，在【衰减参数】卷展栏中设置

颜色为浅黄色，设置【反射】为深灰色，【光泽度】为0.42，勾选【菲涅耳反射】选项，接着单击【菲涅尔折射率】后面的L按钮，设置其数值为20。在【折射】后面的通道上加载【76-1-72.jpg】贴图文件，在【坐标】卷展栏下设置【角度】下方的W的数值为-45，最后展开【贴图】卷展栏，设置【折射】为5，如图18-60所示。

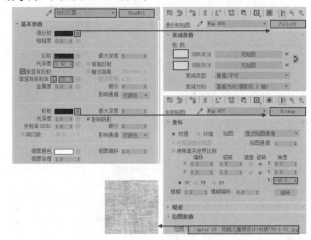

图 18-60

步骤 02 双击材质球，效果如图18-61所示。

步骤 03 选择模型，单击 （将材质指定给选定对象）按钮，将制作完毕的台灯灯罩材质赋给场景中相应的模型，如图18-62所示。

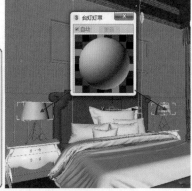

图 18-61　　　　　图 18-62

10. 台灯金属材质

步骤 01 选择一个空白的材质球，设置其材质类型为VRay-Mtl，并命名为【台灯金属】，在【漫反射】后面的通道上加载【VRay颜色】程序贴图，接着设置【红】的数值为0.294，【绿】的数值为0.153，【蓝】的数值为0.122，【颜色】为深酒红色。在【反射】后面的通道上加载【VRay颜色】程序贴图，接着设置【红】的数值为0.976，【绿】的数值为0.447，【蓝】的数值为0.263，【颜色】为橘红色。接着设置【光泽度】为0.95，勾选【菲涅耳反射】选项，单击【菲涅耳折射率】后面的L

按钮，设置其数值为 20，【细分】的数值为 24，【最大深度】的数值为 7，如图 18-63 所示。

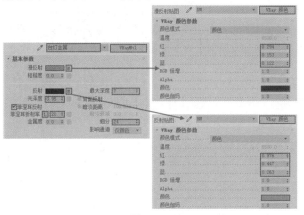

图 18-63

步骤 02 双击材质球，效果如图 18-64 所示。

步骤 03 选择模型，单击 ⃰↑1（将材质指定给选定对象）按钮，将制作完毕的台灯金属材质赋给场景中相应的模型，如图 18-65 所示。

图 18-64

图 18-65

步骤 04 继续将剩余的材质制作完成，并依次赋予相应的模型，如图 18-66 所示。

图 18-66

18.4 创建摄影机

扫一扫，看视频

步骤 01 执行【创建】|【摄影机】|标准 |【目标】命令，如图 18-67 所示。在视图中合适的位置创建摄影机，如图 18-68 所示。

图 18-67

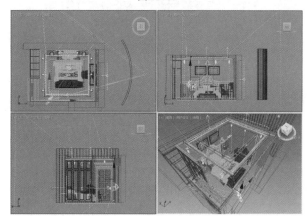

图 18-68

步骤 02 创建完成后单击【修改】按钮，接着在【参数】卷展栏下设置【镜头】为 21.31mm，【视野】为 80.373，【目标距离】为 5104.814mm，如图 18-69 所示。

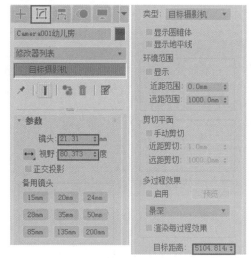

图 18-69

步骤 03 此时在透视图中按快捷键 C，并按快捷键 Shift+F（打开安全框），此时视图变为了摄影机视图，如图 18-70 所示。

图 18-70

18.5 设置用于最终渲染的 VRay 渲染器参数

下面来为场景添加目标灯管和 VR- 灯光。在创建灯光之前，首先需要设置测试渲染的渲染器参数。

步骤 01 按 F10 键，在打开的【渲染设置】对话框中选择【公用】选项卡，设置输出的尺寸为 1100×1334，如图 18-71 所示。

步骤 02 选择 V-Ray 选项卡，展开【帧缓冲区】卷展栏，取消勾选【启用内置帧缓冲区】，展开【全局开关】卷展栏，设置方式为【全光求值】，如图 18-72 所示。

图 18-71

图 18-72

步骤 03 展开【图形采样器（抗锯齿）】卷展栏，设置【类型】为【渲染块】。展开【图像过滤器】卷展栏，设置【过滤器】为 Mitchell-Netravali；展开【全局确定性蒙特卡洛】卷展栏，勾选【使用局部细分】，设置【细分倍增】为 1；展开【颜色贴图】卷展栏，设置【类型】为【指数】，勾选【子像素贴图】和【钳制输出】选项，如图 18-73 所示。

步骤 04 选择 GI 选项卡，设置【首次引擎】为【发光贴图】，【二次引擎】为【灯光缓存】，展开【发光贴图】卷展栏，设置【当前预设】为【低】，勾选【显示直接光】，如图 18-74 所示。

图 18-73   图 18-74

步骤 05 设置完成后按 Shift+Q 组合键将其渲染，其渲染的效果如图 18-75 所示。

图 18-75

样板间夜晚卧室设计

本章学习要点：

- 夜晚卧室设计中窗外和室内的灯光区别
- 多种材质的综合使用

本章内容简介：

本章学习样板间夜晚卧室设计，样板间是用于销售展示的空间，装饰风格通常较为明显，软装饰比较丰富。本例制作需注意重点学习夜晚灯光的布置方式，注意窗外夜色和室内光源的色彩对比、强度对比，还原更真实的光感。

通过本章学习，我能做什么？

通过对本章的学习，我们将学习到卧室的制作方法，同时了解夜晚的空间中灯光如何使用。完成本章的学习，我们可以自己尝试创作夜晚的各种空间效果，如夜晚客厅、夜晚卧室、夜晚书房等，提高对不同时间、不同光感的效果图的制作技巧。

优秀作品欣赏

实例介绍

本实例主要讲解样板间的夜晚卧室设计，需要注意该空间的窗外的深夜效果与室内的暖色调的室内光源效果的对比。渲染完成效果如图 19-1 所示。

图 19-1

操作步骤

19.1 设置用于测试渲染的 VRay 渲染器参数

步骤 01 打开本实例的场景文件，如图 19-2 所示。 扫一扫，看视频

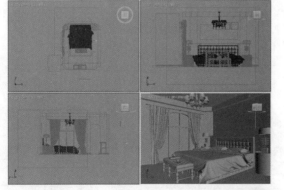

图 19-2

步骤 02 在主工具栏中单击【渲染设置】按钮 ，在【渲染设置】对话框中单击【渲染器】后的 按钮，并设置方式为【V-Ray Next, update 1.2】，如图 19-3 所示。

步骤 03 选择【公用】选项卡，设置【宽度】为 400，【高度】为 300，如图 19-4 所示。

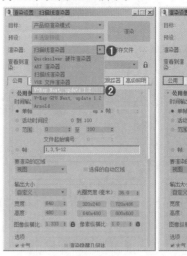

图 19-3　　　　　　　　图 19-4

步骤 04 选择 V-Ray 选项卡，展开【帧缓冲区】卷展栏，取消勾选【启用内置帧缓冲区】，展开【全局开关】卷展栏，设置类型为【全光求值】，如图 19-5 所示。

步骤 05 选择 V-Ray 选项卡，展开【图像采样器（抗锯齿）】卷展栏，设置【类型】为【渐进式】，设置【过滤器】为【区域】，展开【颜色贴图】，设置【类型】为【指数】，如图 19-6 所示。

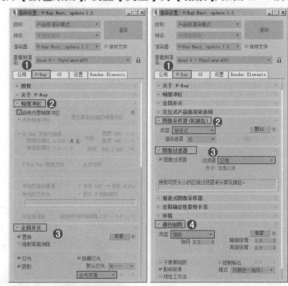

图 19-5　　　　　　　　图 19-6

步骤 06 选择 GI 选项卡，展开【全局照明】卷展栏，勾选【启用全局照明（GI）】，设置【首次引擎】为【发光贴图】，【二次引擎】为【灯光缓存】。展开【发光贴图】卷展栏，设置【当前预设】为【非常低】，勾选【显示计算相位】和勾选【显示直接光】，如图 19-7 所示。

步骤 07 选择 GI 选项卡，展开【灯光缓存】卷展栏，设置【细分】为 200，勾选【显示计算相位】，如图 19-8 所示。

中文版3ds Max 2020+VRay效果图制作从入门到精通（微课视频 全彩版）

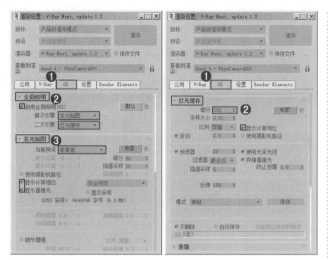

图 19-7   图 19-8

19.2 灯光的制作

扫一扫，看视频

本实例灯光制作渲染变化流程图如图 19-9 所示。

图 19-9

1. 创建窗口处夜色

步骤 01 执行 ✛（创建）|💡（灯光）| VRay ▼ |【（VR）灯光】命令，在视图中窗口的位置创建 1 盏（VR）灯光，从外向内照射，如图 19-10 所示。

步骤 02 创建完成后单击【修改】按钮，在【常规】卷展栏下设置【长度】为 3600mm，【宽度】为 3200mm，【倍增】为 15，【颜色】为深蓝色。展开【选项】卷展栏，勾选【不可见】选项，接着在【采样】卷展栏下设置【细分】为 30，如图 19-11 所示。

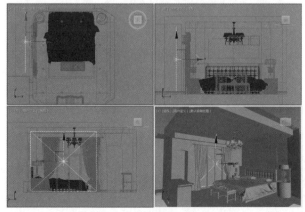

图 19-10

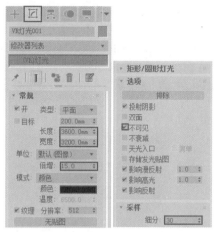

图 19-11

步骤 03 设置完成后按 Shift+Q 组合键将其渲染，其渲染的效果如图 19-12 所示。

图 19-12

2. 创建室内射灯

步骤 01 执行 ✛【创建】|💡【灯光】| 光度学 ▼ |【目标灯光】命令，在场景的四周射灯位置依次创建 12 盏目标灯光，如图 19-13 所示。

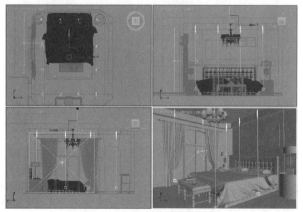

图 19-13

步骤 02 创建完成后单击【修改】按钮，在【常规参数】卷展栏中勾选【阴影】下方的【启用】选项，并设置类型为【VRay阴影】，设置【灯光分布（类型）】为【光度学Web】。接着展开【分布（光度学Web）】卷展栏，并在通道上加载【射灯.ies】文件。展开【强度/颜色/衰减】卷展栏，调节【颜色】为橙色，设置【强度】为120000。展开【VRay阴影参数】卷展栏，设置【U大小】【V大小】【W大小】均为50mm，设置【细分】的数值为30，如图19-14所示。

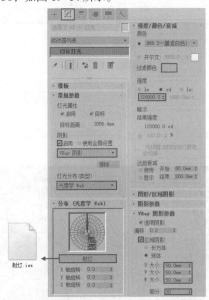

图19-14

步骤 03 设置完成后按Shift+Q组合键将其渲染，其渲染的效果如图19-15所示。

图19-15

3. 吊灯

步骤 01 在吊灯的每一个灯罩位置分别创建1盏（VR）灯光，共6个，如图19-16所示。

步骤 02 创建完成后单击【修改】按钮，在【常规】卷展栏下设置【类型】为【球体】，【半径】为40mm，【倍增】为30，【颜色】为浅黄色。展开【选项】卷展栏，勾选【不可见】选项，接着在【采样】卷展栏下设置【细分】为30，如图19-17所示。

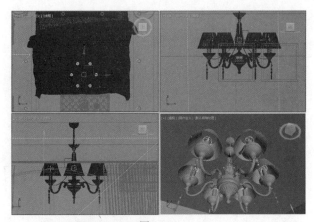

图19-16

图19-17

步骤 03 设置完成后按Shift+Q组合键将其渲染，其渲染的效果如图19-18所示。

图19-18

4. 台灯

步骤 01 在台灯的每一个灯罩位置分别创建1盏（VR）灯光，共2个，如图19-19所示。

步骤 02 创建完成后单击【修改】按钮，在【常规】卷展栏下设置【类型】为【球体】，【半径】为40mm，【倍增】为60，【颜色】为浅黄色。展开【选项】卷展栏，勾选【不可见】选项，接着在【采样】卷展栏下设置【细分】为30，如图19-20所示。

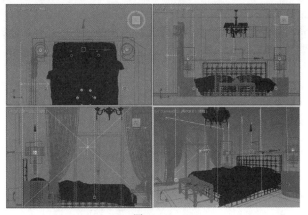

图 19-19

图 19-20

步骤 03 设置完成后按 Shift+Q 组合键将其渲染，其渲染的效果如图 19-21 所示。

图 19-21

5. 创建辅助光源照射暗部

通过渲染可以看到场景的灯光层次非常强烈，灯光设置得比较合理，但是场景中的背光处稍微有些暗淡，需要创建灯光用于辅助照射暗部。

步骤 01 执行 ✚（创建）|💡（灯光）| VRay ▼ |【（VR）灯光】命令，在视图中窗口的位置创建 1 盏（VR）灯光，从外向内照射，如图 19-22 所示。

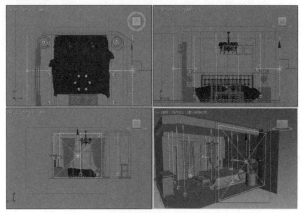

图 19-22

步骤 02 创建完成后单击【修改】按钮，在【常规】卷展栏下设置【长度】为 3600mm，【宽度】为 3200mm，【倍增】为 2，【颜色】为蓝色。展开【选项】卷展栏，勾选【不可见】选项，接着在【采样】卷展栏下设置【细分】为 30，如图 19-23 所示。

图 19-23

步骤 03 设置完成后按 Shift+Q 组合键将其渲染，其渲染的效果如图 19-24 所示。

图 19-24

19.3 材质的制作

1. 墙面材质

扫一扫，看视频

步骤 01 按 M 键，打开【材质编辑器】窗口，接着在该窗口内选择第一个材质球，单击 Standard （标准）按钮，在弹出的【材质 / 贴图浏览器】对话框中选择 VRayMtl，如图 19-25 所示。

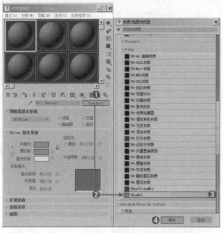

图 19-25

步骤 02 将其命名为【墙面】，设置【漫反射】为卡其色，设置【反射】为深灰色，勾选【菲涅耳反射】选项，然后单击【菲涅耳折射率】后面的 L 按钮，设置其数值为 2，设置【细分】的数值为 20，如图 19-26 所示。

图 19-26

步骤 03 双击材质球，效果如图 19-27 所示。

步骤 04 选择模型，单击（将材质指定给选定对象）按钮，将制作完毕的墙面材质赋给场景中相应的模型，如图 19-28 所示。

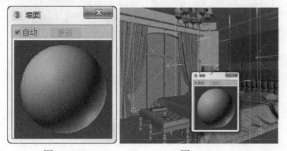

图 19-27　　　　图 19-28

2. 木地板材质

步骤 01 单击一个材质球，设置材质类型为 VRayMtl 材质，命名为【木地板】。在【漫反射】后面的通道上加载【3_Dif-fuse.jpg】贴图文件，设置【瓷砖】下面的 U 为 6，V 为 4，【模糊】的数值为 0.5。在【反射】后面的通道上加载【3_Reflect.jpg】贴图文件，设置【瓷砖】下面的 U 的数值为 6，V 的数值为 4，【光泽度】为 0.8，勾选【菲涅耳反射】选项，设置【细分】为 30，如图 19-29 所示。

图 19-29

步骤 02 展开【贴图】卷展栏，在【凹凸】后面的通道上加载【3_Bump.jpg】贴图文件，设置【瓷砖】下面的 U 为 6，V 为 4，【模糊】的数值为 0.5，接着设置【凹凸】后面的数值为 100，如图 19-30 所示。

图 19-30

步骤 03 双击材质球，效果如图 19-31 所示。

步骤 04 选择模型，单击（将材质指定给选定对象）按钮，将制作完毕的木地板材质赋给场景中相应的模型，如图 19-32 所示。

图 19-31　　　　图 19-32

3. 床软包材质

步骤 01 单击一个材质球，设置材质类型为 VRayMtl 材质，命名为【床软包】。展开【基本参数】卷展栏，在【漫反射】后面的通道上加载【-1-58.jpg】贴图文件，设置【模糊】的数值为 0.8。在【反射】后面的通道上加载【-2-58.jpg】贴图文件，设置【模糊】的数值为 0.8。在【光泽度】后面加载【4-58.jpg】贴图文件，设置【模糊】的数值为 0.8。接着勾选【菲涅耳反射】选项，单击【菲涅耳折射率】后面的 L 按钮，设置其数值为 2.2，【细分】的数值为 56，如图 19-33 所示。

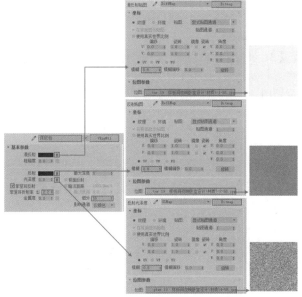

图 19-33

步骤 02 展开【贴图】卷展栏，设置【光泽度】后面的数值为 52。在【凹凸】后面的通道上加载【3-58.jpg】贴图文件，设置【模糊】的数值为 0.6，接着设置【凹凸】后面的数值为 4，如图 19-34 所示。

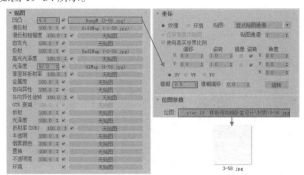

图 19-34

步骤 03 双击材质球，效果如图 19-35 所示。

步骤 04 选择模型，单击 ▫ （将材质指定给选定对象）按钮，将制作完毕的床软包材质赋给场景中相应的模型，如图 19-36 所示。

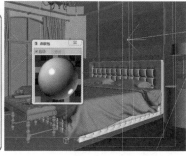

图 19-35　　　　　　　　图 19-36

4. 丝绸床单材质

步骤 01 单击一个材质球，设置材质类型为 VRayMtl 材质，并命名为【丝绸床单】。在【漫反射】后面的通道上加载【5-58.jpg】贴图文件，设置【模糊】的数值为 0.8。在【反射】后面的通道上加载【-6-58.jpg】贴图文件，设置【模糊】的数值为 0.8，接着设置【光泽度】为 0.5，勾选【菲涅耳反射】选项，单击【菲涅耳折射率】后面的 L 按钮，设置其数值为 3.2，设置【细分】为 32，如图 19-37 所示。

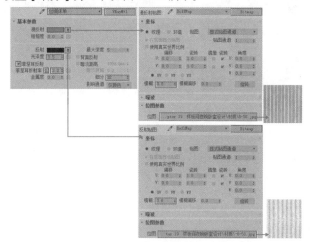

图 19-37

步骤 02 展开【双向反射分布函数】卷展栏，选择【反射】选项，设置【各向异性】为 0.6，【旋转】为 90，如图 19-38 所示。

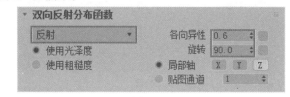

图 19-38

步骤 03 展开【贴图】卷展栏，在【凹凸】后面的通道上加载【-7-58.jpg】贴图文件，【模糊】的数值为 0.9，接着设置【凹凸】后面的数值为 14，如图 19-39 所示。

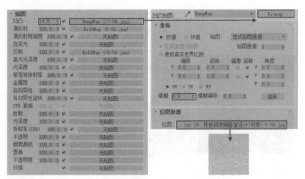

图 19-39

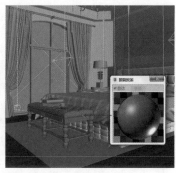

图 19-43　　　　　　图 19-44

步骤 04 双击材质球，效果如图 19-40 所示。

步骤 05 选择模型，单击 （将材质指定给选定对象）按钮，将制作完毕的丝绸床单材质赋给场景中相应的模型，如图 19-41 所示。

6. 遮光窗帘材质

步骤 01 单击一个材质球，设置材质类型为 VRayMtl 材质，命名为【遮光窗帘】。在【漫反射】后面的通道上加载【衰减】程序贴图，进入【衰减参数】卷展栏，为黑色后面的通道上加载【2alpaca-15a.jpg】贴图文件，为白色后面的通道上加载【2alpaca-15awa.jpg】贴图文件，并调整【混合曲线】的形状，如图 19-45 所示。

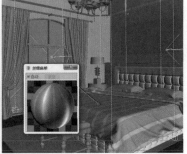

图 19-40　　　　　　图 19-41

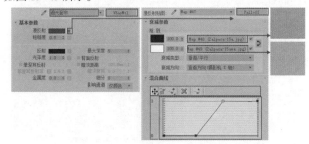

图 19-45

5. 脚凳皮革材质

步骤 01 单击一个材质球，设置材质类型为 VRayMtl 材质，命名为【脚凳皮革】。在【漫反射】后面的通道上加载【s378d2aa.jpg】贴图文件，在【反射】后面的通道上加载【衰减】程序贴图，分别将颜色设置为黑色和浅蓝色，设置【衰减类型】为 Fresnel。最后设置【光泽度】为 0.7，取消勾选【菲涅耳反射】选项，如图 19-42 所示。

步骤 02 双击材质球，效果如图 19-46 所示。

步骤 03 选择模型，单击 （将材质指定给选定对象）按钮，将制作完毕的遮光窗帘材质赋给场景中相应的模型，如图 19-47 所示。

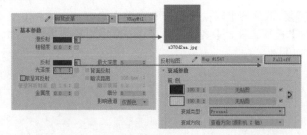

图 19-42

步骤 02 双击材质球，效果如图 19-43 所示。

步骤 03 选择模型，单击 （将材质指定给选定对象）按钮，将制作完毕的脚凳皮革材质赋给场景中相应的模型，如图 19-44 所示。

图 19-46　　　　　　图 19-47

7. 窗纱材质

步骤 01 选择一个空白的材质球，设置材质类型为 VRay-Mtl，并将其命名为【窗纱】。设置【漫反射】的颜色为白色，

中文版3ds Max 2020+VRay效果图制作从入门到精通（微课视频 全彩版）

在【折射】后面的通道上加载【衰减】程序贴图，进入【衰减参数】卷展栏后分别设置颜色为深灰色和黑色，【衰减类型】为Fresnel，最后设置【折射】的【光泽度】为0.7，【细分】为15，如图19-48所示。

图 19-48

步骤 02 双击材质球，效果如图19-49所示。

步骤 03 选择模型，单击 （将材质指定给选定对象）按钮，将制作完毕的窗纱材质赋给场景中相应的模型，如图19-50所示。

图 19-49　　　　　　　　　图 19-50

8. 台灯灯罩材质

步骤 01 选择一个空白的材质球，设置材质类型为VRayMtl，并将其命名为【台灯灯罩】。在【漫反射】后面的通道上加载【Archmodels59_ cloth_026l.jpg】贴图文件。在【折射】后面的通道上加载【衰减】程序贴图，进入【衰减参数】卷展栏后分别设置颜色为深灰色和黑色，最后设置【光泽度】的数值为0.75，如图19-51所示。

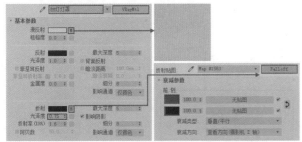

图 19-51

步骤 02 双击材质球，效果如图19-52所示。

步骤 03 选择模型，单击 （将材质指定给选定对象）按钮，将制作完毕的台灯灯罩材质赋给场景中相应的模型，如图19-53所示。

图 19-52　　　　　　　　　图 19-53

9. 夜色背景材质

步骤 01 选择一个空白的材质球，设置材质类型为【VRay灯光材质】，并将其命名为【夜色背景】。在【参数】卷展栏中设置【颜色】为白色，接着为颜色后面的通道加载【500742162.jpg】贴图文件，设置【模糊】的数值为0.01，如图19-54所示。

图 19-54

步骤 02 双击材质球，效果如图19-55所示。

步骤 03 选择模型，单击 （将材质指定给选定对象）按钮，将制作完毕的夜色背景材质赋给场景中相应的模型，如图19-56所示。

图 19-55　　　　　　　　　图 19-56

步骤 04 继续将剩余的材质制作完成，并依次赋予相应的模型，如图 19-57 所示。

图 19-57

图 19-60

19.4 创建摄影机

扫一扫，看视频

步骤 01 执行【创建】|【摄影机】|标准 |【目标】命令，如图 19-58 所示，在视图中合适的位置创建摄影机，如图 19-59 所示。

图 19-58

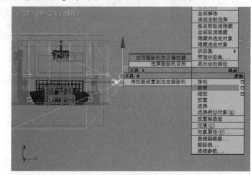

图 19-61

步骤 04 在前视图中选择摄影机，单击右键，执行【应用摄影机校正修改器】命令，如图 19-62 所示。

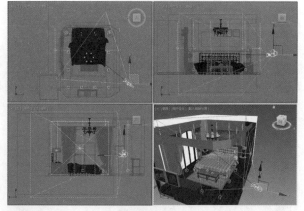

图 19-59

步骤 02 创建完成后单击【修改】按钮，接着在【参数】卷展栏下设置【镜头】为 26.978mm，【视野】为 67.424，【目标距离】为 5115.726mm，如图 19-60 所示。

步骤 03 此时在透视图中按快捷键 C，并按快捷键 Shift+F（打开安全框），此时视图变为了摄影机视图，如图 19-61 所示，但是发现该摄影机视角稍微有一些倾斜。

图 19-62

步骤 05 此时摄影机视角变得更舒适了，没有了倾斜的效果，如图 19-63 所示。

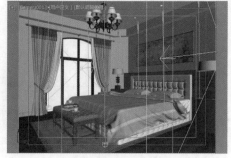

图 19-63

19.5 设置用于最终渲染的 VRay 渲染器参数

步骤 01 按 F10 键，在打开的【渲染设置】对话框中选择【公用】选项卡，设置【输出大小】下方的【宽度】为1333，【高度】为1000，如图 19-64 所示。

步骤 02 选择 V-Ray 选项卡，展开【帧缓冲区】卷展栏，取消勾选【启用内置帧缓冲区】。展开【全局开关】卷展栏，设置方式为【全光求值】，如图 19-65 所示。

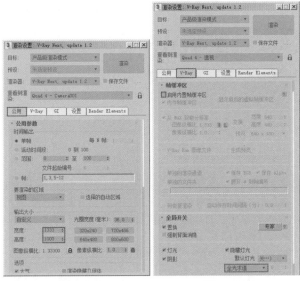

图 19-64　　　　　　　图 19-65

步骤 03 选择 V-Ray 选项卡，展开【图形采样器（抗锯齿）】卷展栏，设置【类型】为【渲染块】。展开【图像过滤器】卷展栏，设置【过滤器】为 Catmull-Rom。展开【渲染块图像采样器】卷展栏，设置【噪波阈值】为 0.005。展开【全局确定性蒙特卡洛】卷展栏，勾选【使用局部细分】，设置【细分倍增】为2。展开【颜色贴图】卷展栏，设置【类型】为【指数】，勾选【子像素贴图】和【钳制输出】选项，如图 19-66 所示。

步骤 04 选择 GI 选项卡，设置【首次引擎】为【发光贴图】，【二次引擎】为【灯光缓存】。展开【发光贴图】卷展栏，设置【当前预设】为【中】，勾选【显示直接光】选项，如图 19-67 所示。

步骤 05 设置完成后按 Shift+Q 组合键将其渲染，其渲染的效果如图 19-68 所示。

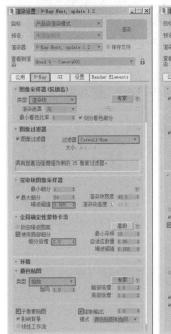
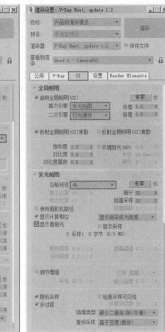

图 19-66　　　　　　　图 19-67

图 19-68

简约欧式走廊设计

本章学习要点:

- 简约欧式风格中材质的统一
- 明亮的灯光布置

本章内容简介:

本章是简约欧式走廊设计，是工装空间设计的类型。在之前的章节中我们主要以室内设计空间为主，而本章则重点针对工装空间进行学习，如何打造简约欧式感很强的空间。注意工装空间中材质的统一、明亮的灯光效果。

通过本章学习，我能做什么?

通过对本章的学习，我们将学习到工装空间的设计方法，可以应对工装设计的工作。包括办公室空间、酒店空间、商场空间等。

优秀作品欣赏

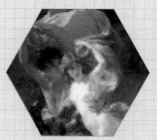

实例介绍

　　本实例是一个简约欧式走廊场景，该场景是典型的工装设计，工装设计中常用大理石瓷砖、艺术墙面等大面积装饰，突显场景的大气、尊贵。本实例需注意灯光的创建，灯光制作要合理把握亮度。制作出非常具有明暗对比的灯光层次效果如图 20-1 所示。

图 20-1

操作步骤

20.1 设置用于测试渲染的 VRay 渲染器参数

扫一扫，看视频

步骤 01 打开本实例的场景文件，如图 20-2 所示。

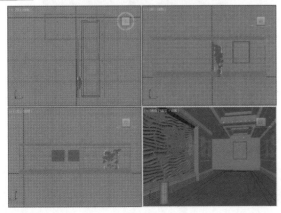

图 20-2

步骤 02 在主工具栏中单击【渲染设置】按钮，在【渲染设置】对话框中单击【渲染器】后的 ▼ 按钮，并设置方式为【V-Ray Next，update 1.2】，如图 20-3 所示。

步骤 03 选择【公用】选项卡，设置【宽度】为 300，【高度】为 369，如图 20-4 所示。

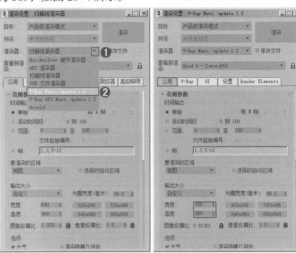

图 20-3　　　　　　　　图 20-4

步骤 04 选择 V-Ray 选项卡，展开【帧缓冲区】卷展栏，取消勾选【启用内置帧缓冲区】。展开【全局开关】卷展栏，设置类型为【全光求值】，如图 20-5 所示。

步骤 05 选择 V-Ray 选项卡，展开【图像采样器（抗锯齿）】卷展栏，设置【类型】为【渐进式】，设置【过滤器】为【区域】，展开【颜色贴图】，设置【类型】为【指数】，如图 20-6 所示。

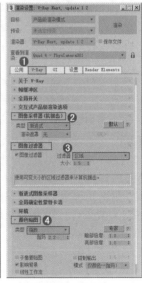

图 20-5　　　　　　　　图 20-6

步骤 06 选择 GI 选项卡，展开【全局照明】卷展栏，勾选【启用全局照明（GI）】，设置【首次引擎】为【发光贴图】，【二次引擎】为【灯光缓存】。展开【发光贴图】卷展栏，设置【当前预设】为【非常低】，勾选【显示计算相位】和【显示直接光】，如图20-7所示。

步骤 07 选择GI选项卡，展开【灯光缓存】卷展栏，设置【细分】为200，勾选【显示计算相位】，如图20-8所示。

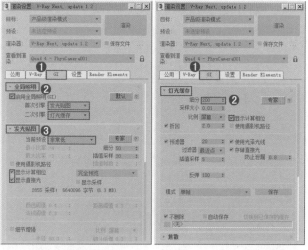

图20-7　　　　　　　　图20-8

20.2 灯光的制作

本实例灯光制作渲染变化流程图如图20-9所示。

图20-9

1. 设置自由灯光

步骤 01 执行【创建】|【灯光】|【光度学】|【自由灯光】命令，在前视图中创建15盏自由灯光，如图20-10所示。

步骤 02 选择上一步创建的自由灯光，单击【修改】按钮，勾选【阴影】下的【启用】，并设置【阴影类型】为【VRay阴影】，设置【灯光分布（类型）】为【光度学Web】，接着展开【分布（光度学Web）】卷展栏，并在通道上加载【射灯01.ies】文件。展开【强度/颜色/衰减】卷展栏，调节【过滤颜色】为黄色，设置【强度】为4000。展开【VRay阴影参数】卷展栏，勾选【区域阴影】，设置【U大小】【V大小】【W大小】均为50mm，如图20-11所示。

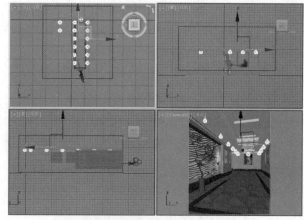

图20-10

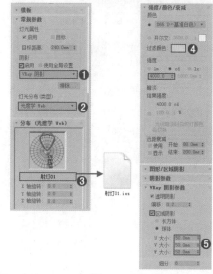

图20-11

步骤 03 设置完成后按Shift+Q组合键将其渲染，其渲染的效果如图20-12所示。

图20-12

2. 创建室内的辅助光照

通过刚才的渲染，虽然射灯使场景灯光层次丰富，但是发现场景整体非常暗淡，因此可以分别在场景的最近处和最远处创建【（VR）灯光】用于辅助照射，目的是让场景变得更亮。

步骤 01 执行【创建】|【灯光】| VRay ▼| (VR)灯光 命令，在场景的最近处和最远处各创建 1 盏（VR）灯光（共 2 盏），方向为照向场景内部，如图 20-13 所示。

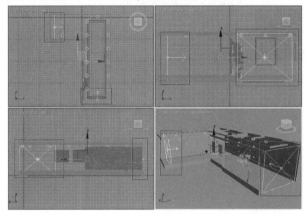

图 20-13

步骤 02 创建完成后单击【修改】按钮，设置【长度】为 2889.588mm，【宽度】为 2438.918mm，【倍增】为 3，【颜色】为白色，在【选项】卷展栏下勾选【不可见】选项，如图 20-14 所示。

步骤 03 设置完成后按 Shift+Q 组合键将其渲染，其渲染的效果如图 20-15 所示。

图 20-14   图 20-15

3. 创建室内顶棚灯带

步骤 01 执行【创建】|【灯光】| VRay ▼

| (VR)灯光 命令，在顶视图中灯槽的位置创建 2 盏（VR）灯光，方向向上照射，将这 2 盏灯光放置在灯槽内（注意位置不要与墙体模型穿插），如图 20-16 所示。

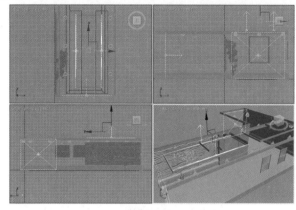

图 20-16

步骤 02 创建完成后单击【修改】按钮，设置【长度】为 50.8mm，【宽度】为 4064mm，【倍增】为 20，在【选项】卷展栏下勾选【不可见】选项，如图 20-17 所示。

图 20-17

步骤 03 继续在顶视图中灯槽的另外一侧位置创建 2 盏（VR）灯光，方向向上照射，将这 2 盏灯光放置在灯槽内（注意位置不要与墙体模型穿插），如图 20-18 所示。

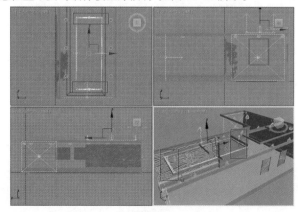

图 20-18

步骤 04 创建完成后单击【修改】按钮，设置【长度】为50.8mm，【宽度】为1524mm，【倍增】为30，在【选项】卷展栏下勾选【不可见】选项，如图20-19所示。

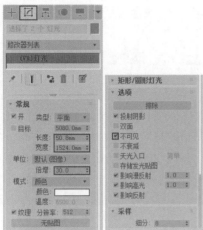

图20-19

步骤 05 在顶视图中选择刚才的4盏（VR）灯光灯带，按住Shift键沿Y轴向上复制一份，将复制出的4盏（VR）灯光放置到另外一个灯槽内，位置如图20-20所示。

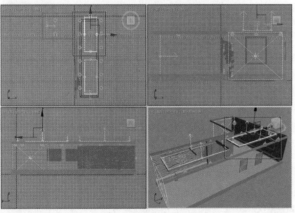

图20-20

步骤 06 设置完成后按Shift+Q组合键将其渲染，其渲染的效果如图20-21所示。

图20-21

20.3 材质的制作

下面就来讲述场景中的主要材质的调节方法，包括地面、墙壁、顶棚、植物、装饰画材质等，如图20-22所示。

扫一扫，看视频

图20-22

1. 地面材质的制作

步骤 01 按M键，打开【材质编辑器】对话框，选择第一个材质球，设置材质类型为VRayMtl材质，并将其命名为【地面】，在【漫反射】后面的通道上加载【新雅米黄122副本.jpg】贴图文件，设置【反射】颜色为深灰色，设置【光泽度】为0.9，取消勾选【菲涅耳反射】选项，如图20-23所示。

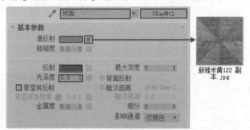

图20-23

步骤 02 将制作完毕的地面材质赋给场景中的地面部分的模型，如图20-24所示。

图20-24

2. 墙壁材质的制作

步骤 01 单击一个材质球，设置材质类型为 VRayMtl 材质，并命名为【墙壁】。在【漫反射】后面的通道上加载【金花米黄.jpg】贴图文件，设置【反射】颜色为深灰色，设置【光泽度】为 0.9，取消勾选【菲涅耳反射】选项，如图 20-25 所示。

图 20-25

步骤 02 将制作完毕的墙壁材质赋给场景中的墙面部分的模型，如图 20-26 所示。

图 20-26

3. 顶棚材质的制作

步骤 01 选择一个空白材质球，然后将材质类型设置为 VRayMtl，并命名为【顶棚】，设置【漫反射】颜色为白色，如图 20-27 所示。

图 20-27

步骤 02 将制作完毕的顶棚材质赋给场景中的顶棚部分的模型，如图 20-28 所示。

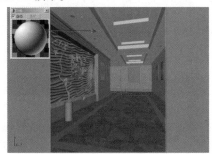

图 20-28

4. 植物材质的制作

步骤 01 选择一个空白材质球，然后将材质类型设置为【VRay 覆盖材质】，命名为【植物】。在【基本材质】后面的通道上加载 VRayMtl 材质，在【全局照明材质】后面的通道上加载 VRayMtl 材质，如图 20-29 所示。

图 20-29

步骤 02 单击进入【基本材质】后面的通道中，在【漫反射】后面的通道上加载【衰减】程序贴图，展开【衰减参数】卷展栏，在【第 1 个颜色】后面的通道上加载【渐变】程序贴图，在【第 2 个颜色】后面的通道上加载【渐变】程序贴图，设置【衰减类型】为 Fresnel，如图 20-30 所示。

图 20-30

步骤 03 单击进入【颜色 1】后面的通道中，展开【渐变参数】卷展栏，在【颜色 # 1】后面的通道上加载【arch41_031_leaf.jpg】贴图文件，展开【坐标】卷展栏，设置【角度】下方的 W 为 90，设置【模糊】为 4。在【颜色 # 2】后面的通道上加载【arch24_leaf-07.jpg】贴图文件，在【颜色 # 3】后面的通道上加载【arch24_leaf 07.jpg】贴图文件，展开【坐标】卷展栏，设置【角度】下方的 W 为 90，设置【模糊】为 4，如图 20-31 所示。

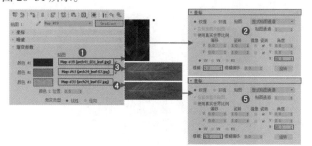

图 20-31

步骤 04 单击进入【第 2 个颜色】后面的通道中，展开【渐变参数】卷展栏，在【颜色 # 1】后面的通道上加载【arch24_leaf-01-yellow-.jpg】贴图文件，展开【坐标】卷展栏，设置【角度】下方的 W 为 90，设置【模糊】为 4。在【颜色 # 2】后面的通道上加载【arch24_leaf-07B.jpg】贴图文件，在【颜色 # 3】后面的通道上加载【arch24_leaf-07B.jpg】贴图文件，展开【坐标】卷展栏,设置【角度】下方的 W 为 90,设置【模糊】为 4,如图 20-32 所示。

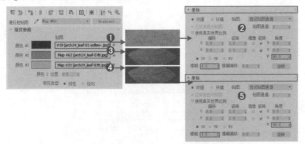

图 20-32

步骤 05 单击 🔩 (转到父对象)按钮,在【反射】选项组下设置【反射】颜色为深灰色,设置【光泽度】为 0.7,取消勾选【菲涅耳反射】选项,如图 20-33 所示。

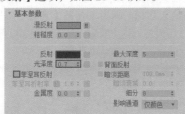

图 20-33

步骤 06 单击 🔩 (转到父对象)按钮,单击进入【全局照明(GI)材质】后面的通道中,设置【漫反射】颜色为浅灰色,如图 20-34 所示。

图 20-34

步骤 07 将制作完毕的植物材质赋给场景中的植物部分的模型,如图 20-35 所示。

图 20-35

5. 装饰画材质的制作

步骤 01 选择一个空白材质球,然后将材质类型设置为 VRayMtl,并命名为【装饰画】,在【漫反射】后面的通道上加载【1115915468.jpg】贴图文件,如图 20-36 所示。

图 20-36

步骤 02 将制作完毕的装饰画材质赋给场景中的装饰画部分的模型,如图 20-37 所示。

图 20-37

20.4 创建摄影机

步骤 01 执行 ➕ (创建) | 📷 (摄影机) | 标准 ▼ | 目标 命令,如图 20-38 所示,单击在视图中拖曳创建,如图 20-39 所示。

扫一扫,看视频

图 20-38

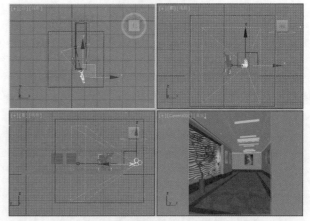

图 20-39

步骤 02 选择刚创建的摄影机,单击进入修改面板,并设置【镜头】为 36.34,【视野】为 52.7,最后设置【目标距离】为 5969.096mm,如图 20-40 所示。

步骤 **03** 此时在透视图中按快捷键 C, 并按快捷键 Shift+F(打开安全框), 此时视图变为了摄影机视图, 如图 20-41 所示。

图 20-40　　　　　图 20-41

20.5 设置用于最终渲染的 VRay 渲染器参数

步骤 **01** 按 F10 键, 在打开的【渲染设置】对话框中选择【公用】选项卡, 设置【输出大小】下方的【宽度】为 1300,【高度】为 1599, 如图 20-42 所示。

步骤 **02** 选择 V-Ray 选项卡, 展开【帧缓冲区】卷展栏, 取消勾选【启用内置帧缓冲区】。展开【全局开关】卷展栏, 设置方式为【全光求值】, 如图 20-43 所示。

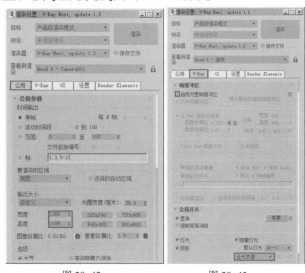

图 20-42　　　　　图 20-43

步骤 **03** 选择 V-Ray 选项卡, 展开【图形采样器(抗锯齿)卷展栏】, 设置【类型】为【渲染块】。展开【图像过滤器】

卷展栏, 设置【过滤器】为 Catmull-Rom。展开【渲染块图像采样器】卷展栏, 设置【噪波阈值】为 0.005。展开【全局确定性蒙特卡洛】卷展栏, 勾选【使用局部细分】, 设置【细分倍增】为 2。展开【颜色贴图】卷展栏, 设置【类型】为【指数】, 勾选【子像素贴图】和【钳制输出】选项, 如图 20-44 所示。

步骤 **04** 选择 GI 选项卡, 设置【首次引擎】为【发光贴图】,【二次引擎】为【灯光缓存】。展开【发光贴图】卷展栏, 设置【当前预设】为【中】, 勾选【显示直接光】选项, 如图 20-45 所示。

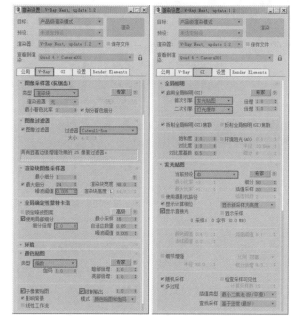

图 20-44　　　　　图 20-45

步骤 **05** 设置完成后按 Shift+Q 组合键将其渲染, 其渲染的效果如图 20-46 所示。

图 20-46

Chapter 21
第21章

720° VR全景效果图制作——新古典风格客厅设计

本章学习要点：

- 效果图的制作流程
- 720° VR全景效果图与常规效果图的区别
- 720° VR全景效果图的渲染及应用方法

本章内容简介：

本章通过在常规效果图的制作流程上，仅仅修改了摄影机和渲染器的参数，即可渲染出720° VR全景效果图，并且将渲染出的图片制作为全景，并观看效果。

通过本章学习，我能做什么？

通过对本章的学习，我们可以对效果图制作有更大胆的尝试，对从事的设计行业有了更多的可能性。除了可以给客户展示常规的效果图以外，还可以展示720° VR全景效果图这种新潮的、直观的效果。

优秀作品欣赏

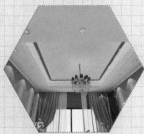

文件路径：Chapter 21 720° VR 全景效果图制作——新古典风格客厅设计

实例介绍

"720°""VR""全景""虚拟现实""沉浸式"等词语是近几年非常热点的话题，在 3ds Max 中可以渲染图片，并借助其他软件实现 720° VR 全景效果图的制作，本实例就来讲解这一完整的制作流程。

720° VR 全景效果图的应用领域很多，如用于 VR 客户样板间看房、VR 装修效果展示等。720° VR 全景效果的部分截图展示，如图 21-1 所示。

图 21-1

操作步骤

21.1 设置用于测试渲染的 VRay 渲染器参数

扫一扫，看视频

步骤 01 打开本实例的场景文件，如图 21-2 所示。

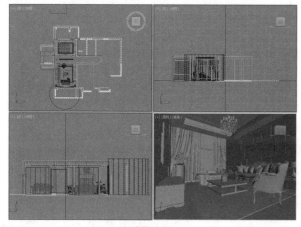

图 21-2

步骤 02 在主工具栏中单击【渲染设置】按钮，在【渲染设置】对话框中单击【渲染器】后的按钮，并设置方式为【V-Ray Next，update 1.2】，如图 21-3 所示。

步骤 03 选择【公用】选项卡，设置【宽度】为640，【高度】为480，如图 21-4 所示。

步骤 04 选择 V-Ray 选项卡，展开【帧缓冲区】卷展栏，取消勾选【启用内置帧缓冲区】。展开【全局开关】卷展栏，设置类型为【全光求值】，如图 21-5 所示。

步骤 05 选择 V-Ray 选项卡，展开【图像采样器（抗锯齿）】

卷展栏，设置【类型】为【渐进式】，设置【过滤器】为【区域】，展开【颜色贴图】，设置【类型】为【指数】，如图 21-6 所示。

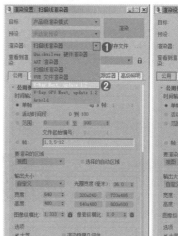

图 21-3

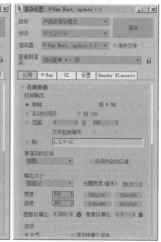

图 21-4

步骤 06 选择 GI 选项卡，展开【全局照明】卷展栏，勾选【启用全局照明（GI）】，设置【首次引擎】为【发光贴图】，【二次引擎】为【灯光缓存】。展开【发光贴图】卷展栏，设置【当前预设】为【非常低】，勾选【显示计算相位】和【显示直接光】，如图 21-7 所示。

步骤 07 选择 GI 选项卡，展开【灯光缓存】卷展栏，设置【细分】为 200，勾选【显示计算相位】，如图 21-8 所示。

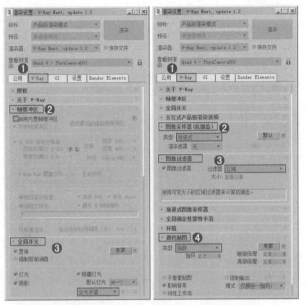

图 21-5　　　　　　　　图 21-6

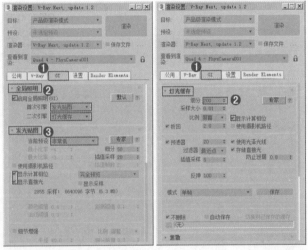

图 21-7　　　　　　　　图 21-8

21.2 灯光的制作

1. 窗户位置的灯光

扫一扫，看视频

步骤 01 执行 ✚（创建）| 💡（灯光）| VRay ▾ |【（VR）灯光】命令，在视图中窗口的位置创建 1 盏（VR）灯光，从外向内照射，如图 21-9 所示。

步骤 02 创建完成后单击【修改】按钮，在【常规】卷展栏下设置【长度】为 3830mm，【宽度】为 2600mm，【倍增】为 10，【颜色】为浅蓝色。展开【选项】卷展栏，勾选【不可见】选项，接着在【采样】卷展栏下设置【细分】为 20，如图 21-10 所示。

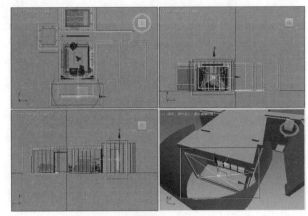

图 21-9

图 21-10

步骤 03 在视图中窗口的位置创建 1 盏（VR）灯光，从外向内照射，如图 21-11 所示。

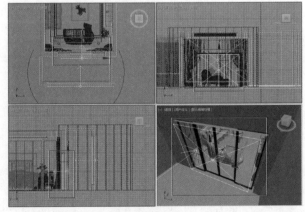

图 21-11

步骤 04 创建完成后单击【修改】按钮，在【常规】卷展栏下设置【长度】为 2400mm，【宽度】为 1800mm，【倍增】为 11，【颜色】为浅蓝色。展开【选项】卷展栏，勾选【不可见】选项，取消勾选【影响反射】，接着在【采样】卷展栏下设置【细分】为 20，如图 21-12 所示。

图 21-12

步骤 05 在前视图中窗口的位置创建 1 盏（VR）灯光，从外向内照射，如图 21-13 所示。

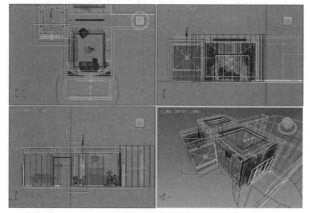

图 21-13

步骤 06 创建完成后单击【修改】按钮，在【常规】卷展栏下设置【长度】为 2170mm，【宽度】为 1900mm，【倍增】为 5，【颜色】为浅蓝色。展开【选项】卷展栏，勾选【不可见】选项，取消勾选【影响反射】，接着在【采样】卷展栏下设置【细分】为 20，如图 21-14 所示。

图 21-14

步骤 07 在左视图中的位置创建 1 盏（VR）灯光，向室内照射，如图 21-15 所示。

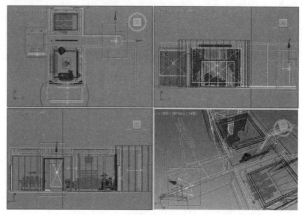

图 21-15

步骤 08 创建完成后单击【修改】按钮，在【常规】卷展栏下设置【长度】为 947.252mm，【宽度】为 2170.229mm，【倍增】为 5.5，【颜色】为浅黄色。展开【选项】卷展栏，勾选【不可见】选项，取消勾选【影响高光】和【影响反射】，接着在【采样】卷展栏下设置【细分】为 20，如图 21-16 所示。

图 21-16

步骤 09 设置完成后按 Shift+Q 组合键将其渲染，其渲染的效果如图 21-17 所示。

图 21-17

2. 射灯

步骤 01 执行 ＋ 创建 ）| 💡 （灯光）| 光度学 ▼ | 目标灯光 命令，在场景的四周射灯位置依次创建 55 盏目标灯光，如图 21-18 所示。顶视图中灯光的分布如图 21-19 所示。

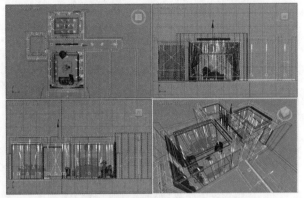

图 21-18

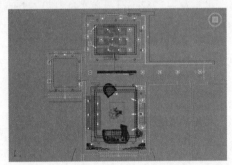

图 21-19

步骤 02 创建完成后单击【修改】按钮，在【常规参数】卷展栏中勾选【阴影】下方的【启用】选项，并设置类型为【阴影贴图】，设置【灯光分布（类型）】为【光度学 Web】。接着展开【分布（光度学 Web）】卷展栏，并在通道上加载【20.ies】文件。展开【强度/颜色/衰减】卷展栏，调节【颜色】为浅黄色，设置【强度】为 34000，如图 21-20 所示。

步骤 03 设置完成后按 Shift+Q 组合键将其渲染，其渲染的效果如图 21-21 所示。

图 21-20　　　　　图 21-21

3. 顶棚灯带

步骤 01 执行【创建】|【灯光】| VRay ▼ | (VR)灯光 命令，在顶视图适当的位置创建 4 盏（VR）灯光，方向向上照射，将这 4 盏灯光放置在灯槽内（注意位置不要与墙体模型穿插），如图 21-22 所示。

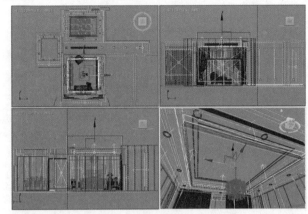

图 21-22

步骤 02 创建完成后单击【修改】按钮，在【常规】卷展栏下设置【长度】为 2781.772mm，【宽度】为 110.9mm，【倍增】为 3，【颜色】为浅黄色，在【选项】卷展栏下勾选【不可见】选项，取消勾选【影响反射】，设置【细分】为 20，如图 21-23 所示。

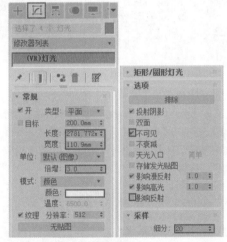

图 21-23

步骤 03 在顶视图适当的位置创建 4 盏（VR）灯光，方向向上照射，将这 4 盏灯光放置在灯槽内（注意位置不要与墙体模型穿插），如图 21-24 所示。

步骤 04 创建完成后单击【修改】按钮，在【常规】卷展栏下设置【长度】为 1571.39mm，【宽度】为 110.9mm，【倍增】为 2.5，【颜色】为浅黄色，在【选项】卷展栏下勾选【不可见】选项，取消勾选【影响反射】，设置【细分】为 20，如图 21-25 所示。

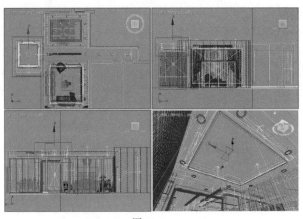

图 21-24

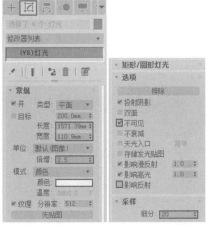

图 21-25

步骤 05 在顶视图适当的位置创建 2 盏（VR）灯光，方向向上照射，将这 2 盏灯光放置在灯槽内（注意位置不要与墙体模型穿插），如图 21-26 所示。

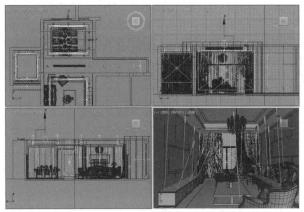

图 21-26

步骤 06 创建完成后单击【修改】按钮，在【常规】卷展栏下设置【长度】为 3000mm，【宽度】为 115mm，【倍增】为 3，【颜色】为浅黄色，在【选项】卷展栏下勾选【不可见】选项，设置【细分】为 20，如图 21-27 所示。

图 21-27

步骤 07 在顶视图适当的位置创建 2 盏（VR）灯光，方向向上照射，将这 2 盏灯光放置在灯槽内（注意位置不要与墙体模型穿插），如图 21-28 所示。

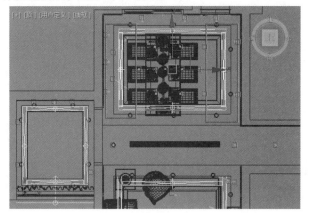

图 21-28

步骤 08 创建完成后单击【修改】按钮，在【常规】卷展栏下设置【长度】为 2000mm，【宽度】为 115mm，【倍增】为 3，【颜色】为浅黄色，在【选项】卷展栏下勾选【不可见】选项，设置【细分】为 20，如图 21-29 所示。

图 21-29

图 21-30

4. 顶棚吊灯

步骤〔01〕在吊灯的每一个灯罩位置分别创建 1 盏（VR）灯光，
共 15 个，如图 21-31 所示。

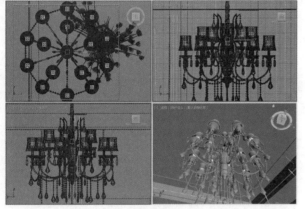

图 21-31

步骤〔02〕创建完成后单击【修改】按钮，在【常规】卷展
栏下设置【类型】为【球体】，【半径】为 15mm，【倍增】为
100，【颜色】为橙色。展开【选项】卷展栏，勾选【不可见】
选项，取消勾选【影响反射】，接着在【采样】卷展栏下设置【细
分】为 20，如图 21-32 所示。

图 21-32

步骤〔03〕设置完成后按 Shift+Q 组合键将其渲染，其渲染的
效果如图 21-33 所示。

图 21-33

5. 客厅茶几上方的吊灯向下照射的灯光

步骤〔01〕执行 ✚（创建）|●（灯光）| 标准 ▾ |【目标
聚光灯】命令，在客厅茶几的上方创建一盏目标聚光灯，如
图 21-34 所示。

图 21-34

步骤〔02〕创建完成后单击【修改】按钮，在【常规参数】卷
展栏下勾选【阴影】下方的【启用】选项，设置其类型为【阴
影贴图】。展开【强度 / 颜色 / 衰减】卷展栏，设置【倍增】为 2。
展开【聚光灯参数】卷展栏，设置【聚光区 / 光束】为 30，【衰
减区 / 区域】为 80，如图 21-35 所示。

图 21-35

中文版3ds Max 2020+VRay效果图制作从入门到精通（微课视频 全彩版）

步骤 03 设置完成后按 Shift+Q 组合键将其渲染，其渲染的效果如图 21-36 所示。

图 21-36

6. 台灯

步骤 01 执行【创建】【灯光】 VRay | (VR)灯光 命令，在台灯灯罩内创建 2 盏（VR）灯光"球体"，如图 21-37 所示。

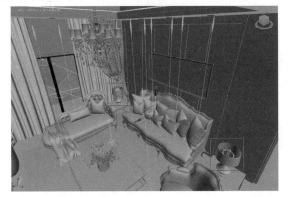

图 21-37

步骤 02 创建完成后单击【修改】按钮，在【常规】卷展栏下设置【类型】为【球体】，【半径】为 80mm，设置【倍增】为 30，【颜色】为橙色，在【选项】卷展栏下勾选【不可见】，设置【细分】为 20，如图 21-38 所示。

图 21-38

步骤 03 设置完成后按 Shift+Q 组合键将其渲染，其渲染的效果如图 21-39 所示。

图 21-39

7. 照亮餐厅餐桌的辅助光源

步骤 01 执行 ➕（创建）💡（灯光） VRay | (VR)灯光 命令，在餐厅餐桌上方的位置创建 1 盏（VR）灯光，向下照射，如图 21-40 所示。

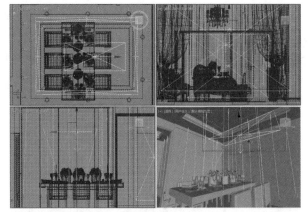

图 21-40

步骤 02 创建完成后单击【修改】按钮，在【常规】卷展栏下设置【长度】为 1800mm，【宽度】为 800mm，【倍增】为 3，【颜色】为浅黄色，接着在【选项】卷展栏下勾选【不可见】选项，取消勾选【影响高光】和【影响反射】，设置【细分】为 20，如图 21-41 所示。

图 21-41

步骤 03 设置完成后按 Shift+Q 组合键将其渲染，其渲染的效果如图 21-42 所示。

图 21-42

21.3 材质的制作

下面就来讲述场景中的主要材质的调节方法，包括大理石瓷砖、布艺墙面、地毯、沙发、茶几、油画、沙发金色边框、窗帘、灯罩、玻璃材质的制作。效果如图 21-43 所示。

扫一扫，看视频

图 21-43

1. 大理石瓷砖材质

步骤 01 按 M 键，打开【材质编辑器】对话框，选择第一个材质球，单击 Standard （标准）按钮，在弹出的【材质/贴图浏览器】对话框中选择 VRayMtl，如图 21-44 所示。

步骤 02 将其命名为【大理石瓷砖】，在【漫反射】后面的通道上加载【石材 2.jpg】贴图文件，设置【模糊】的数值为0.1，勾选【应用】，并单击【查看图像】按钮，框选部分区域。最后设置【反射】为深灰色，取消勾选【菲涅耳反射】选项，设置【细分】的数值为 16，如图 21-45 所示。

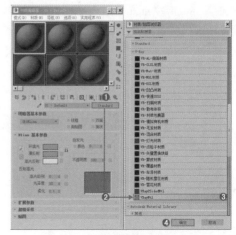

图 21-44

图 21-45

> **提示：设置"反射"的用途**
>
> 反射主要是用颜色来表示，颜色越深，吸收光线的能力越强，反射就越弱。颜色越浅，反射光线的能力就越强。颜色不同，物体反射光线的能力就不同，纯白色最强，黑色最弱，可以根据不同物体的反射程度选择不同的颜色。

步骤 03 双击材质球，效果如图 21-46 所示。

步骤 04 选择模型，单击 （将材质指定给选定对象）按钮，将制作完毕的大理石瓷砖材质赋给场景中的墙面部分的模型，如图 21-47 所示。

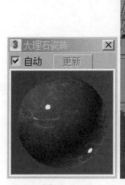

图 21-46

图 21-47

2. 布艺墙面材质

步骤 01 单击一个材质球，设置材质类型为 VRayMtl 材质，命名为【布艺墙面】，在【漫反射】后面的通道上加载【衰减】程序贴图，并在两个通道上分别加载【43806s1ddsad.jpg】贴图和【43806s1ddsa.jpg】贴图，并设置混合曲线的形状，如图 21-48 所示。

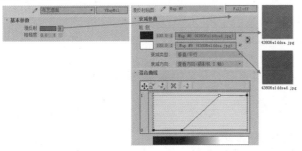

图 21-48

步骤 02 双击材质球，效果如图 21-49 所示。

步骤 03 选择模型，单击 （将材质指定给选定对象）按钮，将制作完毕的布艺墙面材质赋给场景中的墙面部分的模型，如图 21-50 所示。

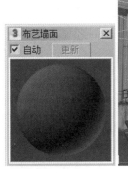

图 21-49　　　　　　　图 21-50

3. 地毯材质

步骤 01 单击一个材质球，设置材质类型为 VRayMtl 材质，命名为【地毯】，在【漫反射】后面的通道上加载【43810 副本（2）.jpg】贴图文件，如图 21-51 所示。

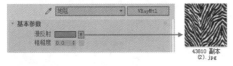

图 21-51

步骤 02 双击材质球，效果如图 21-52 所示。

步骤 03 选择模型，单击 （将材质指定给选定对象）按钮，将制作完毕的地毯材质赋给场景中的地毯模型，如图 21-53 所示。

图 21-52　　　　　　　图 21-53

4. 沙发材质

步骤 01 单击一个材质球，设置材质类型为 VRayMtl 材质，命名为【沙发】，在【漫反射】后面的通道上加载【43806s1d-dqqaaaa2.jpg】贴图，如图 21-54 所示。

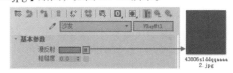

图 21-54

步骤 02 双击材质球，效果如图 21-55 所示。

步骤 03 选择模型，单击 （将材质指定给选定对象）按钮，将制作完毕的沙发材质赋给场景中的沙发部分的模型，如图 21-56 所示。

图 21-55　　　　　　　图 21-56

5. 茶几材质

步骤 01 单击一个材质球，设置材质类型为【多维 / 子对象】材质，命名为【茶几】，单击 设置数量 按钮，在弹出的【设置材质数量】窗口中设置【材质数量】为 2，然后单击【确定】按钮，如图 21-57 所示。

步骤 02 此时出现了 2 个 ID 的效果，如图 21-58 所示。

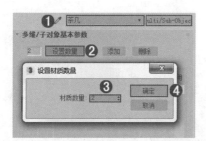

图 21-57

图 21-58

步骤 03 单击 ID1 后面的通道并为其加载 VRayMtl 材质,命名为【1】,设置【漫反射】颜色为深灰色,设置【反射】颜色为灰色,【光泽度】为 0.99,取消勾选【菲涅耳反射】选项,如图 21-59 所示。

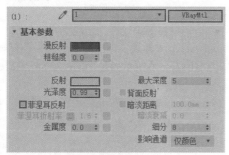

图 21-59

步骤 04 单击 ID2 后面的通道并为其加载 VRayMtl 材质,命名为【2】,设置【漫反射】颜色为深灰色,设置【反射】颜色为深灰色,【光泽度】为 0.99,取消勾选【菲涅耳反射】选项,如图 21-60 所示。

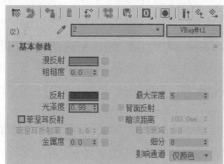

图 21-60

提示:"光泽度"的作用

光泽度是表面有反射效果时出现的光滑程度,如果降低数值,则表面会出现反射模糊,数值越大,越光滑,越有光泽。

步骤 05 双击材质球,效果如图 21-61 所示。

步骤 06 选择模型,单击 (将材质指定给选定对象)按钮,将制作完毕的茶几材质赋给场景中的茶几模型,如图 21-62 所示。

图 21-61　　　　　　图 21-62

6. 油画材质

步骤 01 单击一个材质球,设置材质类型为【标准】,命名为【油画】,在【漫反射】后面的通道上加载【油画 .jpg】贴图,设置【角度】下方的 W 值为 90,如图 21-63 所示。

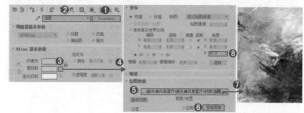

图 21-63

步骤 02 双击材质球,效果如图 21-64 所示。

步骤 03 选择模型,单击 (将材质指定给选定对象)按钮,将制作完毕的油画材质赋给场景中的油画模型,如图 21-65 所示。

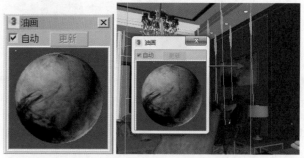

图 21-64　　　　　　图 21-65

7. 沙发金属边框材质

步骤 01 单击一个材质球，设置材质类型为 VRayMtl 材质，命名为【沙发金属边框】，在【漫反射】后面的通道上加载【006w11a4.jpg】贴图，在【反射】后面的通道上加载【006w11aaaa1jpg.jpg】贴图文件，设置【光泽度】为 0.7，勾选【菲涅耳反射】选项，单击【菲涅耳折射率】后面的 L 按钮，并设置其数值为 0.1，【细分】的数值为 50，如图 21-66 所示。

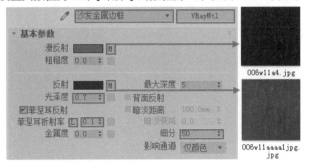

图 21-66

步骤 02 双击材质球，效果如图 21-67 所示。

步骤 03 选择模型，单击 (将材质指定给选定对象) 按钮，将制作完毕的沙发金属边框材质赋给场景中的沙发模型的边框上，如图 21-68 所示。

图 21-67

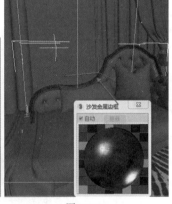

图 21-68

8. 窗帘材质

步骤 01 单击一个材质球，设置材质类型为 VRayMtl 材质，命名为【窗帘】，设置【漫反射】的颜色为深褐色，接着在【反射】后面的通道上加载【布艺窗帘.jpg】贴图文件。设置【光泽度】为 0.65，取消勾选【菲涅耳反射】选项，接着设置【细分】为 16，如图 21-69 所示。

步骤 02 展开【贴图】卷展栏，将【反射】后面的通道拖曳到【凹凸】的后面，释放鼠标，在弹出的【复制（实例）贴图】窗口中设置【方法】为【复制】，设置完成后单击【确定】按钮。最后设置【凹凸】后面的数值为 60，如图 21-70 所示。

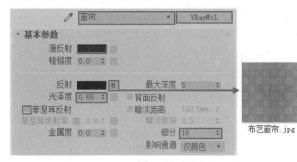

图 21-69

布艺窗帘.jpg

图 21-70

> **提示："凹凸"的作用**
>
> 设置【凹凸】数值可以为指定的素材模型制造出凹凸的质感，使其模型更具真实感。

步骤 03 双击材质球，效果如图 21-71 所示。

步骤 04 选择模型，单击 (将材质指定给选定对象) 按钮，将制作完毕的窗帘材质赋给场景中的顶部的窗帘模型，如图 21-72 所示。

图 21-71

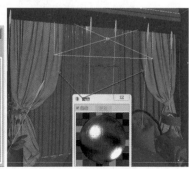

图 21-72

9. 灯罩材质

步骤 01 单击一个材质球，设置材质类型为 VRayMtl 材质，命名为【灯罩】，在【漫反射】后面的通道上加载【衰减】程序贴图，并设置两个颜色为深红色，【衰减类型】为 Fresnel，如图 21-73 所示。

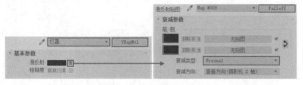

图 21-73

> 提示：加载"衰减"程序贴图的作用
>
> 在【漫反射】通道上加载【衰减】程序贴图，可以产生过渡非常真实的两种漫反射颜色或贴图的过渡效果。

步骤 02 展开【贴图】卷展栏，在【不透明度】通道上设置【混合】程序贴图，并将【颜色＃1】设置为白色，【颜色＃2】设置为浅灰色。单击【混合量】后面的通道并加载【Arch49_fabric_cap.jpg】贴图，如图 21-74 所示。

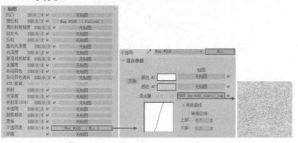

图 21-74

步骤 03 双击材质球，效果如图 21-75 所示。

步骤 04 选择模型，单击 （将材质指定给选定对象）按钮，将制作完毕的灯罩材质赋给场景中的台灯模型，如图 21-76 所示。

图 21-75　　　　图 21-76

10. 玻璃材质

步骤 01 单击一个材质球，设置材质类型为 VRayMtl 材质，命名为【玻璃】，设置【漫反射】颜色为白色，【反射】颜色为深灰色，取消勾选【菲涅耳反射】选项，【细分】为 16。在【折射】后面的通道上加载【衰减】程序贴图，分别设置颜色为【白色】和【浅灰色】，调整混合曲线形状，最后设置【细分】为 16，如图 21-77 所示。

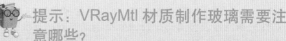

图 21-77

> 提示：VRayMtl 材质制作玻璃需要注意哪些？
>
> 使用 VRayMtl 材质制作玻璃时，需要特别注意的是反射和折射的颜色。一般来说，制作水、玻璃等材质时，折射的强度通常要高于反射的强度，因此需要设置的折射颜色更浅。

步骤 02 双击材质球，效果如图 21-78 所示。

步骤 03 选择模型，单击 （将材质指定给选定对象）按钮，将制作完毕的玻璃材质赋给场景中的玻璃模型，如图 21-79 所示。

图 21-78　　　　图 21-79

步骤 04 将剩余的材质制作完成，并依次赋予相应的模型，如图 21-80 所示。

中文版3ds Max 2020+VRay效果图制作从入门到精通（微课视频　全彩版）

图 21-80

21.4　720° VR 全景摄影机的制作

步骤 01 执行【创建】|【摄影机】| 标准 ▼ |【目标】命令，在视图中合适的位置创建摄影机，如图 21-81 所示。创建完成摄影机后，一定要仔细转动视图检查一下，该摄影机在以该位置进行任意转动时，千万不可以碰到任何物体（也可理解为摄影机应该放在"空地上"），否则在渲染时某些位置会被物体遮挡，不美观。建议摄影机尽量水平创建，并且高度大概为该空间的中间位置。

扫一扫，看视频

步骤 02 创建完成后单击【修改】按钮，设置【目标距离】为 1415.09，如图 21-82 所示。

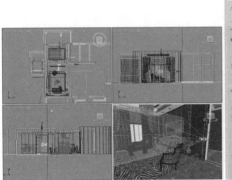

图 21-81　　　　　　　图 21-82

步骤 03 此时在透视图中按快捷键 C，并按快捷键 Shift+F（打开安全框），此时视图变为了摄影机视图，如图 21-83 所示。

图 21-83

21.5　针对 720° VR 全景的渲染器参数设置

步骤 01 按 F10 键，在打开的【渲染设置】对话框中，选择【公用】选项卡，设置输出的尺寸为 2000×1000，如图 21-84 所示。

图 21-84

步骤 02 选择 V-Ray 选项卡，展开【帧缓冲区】卷展栏，取消勾选【启用内置帧缓冲区】。展开【全局开关】卷展栏，设置方式为【全光求值】，如图 21-85 所示。

步骤 03 选择 V-Ray 选项卡，展开【图形采样器（抗锯齿）卷展栏】，设置【类型】为【渲染块】。展开【图像过滤器】卷展栏，设置【过滤器】为 Catmull-Rom。展开【渲染块图像采样器】卷展栏，设置【噪波阈值】为 0.005。展开【全局确定性蒙特卡洛】卷展栏，勾选【使用局部细分】，设置【细分倍增】为 1。展开【颜色贴图】卷展栏，设置【类型】为【指数】，勾选【子像素贴图】和【钳制输出】选项，如图 21-86 所示。

图 21-85

勾选【覆盖视野】并设置数值为 360，如图 21-87 所示。

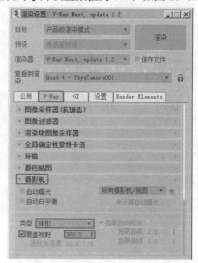

图 21-87

步骤 05 选择 GI 选项卡，设置【首次引擎】为【发光贴图】，【二次引擎】为【灯光缓存】。展开【发光贴图】卷展栏，设置【当前预设】为【中】，勾选【显示直接光】选项，如图 21-88 所示。

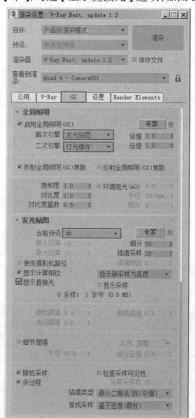

图 21-88

图 21-86

步骤 04 展开【摄影机】卷展栏，设置【类型】为【球形】，

步骤 06 设置完成后按 Shift+Q 组合键将其渲染，其效果如图 21-89 所示。

图 21-89

21.6 将渲染出的图片制作为全景并观看效果

步骤 01 要制作全景图，需要借助其他软件，比如 Pano2VR pro 4.1.0-64bit。下载并安装成功该软件后，启动界面，选择 3ds Max 渲染出的图片【123456.jpg】，将其拖动到 Pano2VR 中的【输入】下方的位置，如图 21-90 所示（注意：不同的 Pano2VR 版本的界面有所不同，但是使用方法都一致，流程为"输入"→"输出"）。

图 21-90

步骤 02 单击【增加】按钮，如图 21-91 所示。

图 21-91

步骤 03 在弹出的对话框中设置【图像质量】为 100，单击【打开】选项，可以修改输出文件的名称及位置，最后单击【确定】按钮，如图 21-92 所示。

图 21-92

步骤 04 在弹出的窗口单击【是】按钮，如图 21-93 所示。

图 21-93

步骤 05 在弹出的窗口单击【确定】按钮，如图 21-94 所示。

图 21-94

步骤 06 在弹出的窗口设置保存位置、文件名，并单击【保存】按钮，如图 21-95 所示。

图 21-95

步骤 07 稍等片刻，此时即可自动弹出一个网页，在该网页中可以通过拖动鼠标转动当前画面，实现了 720° 各个角度的旋转，如图 21-96 所示。

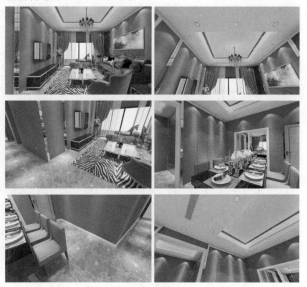

图 21-96

步骤 08 在刚才输出文件的位置可以找到文件【123456_out. swf】，如图 21-97 所示。

123456_out.swf

图 21-97

步骤 09 该文件可以使用播放器播放，比如暴风影音播放器，在播放器中也可以通过拖动鼠标左键进行旋转，如图 21-98 所示。（注意：使用试用版的效果可能会有水印，若购买正版则无水印。）

图 21-98

中文版3ds Max 2020+vRay效果图制作从入门到精通（微课视频 全彩版）